Lecture Notes in Mathematics

Edited by A. Dold and B. Eckmann

Series: Institut de Mathématiques, Université de Strasbourg
Adviser: P.A. Meyer

921

Séminaire de Probabilités XVI, 1980/81 Supplément: Géométrie Différentielle Stochastique

Edité par J. Azéma et M. Yor

Springer-Verlag
Berlin Heidelberg New York 1982

Editeurs

Jacques Azéma
Marc Yor
Laboratoire de Calcul des Probabilités, Université Paris VI
4, place Jussieu – Tour 56, 75230 Paris Cédex 05, France

AMS Subject Classifications (1980): 60GXX, 60HXX, 60JXX

ISBN 3-540-11486-6 Springer-Verlag Berlin Heidelberg New York
ISBN 0-387-11486-6 Springer-Verlag New York Heidelberg Berlin

CIP-Kurztitelaufnahme der Deutschen Bibliothek
Géométrie différentielle stochastique / éd. par J. Azéma et M. Yor. – Berlin; Heidelberg;
New York: Springer, 1982.
(Séminaire de Probabilités . . .; 15, Suppl.)
(Lecture notes in mathematics; Vol. 921: Ser. Inst. de Math., Univ. de Strasbourg)
ISBN 3-540-11486-6 (Berlin, Heidelberg, New York)
ISBN 0-387-11486-6 (New York, Heidelberg, Berlin)
NE: Azéma, Jacques [Hrsg.]; 2. GT

Printing and binding: Beltz Offsetdruck, Hemsbach/Bergstr.
2141/3140-543210

Mirooli Rao

TABLE DES MATIERES

GEOMETRIE DIFFERENTIELLE DU 2ème ORDRE, SEMI-MARTINGALES ET EQUATIONS DIFFERENTIELLES STOCHASTIQUES SUR UNE VARIETE DIFFERENTIELLE

par Laurent SCHWARTZ

INTRODUCTION

Il y a longtemps qu'on a, sans vouloir vraiment le dire, utilisé des semi-martingales à valeurs dans une variété de classe C^2. J'ai formalisé en détail cette notion dans Schwartz [1]. Mais il y a deux points que je n'étais pas bien arrivé à résoudre. Le premier, c'est la gêne constante introduite par la nécessité de vérifier, dans une intégrale stochastique, que la fonction à intégrer était véritablement intégrable ; voir par exemple Schwartz [1], théorèmes X et XI et leurs démonstrations. C'est ce qui m'a poussé à introduire les semi-martingales formelles, pour lesquelles aucune vérification d'intégrabilité n'est plus jamais nécessaire ; c'est l'objet de Schwartz [2]. Il sera constamment fait référence à ces deux articles, en les abrégeant par S[1] et S[2]. Le deuxième point est relatif au calcul différentiel du second ordre ; d'où l'obligation de ne considérer que $J \cdot X^c$, sorte de composante martingale locale continue d'une semi-martingale $J \cdot X$ qui n'existe pas ; voir S[1], pages 66 et suivantes. Je sentais bien alors qu'un $J \cdot X$ devait exister (il se notera ici $J \cdot \underline{X}$), mais avec un calcul différentiel du second ordre. Par ailleurs, il y longtemps aussi qu'on a étudié des diffusions et des équations différentielles stochastiques sur des variétés, et vu l'intervention des termes du second ordre (par suite de la formule d'Itô) dans les changements de cartes. Il est curieux qu'on n'ait je crois, jamais noté que ce changement de cartes faisait simplement intervenir le calcul différentiel du second ordre. Tout cela est l'objet du présent article.

Nous supposerons toujours donné un ensemble Ω, une tribu $\mathcal{O}$ sur Ω, une probabilité λ sur $(\Omega,\mathcal{O})$, et une filtration $(\mathcal{T}_t)_{t\in\overline{\mathbb{R}}_+}$, famille croissante et continue à droite de tribus λ-mesurables λ-complètes. Tous les processus seront donc indexés par le temps $t \in \overline{\mathbb{R}}_+$, comme dans S[1] et S[2]. Par ailleurs, toutes les intégrales stochastiques sont prises en excluant le temps 0 : $(f \cdot X)_t = \int_{]0,t]} f_s \, dX_s$, comme dans S[1] et S[2]. Ces différences mises à

part, mes notations sont les mêmes que dans P.A. Meyer [1], auquel je renverrai par M[1]. Sauf dans le cas particulier où la variété est un groupe de Lie, les discontinuités des semi-martingales semblent plutôt pathologiques.
Semi-martingale voudra donc toujours dire semi-martingale continue, martingale voudra dire martingale locale continue. Par contre on n'imposera pas du tout à une semi-martingale d'être nulle au temps 0, parce qu'en général elle sera définie seulement sur un ouvert A de $\overline{\mathbb{R}}_+ \times \Omega$, et à valeurs dans une variété ! Avant de rédiger cet article, j'ai exposé mes idées à Paul André Meyer. Nous avons ensuite discuté, et échangé des versions successives de manuscrits, et finalement publié chacun un article, le sien est P.A. Meyer [2], le mien est celui-ci. Nous avons essayé chacun de rendre à César ce qui lui appartenait, sans aller jusqu'à l'obsession. Les deux articles se ressemblent beaucoup, mais valent tous les deux la peine d'être publiés, car ils tournent autour de points de vue qui ne sont pas exactement les mêmes ; il a travaillé surtout avec des ouverts de $\mathbb{R}^N$ (cartes), et des tenseurs avec indices, moi avec des espaces tangents et cotangents sans cartes ; chaque point de vue a ses avantages et ses inconvénients(♦). Meyer a intitulé son article "Géométrie stochastique sans larmes" ; je ne suis pas sûr qu'il n'y ait pas de larmes, mais suis à peu près sûr qu'il y en a dans le mien. Les larmes paraissent un peu inévitablement liées au calcul du second ordre ; on ne pleure pas au premier ordre, on pleure au second, depuis déjà des générations.

*
* *
*

(♦) Les notations tensorielles utilisées par Meyer et moi ne sont pas partout les mêmes, de sorte qu'hélas il y a des facteurs 2! = 2 en plus chez lui ou chez moi.

§ 1. LES ESPACES TANGENTS ET COTANGENTS D'ORDRE 2 SUR UNE VARIETE

Résumé du § 1. Ce paragraphe définit les notions essentielles du calcul différentiel du second ordre. (1.1) définit les espaces 1-cotangent $T^{*1}(V,v)$ et 2-cotangent $T^{*2}(V,v)$ en un point v d'une variété V, et les différentielles $D\varphi$ et $D^2\varphi$ d'une fonction φ sur V. On examine le cas où V est un espace vectoriel E, muni d'une base. On passe aux structures duales, espaces 1-tangent $T^1(V,v)$ et 2-tangent $T^2(V,v)$ à V en v, avec le cas $V = E$, muni d'une base. Puis (1.8) traite des images par une application C^2 d'une variété dans une autre, avec l'exemple de l'accélération complète d'une trajectoire.

(1.1) V sera une variété différentielle de classe C^2, de dimension N. Une fonction φ réelle de classe C^2, $\varphi \in C^2(V;\mathbb{R}) = C^2(V) = C^2$, est dite k-plate en $v \in V$, $k = 0,1,2$, si φ et ses dérivées d'ordre $\leq k$ sont nulles en v (définition sur une carte, indépendante de la carte). L'espace vectoriel des fonctions φ nulles en v, modulo les fonctions k-plates, $k = 1,2$, se note $T^{*k}(V,v)$, et s'appelle espace des vecteurs k-cotangents à V en v ; l'image de φ dans cet espace se note $D^k\varphi(v)$, $k = 1,2$; si φ ne s'annule pas en v, on pose $D^k\varphi(v) = D^k(\varphi - \varphi(v))(v)$, où $D^k 1(v) = 0$; $T^{*1}(V,v)$ est de dimension N, $T^{*2}(V,v)$ de dimension $N + \frac{N(N+1)}{2}$. On appèllera $P^*(V,v)$ le sous-espace de $T^{*2}(V,v)$, formé des classes des fonctions 1-plates en v, de dimension $\frac{N(N+1)}{2}$; le quotient $T^{*2}(V,v)/P^*(V,v)$ est évidemment l'espace des fonctions nulles en v, modulo les fonctions 1-plates en v, c-à-d. $T^{*1}(V,v)$. Si $\varphi, \psi \in C^2$ sont nulles en v, $\varphi\psi$ est 1-plate en v, donc $D^2(\varphi\psi)(v) \in P^*(V,v)$, et si l'une d'elle est 1-plate, leur produit est 2-plat ; on définit donc ainsi une application bilinéaire $(D\varphi(v), D\psi(v)) \mapsto D^2(\varphi\psi)(v)$ de $T^{*1}(V,v) \times T^{*1}(V,v)$ dans $P^*(V,v)$, donc une application linéaire de $T^{*1}(V,v) \odot T^{*1}(V,v)$ ($\odot$ est le produit tensoriel symétrique) dans $P^*(V,v)$, qu'une carte montre être une bijection. Par cette bijection, nous identifierons $T^{*1}(V,v) \odot T^{*1}(V,v)$ et $P^*(V,v)$ et poserons, pour φ et ψ nulles en v, $D\varphi(v) \odot D\psi(v) = D^2(\varphi\psi)(v)$. Si φ et ψ ne s'annulent pas en v, $\varphi - \varphi(v)$

et $\psi - \psi(v)$ s'annulent, d'où

$$(1.2) \quad \begin{cases} D\varphi(v) \odot D\psi(v) = D(\varphi - \varphi(v))(v) \odot D(\psi - \psi(v))(v) \\ = D^2((\varphi - \varphi(v))(\psi - \psi(v)))(v) = D^2(\varphi\psi)(v) - \varphi(v)D^2\psi(v) - \psi(v)D^2\varphi(v) . \end{cases}$$

(1.2bis) Tout produit tensoriel $F \odot F$ est muni d'une structure d'ordre naturelle : on dit qu'un élément de $F \odot F$ est ≥ 0 s'il est une somme finie $\sum_\alpha f_\alpha \odot f_\alpha$, $f_\alpha \in F$. Si $(f_k)_{k=1,\ldots,\ell}$ est une base de F, $\sum_{i,j=1} x_{i,j}\, f_i \odot f_j$, $x_{i,j} = x_{j,i}$, est ≥ 0 si et seulement la matrice des $x_{i,j}$ est (symétrique) ≥ 0. Donc $P^*(V,v)$ a une structure d'ordre ; les éléments ≥ 0 de $P^*(V,v)$ sont exactement les $\sum_\alpha D\varphi_\alpha(v) \odot D\varphi_\alpha(v)$, $\varphi_\alpha \in C^2(V;\mathbb{R})$, ou encore les $\sum_\alpha (D^2\ \varphi_\alpha^2)(v)$, où les φ_k sont des fonctions C^2 nulles en v.

Résumons quelques-uns des résultats précédents :

(1.3) $T^{*2}(V,v)$ est de dimension $N + \frac{N(N+1)}{2}$, le sous-espace $P^*(V,v)$ des classes des fonctions 1-plates en v est de dimension $\frac{N(N+1)}{2}$, égal à $T^{*1}(V,v) \odot T^*(V,v)$ par (1.2), et $T^{*2}(V,v)/P^*(V,v) = T^{*1}(V,v)$; l'image de $D^2\varphi(v) \in T^{*2}(V,v)$ dans le quotient $T^{*1}(V,v)$ est $D\varphi(v)$.

Si V est un espace vectoriel E de dimension N, $\varphi \in C^2$ admet une dérivée $\varphi'(v)$, forme linéaire sur E donc $\in E^*$, et une dérivée seconde $\varphi''(v)$, forme bilinéaire symétrique sur $E \times E$, $\varphi'(v)(X) = \partial_X\varphi(v)$, $\varphi''(v)(X,Y) = \partial_X\partial_Y(v)$; alors $\varphi''(v)$ est une forme linéaire sur $E \odot E$; donc $\varphi''(v) \in (E \odot E)^* = E^* \odot E^*$, si l'on met $E \odot E$ et $E^* \odot E^*$ en dualité par le produit scalaire

$$(1.4) \quad (\alpha \odot \beta | X \odot Y)_{E^* \odot E^*, E \odot E} = (\alpha|X)_{E^*,E}\ (\beta|Y)_{E^*,E} + (\alpha|Y)_{E^*,E}\ (\beta|Y)_{E^*,E} . \quad (1)$$

Alors $\varphi \mapsto (\varphi'(v), \varphi''(v))$ est une application linéaire de $C^2(E;\mathbb{R})$ dans $E^* \oplus (E^* \odot E^*)$, égale à 0 sur les fonctions nulles en v et 2-plates en v, donc $D^2\varphi(v) \mapsto (\varphi'(v), \varphi''(v))$, que nous écrirons plutôt $(\varphi'(v)\ \varphi''(v))$, matrice horizontale à 1 ligne et 2 colonnes, est une application linéaire de $T^{*2}(E,v)$ dans

$E^* \oplus (E^* \odot E^*) = T^{*1}(E,v) \oplus (T^{*1}(E,v) \odot T^{*1}(E,v))$, qui est bijective ; on identifiera donc $T^{*2}(E,v)$ à $E^* \oplus (E^* \odot E^*)$ en posant

(1.4bis) $$D^2\varphi(v) = (\varphi'(v) \quad \varphi''(v)) \quad .$$

On voit aussitôt que le 2ème sous-espace, $E^* \odot E^*$ est exactement $P^*(V,v)$, avec la structure tensorielle de (1.3) ; mais ici la structure sous-espace et quotient de (1.3) devient une structure de somme directe : un élément $(0 \quad \varphi''(v))$ de $E^* \odot E^*$ est la différentielle D^2 d'une fonction plate en v (ce qui garde son sens, déjà vu, sur une variété), un élément $(\varphi'(v) \quad 0)$ de E^* est égal à la différentielle D^2 d'une fonction affine, ce qui n'a pas de sens sur une variété.

Si E est muni d'une base $(e_k)_{k=1,2,\ldots,N}$, donc E^* de la base duale $(\varepsilon^k)_{k=1,2,\ldots,N}$, ε^k est la forme linéaire coordonnée x^k, donc aussi $Dx^k(v) = D^2x^k(v) = x^k = \varepsilon^k \in E^*$, donc $Dx^i(v) \odot Dx^j(v) = \varepsilon^i \odot \varepsilon^j = (0 \quad \varepsilon^i \odot \varepsilon^j) = D^2((x^i - x^i(v))(x^j - x^j(v)))(v) \in E^* \odot E^*$.

Comme $\varphi - \varphi(v) - \sum_{k=1}^{N} \partial_k \varphi(v)(x^k - x^k(v))$ est 1-plate en v, et $\varphi - \varphi(v) - \sum_{k=1}^{N} \partial_k \varphi(v)(x^k - x^k(v)) - \frac{1}{2} \sum_{i,j=1}^{N} \partial_i\partial_j \varphi(v)(x^i - x^i(v))(x^j - x^j(v))$ 2-plate en v (formule de Taylor), on aura

(1.5) $$\begin{cases} D\varphi(v) = \sum_{k=1}^{N} \partial_k \varphi(v)\, \varepsilon^k \quad , \\ D^2\varphi(v) = \left(\sum_{k=1}^{N} \partial_k \varphi(v)\, \varepsilon^k + \frac{1}{2} \sum_{i,j=1}^{N} \partial_i\partial_j \varphi(v)\, \varepsilon^i \odot \varepsilon^j \right) \quad . \end{cases}$$

La fonction φ est 1-plate en $v \in E$ ssi les $\partial\varphi_k(v)$ sont nulles, et alors $D^2\varphi(v) \in E^* \odot E^*$ est ≥ 0 (suivant 1.2bis) ssi la matrice des $\partial_i\partial_j \varphi(v)$ est (symétrique) ≥ 0.

Passons aux structures duales. L'espace k-tangent en v, k = 1,2, dual de $T^{*k}(V,v)$, est l'espace des distributions sur V (formes linéaires continues sur $C^2_{comp}(V)$), d'ordre $\leq k$, de support $\subset \{v\}$, sans terme en δ (i.e. nulles sur les fonctions constantes). Un champ de vecteurs k-tangents est un opérateur différentiel d'ordre $\leq k$, sans terme d'ordre 0. Si L est un tel opérateur différen-

tiel, φ une fonction réelle C^2 sur V, on aura
$(L\varphi)(v) = (L_v \mid D^2\varphi(v))_{T^2(V,v),T^{*2}(V,v)}$. La formule (1.2) donne

$$(1.6) \qquad (L(\varphi\psi) - \varphi L\psi - \psi L\varphi)(v) = (L_v \mid D\varphi(v) \odot D\psi(v))_{T^2,T^{*2}} .$$

L'orthogonal de $P^*(V,v)$ dans $T^2(V,v)$ est le sous-espace $T^1(V,v)$ (une distribution en v, d'ordre ≤ 1, est une distribution d'ordre ≤ 2, nulle sur les fonctions 1-plates !). La structure (1.3) montre alors que le dual de $T^{*2}(V,v)/P^*(V,v) = T^{*1}(V,v)$ est $T^1(V,v)$, ce que nous savions déjà, mais aussi que le dual de $P^*(V,v) = T^{*1}(V) \odot T^{*1}(V,v)$ est $P(V,v) = T^2(V,v)/T^1(V,v)$ et doit être canoniquement isomorphe à $T^1(V,v) \odot T^1(V,v)$. On peut retrouver cette structure d'une autre manière. Soient ξ_v, η_v, deux vecteurs 1-tangents en v. Prolongeons-les n'importe comment en champs de vecteurs de classe C^1, ξ, η, qui sont donc des opérateurs différentiels d'ordre 1. Alors leur produit $\xi\eta$ est un opérateur différentiel d'ordre 2 ; $(\xi\eta\varphi)(v)$ dépend des prolongements choisis, et d'ailleurs $\xi\eta \neq \eta\xi$. Mais, si φ est 1-plate, $(\xi\eta\varphi)(v) = (\eta\xi\varphi)(v)$ ne dépendent que de $D^2\varphi(v)$, ξ_v, η_v ; ou encore $(\xi\eta)_v$ et $(\eta\xi)_v$ sont égaux mod $T^1(V,v)$ et ne dépendent, modulo $T^1(V,v)$, que de ξ_v, η_v. On définit donc une application bilinéaire symétrique $(\xi_v,\eta_v) \mapsto (\xi\eta)_v = (\eta\xi)_v$ de $T^1(V,v) \times T^1(V,v)$ dans $P(V,v)$, donc linéaire de $T^1(V,v) \odot T^1(V,v)$ dans $P(V,v) = T^2(V,v)/T^1(V,v)$, et on voit que c'est une bijection. Cela donne bien une identification de $P(V,v)$ avec $T^1(V,v) \odot T^1(V,v)$, et on vérifie aisément qu'elle est compatible avec sa structure de dual de $P^*(V,v) = T^{*1}(V,v) \odot T^{*1}(V,v)$.

La proposition duale de (1.3) est donc :

<u>(1.7)</u> $T^1(V,v)$ <u>est un sous-espace vectoriel de</u> $T^2(V,v)$, <u>c'est l'orthogonal de</u> $P^*(V,v) = T^{*1}(V,v) \odot T^{*1}(V,v)$; <u>le quotient</u> $T^2(V,v)/T^1(V,v)$ <u>est le dual</u> $P(V,v)$ <u>de</u> $P^*(V,v)$, <u>et il est canoniquement isomorphe à</u> $T^1(V,v) \odot T^1(V,v)$.

En liaison avec (1.2bis), en identifiant suivant (1.4) le dual de $F \odot F$ à $F^* \odot F^*$, les structures d'ordre de ces deux espaces sont duales : un élément de $F^* \odot F^*$ est ≥ 0 si et seulement si son produit scalaire avec tout élément ≥ 0 de $F \odot F$

est ≥ 0, ou encore ssi son produit scalaire avec tous les carrés $f \odot f$, $f \in F$, est ≥ 0, ou encore ssi il définit une forme bilinéaire (symétrique) ≥ 0 sur $F \times F$. Donc $T^1(V,v) \odot T^1(V,v) = T^2(V,v)/T^1(V,v)$ est muni d'une structure d'ordre, et par conséquent $T^2(V,v)$ d'une structure de préordre, en appelant ≥ 0 un élément de $T^2(V,v)$ donc l'image dans le quotient est ≥ 0. Le cône ≥ 0 de $T^2(V,v)$ est alors engendré par $T^1(V,v)$ et les $(\xi^2)_v$, ξ champ de vecteurs de classe C^1 ou opérateur différentiel d'ordre 1 sans terme d'ordre 0, ou encore c'est l'ensemble des traces en v d'opérateurs différentiels continus, sans terme d'ordre 0, semi-elliptiques ≥ 0. Si $V = E$, espace vectoriel de dimension N, $T^1(V,v) = E$, $T^2(V,v) = E \oplus (E \odot E)$, la structure sous-espace et quotient devient une structure de somme directe. D'ailleurs un opérateur différentiel L d'ordre 2 sans terme d'ordre 0 s'écrit comme somme $L = \xi + \Delta$ d'un opérateur différentiel homogène d'ordre 1, ξ, et d'un opérateur différentiel homogène d'ordre 2, Δ, ce qui n'a pas de sens sur une variété ; on écrira $L_v = \begin{pmatrix} \xi_v \\ \Delta_v \end{pmatrix}$, $\xi_v \in E$, $\Delta_v \in E \odot E$, matrice verticale, à 2 lignes et une colonne ; si φ est de classe C^2, le produit scalaire entre $D^2\varphi(v) = (\varphi'(v) \quad \varphi''(v))$ et $L_v = \begin{pmatrix} \xi_v \\ \Delta_v \end{pmatrix}$ est le produit de matrices, soit $\varphi'(v)(\xi_v) + \varphi''(v)(\Delta_v) = ((\xi+\Delta)\varphi)(v)$; $L_v \in E$, i.e. $L_v = \begin{pmatrix} \xi_v \\ 0 \end{pmatrix}$, ssi il annule les fonctions plates en v (c'est aussi vrai sur une variété), et $L_v \in E \odot E$, $L_v = \begin{pmatrix} 0 \\ \Delta_v \end{pmatrix}$, ssi il annule les fonctions affines (ce qui n'a pas de sens sur une variété). Si ξ et η sont deux opérateurs différentiels homogènes d'ordre 1, de classe C^1, $\xi\eta$ n'est pas homogène d'ordre 2, mais on voit aisément que sa composante homogène d'ordre 1 est $\partial_\xi \eta$; donc

(1.7bis)

$$\xi_v \odot \eta_v \quad \text{ou} \quad \begin{pmatrix} 0 \\ \xi_v \odot \eta_v \end{pmatrix} = (\xi\eta - \partial_\xi \eta)_v = (\eta\xi - \partial_\eta \xi)_v \,,$$

$$\text{ou aussi} \quad (\xi\eta)_v = \begin{pmatrix} (\partial_{\xi_v} \eta)_v \\ \xi_v \odot \eta_v \end{pmatrix} \,, \quad \text{ou} \quad \xi\eta = \begin{pmatrix} \partial_\xi \eta \\ \xi \odot \eta \end{pmatrix} .$$

Bien sûr $\xi\eta - \partial_\xi \eta = \eta\xi - \partial_\eta \xi$ $(= \xi \odot \eta)$, car $\xi\eta - \eta\xi = [\xi,\eta] = \partial_\xi \eta - \partial_\eta \xi$. Remarquons aussi que $(\partial_{\xi_v} \eta) = \eta'(v)(\xi_v)$; $\xi_v \in E$, $\eta' \in \mathcal{L}(E;E)$, $\eta'(v)(\xi_v) \in E$. Si ξ et η sont des opérateurs différentiels à coefficients constants,

(1.7ter) $$\xi \odot \eta = \xi\eta = \eta\xi \quad .$$

Si E est muni d'une base $(e_k)_{k=1,2,\dots,N}$, donc E^* de la base duale $(\varepsilon^k)_{k=1,2,\dots,N}$ on pourra écrire un opérateur différentiel d'ordre 2 sans terme d'ordre 0 comme

(1.7quarto) $$L = \sum_{k=1}^{N} b^k \partial_k + \frac{1}{2} \sum_{i,j=1} a^{i,j} \partial_i \partial_j \quad ,$$

[le facteur $\frac{1}{2}$ devant $a^{i,j}$ n'a ici aucune importance ; on le retrouve plus loin, on ne le retrouverait pas si on ne l'avait pas mis. C'est pour avoir $L(x^i x^j) - x^i Lx^j - x^j Lx^i = a^{i,j}$, voir S[1], page 102] ; alors

$$L_v = \begin{pmatrix} \sum_{k=1}^{N} b^k(v)\, e_k \\ \\ \frac{1}{2} \sum_{i,j=1}^{N} a^{i,j}(v)\, e_i \odot e_j \end{pmatrix} .$$

Compte-tenu de $(\varepsilon^k | e_{k'}) = \delta^k_{k'}$, $(\varepsilon^i \odot \varepsilon^j \mid e_{i'} \odot e_{j'}) = \delta^i_{i'}\delta^j_{j'} + \delta^i_{j'}\delta^j_{i'}$, on trouve bien, à partir de (1.5), $(L\varphi)(v) = (L_v \mid D^2\varphi(v))_{T^2(E,v),T^{*2}(E,v)}$. Pour la structure de préordre de $T^2(V,v)$, vue à (1.7), $L_v \geq 0$ ssi la matrice des $a^{i,j}(v)$ est (symétrique) ≥ 0.

A partir des $T^{*k}(V,v)$, $T^k(V,v)$, $P^*(V,v)$, $P(V,v)$, $T^{*1}(V,v) \odot T^{*1}(V,v)$, $T^1(V,v) \odot T^1(V,v)$ on forme, en prenant les réunions pour $v \in V$, des fibrés vectoriels $T^{*k}(V)$, $T^k(V)$, $P^*(V)$, $P(V)$, $T^{*1}(V) \odot T^{*1}(V)$, $T^1(V) \odot T^1(V)$.

<u>(1.8)</u> <u>Images par une application</u> C^2.

Soit Φ une application C^2 de V dans une autre variété W. Pour tout $v \in V$, elle définit une image réciproque <u>${}^t\Phi(v)$</u> ou <u>$\Phi^*(v)$</u> de $T^{*k}(W,\Phi(v))$ dans $T^{*k}(V,v)$, $k = 1,2$, par

(1.8bis) $$\Phi^*(v)(D^k\varphi(\Phi(v))) = D^k(\varphi \circ \Phi)(v) \quad ,$$

pour $\varphi \in C^2(W;\mathbb{R})$. Si Ψ est une application C^2 de W dans une autre variété Z, il y a transitivité :

(1.9) $$\underline{(\Psi\circ\Phi)^*(v)} = \underline{\Phi^*(v)}\circ\underline{\Psi^*(\Phi(v))} \quad .$$

De même il existe une image directe (image directe d'une distribution d'ordre ≤ 2 par une application C^2 !) de $T^k(V,v)$ dans $T^k(W,\Phi(v))$, $k=1,2$, transposée de la précédente, avec

(1.10) $$\underline{(\Psi\circ\Phi)(v)} = \underline{\Psi(\Phi(v))}\circ\underline{\Phi(v)} \quad .$$

La relation de transposition se traduit comme suit : si $\varphi\in C^2(W;\mathbb{R})$ et si L est un opérateur différentiel d'ordre ≤ 2 sur V,

(1.11) $$(\underline{\Phi(v)}\;L_v \mid D^2\varphi(\Phi(v))) = (L(\varphi\circ\Phi))(v) \quad .$$

Il peut être préférable de noter $\overset{1}{\underline{\Phi(v)}}$, $\overset{2}{\underline{\Phi(v)}}$, $\underline{\overset{1}{\Phi}{}^*(v)}$, $\underline{\overset{2}{\Phi}{}^*(v)}$, selon qu'elles opèrent sur les espaces d'ordre 1 ou d'ordre 2. Tout est fonctoriel, c-à-d. respecte les structures de sous-espace, quotient, produit tensoriel, positivité : $\overset{2}{\underline{\Phi}}{}^*(v)$ envoie $P^*(W,\Phi(v))$ dans $P^*(V,v)$, et c'est l'application $\underline{\overset{1}{\Phi}{}^*(v)}\circledcirc\underline{\overset{1}{\Phi}{}^*(v)}$ de $T^{*1}(W,\Phi(v))\odot T^{*1}(W,\Phi(v))$ dans $T^{*1}(V,v)\odot T^{*1}(V,v)$; donc elle passe aux quotients, et donne l'application $\underline{\overset{1}{\Phi}{}^*(v)}$ de $T^{*1}(W,\Phi(v))$ dans $T^{*1}(V,v)$; $\overset{2}{\underline{\Phi(v)}}$ induit $\overset{1}{\underline{\Phi(v)}} : T^1(V,v)\to T^1(W,\Phi(v))$, donc passe aux quotients $P(V,v)\to P(W,\Phi(v))$, et donne $\overset{1}{\underline{\Phi(v)}}\circledcirc\overset{1}{\underline{\Phi(v)}}$ de $T^1(V,v)\odot T^1(V,v)$ dans $T^1(W,\Phi(v))\odot T^1(W,\Phi(v))$ (2).

Un cas particulièrement simple et important est le suivant : si V' est une sous-variété (non nécessairement fermée) de V, Φ l'injection de V' dans V, $\underline{\Phi}$ est une injection : en tout point $v\in V'$, $T^k(V',v)$ est un sous-espace vectoriel de $T^k(V,v)$, et $P(V',v) = T^2(V',v)/T^1(V',v) = T^1(V',v)\odot T^1(V',v)$ s'injecte dans $P(V,v) = T^2(V,v)/T^1(V,v) = T^1(V,v)\odot T^1(V,v)$ comme le carré $\circledcirc$ de l'injection de $T^1(V',v)$ dans $T^1(V,v)$. Et $\underline{\Phi}^*$ est une surjection : $T^{*k}(V',v)$ est un quotient de $T^{*k}(V,v)$, et $P^*(V',v) = T^{*1}(V',v)\odot T^*(V',v)$ un quotient de $T^{*1}(V,v)\odot T^{*1}(V,v)$, la surjection canonique est le carré $\circledcirc$ de celle de $T^{*1}(V,v)$ sur $T^{*1}(V',v)$. Tout ceci se voit immédiatement dans une carte où V devient un ouvert d'un espace vectoriel et V' un ouvert d'un sous-espace vectoriel. Nous n'allons pas détailler toutes les formules qu'on peut en déduire lorsque V ou W ou les deux sont des espaces vectoriels de dimension finie. Nous nous bornerons au cas V est quelconque et $W = \mathbb{R}$, puis au cas $V = E$, $W = F$, et pour les espaces tangents seulement. Si V est quelconque, $W = \mathbb{R}$, alors $T^1(W,\Phi(v)) = \mathbb{R}$, $T^2(W,\Phi(v)) = \mathbb{R} \oplus (\mathbb{R} \odot \mathbb{R}) = \mathbb{R} \oplus \mathbb{R}$. Alors

$$(1.12)\quad \begin{aligned} &\underline{\overset{1}{\Phi}(v)} = D\Phi(v) \in \mathcal{L}(T^1(V,v);\mathbb{R}) = T^{*1}(V,v) , \\ &\underline{\overset{2}{\Phi}(v)} = \begin{pmatrix} D^2\Phi(v) \\ \\ D\Phi(v) \circledcirc D\Phi(v) \end{pmatrix} \in \mathcal{L}(T^2(V,v)\ ;\ \mathbb{R}\oplus(\mathbb{R}\odot\mathbb{R})) , \end{aligned}$$

où un élément de $\mathbb{R} \oplus (\mathbb{R} \odot \mathbb{R})$ est mis sous forme d'une matrice verticale ; les deux éléments de matrice sont des éléments, le premier de $\mathcal{L}(T^2(V,v);\mathbb{R}) = T^{*2}(V,v)$, le deuxième de $\mathcal{L}(P(V,v);\mathbb{R}) = P^*(V,v)) = T^{*1}(V,v) \odot T^{*1}(V,v)$; $D\Phi(v) \circledcirc D\Phi(v) = \frac{1}{2} D\Phi(v) \odot D\Phi(v)$. Ensuite, si $V = E$, $W = F$, $T^2(V,v) = E \oplus (E \odot E)$, $T^2(W,\Phi(v)) = F \oplus (F \odot F)$, et on trouve

$$(1.13)\quad \begin{aligned} &\underline{\overset{1}{\Phi}(v)} = \Phi'(v) \in \mathcal{L}(E;F) \\ &\underline{\overset{2}{\Phi}(v)} = \begin{pmatrix} \Phi'(v) & \Phi''(v) \\ \\ 0 & \Phi'(v) \circledcirc \Phi'(v) \end{pmatrix} \in \mathcal{L}(E\oplus(E\odot E)\ ;\ F\oplus(F\odot F)) , \end{aligned}$$

où un élément de $E \oplus (E \odot E)$ ou $F \oplus (F \odot F)$ est mis sous forme d'une matrice verticale. Cela veut dire que, si $L_v = \begin{pmatrix} \xi_v \\ \Delta_v \end{pmatrix} \in E \oplus (E \odot E)$, son image dans $F \oplus (F \odot F)$ est

$$(1.14)\quad \begin{pmatrix} \Phi\ (v) & \Phi''(v) \\ \\ 0 & \Phi'(v) \circledcirc \Phi'(v) \end{pmatrix} \begin{pmatrix} \xi_v \\ \\ \Delta_v \end{pmatrix} = \begin{pmatrix} \Phi'(v)(\xi_v) + \Phi''(v)(\Delta_v) \\ \\ (\Phi'(v) \circledcirc \Phi'(v))(\Delta_v) \end{pmatrix} .$$

On peut mettre ces formules sous une autre forme. Soit $t \mapsto x = \psi(t)$ une trajectoire C^2, application de la droite $\mathbb{R}$ des temps dans un espace E. Sa vitesse en un point t est $x'(t)$, son accélération $x''(t)$. Soit ensuite Φ une application C^2 de E dans F, ce qui donne $t \mapsto y = \Phi(x(t))$, trajectoire à valeurs dans F. On exprime immédiatement $y'(t)$ à partir de $x'(t)$, c'est

$$y'(t) = \overset{1}{\underline{\Phi}}(x(t))x'(t) = \Phi'(x(t))x'(t) \quad .$$

Mais on ne peut pas exprimer $y''(t)$ seulement à partir de $x''(t)$, il faut connaître à la fois $x'(t)$ et $x''(t)$ pour trouver $y''(t)$, on a

(1.14bis)
$$y''(t) = \Phi'(x(t))x''(t) + \Phi''(x(t))(x'(t)) \odot x'(t)) \quad .$$

Convenons d'appeler accélération complète de x au temps t, $\underline{x''(t)}$, le vecteur $\begin{pmatrix} x''(t) \\ x'(t) \odot x'(t) \end{pmatrix} \in E \oplus (E \odot E)$, et de même $\underline{y''((t)} = \begin{pmatrix} y''(t) \\ y'(t) \odot y'(t) \end{pmatrix} \in F \oplus (F \odot F)$.
On remarquera que $x'(t)$ est aussi $\overset{1}{\underline{x}}(t)(1)$, $1 \in \mathbb{R}$, et que l'accélération complète $\underline{x''(t)}$ est $\overset{2}{\underline{x}}(t)(1 \odot 1)$, $1 \odot 1 \in \mathbb{R} \odot \mathbb{R} = \mathbb{R}$. L'accélération complète est un élément ≥ 0 suivant (1.7). Alors

(1.15)
$$\underline{y''(t)} = \overset{2}{\underline{\Phi}}(x(t))\overset{2}{\underline{x}}(t)(1 \odot 1) \quad \text{(formule (1.10)), ou}$$

(1.15bis)
$$\begin{pmatrix} y''(t) \\ y'(t) \odot y'(t) \end{pmatrix} = \begin{pmatrix} \Phi'(x(t)) & \Phi''(x(t)) \\ 0 & \Phi'(x(t)) \circledcirc \Phi'(x(t)) \end{pmatrix} \begin{pmatrix} x''(t) \\ x'(t) \odot x'(t) \end{pmatrix} ,$$

ce qui redonne bien (1.14bis). Il n'est pas mauvais de définir $\underline{x}''(t)$ comme vecteur 2-tangent au point $x(t)$: si $\varphi \in C^2(V;\mathbb{R})$, on a

(1.16)
$$(D^2\varphi(x(t)) | \underline{x''(t)})_{T^{*2}(E,x(t)),T^2(E,x(t))}$$
$$= (\varphi'(x(t)) \quad \varphi''(x(t))) \begin{pmatrix} x'(t) \\ x'(t) \odot x'(t) \end{pmatrix}$$
$$= \varphi'(x(t))\ x''(t) + \varphi''(x(t))(x'(t) \odot x'(t)) = (\varphi \circ x)''(t) \quad .$$

Les calculs sont peut-être plus simples à faire directement pour ces vecteurs vitesse et accélération complète ; mais la vitesse et l'accélération complète des diverses trajectoires à valeurs dans E engendrent $T^2(E,v)$ en tout point v, et cela redonne la matrice carrée ci-dessus si on ne l'avait pas obtenue autrement. Par ailleurs, si la trajectoire x est à valeurs dans une variété V, la vitesse reste $\overset{1}{\underline{x}}(t)(1) \in T^1(V,x(t))$ et l'accélération complète $\overset{2}{\underline{x}}(t)(1 \odot 1) \in T^2(V,x(t))$; on pourra, si l'on veut, toujours les appeler $x'(t)$, $\underline{x''(t)}$, et on aura toujours $y'(t) = \overset{1}{\underline{\Phi(t)}}x'(t)$, $\underline{y''(t)} = \overset{2}{\underline{\Phi(x(t))x''(t)}}$ et (1.15ter) ; l'image de $\underline{x''(t)}$ dans $T^2(V,x(t))/T^1(V,x(t)) = T^1(V,x(t)) \odot T^1(V,x(t))$ est le carré de la vitesse $x'(t) \odot x'(t)$.

§ 2. TRANSFORMATIONS DES SEMI-MARTINGALES CONTINUES PAR DES APPLICATIONS C^2. INTEGRALES STOCHASTIQUES DE PROCESSUS 2-COTANGENTS OPTIONNELS PAR RAPPORT A DES SEMI-MARTINGALES SUR DES VARIETES

Résumé du § 2. (2.1) donne les variántes de la formule d'Itô pour l'image d'une semi-martingale par une application C^2, qui permettront l'énoncé du principe fondamental (2.6) : la différentielle de semi-martingale dX_t est un petit vecteur 2-tangent au point X_t. C'est ce qui pourra être transporté sur une variété.

Si alors X est une semi-martingale à valeurs dans une variété V, si J est processus optionnel 2-cotangent à V le long de X, on peut définir une intégrale stochastique $J \cdot \underline{X}$, semi-martingale (formelle) réelle, $(J \cdot \underline{X})_t = \int_{]0,t]} (J_s \mid d\underline{X}_s)$, puisque J_s est 2-cotangent au point X_s, et dX_s 2-tangent au point X_s ; c'est la proposition (2.7). La proposition (2.12) est un retour à l'intégrale $J \cdot X^c$ de S[1] (p. 66 et suivantes), mais avec les méthodes plus fortes utilisées ici. On est en fait amené à calculer des intégrales par rapport à $d\underline{X}$, dX^c, $d\underline{\tilde{X}}$, $d\,\frac{1}{2}[X,X]$. A (2.16) on étudie l'image par une application C^2 d'une variété dans une autre ; et à (2.17), le cas d'une sous-variété de V. (2.20) localise à un ouvert A de $\overline{\mathbb{R}}_+ \times \Omega$.

Dans ce paragraphe, il n'est pas question d'imposer à une semi-martingale X à valeurs dans une <u>variété</u> la valeur $X_o = 0$; X_o est arbitraire, $\in \mathcal{V}_o$. Mais les intégrales stochastiques $J \cdot \underline{X}$ seront dans $\mathcal{O}pt\mathcal{S}\mathcal{M}^c$, nulles au temps 0. [Pour les notations telles que $\mathcal{S}\mathcal{M}^c$, $\mathcal{O}pt\,\mathcal{S}\mathcal{M}^c$, etc., voir S[2], §§ 3, 4, 5 ; $\mathcal{O}pt\mathcal{S}\mathcal{M}^c$ est l'$\mathcal{O}pt$-module des semi-martingales continues formelles, nulles au temps 0.] [Si on travaille sur $[S,T]$, S et T temps d'arrêt, au lieu de $[0,+\infty]$, X_S est arbitraire, X est la restriction à $[S,T]$ d'une semi-martingale, et elle est continue sur $[S,T]$. Mais les intégrales stochastiques seront prises à partir de S, nous les noterons $J\,1_{]S,+\infty]} \cdot \underline{X} \in \mathcal{O}pt\mathcal{S}\mathcal{M}^c[S,T]$, semi-martingale réelle continue formelle sur $[0,T]$, nulle dans $[0,S]$;

$$(J\,1_{]S,+\infty]} \cdot \underline{X})_t = \int_{]S,t]} J_s\,\underline{dX_s} \quad , \quad (t,\omega) \in [S,T] \ .$$

Si V est un espace vectoriel, c'est aussi $J \cdot (\underline{X^T - X^S})$, $X^T - X^S$ semi-martingale continue sur $\overline{\mathbb{R}}_+ \times \Omega$, nulle sur $[0,S]$, arrêtée en T ; les signes $\sim$ sont toujours $\sim$ sur $[S,T]$. Là où, dans les formules, nous trouverons $\varphi(X) - \varphi(X_o)$, il faut remplacer par $\varphi(X) - \varphi(X_s)$:

$$D^2\varphi(X)\,1_{]S,+\infty]} \cdot \underline{X} = \varphi(X) - \varphi(X_s) \text{ sur } [S,T], \in \mathcal{S}\mathcal{M}^c[S,T] \ .]$$

<u>(2.1)</u> <u>Le principe fondamental</u> : <u>l'accroissement d'une semi-martingale vectorielle se comporte comme un vecteur 2-tangent</u>.

Soient E, F, des espaces vectoriels, X une semi-martingale à valeurs dans E (non nécessairement nulle au temps 0). Soit Φ une application C^2 de E dans F. D'après Itô, on a, si nous prenons des coordonnées dans E, $E = \mathbb{R}^N$, pour une base $(e_k)_{k=1,\dots,N}$:

$$\Phi(X) - \Phi(X_o) = \sum_{k=1}^{N} \partial_k\,\Phi(X) \cdot X^k + \frac{1}{2} \sum_{i,j=1}^{N} \partial_i\,\partial_j\,\Phi(X) \cdot [X^i, X^j] \quad ,$$

à valeurs dans F ;

$$= \Phi'(X) \cdot \sum_{k=1}^{N} X^k\,e_k + \frac{1}{2}\,\Phi''(X) \cdot \sum_{i,j=1}^{N} [X^i, X^j]\,e_i \odot e_j$$

$$= \Phi'(X) \cdot X + \Phi''(X) \cdot \frac{1}{2}\,[X,X] \quad ,$$

avec $[X,X] = \sum_{i,j=1}^{N} [X^i,X^j]\, e_i \odot e_j$ à valeurs dans $E \odot E$, $\Phi'(v) \in \mathcal{L}^2_{sym}(E\times E;F)=\mathcal{L}(E \odot E;F)$.

Le processus $\frac{1}{2}[X,X]$ à valeurs dans $E \odot E$ est croissant (pour la structure d'ordre vue à (1.2bis)). En effet, si $(\theta_i)_{i=1,2,\dots,N} \in E^* = \mathbb{R}^N$,

$$\sum_{i,j=1}^{N} \theta_i\, \theta_j\, \frac{1}{2}[X^i,X^j] = \frac{1}{2}\Big[\sum_{i=1}^{N} \theta_i\, X^i\,,\ \sum_{j=1}^{N} \theta_j\, X^j\Big]$$

est croissant.

En prenant le compensateur et le compensé :

$$\Phi(X)^c = \Phi'(X) \bullet X^c \quad ,$$

$$\widetilde{\Phi(X)}^{(\bullet)} - \Phi(X_o) = \widetilde{\Phi(X)} - \widetilde{\Phi(X_o)}$$

$$= \Phi(X) - \Phi(X_o) - \Phi(X)^c = \Phi'(X) \bullet \widetilde{X} + \Phi''(X) \circ \frac{1}{2}[X,X]$$

Enfin

$$\frac{1}{2}\left([\Phi(X),\Phi(X)] - [\Phi(X),\Phi(X)]_o\right) = \frac{1}{2}[\Phi(X) - \Phi(X_o), \Phi(X) - \Phi(X_o)]$$

$$= \frac{1}{2}\langle \Phi(X)^c, \Phi(X)^c\rangle = (\Phi'(X) \circledcirc \Phi'(X)) \bullet \frac{1}{2}[X,X] \quad ,$$

à valeurs dans $F \odot F$. Résumons toutes ces formules :

$$(2.1)' \quad \begin{cases} \Phi(X) - \Phi(X_o) = \Phi'(X) \bullet X + \Phi''(X) \bullet \frac{1}{2}[X,X] \\ \Phi(X)^c = \Phi'(X) \bullet X^c \\ \widetilde{\Phi(X)} - \widetilde{\Phi(X)}_o = \Phi'(X) \bullet \widetilde{X} + \Phi''(X) \bullet \frac{1}{2}[X,X] \\ \frac{1}{2}\left([\Phi(X),\Phi(X)] - [\Phi(X),\Phi(X)]_o\right) = (\Phi'(X) \circledcirc \Phi'(X)) \bullet \frac{1}{2}[X,X] \quad . \end{cases}$$

(•) Dans S[1], la décomposition d'une semi-martingale était notée $X = X^c + X^d$. Nous adopterons ici la notation, semble-t-il, plus courante, $X = X^c + \widetilde{X}$; X^c est la composante martingale continue, $\widetilde{X}$ la "caractéristique locale".

En posant, pour une semi-martingale X à valeurs dans E :

$$(2.2)\qquad \underline{X} = \begin{pmatrix} X \\ \\ \frac{1}{2}[X,X] \end{pmatrix}, \quad \underline{\tilde{X}} = \begin{pmatrix} \tilde{X} \\ \\ \frac{1}{2}[X,X] \end{pmatrix}, \quad \underline{X}^c = \begin{pmatrix} X^c \\ \\ 0 \end{pmatrix},$$

(matrices verticales), semi-martingales à valeurs dans $E \oplus (E \odot E)$, la deuxième à variation finie, on trouve quatre formules :

$$(2.3)\quad \begin{cases} \underline{\Phi(X)} - \underline{\Phi(X)}_o = \begin{pmatrix} \Phi'(X) & \Phi''(X) \\ \\ 0 & \Phi'(X) \circledcirc \Phi'(X) \end{pmatrix} \cdot \underline{X} \\ \\ \Phi(X)^c = \Phi'(X) \cdot X^c \\ \\ \widetilde{\Phi(X)} - \widetilde{\Phi(X)}_o = \begin{pmatrix} \Phi'(X) & \Phi''(X) \\ \\ 0 & \Phi'(X) \circledcirc \Phi'(X) \end{pmatrix} \cdot \underline{\tilde{X}} \\ \\ \frac{1}{2}([\Phi(X),\Phi(X)] - [\Phi(X),\Phi(X)]_o) = (\Phi'(X) \circledcirc \Phi'(X)) \cdot \frac{1}{2}[X,X] \quad . \end{cases}$$

En utilisant (1.13) :

$$(2.4)\quad \begin{cases} \underline{\Phi(X)} - \underline{\Phi(X)}_o = \overset{2}{\underline{\Phi}}(X) \cdot \underline{X} \\ \Phi(X)^c = \overset{1}{\underline{\Phi}}(X) \cdot X^c \\ \underline{\widetilde{\Phi(X)}} - \underline{\widetilde{\Phi(X)}}_o = \overset{2}{\underline{\Phi}}(X) \cdot \underline{\tilde{X}} \\ \frac{1}{2}([\Phi(X),\Phi(X)] - [\Phi(X),\Phi(X)]_o) = (\overset{1}{\underline{\Phi}}(X) \circledcirc \overset{1}{\underline{\Phi}}(X)) \cdot \frac{1}{2}[X,X] \quad . \end{cases}$$

En notation différentielle :

$$(2.5)\quad \begin{cases} d\underline{\Phi(X)} = \overset{2}{\underline{\Phi}}(X)\ d\underline{X} \\ d\Phi(X)^c = \overset{1}{\underline{\Phi}}(X)\ dX^c \\ d\underline{\widetilde{\Phi(X)}} = \overset{2}{\underline{\Phi}}(X)\ d\underline{\tilde{X}} \\ d\,\frac{1}{2}[\Phi(X),\Phi(X)] = (\overset{1}{\underline{\Phi}}(X) \circledcirc \overset{1}{\underline{\Phi}}(X))\ d\,\frac{1}{2}[X,X] \quad . \end{cases}$$

Nous exprimerons tout cela sous la forme suivante :

(2.6) Principe fondamental.

Dans une application C^2 : $E \to F$, $d\underline{X}_t$ et $d\underline{\tilde{X}}_t$ se comportent comme des vecteurs 2-tangents ≥ 0 au point X_t, dX_t^c comme un vecteur 1-tangent au point X_t, $\frac{1}{2}\, d[X,X]_t$ comme un vecteur ≥ 0 du quotient $P(E) = T^2(E)/T^1(E) = T^1(E) \odot T^1(E) = E \odot E$ au point X_t ; $\frac{1}{2}\, d[X,X]_t$ est l'image de $d\underline{X}_t$ ou $d\underline{\tilde{X}}_t$ dans le quotient.

Il est bien évident que ce principe aura des applications essentielles aux semi-martingales sur les variétés.

C'est ce qui va suivre maintenant.

Remarque (2.6bis) : Pour une semi-martingale (continue !) X, il est habituel caractéristique locale $\tilde{X}$; il vaut mieux dire que la caractéristique locale est $\underline{\tilde{X}}$, processus à variation finie à valeurs dans $E \oplus (E \odot E)$,

$$\underline{\tilde{X}} = \begin{pmatrix} \tilde{X} \\ \\ \frac{1}{2}\,[X,X] \end{pmatrix}.$$

Nous allons maintenant généraliser S[1], propositions (6.3), (6.4), (6.5), avec une démonstration beaucoup plus simple grâce à l'emploi des semi-martingales formelles, qui permettent de ne pas regarder l'intégrabilité. Soit X une semi-martingale à valeurs dans V, variété différentielle de classe C^2 (évidemment aucune condition du type $X_0 = 0$, 0 n'existe pas sur une variété !). Soit $T^{*k}(X)$ l'$\mathcal{O}$pt-module des processus optionnels k-cotangents à V le long de X ; si $J \in T^{*k}(X)$, $J(t,\omega) \in T^{*k}(V,X(t,\omega))$, et J est optionnel à valeurs dans $T^{*k}(V)$; rappelons que $\mathcal{O}pt\,\mathcal{S}\,\mathcal{M}^c$ est l'$\mathcal{O}$pt-module des semi-martingales réelles (continues) formelles, nulles au temps 0, et nous avons défini ses sous-modules $\mathcal{O}pt\,\mathcal{V}^c$, $\mathcal{O}pt\,\mathcal{M}^c$. Alors :

Proposition (2.7) : Il existe une application $\mathcal{O}$pt-linéaire unique de $T^{*2}(X)$ dans $\mathcal{O}pt\,\mathcal{S}\,\mathcal{M}^c$, notée $J \mapsto J \cdot \underline{X}$, telle que l'image de $D^2\varphi(X)$, si φ est une fonction réelle C^2 sur V, soit

(2.8) $$D^2\varphi(X) \bullet \underline{X} = \varphi(X) - \varphi(X_o) \quad .$$

Cette application est séquentiellement continue, quand on munit $T^{*2}(X)$ de la topologie de la convergence simple. L'image $T^{*2}(X) \bullet X$ de cette application est le sous-$\mathcal{O}$pt-module $\mathcal{O}pt\,\mathcal{S}\mathcal{M}^c(X)$ de $\mathcal{O}pt\,\mathcal{S}\mathcal{M}^c$, engendré par les $\varphi(X)$, φ réelle C^2 sur V, il est stable et crochet-stable [voir S[2], définition (7.6), pages 68-480] ; si V est plongée dans un espace vectoriel $\mathbb{R}^d$, c'est le sous-module engendré par les coordonnées X^k, $k = 1,2,\ldots,d$, et leurs crochets $[X^i,X^j]$, $i,j = 1,2,\ldots,d$, ou par les X^k et les produits X^iX^j. Si $J \bullet X$ est une vraie semi-martingale, on dit que J est d$\underline{X}$-intégrable. Une partie A-optionnelle de $\overline{\mathbb{R}}_+ \times \Omega$ est dite d$\underline{X}$-négligeable ssi, pour tout $J \in T^{*2}(X)$ porté par A, $J \bullet \underline{X} = 0$.

Remarque : Si V est un espace vectoriel E, $J \bullet \underline{X}$ est ce qu'on sait : si $J = (\alpha\ \ \beta)$, $J \bullet \underline{X} = \alpha \bullet X + \beta \bullet \frac{1}{2}[X,X]$. Si donc $J = D^2\varphi(X) = (\varphi'(X)\ \ \ \varphi''(X))$,

(2.8bis) $$J \bullet \underline{X} = \varphi'(X) \bullet X + \varphi''(X) \bullet \frac{1}{2}[X,X] = \varphi(X) - \varphi(X_o) \quad \text{par Itô} \quad .$$

Démonstration : 1) Unicité. Il suffit de montrer que $T^{*2}(X)$, comme $\mathcal{O}$pt-module, est engendré par les $D^2\varphi(X)$. Sur un espace vectoriel E de dimension d, une base de $T^{*2}(E,v) = E^* \oplus (E^* \odot E^*)$ est formée des $\varepsilon^k = D^2x^k(v)$, $k = 1,2,\ldots,N$, et $\varepsilon^i \odot \varepsilon^j = D^2(x^ix^j)(v) - x^i(v)D^2x^j(v) - x^j(v)D^2x^i(v)$, $i,j = 1,2,\ldots,N$, $i \le j$. Mais les vecteurs $D^2x^k(v)$, $D^2(x^ix^j)(v)$ les engendrent, donc engendrent $E^* \oplus (E^* \odot E^*)$, et sont aussi nombreux, donc forment aussi une base de $E^* \oplus (E^* \odot E^*)$. Si V est de dimension N, elle peut être plongée dans $\mathbb{R}^d$, $d = 2N$ (•) ; en tout point v de V, $T^{*2}(V,v)$ est un quotient de $E^* \oplus (E^* \odot E^*)$, parce que toute fonction réelle C^2 sur V est la restriction d'une fonction C^2 sur E ; donc il existe un système $(\varphi_\ell)_{\ell \in L}$ de fonctions C^2 sur V, les x^k et le x^ix^j, $i \le j$, telles que les $D^2\varphi_\ell(v)$

(•) J'avoue que j'en étais resté à $d = 2N+1$, comme on le remarquera dans S[1]. C'est d'ailleurs sans importance.

engendrent en tout point v de V l'espace $T^{*2}(V,v)$;

card $L = d + \frac{d(d+1)}{2} = 2N + N(2N+1) = N(2N+3)$. En tout point v de V, $N + \frac{N(N+1)}{2}$ d'entre elles sont indépendantes, donc elles le sont aussi dans un voisinage de v. Donc V admet un recouvrement ouvert $(V'_n)_{n\in\mathbb{N}}$ tel que, pour tout n, un sous-système $(D^2\varphi_\ell(v))_{\ell\in L'_n}$, card $L'_n = N + \frac{N(N+1)}{2}$, soit une base de $T^{*2}(V,v)$ pour $v' \in V'_n$. Donc dans l'ouvert optionnel $X^{-1}(V'_n)$, c-à-d. pour tout $(t,\omega) \in X^{-1}(V'_n)$, les $(D^2\varphi_\ell)(X(t,\omega))$, $\ell \in L'_n$, forment une base $T^{*2}(V,X(t,\omega))$, et $D^2\varphi_\ell(X)$ est optionnel sur $T^{*2}(V)$. Pour tout $J \in T^*(X)$, il existe des fonctions réelles optionnelles $\alpha_{\ell,n}$ telles que $J = \sum_{\ell\in L'} \alpha_{\ell,n} D^2\varphi_\ell(X)$ sur $X^{-1}(V'_n)$; nous poserons $\alpha_{\ell,n} = 0$ si $\ell \notin L'_n$. Il suffit maintenant de définir α_ℓ sur $\overline{\mathbb{R}}_+ \times \Omega$ par $\alpha_\ell = \alpha_{\ell,0}$ dans $X^{-1}(V'_o), \dots, \alpha_\ell = \alpha_{\ell,n}$ dans $X^{-1}(V'_n \setminus \dots \setminus V'_o)$, α_ℓ est réelle optionnelle, et $J = \sum_{\ell\in L} \alpha_\ell D^2\varphi_\ell(X)$. Donc $T^{*2}(X)$ est $\mathcal{O}$pt-engendré par N(2N+3) processus $D^2\varphi_\ell(X)$.

2) <u>Existence</u>. Chaque J admet une expression $\sum_\ell \alpha_\ell D^2\varphi_\ell(X)$, somme finie, $\varphi_\ell \in C^2$; nous pouvons poser

$$J \bullet \underline{X} = \sum_{\ell\in L} \alpha_\ell \, D^2\varphi_\ell(X) \bullet \underline{X} = \sum_{\ell\in L} \alpha_\ell \bullet (\varphi_\ell(X) - \varphi_\ell(X_o)) \quad .$$

Si nous montrons que c'est indépendant de la représentation de J, on aura défini une application $\mathcal{O}$pt-linéaire de $T^{*2}(X)$ dans $\mathcal{O}pt\,\mathcal{S}\mathcal{M}^c$; si $\varphi \in C^2(V;\mathbb{R})$, $D^2\varphi(X)$ aura la décomposition $D^2(X) = 1\,D^2\varphi(X)$, d'où $D^2\varphi(X) \bullet \underline{X} = \varphi(X) - \varphi(X_o)$.
Pour montrer que le résultat est indépendant de la représentation, nous devons simplement montrer que, si l'on a une relation

$$(2.9) \qquad \sum_\ell \alpha_\ell D^2\varphi_\ell(X) = 0 \quad , \quad \alpha_\ell \text{ optionnels}, \quad \sum_\ell \text{ somme finie} \quad ,$$

on a aussi la relation

$$(2.10) \qquad \sum_\ell \alpha_\ell \bullet (\varphi_\ell(X) - \varphi_\ell(X_o)) = \sum_\ell \alpha_\ell \bullet \varphi_\ell(X) = 0 \quad .$$

Prenons un atlas de V, $(V'_n)_{n\in\mathbb{N}}$, et soit $(V''_n)_{n\in\mathbb{N}}$ un atlas subordonné ; Φ_n est un C^2-difféomorphisme d'un ouvert U'_n d'un espace vectoriel E_n, sur V'_n ; soit $U''_n = \Phi_n^{-1}(V''_n)$; nous pouvons supposer $\overline{V}''_n$ compact dans V'_n, donc $\overline{U}''_n$ compact dans U'_n. Il existe une fonction $\overline{\Phi_n^{-1}}$ sur V, de classe C^2, qui est égale à Φ_n^{-1} sur V''_n;

alors $\overline{Y}_n = \overline{\Phi_n^{-1}}(X)$ est une semi-martingale, qui coïncide avec $\Phi_n^{-1}(X) = Y_n$ sur $X^{-1}(V''_n)$. Ensuite il existe $\overline{\psi}_{\ell,n}$, fonction réelle C^2 sur E, qui coïncide avec $\psi_{\ell,n} = \varphi_\ell \circ \Phi_n$ sur U''_n ; sur $X^{-1}(V''_n)$, $\overline{\psi}_{\ell,n}(\overline{Y}_n) = \psi_{\ell,n}(Y_n) = \varphi_\ell \circ \Phi_n \circ \Phi_n^{-1}(X) = \varphi_\ell(X)$.
Donc on a la relation $\sum_\ell \alpha_\ell D^2 \overline{\psi}_{\ell,n}(\overline{Y}_n) = 0$ sur $X^{-1}(V''_n)$. Mais (2.8bis) donne $\overline{\psi}_{\ell,n}(\overline{Y}_n) \sim D^2 \overline{\psi}_{\ell,n}(\overline{Y}_n) \cdot \underline{\overline{Y}_n}$ partout. Donc
$\sum_\ell \alpha_\ell \cdot \varphi_\ell(X) \sim \sum_\ell \alpha_\ell \cdot \overline{\psi}_{\ell,n}(\overline{Y}_n) \sim \sum_\ell \alpha_\ell \cdot (D^2 \overline{\psi}_{\ell,n}(\overline{Y}_n) \cdot \underline{\overline{Y}_n}) = \sum_\ell \alpha_\ell D^2 \overline{\psi}_{\ell,n}(\overline{Y}_n) \cdot \overline{Y}_n \sim 0$ sur $X^{-1}(V''_n)$. Ceci étant vrai pour tout n, $\sum_\ell \alpha_\ell \cdot \varphi_\ell(X) \sim 0$ sur $\overline{\mathbb{R}}_+ \times \Omega$, donc $= 0$.
Dans la démonstration de l'unicité, nous avons vu que $T^{*2}(X)$ est $\mathcal{O}$pt-engendré par les $D^2\varphi(X)$, $\varphi \in C^2(V,\mathbb{R})$, donc $T^{*2}(X) \cdot \underline{X}$ est engendré par les $\varphi(X) - \varphi(X_o)$, c'est $\mathcal{O}pt\,\mathcal{S}\mathcal{M}^c(X)$. On peut plonger V dans un $\mathbb{R}^d$. Itô montre que $\mathcal{O}pt\,\mathcal{S}\mathcal{M}^c(X)$ est $\mathcal{O}$pt-engendré par les $X^k - X^k_o$ et les $[X^i,X^j] - [X^i,X^j]_o$, ou par les $X^k - X^k_o$ et les $X^iX^j - X^i_oX^j_o$ $(X^iX^j = X^i \cdot X^j + X^j \cdot X^i + [X^i,X^j])$; il est donc de type fini, donc stable (c-à-d. fermé) et crochet-stable par la remarque qui suit (7.6) de S[2].

Enfin la continuité de l'intégrale est évidente. Soit $(J^k)_{k=1,\ldots,N'}$, $N' = N + \dfrac{N(N+1)}{2}$, une $\mathcal{O}$pt-base de $T^{*2}(X)$. Alors $J_n = \sum_{k=1}^{N'} \alpha_{k,n} J^k$ converge vers 0 ssi chaque $\alpha_{k,n}$, $k = 1,\ldots,N'$, converge simplement vers 0 pour $n \to +\infty$; alors $J_n \cdot X = \sum_{k=1}^{N'} \alpha_{k,n} \cdot (J^k \cdot \underline{X})$ converge vers 0 dans $\mathcal{O}pt\,\mathcal{S}\mathcal{M}^c$ (voir (2.5) de S[2]).

<u>Remarques</u> : 1) Tout le procédé de localisation par cartes a été déjà fait maintes fois dans S[1] ; je l'ai refait ici, vu l'intérêt du théorème, mais on ne devrait plus le refaire à ce stade, et on devrait se contenter de dire : par des cartes, on se ramène à V = E, espace vectoriel. Voir d'ailleurs (2.20).

2) Ce théorème d'existence et d'unicité est un théorème général d'algèbre, d'ailleurs évident : soit $\mathcal{U}$ un $\mathcal{A}$-module, $\mathcal{U}'$ un sous-ensemble de $\mathcal{U}$; soit ρ une application de $\mathcal{U}'$ dans un $\mathcal{A}$-module $\mathcal{V}$; il existe une application $\mathcal{A}$-linéaire unique $\overline{\rho}$ du sous-$\mathcal{A}$-module de $\mathcal{U}$ engendré par $\mathcal{U}'$, dans $\mathcal{V}$, égale à ρ sur $\mathcal{U}'$, pourvu que, pour toute relation $\sum_\ell \alpha_\ell u'_\ell = 0$ entre éléments de $\mathcal{U}'$ ($\sum_\ell$ somme finie, $\alpha_\ell \in \mathcal{A}$, $u'_\ell \in \mathcal{U}'$), on ait la même relation entre leurs images, $\sum_\ell \alpha_\ell \rho(u'_\ell) = 0$. La partie "unicité" de la démonstration a consisté à montrer que l'$\mathcal{O}$pt-module engendré par les $D^2\varphi(X)$, $\varphi \in C^2(V)$, est $T^{*2}(X)$; la partie "existence" à montrer la

conservation des relations.

Faisons maintenant pour $k=1$ et X^c ce que nous venons de faire pour $k=2$ et $\underline{X}$:

Proposition (2.11) : *Il existe une application* $\mathcal{O}pt$-*linéaire unique de* $T^{*1}(X)$ *dans* $\mathcal{O}pt\ \mathcal{M}^c$ ($\mathcal{O}pt$-*module des martingales* (*locales continues*) *formelles nulles au temps* 0), *notée* $J \mapsto J \bullet X^c$, *telle que, pour toute* $\varphi \in C^2(V;\mathbb{R})$:

$$(2.12) \qquad D\varphi(X) \bullet X^c = (\varphi(X))^c \; .$$

On dit que J *est* dX^c-*intégrable, si* $J \bullet X^c$ *est une martingale locale vraie. On dit que* A *optionnel* $\subset \overline{\mathbb{R}}_+ \times \Omega$ *est* dX^c-*négligeable, si, pour tout* $J \in T^{*1}(X)$ *porté par* A, $J \bullet X^c = 0$. *Si on note* $\overset{2}{J} \mapsto \overset{1}{J}$ *l'application canonique de* $T^{*2}(X)$ *sur son quotient* $T^{*1}(X)$, *on a*

$$(2.13) \qquad (\overset{2}{J} \bullet \underline{X})^c = \overset{1}{J} \bullet X^c \; ;$$

en particulier, si $\overset{2}{J}$ *est* $d\underline{X}$-*intégrable,* $\overset{1}{J}$ *est* dX^c-*intégrable* ; *si* $A \subset \overline{\mathbb{R}}_+ \times \Omega$ *est* $d\underline{X}$-*négligeable, il est* dX^c-*négligeable*.

Démonstration : C'est la même en plus simple, nous ne la répétons pas. Ces résultats ont déjà été montrés à (6.3), (6.4), (6.5) de S[1], avec deux différences : on était en martingales locales vraies, on est ici en martingales locales formelles, ce qui simplifie tout, puisqu'on n'a jamais à se soucier de l'intégrabilité ; d'autre part, la démonstration de S[1] reposait sur une représentation (6.2) par des processus tangents, ici nous donnons une démonstration directe ; nous en *déduirons* des représentations tangentielles.

La fin, c-à-d. (2.13), est évidente par $\mathcal{O}pt$-linéarité, car il suffit de la voir pour $\overset{2}{J} = D^2\varphi(X)$, et c'est la deuxième formule de (2.3), l'image de $D^2\varphi$ dans le quotient étant $D\varphi$, c.q.f.d.

(2.13bis) On n'est pas toujours obligé d'écrire l'indice 1 ou 2 ; si

$J = \overset{2}{J} \in T^{*2}(X)$, $J \cdot X^c$ voudra automatiquement dire $\overset{1}{J} \cdot X^c$, et (2.13) s'écrit

(2.13ter) $$(J \cdot \underline{X})^c = J \cdot X^c$$

On voit que $J \cdot \underline{X}$ est une intégrale par rapport à $d\underline{X}_t$, vecteur 2-tangent au point X_t, et $J \cdot X^c$ par rapport à dX^c_t, vecteur 1-tangent au point X_t (principe fondamental (2.6)). Par différence, <u>on conviendra</u> que

(2.13quarto) $$J \cdot \tilde{\underline{X}} = J \cdot \underline{X} - J \cdot X^c = J \cdot \underline{X} - (J \cdot \underline{X})^c = \widetilde{J \cdot \underline{X}} \;;$$

c'est une intégrale par rapport à la caractéristique locale $d\tilde{\underline{X}}_t$, vecteur 2-tangent au point X_t. Alors $J \mapsto J \cdot \tilde{\underline{X}} = J \cdot \underline{X}$ est une application $\mathcal{O}$pt-linéaire $T^{*2}(X)$ dans $\mathcal{O}\text{pt}\,\mathcal{V}^c$, et sont image est $\mathcal{O}\text{pt}\,\mathcal{V}^c(X) = \widetilde{\mathcal{O}\text{pt}\,\mathcal{S}\,\mathcal{M}^c(X)}$, sous-$\mathcal{O}$pt-module ou sous-espace stable engendré par les $\widetilde{\varphi(X) - \varphi(X_o)}$, $\varphi \in C^2(V;\mathbb{R})$. Si V est plongée dans $\mathbb{R}^d$, il est $\mathcal{O}$pt-engendré par les composantes $\widetilde{X^k}$ et les crochets $[X^i, X^j]$, ou par les $\widetilde{X^k}$ et les $\widetilde{X^i X^j}$.

<u>(2.13quinto)</u> On dira que $J \in T^{*2}(X)$ est $d\tilde{\underline{X}}$-intégrable, si $J \cdot \tilde{\underline{X}}$ est un vrai processus à variation finie ; que A optionnel $\subset \overline{\mathbb{R}}_+ \times \Omega$ est $d\tilde{\underline{X}}$-négligeable, si, pour tout $J \in T^{*2}(X)$ porté par A, $J \cdot \tilde{\underline{X}} = 0$. Si J est $d\underline{X}$-intégrable, il est $d\tilde{\underline{X}}$-intégrable ; si $A \subset \overline{\mathbb{R}}_+ \times \Omega$ est $d\underline{X}$-négligeable, il est $d\tilde{\underline{X}}$-négligeable. <u>Mais en fait, les parties $d\tilde{\underline{X}}$-négligeables sont exactement les parties $d\underline{X}$-négligeables</u>. Pour le voir, on peut, par localisation dans des cartes, se ramener à V = E, espace vectoriel. Alors, si A est $d\tilde{\underline{X}}$-négligeable, il est $d\tilde{X}$-négligeable et $d\,\frac{1}{2}[X,X]$-négligeable, donc dX^c-négligeable, donc dX-négligeable, donc $d\underline{X}$-négligeable.

<u>(2.13sexto)</u> Il y a lieu maintenant d'intégrer par rapport à $d\,\frac{1}{2}[X,X]_t$, vecteur de $P(V,X_t)$ suivant le principe fondamental, image de $d\underline{X}_t$ ou $d\tilde{\underline{X}}_t \in T^2(V,X_t)$ dans le quotient $P(V,X_t) = T^1(V,X_t) \odot T^1(V,X_t)$. Puisqu'il est à valeurs dans le quotient, on peut intégrer des processus J à valeurs dans le sous-espace $P^*(V)$ de $T^{*2}(V)$.

Proposition (2.14) : *Soit* $J \in T^{*2}(X)$, *à valeurs dans le sous-espace fibré* $P^*(V)$, *ce que nous écrirons* $J \in P^*(X)$. *Alors* $J \bullet \underline{X} = J \bullet \tilde{\underline{X}} = \widetilde{J \bullet \underline{X}} \in \mathcal{O}pt\ \mathcal{V}^c$, *et il est croissant si* $J \geq 0$. *Si* $J_1, J_2 \in T^{*1}(X)$, *auquel cas* $J_1 \odot J_2 \in P^*(X)$,

$$(2.15) \qquad (J_1 \odot J_2) \bullet \underline{X} = [J_1 \bullet X^c, J_2 \bullet X^c] \quad ,$$

croissant si $J_1 = J_2$.

Si $\overset{2}{J}_1, \overset{2}{J}_2 \in T^{*2}(X)$, *d'images* $\overset{1}{J}_1, \overset{1}{J}_2$ *dans* $T^{*1}(X)$,

$$(2.15\text{bis}) \qquad (\overset{1}{J}_1 \odot \overset{1}{J}_2) \bullet \underline{X} = [\overset{2}{J}_1 \bullet \underline{X}, \overset{2}{J}_2 \bullet \underline{X}] \quad ,$$

ce que l'on conviendra d'écrire, en omettant les indices 1 *et* 2 *supérieurs* :

$$(2.15\text{ter}) \qquad (J_1 \odot J_2) \bullet \underline{X} = [J_1 \bullet \underline{X}, J_2 \bullet \underline{X}] = [J_1 \bullet X^c, J_2 \bullet X^c] \; .$$

Pour $J \in P^*(V)$, *on conviendra d'écrire aussi* $J \bullet \underline{X} = J \bullet \frac{1}{2}[X,X]$, *croissant si* $J \geq 0$ *dans* $P^*(V)$ (*c'est justifié si l'on considère* $d\,\frac{1}{2}[X,X]_t$ *comme l'image de* $d\underline{X}_t$ *dans le quotient* $P(V,X_t)$, *et si on remarque que*, *pour* $V = E$, *espace vectoriel*, $J = (0 \;\; \beta)$, β *à valeurs dans* $E^* \odot E^*$, $J \bullet \underline{X} = \beta \bullet \frac{1}{2}[X,X]$). *On dira que* J *est* $d\,\frac{1}{2}[X,X]$-*intégrable*, *si* $J \bullet \frac{1}{2}\, d[X,X]$ *est un vrai processus à variation finie* ; J *est* $d\underline{X}$-*intégrable ou* $d\tilde{\underline{X}}$-*intégrable*, *ssi il est* $\frac{1}{2}\, d[X,X]$-*intégrable*. *On dira que* A *optionnel* $\subset \overline{\mathbb{R}}_+ \times \Omega$ *est* $\frac{1}{2}\, d[X,X]$-*négligeable*, *si*, *pour tout* $J \in P^*(X)$ *porté par* A, $J \bullet \frac{1}{2}[X,X] = 0$. *Si* A *est* $d\underline{X}$-*négligeable*, i.e. $d\tilde{\underline{X}}$-*négligeable*, *il est* $d\,\frac{1}{2}[X,X]$-*négligeable* ; A *est* $\frac{1}{2}\, d[X,X]$-*négligeable ssi il est* dX^c-*négligeable*.

Démonstration : Par localisation, on peut montrer (2.15) pour $V = E$, espace vectoriel. Comme l'indique la remarque suivant (2.15ter), le premier membre vaut alors $(J_1 \odot J_2) \bullet \frac{1}{2}[X,X]$, donc, par la formule de dualité (1.4), $\frac{1}{2}[J_1 \bullet X, J_2 \bullet X] + \frac{1}{2}[J_2 \bullet X, J_1 \bullet X] = [J_1 \bullet X, J_2 \bullet X] = [J_1 \bullet X^c, J_2 \bullet X^c]$. Ensuite de (2.15) on déduit (2.15bis) par (2.13). Comme $P^*(V)$ est $\mathcal{O}pt$-engendré par les $J_1 \odot J_2$, et que (2.15) montre que $(J_1 \odot J_2) \bullet \underline{X} \in \mathcal{O}pt\ \mathcal{V}^c$, on a aussi $J \bullet \underline{X} \in \mathcal{O}pt\ \mathcal{V}^c$ pour $J \in P^*(X)$. Alors $J \bullet \underline{X} = \widetilde{J \bullet \underline{X}}$ donc $= J \bullet \tilde{\underline{X}}$ par (2.13quarto). Comme un élément ≥ 0 de $P^*(X)$ est une combinaison $\mathcal{O}pt$-linéaire à coefficients ≥ 0 de carrés $\overset{1}{J} \odot \overset{1}{J}$, il est évident que $\overset{2}{J} \cdot \frac{1}{2}[X,X]$ est croissant pour $\overset{2}{J}$ élément ≥ 0 de $P^*(V)$.

Remarque (2.15quarto) : Soit $J \in T^{*2}(\underline{X})$, on a :

$$\underline{J \cdot \underline{X}} = \begin{pmatrix} J \cdot \underline{X} \\ \\ \frac{1}{2}[J \cdot \underline{X}, J \cdot \underline{X}] \end{pmatrix} = \begin{pmatrix} J \\ \\ \frac{1}{2}\, J \odot J \end{pmatrix} \cdot \underline{X} \ ,$$

semi-martingale à valeurs dans $\mathbb{R} \oplus (\mathbb{R} \odot \mathbb{R}) = \mathbb{R} \oplus \mathbb{R}$, de sorte que, si l'on pose

$\underline{\overset{2}{J}} = \begin{pmatrix} \overset{2}{J} \\ \\ \frac{1}{2}\, J^1 \odot J^1 \end{pmatrix}$, matrice d'éléments de $T^*(X)$, on aura :

(2.15quinto) $$\underline{J \cdot \underline{X}} = \underline{J} \cdot \underline{X} \ , \quad \text{et} \quad \widetilde{\underline{J \cdot \underline{X}}} = \underline{J} \cdot \tilde{\underline{X}} \ .$$

Proposition (2.16) : Soit Φ une application C^2 de V dans une autre variété W, X une semi-martingale à valeurs dans V, $\Phi(X)$ son image, semi-martingale à valeurs dans W. Soit J un processus optionnel 2-cotangent (resp. 1-cotangent) à W le long de $\Phi(X)$. Soit $\underline{\Phi}^* J$ défini par

(2.16bis) $$\underline{\Phi}^* J(t,\omega) = \underline{\Phi^*(X(t,\omega))} J(t,\omega) \ .$$

(C'est une abréviation de $\underline{\Phi^*(X) J}$.) On a

(2.17) $$\begin{cases} \underline{\Phi}^* J \cdot \underline{X} = J \cdot \underline{\Phi(X)} \ , \\ \underline{\Phi}^* J \cdot X^c = J \cdot \Phi(X)^c \ , \\ \underline{\Phi}^* J \cdot \tilde{\underline{X}} = J \cdot \widetilde{\underline{\Phi(X)}} \\ \underline{\underline{\Phi}^* J \cdot \underline{X}} = \underline{\Phi}^* \underline{J} \cdot \underline{X} = \underline{J} \cdot \underline{\Phi(X)} \ ; \end{cases}$$

si J est à valeurs dans $P^*(\Phi(X))$, $\Phi^* J$ est à valeurs dans $P^*(X)$, et

(2.17bis) $$\Phi^* J \cdot \frac{1}{2}[X,X] = J \cdot \frac{1}{2}[\Phi(X),\Phi(X)] \ .$$

Démonstration : Montrons par exemple la 1ère formule. Par $\mathcal{O}$pt-linéarité, on se ramène à $J = D^2\varphi(\Phi(X))$, $\varphi \in C^2(W;\mathbb{R})$. Cela revient alors à

$D^2(\varphi \circ \Phi)(X) \cdot \underline{X} = D^2\varphi(\Phi(X)) \cdot \underline{\Phi(X)}$, et les deux membres valent $\varphi(\Phi(X)) - \varphi(\Phi(X_o))$.

Corollaire (2.17ter) : Soit V une variété, V' une sous-variété de V (non nécessairement fermée), X une semi-martingale à valeurs dans V'. En tout point $v' \in V'$, $T^k(V',v')$ est un sous-espace vectoriel de $T^k(V,v')$, $k = 1,2$ et $T^{*k}(V',v')$ est un quotient de $T^{*k}(V,v')$. Si alors J est un processus optionnel k-cotangent à V le long de X, c-à-d. à valeurs dans $T^{*k}(V)$, et si J' est son image dans le quotient $T^{*k}(V')$, on a

$$(2.18)\quad \begin{cases} J \cdot \underline{X} = J' \cdot \underline{X} & , \text{ pour } k = 2 \ , \\ J \cdot X^c = J' \cdot X^c & , \text{ pour } k = 1 \ , \\ J \cdot \underline{\tilde{X}} = J' \cdot \underline{\tilde{X}} & , \text{ pour } k = 2 \ , \\ \underline{J} \cdot \underline{X} = \underline{J'} \cdot \underline{X} & , \text{ pour } k = 2 \ ; \end{cases}$$

(dans la dernière formule, $J' \odot J'$ est l'image de $J \odot J$) ; si J est à valeurs dans $P^*(V,X)$, J' est à valeurs dans $P^*(V',X)$, et

$$J \cdot \tfrac{1}{2}[X,X] = J' \cdot \tfrac{1}{2}[X,X] \quad , \text{ pour } k = 2 \ .$$

(Les membres de gauche sont des intégrales stochastiques relatives à X dans V, les membres de droite à X dans V').

En conséquence, les intégrales de gauche ne dépendent que de l'image J' de J dans $T^{*2}(V')$.

Démonstration : On applique (2.16) à l'injection Φ de V' dans V.

Proposition (2.19) : Soient X, X', deux semi-martingales à valeurs dans V, J, J' deux processus optionnels k-cotangents le long de X, X', respectivement, $k = 1,2$. Soit A un ouvert de $\overline{\mathbb{R}}_+ \times \Omega$. Si, dans A, $X = X'$, $J = J'$, alors, dans A, $J \cdot \underline{X} \sim J' \cdot \underline{X'}$, etc.

Démonstration : Plongeons V dans un espace vectoriel E. Il existe des relèvements $\overline{J}$, $\overline{J}'$ de J, J', en processus cotangents à E le long de X, X'. C'est une propriété générale d'un fibré et d'un fibré quotient. En effet, par un atlas et une partition de l'unité sur V, on trouve un relèvement θ de classe C^{2-k} de $T^{*k}(V)$ dans $T^{*k}(E)$ le long de V : pour tout $v \in V$, $\theta(v) \in \mathcal{L}(T^{*k}(V,v);T^{*k}(E,v))$, et, si $\pi(v)$ est la projection canonique de $T^{*k}(E,v)$ sur $T^{*k}(V,v)$, $\pi(v)\theta(v) = I(v)$; alors $\overline{J}(t,\omega) = \theta(X(t,\omega))J(t,\omega)$, ou $\overline{J} = \theta(X)J$, et de même $\overline{J}' = \theta(X)J'$. Alors, par (2.18), $J \bullet \underline{X} = \overline{J} \bullet \underline{X}$, $J' \bullet \underline{X} = \overline{J}' \bullet \underline{X}$; et, par (3.2) de S[1], on connaît la propriété pour des semi-martingales vectorielles, $\overline{J} = \overline{J}'$ sur A, $X = X'$ sur A, donc $\overline{J} \bullet \underline{X} \sim \overline{J}' \bullet \underline{X}'$ sur A.

Remarque : On démontre ensuite le même type de théorèmes que dans S[1], par exemple :

Si $A \subset \overline{\mathbb{R}}_+ \times \Omega$, si X et Y sont deux semi-martingales à valeurs dans V qui coïncident sur A, $\mathcal{O}pt\,\mathcal{S}\,\mathcal{M}^c(X)$ et $\mathcal{O}pt\,\mathcal{S}\,\mathcal{M}^c(Y)$ sont équivalents sur A ;
si Φ est une application C^2 de V dans W, $\mathcal{O}pt\,\mathcal{S}\,\mathcal{M}^c(\Phi(X)) \subset \mathcal{O}pt\,\mathcal{S}\,\mathcal{M}^c(X)$, et ils sont égaux si Φ est une immersion. En particulier, si $\widetilde{X}$ est un relèvement de X dans un revêtement $\widetilde{V}$ de V, $\mathcal{O}pt\,\mathcal{S}\,\mathcal{M}^c(\widetilde{X}) = \mathcal{O}pt\,\mathcal{S}\,\mathcal{M}^c(X)$. Etc.
On peut aussi, pour tout cela, utiliser les méthodes qui suivent, avec des cartes.

(2.20) Cas d'une semi-martingale à valeurs dans V définie seulement sur un ouvert A de $\overline{\mathbb{R}}_+ \times \Omega$.

Soit X une semi-martingale dans A, à valeurs dans V [(3)] ; elle est en particulier restriction d'un processus optionnel $\overline{X}$ sur $\overline{\mathbb{R}}_+ \times \Omega$, à valeurs dans V ; voir (6.5quinto) de S[2]. Soit J un processus 2-cotangent le long de X défini sur A. Supposons J optionnel à valeurs dans $T^*(V)$, donc restriction d'un processus optionnel $\overline{J}$ à valeurs dans $T^{*2}(V)$. Il n'y a aucune raison de supposer $\overline{J}$ 2-cotangent le long de $\overline{X}$, mais on peut toujours s'y ramener. Soit en effet π la projection de $T^{*2}(V)$ sur V ; alors $\pi(\overline{J})$ est optionnel. Donc l'ensemble de coïncidence de $\pi(\overline{J})$ et de $\overline{X}$ est un ensemble optionnel $\overline{A} \supset A$. Si alors on remplace $\overline{J}$ par un autre processus, par exemple 0, sur $\complement \overline{A}$, on peut le rendre 2-cotangent le long de $\overline{X}$, ce que nous supposerons donc. On peut alors définir $J \cdot X$ comme à (2.7), mais c'est seulement une classe d'équivalence sur A de semi-martingales réelles formelles (pour les équivalences, voir S[1] et S[2]) ce que nous noterons par $J \cdot \underline{X} \in \mathcal{O}pt\, \mathcal{S}\, \mathcal{M}^c(A)$. [On pose en effet, pour $\varphi \in C^2(V;\mathbb{R})$, $D^2\varphi(X) \cdot \underline{X} =$ classe de $\varphi(X)$; $\varphi(X)$ est une semi-martingale réelle dans A, donc d'après (6.7) de S[2], équivalente sur A à une semi-martingale formelle. Si on a une relation $\sum_\ell \alpha_\ell\, D^2\varphi_\ell(X) = 0$ sur A, α_ℓ optionnelles réelles sur A, la même méthode que dans la démonstration d'existence de (2.7) montre que l'intégrale stochastique (au sens de (6.8) de S[2], compte-tenu de (6.9), (6.10) de S[2]) $\sum_\ell \alpha_\ell \cdot \varphi_\ell(X)$ est la classe nulle . Par ailleurs, la démonstration d'unicité de (2.7) subsiste aussi : $\overline{J}$ est une combinaison $\mathcal{O}pt$-linéaire de processus $D^2\varphi(\overline{X})$. Le résultat ne dépend pas de $\overline{J}$, $\overline{X}$, à une équivalence près sur A.] L'ensemble des intégrales $J \cdot \underline{X}$ est exactement $\mathcal{O}pt\, \mathcal{S}\, \mathcal{M}^c(X,A)$, sous-$\mathcal{O}pt$-module de $\mathcal{O}pt\, \mathcal{S}\, \mathcal{M}^c(A)$ engendré par les $\varphi(X)$, $\varphi \in C^2(V;\mathbb{R})$. Etc.

Il faut, en fait, toujours savoir utiliser ces localisations. Par exemple, dans la démonstration d'existence de la proposition (2.7), si on avait traité les localisations d'abord, on aurait pu dire, en gardant les mêmes notations : sur $A_n = X^{-1}(V'_n)$, X est une semi-martingale à valeurs dans V, mais $X(X^{-1}(V'_n)) \subset V'_n$, donc c'est une semi-martingale à valeurs dans V'_n (d'après (6.5quinto) de S[2]) ; ensuite Φ^{-1} est C^2 de V'_n dans $U'_n \subset E$, donc $\Phi^{-1}(X)$ est, sur A_n, une semi-martingale Y_n à valeurs dans U'_n (et dans E). Alors $\psi_{\ell,n}(Y_n) = \varphi_\ell(X)$ sur A_n. Au sens des intégrales stochastiques de (6.8) de S[2],

$$\sum_\ell \alpha_\ell \cdot \varphi_\ell(X) \underset{A_n}{\sim} \sum_\ell \alpha_\ell \cdot \psi_{\ell,n}(Y_n) \underset{A_n}{\sim} \sum_\ell \alpha_\ell \cdot (D^2\psi_{n,\ell}(Y_n) \cdot \underline{Y}_n) \text{(par 2.8bis)} \underset{A_n}{\sim}$$

$$= (\sum_\ell \alpha_\ell\, D^2\, \psi_{n,\ell}(Y_n)) \cdot \underline{Y}_n \underset{A_n}{\sim} (\sum_\ell \alpha_\ell\, D^2\, \varphi_\ell(X)) \cdot \underline{Y}_n \underset{A_n}{\sim} = 0 \quad .$$

Un bon usage des localisations permet d'éviter les atlas subordonnés $(V''_n)_{n \in \mathbb{N}}$, ainsi que $\overline{Y}_n$ et $\overline{\psi}_{n,\ell}$.

§ 3. REPRESENTATIONS TANGENTIELLES D'UNE SEMI-MARTINGALE SUR UNE VARIETE. SOUS-ESPACE VECTORIEL TANGENT A UNE SEMI-MARTINGALE.

Résumé du § 3. (3.0) étend au calcul différentiel du second ordre ce qui avait été fait dans S[1] pour le premier, à la proposition (6.6), page 81. Pour une application u définie à (3.0), on définit une représentation tangentielle (3.1). La proposition (3.4) définit la mesure ν associée à une application u, telle que $u(J)=0$ ssi J est ν-pp. nul, et donne la liaison entre ν, les représentations tangentielles, et le sous-espace tangent $\tau(u)$. La proposition (3.4bis) détaille, pour une application u crochet-stable, les relations entre les sous-espaces tangents à u, u^c, $\tilde{u}$, $\frac{1}{2}[u,u]$. La proposition (3.5) donne les représentations tangentielles de u par (3.6), avec une étude détaillée du vecteur 2-tangent H. (3.11) applique à $u = d\underline{X}$, utilisant toujours le fait que $d\underline{X}$ est un vecteur 2-tangent , et le réinterprétant justement par ses représentations tangentielles. (3.15) donne l'image par une application C^2. (3.16) applique à une diffusion brownienne sur une variété. Puis (3.17) étend les résultats précédents, en remplaçant les fibrés cotangents par des fibrés vectoriels arbitraires de base V. (3.18) localise à un ouvert A de $\overline{\mathbb{R}}_+ \times \Omega$.

Ce paragraphe est long, et sans aucun doute ennuyeux à maints endroits ! On peut soutenir qu'il aurait été préférable de se borner aux représentations de $d\underline{X}$, mais il y a aussi dX^c, $d\tilde{\underline{X}}$, $d\,\frac{1}{2}[X,X]$, d'où naturellement l'étude des u arbitraires. En tout cas la notion de représentation tangentielle, au moins dans les cas simples, me paraît vraiment importante.

(3.0) Soit u une application $\mathcal{O}$pt-linéaire de $T^{*2}(X)$, dans $\mathcal{O}\mathrm{pt}\,\mathcal{S}\mathcal{M}^c$. On l'écrira aussi sous forme d'intégrale stochastique, $J \bullet u = u(J)$, puisque, si α est réelle optionnelle, $\alpha \bullet (J \bullet u) = \alpha J \bullet u$. On dira que $J = T^{*2}(X)$ est u-intégrable si $J \bullet u$ est une vraie semi-martingale, et que A optionnel $\subset \overline{\mathbb{R}}_+ \times \Omega$ est u-négligeable, si, pour tout $J \in T^{*2}(X)$ porté par A, $J \bullet u = 0$. En particulier, d'après le § 2, la semi-martingale elle-même définit de telles applications u, avec $J \bullet \underline{X}$, $J \bullet X^c$, $J \bullet \tilde{\underline{X}}$. De telles applications u sont toujours séquentiellement continues, comme c'est le cas de $J \mapsto \underline{X}$ (voir (2.7)), comme d'ailleurs le montrera l'expression de (3.1) par (3.2).

Introduisons l'$\mathcal{O}$pt-module $T^k(X)$ des processus optionnels k-tangents le long de X ; $H \in T^k(X)$ si H est optionnel $\overline{\mathbb{R}}_+ \times \Omega \to T^k(V)$, et si, pour tout (t,ω), $H(t,\omega) \in T^k(V,X(t,\omega))$.

Soit alors u $\mathcal{O}$pt-linéaire de $T^{*2}(X)$ dans $\mathcal{O}pt\,\mathcal{S}\,\mathcal{M}^c$. On dit qu'elle admet la représentation tangentielle

$$(3.1) \qquad u = \sum_{k=1}^{m} H_k \cdot Z^k \quad , \quad \text{ou} \quad du = \sum_{k=1}^{m} H_k \, dZ^k \quad ,$$

où les H_k sont des éléments de $T^2(X)$, les Z^k des semi-martingales réelles, si, pour tout $J \in T^{*2}(X)$,

$$(3.2) \qquad u(J) = \sum_{k=1}^{m} (J|H_k)_{T^*,T} \cdot Z^k \in \mathcal{O}pt\,\mathcal{S}\,\mathcal{M}^c \quad .$$

(Ici $(J|H_k)$ est la fonction optionnelle réelle $(t,\omega) \mapsto (J(t,\omega)|H_k(t,\omega))_{T^*(V,X(t,\omega)),T(V,X(t,\omega))}$).

<u>(3.2bis)</u> Il existe toujours des représentations tangentielles, et on peut choisir arbitrairement, pour $m = N + \frac{N(N+1)}{2} = N'$, les H_k formant une base optionnelle de l'$\mathcal{O}$pt-module $T^2(X)$. En effet, si alors $(J^k)_{k=1,2,\ldots,N'}$ est la base duale de $T^{*2}(X)$, on aura $J = \sum_{k=1}^{N'} (J|H_k)J^k$, donc

$$u(J) = \sum_{k=1}^{N'} (J|H_k) \cdot u(J^k) = \sum_{k=1}^{N'} (J|H_k) \cdot Z^k \quad .$$

<u>(3.2ter)</u> Il y a évidemment un résultat analogue avec $T^{*1}(X)$ au lieu de $T^{*2}(X)$, et, si l'on veut, $\mathcal{O}pt\,\mathcal{M}^c$ au lieu de $\mathcal{O}pt\,\mathcal{S}\,\mathcal{M}^c$, c'est ce que nous avons vu à la proposition (6.6) de S[1].

<u>(3.3)</u> On dit que u est [,]-stable, ou crochet-stable, si, pour tout $\overset{2}{J} \in T^{*2}(X)$, d'image $\overset{1}{J}$ dans $T^{*1}(X)$, on a

$$(3.3\text{bis}) \qquad u(\overset{1}{J} \odot \overset{1}{J}) = [u(\overset{2}{J}),u(\overset{2}{J})] \quad , \quad \text{écrit} \quad u(J \odot J) = [u(J),u(J)] \quad .$$

Dans ce cas, (2.15quinto) donne $u(\underline{J}) = \underline{u(J)}$. On appellera alors u^c l'application composée $T^*(X) \xrightarrow{u} \mathcal{O}pt\,\mathcal{S}\mathcal{M}^c \xrightarrow{\text{projection}} \mathcal{O}pt\,\mathcal{M}^c$, $u^c(J)$ sera notée $J \cdot u^c$; comme $P^*(X)$ est $\mathcal{O}pt$-engendré par les $J_1 \odot J_2$, et que $u(J_1 \odot J_2) \in \mathcal{O}pt\,\mathcal{V}^c$, u envoie $P^*(X)$ dans $\mathcal{O}pt\,\mathcal{V}^c$, donc $u^c(J)$ ne dépend que de l'image $\overset{1}{J}$ de $\overset{2}{J}$ dans $T^{*1}(X)$, et $J \mapsto J \cdot u^c$ est une application $\mathcal{O}pt$-linéaire de $T^{*1}(X)$ dans $\mathcal{O}pt\,\mathcal{M}^c$. Ensuite $\tilde{u}$ sera l'application composée $T^{*2}(X) \xrightarrow{u} \mathcal{O}pt\,\mathcal{S}\mathcal{M}^c \xrightarrow{\text{projection}} \mathcal{O}pt\,\mathcal{V}^c$ et on notera $\tilde{u}(J) = J \cdot \tilde{u}$. Pour $J \in P^*(X)$, $J \cdot u = \widetilde{J \cdot u} = J \cdot \tilde{u}$, et on pourra l'écrire $J \cdot \frac{1}{2}[u,u]$, comme si $\frac{1}{2}\, d[u,u]_t$ était un vecteur de $P^*(V,X_t)$, puisque $(J_1 \odot J_2) \cdot \frac{1}{2}[u,u] = [J_1 \cdot u, J_2 \cdot u] = [J_1 \cdot u^c, J_2 \cdot u^c]$ (voir remarque après (2.14)). Et finalement $u(\underline{J})$ sera noté $\underline{J} \cdot u$. Comme tout élément ≥ 0 de $P^*(X)$ est combinaison $\mathcal{O}pt$-linéaire à coefficients ≥ 0 d'éléments $\overset{1}{J} \odot \overset{1}{J}$, $\overset{1}{J} \in T^{*1}(X)$, on voit que, si u est crochet-stable, $\overset{2}{J} \cdot \frac{1}{2}[u,u]$ est croissant pour $\overset{2}{J}$ élément ≥ 0 de $P^*(X)$.

Bien entendu, si J est u-intégrable, il est u^c-, et $\tilde{u}$-intégrable ; si A optionnel $\subset \bar{\mathbb{R}}_+ \times \Omega$ est u-négligeable, il est u^c-, $\tilde{u}$- et $\frac{1}{2}[u,u]$-négligeable. Mais en outre (voir (2.13quinto) et (2.14)), les parties $\tilde{u}$-négligeables sont exactement les parties u-négligeables, et les parties $\frac{1}{2}[u,u]$-négligeables sont exactement les parties $\tilde{u}^c$-négligeables. Soit en effet d'abord A $\tilde{u}$-négligeable ; pour tout $J \in T^*(X)$ porté par A,

$$0 = \tilde{u}(J \odot J) = u(J \odot J) = [u(J), u(J)] \quad , \quad \text{donc} \quad u^c(J) = 0 \quad ,$$

donc A est u^c- et $\tilde{u}$-négligeable, donc u-négligeable. Ensuite la relation $\frac{1}{2}[u,u](J \odot J) = \frac{1}{2}[u^c(J), u^c(J)]$ montre aussitôt que A est u^c-négligeable ssi il est $\frac{1}{2}[u,u]$-négligeable, parce que les $J \odot J$ $\mathcal{O}pt$-engendrent $P^*(X)$.

<u>Proposition (3.4)</u> : <u>Soit</u> u <u>une application</u> $\mathcal{O}pt$-<u>linéaire de</u> $T^{*\ell}(X)$ <u>dans</u> $\mathcal{O}pt\,\mathcal{S}\mathcal{M}^c$, $\ell = 1,2$. <u>Elle possède une mesure</u> $\nu \geq 0$ <u>équivalente</u> (<u>sur</u> ($\bar{\mathbb{R}}_+ \times \Omega$, $\mathcal{O}pt$)), i.e. <u>ayant les mêmes parties négligeables</u>. <u>Il existe un sous</u>-$\mathcal{O}pt$-<u>module</u> $\mathfrak{N}^*$ <u>de</u> $T^{*\ell}(X)$, <u>et une famille</u> τ^* <u>optionnelle de sous-espaces</u> k-<u>cotangents à</u> V <u>le long de</u> X ($\tau^*(t,\omega) \in T^{*\ell}(V, X(t,\omega))$), <u>uniques à des ensembles</u> u-<u>négligeables près</u>, <u>tels que</u> : <u>pour</u> $J \in T^{*k}(X)$, $J \cdot u = 0$ <u>ssi</u> J <u>est</u> u-pp. <u>égale à un élément de</u> $\mathfrak{N}^*$, <u>ou</u> J <u>prend</u> u-pp. <u>ses valeurs dans</u> τ^*. <u>Il existe une infinité de couples</u> $(\bar{\nu}, \bar{\tau}^*)$ <u>d'une</u>

mesure $\overline{\nu} \geq 0$ sur $(\mathbb{R}_+ \times \Omega, \mathcal{O}pt)$ et d'une famille optionnelle $\overline{\tau}^*$ de sous-espaces ℓ-cotangents à V le long de X, tels que : $J \cdot u = 0$ ssi J prend $\overline{\nu}$-pp. ses valeurs dans $\overline{\tau}^*$; à une équivalence près ν est la plus petite des $\overline{\nu}$; $\overline{\nu}$ est équivalente à ν ssi elle est $\overline{\tau}^*$-minimale, i.e. ne charge pas $\{\overline{\tau}^* = T^{*\ell}\}$. On peut prendre pour $\overline{\nu}$ n'importe quelle mesure dominant ν ; $\overline{\tau}^*$ est toujours unique à un ensemble $\overline{\nu}$-négligeable près ; si $\overline{\nu}$ domine ν, $(\overline{\nu}, \overline{\tau}^*)$ convient ssi $\overline{\tau}^* = \tau^*$ ν-pp., et si, sur tout ensemble ν-négligeable, $\overline{\tau}^* = T^{*\ell}$ $\overline{\nu}$-pp. ; donc $\overline{\nu}$-pp., $\overline{\tau}^* = \tau^*$ ou $\overline{\tau}^* = T^{*\ell}$. Soit $\overline{\tau}(u)$ la famille orthogonale de $\overline{\tau}^*$; c'est une famille optionnelle de sous-espaces ℓ-tangents à V le long de X ; $\overline{\tau}(u)(t,\omega) \in T^{\ell}(V, X(t,\omega))$ est appelé le sous-espace tangent à u au point (t,ω), associé à $\overline{\nu}$; $\overline{\tau}(u)$ est défini à un ensemble $\overline{\nu}$-négligeable près ; si $\overline{\nu}$ domine ν, $(\overline{\tau}(u), \overline{\nu})$ convient ssi $\overline{\tau}(u) = \tau(u)$ ν-pp., et si, sur tout ensemble ν-négligeable, $\overline{\tau}(u) = \{0\}$ $\overline{\nu}$-pp. Si, pour une représentation tangentielle de u suivant (3.1), on appelle $[H_1, H_2, \ldots, H_m]$ la famille optionnelle de sous-espaces ℓ-tangents engendrée par $H_1, H_2, \ldots, H_m$ (en (t,ω) il est le sous-espace engendré par les $H_1(t,\omega), \ldots, H_m(t,\omega)$), l'orthogonal $\overline{\tau}(u)$ de $\overline{\tau}^*$, défini à un ensemble $\overline{\nu}$-négligeable près, est "$\overline{\nu}$-essentiellement" le plus petit $[H_1, H_2, \ldots, H_m]$ correspondant à toutes les représentations tangentielles possibles : pour toute représentation tangentielle, $\overline{\tau}(u) \subset [H_1, H_2, \ldots, H_m]$ $\overline{\nu}$-pp., et il existe alors des représentations tangentielles pour lesquelles $\overline{\tau}(u) = [H_1, H_2, \ldots, H_m]$ partout, et pour lesquelles les parties u-négligeables sont exactement les parties Z^k-négligeables pour tout $k = 1, 2, \ldots, m$.

Démonstration : Prenons par exemple le cas de $T^{*2}(X)$. Soit $(J^k)_{k=1,2,\ldots,N'}$, $N' = N + \frac{N(N+1)}{2}$, une base optionnelle de $T^{*2}(X)$. Alors $(\alpha_k)_{k=1,2,\ldots,N'} \mapsto \sum_{k=1}^{N'} \alpha_k J_k$ est un isomorphisme d'$\mathcal{O}pt$-modules de $\mathcal{O}pt^{N'}$ sur $T^{*2}(X)$; et on a des mesures $Z^k = u(J^k)$ sur $(\Omega, \mathcal{O}) = (\mathbb{R}_+ \times \Omega, \mathcal{O}pt)$, à valeurs dans $E = L^0(\Omega, \mathcal{O}, \lambda)$. On est donc exactement ramené à la situation (2.8), (2.9) de S[2] (elle a été écrite exprès pour ça !). Nous pouvons appliquer S[2] parce que :

a) $(Z^k = u(J^k))_{k=1,2,\ldots,N'}$ est engendré par un nombre fini de semi-martingales formelles, orthogonales au sens de (2.9) de S[2] ; c'est même vrai en un sens plus fort, § 7 de S[2].

b) Toute semi-martingale formelle admet une mesure ≥ 0 équivalente, (3 6bis) de S[2]. On trouve aussitôt toutes les conclusions relatives aux $(\overline{\nu},\overline{\tau})$. Si μ est la mesure qui intervient dans S[2], c'est $(Z^k)_{k=1,2,\ldots,N'}$ à valeurs dans $E^{N'}$; A optionnel $\subset \overline{\mathbb{R}}_+ \times \Omega$ est μ-négligeable ssi, pour tout $J \in T^{*2}(X)$ porté par A, $J = \sum_{k=1}^{N'} \alpha_k J^k$, on a $\sum_{k=1}^{N'} \alpha_k u(J^k) = 0$, i.e. $\bar{u}(J) = 0$, c-à-d. si A est u-négligeable.

Si τ est la famille optionnelle de sous-espaces engendrée par les H_k, pour une représentation tangentielle arbitraire, on a certainement $u(J) = 0$ si J est orthogonale à tous les H_k, c-à-d. à τ, c-à-d. s'il est à valeurs dans τ^+. Si $A = \{\tau^+ \not\subset \overline{\tau}^*\}$, il existe un élément J de $T^{*2}(X)$, porté par A, à valeurs dans $\tau^+ \setminus \overline{\tau}^*$ sur A ; $u(J) = 0$ puisque J est à valeurs dans τ^+, donc J est $\overline{\nu}$-pp. dans $\overline{\tau}^*$; or il n'est pas dans $\overline{\tau}^*$ sur A, donc $\overline{\nu}(A) = 0$, donc $\{\tau^+ \not\subset \overline{\tau}^*\} = \{\overline{\tau}^{*+} \not\subset \tau\} = \{\overline{\tau}(u) \not\subset [H_1,H_2,\ldots,H_m]\}$ est $\overline{\nu}$-négligeable.

Montrons maintenant qu'il existe une représentation tangentielle pour laquelle $\overline{\tau}(u) = [H_1,H_2,\ldots,H_m]$ partout. Choisissons une base $(J^k)_{k=1,2,\ldots,N'}$ de $T^{*2}(X)$, optionnelle, dont les $N'' \leq N'$ premiers vecteurs forment une base de $\overline{\tau}^*$. Le nombre N" est un processus ; on peut partager $\overline{\mathbb{R}}_+ \times \Omega$ en parties optionnelles A_j, dans chacune desquelles $N'' = N''_j$ est constant. Soit $(H_k)_{k=1,2,\ldots,N'}$ la base duale ; on a une représentation tangentielle avec les $Z^k = u(J^k)$, et les H_k. L'orthogonal $\overline{\tau}(u) = \overline{\tau}^{*+}$ de $\overline{\tau}^*$ est engendré par les H_k, pour les $N' - N''$ dernières valeurs de k. Si α est une fonction optionnelle réelle portée par A_j, et si $k \leq N''_j$, αJ_k est à valeurs dans $\overline{\tau}^*$, donc $u(\alpha J_k) = \alpha \cdot Z^k = 0$; donc A_j est dZ^k-négligeable. On peut alors, sur A_j, remplacer H_k par 0 (les H_k ne forment alors plus une base duale des J^k ; c'est sans importance !), sans changer la propriété de $\sum_{k=1}^{N'} H_k \, dZ^k$ d'être une représentation tangentielle de U. Mais alors H_k ainsi modifié est à valeurs partout dans $\overline{\tau}^{*+} = \overline{\tau}(u)$. On a donc trouvé une représentation tangentielle pour laquelle $\overline{\tau}(u) \supset [H_1,H_2,\ldots,H_m]$. Comme $\subset$ $\overline{\nu}$-pp., $\overline{\tau}(u) = [H_1,H_2,\ldots,H_m]$ $\overline{\nu}$-pp. Nous n'avons pas du tout là une représentation tangentielle quelconque : $(J^k)_{k=1,2,\ldots,N'}$ est une base optionnelle de $T^{*2}(X)$, et les mesures sont $Z^k = u(J^k)$. Alors A optionnel $\subset \overline{\mathbb{R}}_+ \times \Omega$ est u-négligeable ssi tous les $1_A J^k \cdot u$ sont nulles, i.e. toutes les $1_A \cdot Z^k$ sont nulles, i.e. ssi A est dZ^k-négligeable pour tout k (ce qui ne serait pas vrai pour une représentation tangentielle quelconque !). Remplaçons alors $\overline{\tau}(u)$ par $\{0\}$ et les H_k par 0 sur $\{\overline{\tau}(u) \neq [H_1, H_2, \dots, H_m]\}$. C'est permis pour $\overline{\tau}$, parce que cet ensemble est $\overline{\nu}$-négligeable. Mais il est a fortiori u-négligeable, donc Z^k-négligeable pour tout k, c'est donc aussi permis pour les H^k. Alors $\overline{\tau}(u) = [H_1, H_2, \dots, H_m]$ partout

Remarques : 1) Il est en général plus simple de prendre ν équivalente à u. Toutefois, si on a à comparer plusieurs applications $u^{(1)}, u^{(2)}, \dots, u^{(n)}$ (c'est ce que nous ferons à (3.4bis)), il est indispensable de prendre une même mesure $\overline{\nu}$ dominant toutes les $u^{(i)}$ si l'on veut pouvoir comparer les $\overline{\tau}(u^{(i)})$ associées. Toute partie optionnelle A λ-négligeable (i.e. λ-évanescente) de $\overline{\mathbb{R}}_+ \times \Omega$ est nécessairement u-négligeable ; en effet, si J est porté par A, $J \cdot u = 1_A\, J \cdot u = 1_A \cdot (J \cdot u) = 0$. Donc en fait il sera meilleur de supposer que $\overline{\nu}$ ne charge pas les ensembles évanescents. De même u ne charge pas les graphes de temps d'arrêt, donc on peut raisonnablement supposer que $\overline{\nu}$ ne les charge pas non plus. Alors $\overline{\nu}$ sera de la forme $\varphi \to \mathbb{E} \int_{]0,+\infty]} \varphi_s \, dW_s$, W processus ≥ 0 croissant adapté continu intégrable. Mais ces hypothèses raisonnables ne sont nullement indispensables, donc nous ne le faisons pas, elles ne feraient qu'embarrasser encore plus des énoncés qui le sont déjà suffisamment.

2) Il peut paraître étonnant que, quel que soit le choix de $\overline{\nu}$, $\overline{\tau}(u)$ soit toujours l'intersection $\overline{\nu}$-essentielle des $[H_1, H_2, \dots, H_m]$, alors que ces derniers se déterminent indépendamment de toute mesure $\overline{\nu}$. Supposons seulement montré que, ν- ou u-pp., $\tau(u) \subset [H_1, H_2, \dots, H_m]$ pour une représentation tangentielle donnée. Les ensembles optionnels $\{\tau(u) \not\subset [H_1, H_2, \dots, H_m]\}$ et $\{\tau(u) \neq \overline{\tau}(u)\}$ sont ν-négligeables ; mais, sur tout ensemble ν-négligeable, $\overline{\tau}^* = T^{*2}$, donc $\overline{\tau}(u) = \{0\}$, donc $\overline{\tau}(u) \subset [H_1, H_2, \dots, H_m]$ $\overline{\nu}$-pp. Supposons ensuite démontré qu'il existe une représentation tangentielle pour laquelle $\tau(u) = [H_1, H_2, \dots, H_{N'}]$ partout, et pour laquelle $Z^k = u(J^k)$, $(J^k)_{k=1,2,\dots,N'}$, base optionnelle de $T^{*2}(X)$. Pour avoir $\overline{\tau}(u) = [H_1, H_2, \dots, H_{N'}]$ partout, il suffira de remplacer $\overline{\tau}(u)$ par $\{0\}$ et $H_1, H_2, \dots, H_{N'}$, par 0, sur $\{\overline{\tau}(u) \neq \tau(u)\}$. Mais $\{\overline{\tau}(u) \neq \tau(u)\}$ est ν-négligeable, donc sur lui on a déjà $\overline{\tau}(u) = \{0\}$ $\overline{\nu}$-pp , donc on ne modifie $\overline{\tau}(u)$ que sur un ensemble $\overline{\nu}$-négligeable, ce qui est permis. Et $\{\overline{\tau}(u) \neq \tau(u)\}$, ν-négligeable, est

dZ^k-négligeable pour $k = 1,2,\dots,N'$, et on a le droit d'y remplacer les H_k par 0 sans leur ôter le caractère de représentation tangentielle associée aux Z^k. On aura alors $\overline{\tau}(u) = [H_1, H_2, \dots, H_{N'}]$, partout.

Si donc $\tau(u)$ est l'intersection ν-essentielle de tous les $[H_1, H_2, \dots, H_m]$, pour toutes les représentations tangentielles, $\overline{\tau}(u)$ est leur intersection $\overline{\nu}$-essentielle.

Proposition (3.4bis) : Soit $u : T^{*2}(X) \to \mathcal{O}pt\, \mathcal{S}\mathcal{M}^c$, $\mathcal{O}pt$-linéaire et crochet-stable. Soit $\overline{\nu}$ une mesure ≥ 0 dominant u. Il existe des familles $\overline{\tau}^*$, $\overline{\tau}'^*$, $\overline{\tau}''^*$ optionnelles de sous-espaces 2-cotangents à V le long de X, uniques à des ensembles $\overline{\nu}$-négligeables près, ayant les propriétés suivantes :

a) $u(J) = 0$ ssi J prend $\overline{\nu}$-pp. ses valeurs dans $\overline{\tau}^*$;

b) $u(J) \in \mathcal{O}pt\, \mathcal{M}^c$ ssi J prend $\overline{\nu}$-pp. ses valeurs dans $\overline{\tau}'^*$;

c) $u(J) \in \mathcal{O}pt\, \mathcal{V}^c$ ssi J prend $\overline{\nu}$-pp. ses valeurs dans $\overline{\tau}''^*$.

On a alors aussi la propriété :

d) $\overline{\tau}''^* \supset P^*(X)$, $\overline{\tau}^* = \overline{\tau}'^* \cap \overline{\tau}''^*$, et $\overline{\tau}'^* + \overline{\tau}''^* = T^{*2}(X)$, $\overline{\nu}$-pp.

(Si donc $\hat{\tau}'^*$ est une famille optionnelle supplémentaire de $\overline{\tau}^*$ dans $\overline{\tau}'^*$, et $\hat{\tau}''^*$ une famille optionnelle supplémentaire de $\overline{\tau}^*$ dans $\overline{\tau}''^*$, $T^{*2}(X)$ est la somme directe $\overline{\tau}^* \oplus \hat{\tau}'^* \oplus \hat{\tau}''^*$). (On pourra évidemment faire en sorte que les relations d) soient vérifiées partout, en remplaçant $\overline{\tau}^*$, $\overline{\tau}'^*$, $\overline{\tau}''^*$ par $T^{*2}(V)$ sur l'ensemble $\overline{\nu}$-négligeable où elles ne sont pas toutes vérifiées.)

Si on appelle $\overline{\tau}(u)$, $\overline{\tau}(u^c)$, $\overline{\tau}(\tilde{u})$ les sous-espaces tangents à u, u^c, $\tilde{u}$, le long de X, associés à $\overline{\nu}$, ce sont les orthogonaux de $\overline{\tau}^*$, $\overline{\tau}''^*$, $\overline{\tau}'^*$ respectivement, et et d) se traduit par :

e) $\overline{\tau}(u^c) \subset T^1$, $\overline{\tau}(u^c) \cap \overline{\tau}(\tilde{u}) = \{0\}$, $\overline{\tau}(u) = \overline{\tau}(u^c) \oplus \overline{\tau}(\tilde{u})$, somme directe, $\overline{\nu}$-pp., et partout si on le désire.

Démonstration : On définit $\overline{\tau}^*$, $\overline{\tau}'^*$, $\overline{\tau}''^*$ par la proposition (3.4), relativement à u, $\tilde{u}$, u^c, indépendamment, mais relativement à une même mesure $\overline{\nu}$ dominant u, $\tilde{u}$, u^c, c-à-d. simplement dominant u. C'est dans cet exemple précisément qu'on voit l'intérêt de pouvoir choisir $\overline{\nu}$ et non nécessairement une mesure minimale (voir remarque 1 après (3.4)). Comme $J \cdot u = 0$ implique $J \cdot u^c = J \cdot \tilde{u} = 0$, $\overline{\tau}'^*$ et $\overline{\tau}''^* \supset \overline{\tau}^*$ $\overline{\nu}$-ps. (nous ne répétons pas les raisonnements déjà souvent faits !) Comme inversement $J \cdot u^c = 0$, $J \cdot \tilde{u} = 0$, entraîne $J \cdot u = 0$, $\overline{\tau}^* = \overline{\tau}'^* \cap \overline{\tau}''^*$ $\overline{\nu}$-pp. (Refaisons ici une fois le raisonnement. Soit J optionnel porté par $\{\overline{\tau}^* \neq \overline{\tau}'^* \cap \overline{\tau}''^*\}$, à valeurs dans $(\overline{\tau}'^* \cap \overline{\tau}''^*) \setminus \overline{\tau}^*$; comme J est porté par $\overline{\tau}'^*$ et $\overline{\tau}''^*$, $J \cdot u^c = 0$, $J \cdot \tilde{u} = 0$, donc $J \cdot u = 0$; donc J prend $\overline{\nu}$-pp. ses valeurs dans $\overline{\tau}^*$; or $J \notin \tau^*$ sur $\{\overline{\tau}^* \cap \overline{\tau}''^* \neq \overline{\tau}^*\}$, donc cet ensemble est $\overline{\nu}$-négligeable.) Comme u est crochet-stable, $u(J \circledcirc J) \in \mathcal{O}pt\, \mathcal{V}^c$, donc u^c est nulle sur $P^*(X)$, donc $\overline{\tau}''^* \supset P^*$ $\overline{\nu}$-pp. Enfin soit $(J^k)_{k=1,2,\ldots,N'}$ une base optionnelle de $T^{*2}(X)$. Puisque $u(T^{*2}(X))$ est un $\mathcal{O}pt$-sous-module stable et crochet-stable de $\mathcal{O}pt\, \mathcal{S}\, \mathcal{M}^c$, il est stable pour les projections sur $\mathcal{O}pt\, \mathcal{M}^c$ et $\mathcal{O}pt\, \mathcal{V}^c$, par (7.6) de S[2], donc il existe J'^k et J''^k tels que $u(J'^k) = u^c(J^k)$, $u(J''^k) = \tilde{u}(J^k)$; alors J'^k prend $\overline{\nu}$-pp. ses valeurs dans $\overline{\tau}'^*$, J''^k dans $\overline{\tau}''^*$, et comme $u(J^k - J'^k - J''^k) = 0$, $J^k - J'^k - J''^k \in \overline{\tau}^*$ $\overline{\nu}$-pp., donc $J^k \in \overline{\tau}'^* + \overline{\tau}''^*$ $\overline{\nu}$-pp. ; donc $\overline{\tau}'^* + \overline{\tau}''^* = T^{*2}$ $\overline{\nu}$-pp. En remplant $\overline{\tau}^*$, $\overline{\tau}'^*$, $\overline{\tau}''^*$ par T^{*2} sur l'ensemble $\overline{\nu}$-négligeable où les relations d) ne sont pas vérifiées, elles seront vérifiées partout.

<u>Remarque</u> : Si l'on étudie <u>une seule</u> application u, on peut avoir intérêt à prendre $\overline{\nu}$ minimale pour u ; elle le sera aussi pour $\tilde{u}$, puisque les parties u- et $\tilde{u}$-négligeables sont les mêmes, <u>mais elle ne sera pas minimale pour</u> u^c. Alors $\overline{\nu}$ disparaît, et $\overline{\nu}$-négligeable pourra se remplacer partout par u-négligeable. On pourra, sans inconvénient, dans ce cas, remplacer la notation $\overline{\tau}^*$, $\overline{\tau}'^*$, $\overline{\tau}''^*$, $\overline{\tau}(u)$, $\overline{\tau}(u^c)$, $\overline{\tau}(\tilde{u})$ par la notation τ^*, τ'^*, τ''^*, $\tau(u)$, $\tau(u^c)$, $\tau(\tilde{u})$, bien que $\overline{\nu}$ ne soit pas minimale pour u, et il n'y aura guère de confusion possible. Mais nous conserverons la possibilité d'utiliser $\overline{\nu}$ dominant u, pour pouvoir évetuellement comparer plusieurs applications $u^{(i)}$, voir remarque 1) après (3.4).

<u>Proposition (3.5)</u> : <u>Soit</u> $u : T^{*2}(X) \to \mathcal{O}pt\, \mathcal{S}\, \mathcal{M}^c$, $\mathcal{O}pt$-<u>linéaire et crochet-stable</u>. <u>Elle admet des représentations tangentielles</u>

(3.6) $$u = \sum_{k=1}^{m} \overset{1}{H}_k \cdot Z^k + \overset{2}{H} \cdot V ,$$

où les $\overset{1}{H}_k$ sont des processus optionnels 1-tangents, $\overset{1}{H}_k \in T^{*1}(X)$, les Z_k des semi-martingales, V un processus croissant (continu adapté ≥ 0) arbitraire dominant u et les $[Z^i, Z^j]$. Si alors on pose $[Z^i, Z^j] = \beta_{i,j} \bullet V$, la projection $\overset{1,1}{H}$ de $\overset{2}{H}$ sur le quotient $T^2/T^2 = T^1 \odot T^1$ est nécessairement

$$(3.7) \qquad \overset{1,1}{H} = \frac{1}{2} \sum_{i,j=1}^{m} \beta^{i,j} \, H_i \odot H_j \quad , \quad dV\text{-pp.},$$

(et on peut donc le supposer vrai partout, en modifiant H sur un ensemble dV-négligeable). On en déduit que $\overset{1,1}{H}$ est dV-pp. ≥ 0 pour la structure d'ordre de $T^1(V) \odot T^1(V)$ (voir (1.2bis)), ou que $\overset{2}{H}$ est dV-pp. ≥ 0 pour le préordre de $T^2(V)$ vu à (2.7).

2) On peut toujours choisir les $Z^k = M^k$ martingales (et même martingales orthogonales). Dans ce cas,

$$(3.8) \qquad u^c = \sum_{k=1}^{m} \overset{1}{H}_k \bullet M^k \quad , \quad \tilde{u} = \overset{2}{H} \bullet V \quad ,$$

$$\frac{1}{2}[u,u] = \Big(\frac{1}{2} \sum_{i,j=1}^{m} \beta_{i,j} \, H_i \odot H_j\Big) \bullet V = \overset{1,1}{H} \bullet V \quad .$$

Il existe une infinité de couples $\overset{\overline{2}}{H}$, $\overline{V}$, jouant le rôle de $\overset{2}{H}$, V mais $\overline{H} \bullet \overline{V}$ est unique au sens suivant : à une équivalence près, il existe une dV unique minimale ; dV est minimale ssi elle ne charge pas $\{H = 0\}$; dV minimale est équivalente à u ou $\tilde{u}$, (i.e. a les mêmes parties négligeables) on peut prendre $d\overline{V}$ arbitraire dominant les minimales ; alors $\overline{H}$ est unique à un ensemble $d\overline{V}$-négligeable près ; si $d\overline{V}$ domine dV, $\overline{H}$ convient ssi $dV = \alpha \, d\overline{V}$, $\alpha \in \mathcal{O}pt$, $\overline{H} = \alpha H$ $d\overline{V}$-pp. Donc sur tout ensemble dV-négligeable, $\overline{H} = 0$ $d\overline{V}$-pp. Si $[\overline{H}]$ est le sous-espace vectoriel, de dimension 0 ou 1, engendré par H, il est caractérisé par : $[\overline{H}] = [H]$ dV-pp., et, sur tout ensemble dV-négligeable, $[\overline{H}] = \{0\}$ $d\overline{V}$-pp.

3) Quels que soient les choix de $\overline{\nu}$, $\overline{\tau}(u)$, $\overline{\tau}(u^c)$, $\overline{\tau}(\tilde{u})$ suivant (3.4bis), et de $M^1, \dots, M^m$, et de $H_1, H_2, \dots, H_m$, $\overline{H}$, $\overline{V}$ suivant (3.8), $\overline{\nu}$ et $d\overline{V}$ dominant u mais choisies indépendamment l'une de l'autre, on a d'une part $\overline{\tau}(u) = \overline{\tau}(u^c) \oplus \overline{\tau}(\tilde{u})$, somme directe $\overline{\nu}$-pp., d'autre part $\overline{\tau}(u^c) \subset [H_1, H_2, \dots, H_m]$ ($[\dots]$ est le sous-espace

vectoriel engendré par) $\overline{\nu}$-pp., $\overline{\tau}(\tilde{u}) \subset [\overset{2}{H}]$ $\overline{\nu}$-pp. (mais pas forcément $d\overline{V}$-pp.), $\overline{\tau}(\tilde{u}) \supset [\overset{2}{H}]$ $d\overline{V}$-pp. (mais pas forcément $\overline{\nu}$-pp.). On peut, $\overline{\nu}$ et $d\overline{V}$ étant choisies (dominant u, mais indépendamment l'une de l'autre) choisir $\overline{\tau}(u)$, $\overline{\tau}(u^c)$, $\overline{\tau}(\tilde{u})$, $H_1, H_2, \ldots, H_m$, $\overline{H}$, $M_1, M_2, \ldots, M$, $\overline{V}$, de sorte que $\overline{\tau}(u) = \overline{\tau}(u^c) \oplus \overline{\tau}(\tilde{u})$ partout, $\overline{\tau}(u^c) = [H_1, H_2, \ldots, H_m]$ partout, $\overline{\tau}(\tilde{u}) = [\overline{H}]$ partout et que les parties u^c-négligeables de $\overline{\mathbb{R}}_+ \times \Omega$ soient les parties dM^k-négligeables pour tout k. Donc $\overline{\tau}(u^c)$ est l'intersection $\overline{\nu}$-essentielle de tous les $[H_1, H_2, \ldots, H_m]$, $\overline{\tau}(\tilde{u})$ l'intersection $\overline{\nu}$-essentielle de tous les $[\overset{2}{H}]$, et $[\overset{2}{H}]$ la réunion $d\overline{V}$-essentielle de tous les $\overline{\tau}(\tilde{u})$, pour $\overline{\nu}$ et $\overline{V}$ données.

Démonstration : 1) L'application u^c de $T^{*1}(X)$ dans $\mathcal{O}pt\ \mathcal{M}^c$ admet des représentations tangentielles :

(3.9) $$u^c = \sum_{k=1}^{m} H_k \bullet M^k \quad ,$$

où les H_k sont 1-tangents, et les M^k des martingales ; on peut supposer les H_k indépendants ($\mathcal{O}pt$-base de $T^1(X)$) ; au lieu de cela, on peut supposer les M^k orthogonales, car des M^k quelconques s'expriment comme $\mathcal{O}pt$-combinaisons de martingales orthogonales. Ensuite $\tilde{u}$ admet des représentations tangentielles

(3.10) $$\tilde{u} = \sum_{\ell=1}^{n} \overset{2}{H'_\ell} \bullet V^\ell \quad , \quad V^\ell \in \mathcal{O}pt\ \mathcal{V}^c \quad .$$

Mais les V^ℓ sont $\mathcal{O}pt$-multiples d'un seul V, processus croissant, dont on peut supposer qu'il domine les $[M_i, M_j]$, d'où (3.6).

Si l'on a (3.6), on a forcément

$$u^c = \sum_{k=1}^{m} \overset{1}{H_k} \bullet Z^{k,c} \quad ; \quad \tilde{u} = \sum_{k=1}^{m} \overset{1}{H_k} \bullet \tilde{Z}^k + \overset{2}{H} \bullet V \quad .$$

Soit $J \in T^{*2}(X)$. On a

$$u(J \odot J) = [u(J), u(J)] = \sum_{i,j=1}^{m} (J|H_i)(J|H_j) \bullet [Z^i, Z^j]$$

$$= \frac{1}{2} \sum_{i,j=1}^{m} \beta_{i,j} (J \odot J | H_i \odot H_j)_{T^{*1} \odot T^{*1}, T^1 \odot T^1} \bullet V = (J \odot J | \frac{1}{2} \sum_{i,j=1}^{m} \beta_{i,j}\, H_i \odot H_j) \bullet V \quad ;$$

les H_k étant orthogonales à $J \odot J$, ceci doit aussi être :

$$= (J \odot J | \overset{2}{H}) \cdot V \ .$$

Donc, pour tout J, $(J \odot J | \frac{1}{2} \sum_{i,j=1}^{m} \beta_{i,j} H_i \odot H_j) = (J \odot J | \overset{2}{H}) = (J \odot J | \overset{1,1}{H})$, dV-pp.

Mais il existe un nombre fini de $J \odot J$ qui engendrent, en tout (t,ω), $P^*(V,X(t,\omega))$, donc

$$\frac{1}{2} \sum_{i,j=1}^{m} H_i \odot H_j = \overset{1,1}{H} \quad dV\text{-pp.}$$

On a vu à (2.1) que la matrice des $[Z^i, Z^j]$ était croissante, donc, V étant croissante, la matrice des $\beta_{i,j}$ est dV-pp. ≥ 0, donc $\overset{1,1}{H} = \frac{1}{2} \sum_{i,j=1}^{m} \beta_{i,j} H_i \odot H_j$ est dV-pp. ≥ 0.

2) Soit (3.6) avec des $Z^k = M^k$ martingales. Alors (3.8) en résulte aussitôt, pour les deux premières formules ; la 3ème est exactement (3.7). Et l'unicité de $\overline{H} \cdot \overline{V}$ est évidente. En effet, A optionnel est u- ou $\tilde{u}$-négligeable, ssi il est $\overline{H}$ $d\overline{V}$-négligeable, c-à-d., en supposant que $d\overline{V}$ ne charge pas $\{\overline{H} = 0\}$, ssi il est $d\overline{V}$-négligeable. Donc il y a bien des dV minimales, équivalentes à u et $\tilde{u}$. Pour $d\overline{V}$ donnée, $\overline{H}$ est bien unique à un ensemble $d\overline{V}$-négligeable près, car, si $(J^k)_{k=1,2,\ldots,N'}$ est un base optionnelle de $T^{*2}(X)$, chaque $(J^k|H)$ est unique à un ensemble $d\overline{V}$-négligeable près. Prenons $d\overline{V}$ dominant dV, $dV = \alpha\, d\overline{V}$, alors $\overline{H} = \alpha H$ répond à la question ; tout autre est de la forme $\alpha H + H'$, et $H' \cdot \overline{V}$ doit représenter 0, donc H' est $d\overline{V}$-pp. nulle. Sur un ensemble dV-négligeable, c-à-d. u-négligeable, $dV = \alpha\, d\overline{V}$ montre que $\alpha = 0$ $d\overline{V}$-pp., donc $\overline{H} = \alpha H = 0$ $d\overline{V}$-pp. La relation $\frac{1}{2} \sum_{i,j=1}^{m} \beta_{i,j} H_i \odot H_j = \overset{1,1}{H}$ est toujours vraie $d\overline{V}$-pp.

3) Puisque les H_k, M^k sont choisies en appliquant (3.4) à u^c, ainsi que $\overline{\tau}(u^c)$ relativement à $\overline{\nu}$, on a nécessairement $\overline{\tau}(u^c) \subset [H_1, H_2, \ldots, H_m]$ $\overline{\nu}$-pp. Et on peut les choisir de manière que ce soit vrai partout, et que les parties u^c-négligeables soient exactement les parties dM^k-négligeables pour tout $k = 1,2,\ldots,m$. On sait ensuite, d'après (3.4bis), que l'on a nécessairement $\overline{\tau}(u) = \overline{\tau}(u^c) \oplus \overline{\tau}(\tilde{u})$, somme directe, $\overline{\nu}$-pp. ; en les remplaçant par 0 là où ce n'est

pas vrai, on aura cette relation partout ; comme un ensemble $\overline{\nu}$-négligeable est u-négligeable, il sera dM^k-négligeable pour tout k, et on pourra aussi y remplacer $H_1, H_2, \dots, H_m$ par 0, de sorte que maintenant on aura partout à la fois $\overline{\tau}(u) = \overline{\tau}(u^c) \oplus \overline{\tau}(\tilde{u})$ et $\overline{\tau}(u^c) = [H_1, H_2, \dots, H_m]$.

Pour $\overline{\tau}(\tilde{u})$, $\overline{H}$, $d\overline{V}$, c'est plus compliqué. On a d'abord choisi des V^ℓ, puis fait subir certaines transformations, alors que $\overline{\tau}(\tilde{u})$ est bien choisi suivant (3.4) relative à $\tilde{u}$ et la mesure $\overline{\nu}$. Il faut donc démontrer directement que $\overline{\tau}(\tilde{u})$ est l'intersection $\overline{\nu}$-essentielle de tous les $\overline{[H]}$, quel que soit le choix de $d\overline{V}$ dominant les V^ℓ et les $[M_i, M_j]$, et de $\overline{H}$ associée à $\overline{V}$. Soit $J \in T^{*2}(X)$ orthogonal à $\overline{H}$; alors sûrement $\tilde{u}(J) = 0$, donc $\tilde{J} \in \overline{\tau}'^{*}$ $\overline{\nu}$-pp. Donc $[\overline{H}]^{+} \subset \overline{\tau}'^{*}$ $\overline{\nu}$-pp., ou $\overline{\tau}(\tilde{u}) \subset [\overline{H}]$ $\overline{\nu}$-pp. [Par contre, on n'a pas nécessairement $\overline{\tau}(\tilde{u}) \subset [\overline{H}]$ $d\overline{V}$-pp. Prenons par exemple $\overline{\nu} = \nu$ équivalente à $\tilde{u}$, $d\overline{V}$ non équivalente à dV, obtenue en lui ajoutant une $d\overline{V}'$ sur une partie $A' \subset \mathbb{R}_+ \times \Omega$ dV-négligeable. Nécessairement $\overline{H} = 0$ $d\overline{V}'$-pp. sur A', par exemple partout. Mais, cette partie étant u-négligeable, $\tau(\tilde{u})$ y reste complètement libre, donc on n'a pas nécessairement $\tau(\tilde{u}) = \{0\}$ ou $\subset [H]$ $d\overline{V}$-pp. Par ailleurs, si $J \in T^{*2}(X)$ est orthogonal à $\overline{\tau}(\tilde{u})$, $\tilde{u}(J) = 0$, ou $(J|\overline{H}) \cdot \overline{V} = 0$, donc J est orthogonal à $[\overline{H}]$ $d\overline{V}$-pp., donc $\overline{\tau}'^{*} \subset [\overline{H}]^{+}$ $d\overline{V}$-pp. ou $[\overline{H}] \subset \overline{\tau}(\tilde{u})$ $d\overline{V}$-pp. [Par contre, on n'a pas nécessairement $[\overline{H}] \subset \overline{\tau}(\tilde{u})$ $\overline{\nu}$-pp. Prenons en effet $\overline{V} = V$ équivalente à $\tilde{u}$, $\overline{\nu}$ non équivalente à ν, obtenue en lui ajoutant une $\overline{\nu}'$ portée par une partie $A' \subset \mathbb{R}_+ \times \Omega$ ν-négligeable. Nécessairement $\overline{\tau}(\tilde{u}) = \{0\}$, $\overline{\nu}$-pp. sur A', par exemple partout. Mais, cette partie étant dV-négligeable, H y reste arbitraire, donc on n'a pas nécessairement $[H] = \{0\}$, ou $[H] \subset \overline{\tau}(\tilde{u})$ $\overline{\nu}$-pp.]

L'ensemble $\{\overline{\tau}(\tilde{u}) \not\subset [\overline{H}]\}$ est $\overline{\nu}$-négligeable, on peut y remplacer $\overline{\tau}(\tilde{u})$ par $\{0\}$; l'ensemble $\{[\overline{H}] \not\subset \overline{\tau}(\tilde{u})\}$ est $d\overline{V}$-négligeable, on peut y remplacer $\overline{H}$ par 0. Ces substitutions faites, on a $\overline{\tau}(\tilde{u}) = [\overline{H}]$ partout. La modification de $\overline{\tau}(\tilde{u})$ aura peut-être modifié la relation $\overline{\tau}(u) = \overline{\tau}(u^c) \oplus \overline{\tau}(\tilde{u})$; il suffira de remplacer aussi $\overline{\tau}(u^c)$ et $\overline{\tau}(u)$ par $\{0\}$ sur $\{\overline{\tau}(\tilde{u}) \not\subset H\}$ $\overline{\nu}$-négligeable ; un ensemble $\overline{\nu}$-négligeable est aussi u^c-négligeable donc M^k-négligeable pour tout k, donc on peut y remplacer $H_1, H_2, \dots, H_m$ par 0 et on aura encore $\overline{\tau}(u^c) = [H_1, H_2, \dots, H_m]$ partout. On aura alors partout toutes les relations $\overline{\tau}(u) = \overline{\tau}(u^c) \oplus \overline{\tau}(\tilde{u})$, $\overline{\tau}(u^c) = [H_1, H_2, \dots, H_m]$, $\overline{\tau}[\tilde{u}] = [\overline{H}]$.

Remarque (3.10bis) : 1) Puisque dim $\overline{\tau}(u^c) \leq N$ et dim $\overline{\tau}(\tilde{u}) \leq 1$, dim $\overline{\tau}(u) \leq N+1$, donc dim $\overline{\tau}^* \geq N + \frac{N(N+1)}{2} - N - 1 = \frac{N(N+1)}{2} - 1$, ≥ 2 dès que $N \geq 2$.

2) En gardant $\overline{\nu}$ et $d\overline{V}$ on se complique la tâche ; $\nu = dV$ équivalentes à u serait plus simples ! Mais nous avons vu l'intérêt de conserver $\overline{\nu}$, $d\overline{V}$, voir remarque 1) après (3.4) et remarque après (3.4bis). Toutefois, en choisissant indépendamment l'une de l'autre $\overline{\nu}$ et $d\overline{V}$, et en montrant que les formules marchent, on réalise une acrobatie dans doute bien inutile ; on peut au moins se contenter de prendre $\overline{\nu}$ et $d\overline{V}$, mais équivalentes !

3) Soit $A = \{\overline{\tau}(u^c) = 0\}$; on a le droit de dire que, sur A, u est à variation finie. Il est alors possible de choisir $H_1 = H_2 = \ldots = H_m = 0$ sur A. Puisque u est crochet-stable, elle est, sur A, nulle sur les $J_1 \odot J_2$ (puisque $u(J_1 \odot J_2) = [u^c(J_1), u^c(J_2)]$), donc sur $P^*(X)$; donc $\overline{\tau}^* \supset P^*(X)$ $\overline{\nu}$-pp. sur A, ou $\overline{\tau}(u) \subset T^1$ $\overline{\nu}$-pp., et aussi $\overline{\tau}(\tilde{u}) = \overline{\tau}(u)$. On peut toujours remplacer $\overline{\tau}(u) = \overline{\tau}(\tilde{u})$ par $\{0\}$ sur $\{\overline{\tau}(u) \not\subset T^1\} \cap A$, $\overline{\nu}$-négligeable ; comme un ensemble $\overline{\nu}$-négligeable est u-négligeable, $\overline{H}$ est $d\overline{V}$-pp. nulle sur lui, et on peut y remplacer $\overline{H}$ par 0 ; si on avait la situation de 3) de (3.5) partout, on l'aurait encore, avec maintenant sur A :

$$\overline{\tau}(u^c) = \{0\} \quad , \quad \overline{\tau}(u) = \overline{\tau}(\tilde{u}) = [H] \subset T^1 \quad , \quad H_1 = H_2 = \ldots H_m = 0 \quad .$$

C'est la situation classique pour un processus à variation finie !
[Si l'on n'est pas partout dans la situation 3) de (3.5), on a quand même, sur A, $\overline{\tau}(u) = \overline{\tau}(\tilde{u}) \subset T^1$ $\overline{\nu}$-pp., $\overline{H} \in T^1$ $d\overline{V}$-pp., $\overline{\tau}(u) = \overline{\tau}(\tilde{u}) \subset [\overline{H}]$ $\overline{\nu}$-pp., mais $[H_1, H_2, \ldots, H_m]$ est arbitraire.]
Considérons au contraire $\complement A = \{\overline{\tau}(u^c) \neq 0\} = \{\overline{\tau}''^* \neq T^{*2}\}$. On a le droit de dire que, sur $\complement A$, "u a une composante martingale". Il existe $J \in T^{*2}(X)$, porté par $\complement A$, à valeurs dans $\complement \overline{\tau}''^*$ sur $\complement A$. Montrons que, sur $\complement A$, $\overline{\tau}(\tilde{u}) \not\subset T^1$ $\overline{\nu}$-pp. Soit en effet $B = \{\overline{\tau}(\tilde{u}) \subset T^1\} \cap \complement A$. Alors $1_B\, J \odot 1_B\, J \in P^*(X)$ est orthogonale à T^1, donc à $\overline{\tau}(\tilde{u})$, mais aussi à $\overline{\tau}(u^c) \subset T^1$, donc à $\overline{\tau}(u)$, donc $u(1_B\, J \odot 1_B\, J) = 0$. Par crochet-stabilité, $u^c(1_B\, J) = 0$, donc $1_B\, J \in \overline{\tau}''^*$ $\overline{\nu}$-pp. ; mais il n'est jamais à valeurs dans $\overline{\tau}''^*$ sur $\complement A$, donc B est $\overline{\nu}$-négligeable, et on a bien $\overline{\tau}(\tilde{u}) \not\subset T^1$ $\overline{\nu}$-pp. ; comme $\overline{\tau}(\tilde{u}) \subset [\overline{H}]$ $\overline{\nu}$-pp., on a $\overline{\overline{H}} \notin T^1$ et $\overline{\tau}(\tilde{u}) = [\overline{H}]$ $\overline{\nu}$-pp. (mais non nécessairement $d\overline{V}$-pp.,

voir démonstration de (3.5), 3)). Remplaçons $\overline{\tau}(u)$, $\overline{\tau}(u^c)$, $\overline{\tau}(\tilde{u})$, $[H_1, H_2, \ldots, H_m]$, $[\overline{H}]$ par $\{0\}$ sur $\complement A \cap \{\overline{\tau}(\tilde{u}) \subset T^1\}$ et sur $\complement A \cap \{\overline{\tau}(\tilde{u}) \not\subset [\overline{H}]\}$, qui sont $\overline{\nu}$-négligeables ; cela fait passer une partie de $\complement A$ dans A ! Sur ce qui reste dans $\complement A$, on aura $\overline{\tau}(\tilde{u}) \not\subset T^1$, $\overline{H} \not\in T^1$, $\overline{\tau}(\tilde{u}) = [\overline{H}]$ partout. Donc :

Proposition (3.10ter) : Soit $A = \{\overline{\tau}(u^c) = 0\}$. Sur $\complement A$, $\overline{\tau}(\tilde{u}) = [H] \not\subset T^1$ $\overline{\nu}$-pp. On peut trouver les objets indiqués à (3.5), 3), de telle manière que, sur $A = \{\overline{\tau}(u^c) = 0\}$, on ait partout $H_1 = H_2 = \ldots = H_m = 0$, $\overline{H} \in T^1$, $\overline{\tau}(u^c) = 0$, $\overline{\tau}(u) = \overline{\tau}(\tilde{u}) \subset T^1$, et que, sur $\complement A = \{\overline{\tau}(u^c) \neq 0\}$, on ait partout $\overline{H} \not\in T^1$, $\overline{\tau}(\tilde{u}) = [\overline{H}] \not\subset T^1$; autrement dit, u admet une composante martingale ou non selon que $\overline{H} \not\in T^1$ ou $\overline{H} \in T^1$.

Remarques (3.10quarto) : 1) Si $A = \emptyset$, c-à-d. si u a partout une composante martingale, on peut trouver un supplémentaire Θ^* de $P^*(X)$, optionnel le long de X, donc de dimension N, tel que, pour $J \in P^*(X)$ (de dimension $\frac{N(N+1)}{2}$) $J \bullet u$ soit à variation finie, et pour $J \in \Theta^*$ (de dimension N) $J \bullet u$ soit une martingale. Il suffit de prendre une décomposition en somme directe $T^2 = T^1 \oplus \Theta$ le long de X, telle que $\overline{H} \in \Theta$, et $\Theta^* = \Theta^+$.

2) Nous ne nous sommes pas occupés de $\overline{\tau}(\frac{1}{2}[u,u])$, mais il est fort simple. En effet, $\frac{1}{2}[u,u]$, tangent à $P(X) = T^1 \odot T^1$ (quotient T^2/T^1), est la restriction commune de u et $\tilde{u}$ à P^* ; alors $\overline{\tau}(\frac{1}{2}[u,u])$ sera, par définition, l'orthogonal dans P(X) de $\overline{\tau}^* \cap P^*(X) = \overline{\tau}'^* \cap P^*(X)$. Comme $\overline{\tau}^*$ est l'orthogonal de $\overline{\tau}(u)$, $\overline{\tau}'^*$ l'orthogonal de $\overline{\tau}(u)$, $\overline{\tau}(\frac{1}{2}[u,u])$ est l'image dans $P(X) = T^2/T^1$ de $\overline{\tau}(u)$ ou $\overline{\tau}(\tilde{u})$. Sur $A = \{\tau(u^c) = 0\}$, $\overline{\tau}(u) \subset T^1$, donc $\overline{\tau}(\frac{1}{2}[u,u]) = \{0\}$. Sur $\complement A = \{\overline{\tau}(u^c) \neq 0\}$, $\overline{\tau}(\tilde{u}) = [\overline{H}]$ et $\not\subset T_1$ $\overline{\nu}$-pp., donc $\overline{\tau}(\frac{1}{2}[u,u]) = [\overline{\overset{1,1}{H}}] \neq \{0\}$ $\overline{\nu}$-pp. ($\overline{\overset{1,1}{H}}$ est l'image de $\overline{\overset{2}{H}}$ dans $P = T^2/T^1$). Quitte à modifier $\overline{\tau}(u)$, $\overline{\tau}(u^c)$, $\overline{\tau}(\tilde{u})$, $\overline{\overset{2}{H}}$, on peut avoir $\overline{\tau}(\frac{1}{2}[u,u]) = [\overline{\overset{1,1}{H}}]$ partout, $= \{0\}$ sur $\{\overline{\tau}(u^c) = 0\}$, $\neq \{0\}$ sur $\{\overline{\tau}(u^c) \neq 0\}$.

(3.10quinto) Si A est une partie optionnelle de $\overline{\mathbb{R}}_+ \times \Omega$, et $u : T^{*2}(X) \to \mathcal{O}pt\, \mathcal{S}\mathcal{M}^c$ $\mathcal{O}pt$-linéaire et crochet-stable, on peut définir $1_A \bullet u$ comme une nouvelle application $T^{*2}(X) \to \mathcal{O}pt\, \mathcal{S}\mathcal{M}^c$, $\mathcal{O}pt$-linéaire et crochet-stable, par $J \bullet (1_A \bullet u) = J\, 1_A \bullet u$.

Convenons de dire d'une application u crochet-stable qu'elle a partout une composante martingale si $\tau(u^c) \neq \{0\}$ u-pp. Alors, si u est quelconque, et si $A = \{\tau(u^c) = 0\}$, on voit que (3.10ter) s'exprime aussi : $1_A \cdot u$ est à variation finie (i.e. à valeurs dans $\mathcal{O}pt\, \mathcal{V}^c$), et $1_{\complement A} \cdot u$ a partout une composante martingale. Alors u a partout une composante martingale, ssi H est u-pp. dans $\complement T^1$, ou $\tau(\tilde{u})$ est u-presque nulle part dans T_1.

<u>(3.10sexto)</u> Nous avons défini $\overline{\tau}(u)$ comme <u>le</u> sous-espace tangent à u, associé à $\overline{\nu}$ dominant u ; il dépend de $\overline{\nu}$. Mais, si τ est <u>une</u> famille optionnelle de sous-espaces tangents à V le long de X, on dira que u est tangent à τ $\overline{\nu}$-pp., si $\overline{\tau}(u) \subset \tau$, $\overline{\nu}$-pp. <u>Mais c'est indépendant de</u> $\overline{\nu}$; car, si u est tangente à τ ν-pp., $\tau(u) \subset \tau$ ν-pp. ; comme $\overline{\tau}(u) = \tau(u)$ ν-pp., $\overline{\tau}(u) \subset \tau$ ν-pp. ; alors $\{\overline{\tau}(u) \not\subset \tau\}$ est ν-négligeable, donc sur lui $\overline{\tau}(u) = \{0\} \subset \tau$ $\overline{\nu}$-pp., donc $\{\overline{\tau}(u) \not\subset \tau\}$ est $\overline{\nu}$-négligeable, u est tangente à τ $\overline{\nu}$-pp. Pour qu'il en soit ainsi, il faut et il suffit qu'il existe une représentation tangentielle (3.1) où $H_1, H_2, \ldots, H_m$ soient dans τ, ν-pp. ou partout.

<u>(3.11)</u> Le fait que $d\underline{X}_t$ se comporte comme un vecteur 2-tangent au point X_t, principe fondamental (2.6), a donné lieu au théorème (2.7) : $d\underline{X}$ définit une application $\mathcal{O}pt$-linéaire crochet-stable u_X de $T^{*2}(X)$ dans $\mathcal{O}pt\, \mathcal{S}\mathcal{M}^c$. Donc X a des représentations tangentielles suivant la proposition (3.5). On dira que X a la représentation tangentielle

(3.11bis) $$\underline{X} \overset{(\bullet)}{\sim} \sum_{k=1}^{m} \overset{2}{H}_k \cdot Z^k \quad , \quad \text{ou} \quad d\underline{X} = \sum_{k=1}^{m} \overset{2}{H}_k \, dZ^k \quad ,$$

Z^k semi-martingales réelles, $H_k \in T^2(X)$, si, pour tout $J \in T^{*2}(X)$, on a

(3.11ter) $$J \cdot \underline{X} = \sum_{k=1}^{m} (J|\overset{2}{H}_k) \cdot Z^k \quad .$$

(•) On verra plus loin, remarque après (3.13), pourquoi nous écrivons ~ plutôt que =.

Et on pourra appliquer (3.7) et (3.8) :

(3.11quarto) $$\underline{X} \sim \sum_{k=1}^{m} \overset{1}{H}_k \bullet M_k + \frac{1}{2} \overline{\overset{2}{H}} \bullet \overline{V} ,$$

$$X^c = \sum_{k=1}^{m} \overset{1}{H}_k \bullet M_k , \quad \underline{\tilde{X}} = \frac{1}{2} \overline{\overset{2}{H}} \bullet \overline{V} ,$$

$$\frac{1}{2}[X,X] = (\frac{1}{2} \sum_{i,j=1}^{m} \beta_{i,j} H_i \odot H_j) \bullet \overline{V} = \frac{1}{2} \overline{\overset{1,1}{H}} \bullet V .$$

Pour que (3.10ter) soit vraie, il faut et il suffit qu'elle le soit pour des J engendrant $T^{*2}(X)$; par exemple, si V est plongée dans un espace $\mathbb{R}^d$, de coordonnées x^ℓ, $\ell = 1,2,\dots,d$, pour les D^2x^ℓ et les $Dx^i \odot Dx^j$, $i,j,\ell = 1,2,\dots,d$, que nous écrirons de préférence ε^ℓ, $\varepsilon^i \odot \varepsilon^j$, les ε^ℓ formant une base de $(\mathbb{R}^d)^*$, duale de la base $(e_\ell)_{\ell=1,2,\dots,d}$ de $\mathbb{R}^d$. Nous écrirons

(3.12) $$\overset{2}{H}_k = \sum_{\ell=1}^{d} H_k^\ell e_\ell + \frac{1}{2} \sum_{i,j=1}^{d} H_k^{i,j} e_i \odot e_j , \quad H_k^{j,i} = H_k^{i,j} ,$$

donc $$(\varepsilon^\ell | H_k) = H_k^\ell , \quad (\varepsilon^i \odot \varepsilon^j | H_k) = H_k^{i,j} .$$

Il suffira donc que l'on ait

(3.12bis) $$\begin{cases} X^\ell - X_o^\ell = \varepsilon^\ell \bullet \underline{X} = \sum_{k=1}^{m} H_k^\ell \bullet Z^k , \quad \ell = 1,2,\dots,d , \\ \frac{1}{2}([X^i,X^j] - [X^i,X^j]_o) = \frac{1}{2} (\varepsilon^i \odot \varepsilon^j) \bullet \underline{X} \\ \qquad = \frac{1}{2} \sum_{k=1}^{m} H_k^{i,j} \bullet Z^k , \quad i,j = 1,2,\dots,d ; \end{cases}$$

l'ensemble de ces formules signifie, dans E :

$$\underline{X} - \underline{X}_o = \begin{pmatrix} X - X_o \\ \\ \frac{1}{2}([X,X] - [X,X]_o) \end{pmatrix} = \begin{pmatrix} \sum_{\ell=1}^{d} \sum_{k=1}^{m} H_k^\ell e_\ell \bullet Z^k \\ \\ \frac{1}{2} \sum_{i,j=1}^{d} \sum_{k=1}^{m} H_k^{i,j}(e_i \odot e_j) \bullet Z^k \end{pmatrix}$$

ou

(3.12ter) $$\underline{X}-\underline{X}_o = \sum_{k=1}^{m^2} H_k \cdot Z^k .$$

On peut donc énoncer :

<u>Proposition (3.13)</u> : <u>X admet la représentation tangentielle</u> (3.11bis), <u>si et seulement si</u>, <u>pour un</u> (<u>et alors pour tout</u>) <u>plongement de</u> V <u>dans un espaces vectoriel</u> E :

(3.13)' $$\underline{X}-\underline{X}_o = \sum_{k=1}^{m^2} H_k \cdot Z^k , \quad \text{ou} \quad d\underline{X} = \sum_{k=1}^{m} H_k \, dZ^k .$$

<u>Remarques</u> : 1) Les égalités (3.11ter) sont relatives à des semi-martingales ordinaires, à valeurs dans $\mathbb{R}$. Mais (3.13)' est relative à $\underline{X}-\underline{X}_o$ et pas seulement $X-X_o$, elle est à valeurs dans $E\oplus(E\odot E)$.

2) On voit pourquoi, dans (3.11bis) nous avons écrit $\sim$ et pas $=$. Dans (3.11ter), il n'y a que des intégrales stochastiques, nulles au temps 0. Mais, si V est plongée dans E, il n'y aucune raison d'imposer à X, semi-martingale à valeurs dans V, d'être nulle au temps 0 ! Alors on trouve, dans (3.13)' une égalité $=$ à condition d'écrire $\underline{X}-\underline{X}_o$; avec $\underline{X}$ on aura seulement une équivalence $\sim$. La formule (3.11bis) n'est que symbolique, mais il faut, si $V\subset E$, qu'elle s'applique correctement ! Pour X^c, c'est sans importance, parce que, si X est à valeurs vectorielles, X^c est toujours nulle au temps 0.

<u>(3.13bis)</u> Tout ce qui a été dit de (3.4) à (3.10quinto) s'applique donc à $u_X = d\underline{X}$. En particulier, on pourra parler de sous-espaces tangents $\overline{\tau}(\underline{X})$, $\overline{\tau}(X^c)$, $\overline{\tau}(\underline{\tilde{X}})$ associés à une mesure $\overline{\nu}\geq 0$ dominant $d\underline{X}$. Retenons simplement les formules en association avec (3.5) : il existe des représentations tangentielles associées à $\overline{\nu}$, $d\overline{V}$, pour lesquelles :

(3.14) $$\overline{\tau}(\underline{X}) = \overline{\tau}(X^c)\oplus\overline{\tau}(\underline{\tilde{X}}), \quad \overline{\tau}(X^c) = [H_1, H_2, \ldots, H_m], \quad \overline{\tau}(\underline{\tilde{X}}) = \overline{H} \quad \text{partout} .$$

<u>Proposition (3.15)</u> : <u>Soit</u> X <u>une semi-martingale à valeurs dans</u> V, <u>et soit</u> Φ <u>une application</u> C^2 <u>de</u> V <u>dans une autre variété</u> W. <u>Alors</u>, <u>si</u> $\overline{\nu}$ <u>domine</u> $d\underline{X}$, <u>elle domine</u> $d(\underline{\Phi(X)})$, <u>et</u>

(3.15bis)
$$\overline{\tau}(\underline{\Phi(X)}) \subset \overset{2}{\underline{\Phi}}(X)\ \overline{\tau}(\underline{X}) \quad ,$$

$$\overline{\tau}(\Phi(X)^c) \subset \overset{1}{\underline{\Phi}}(X)\ \overline{\tau}(X^c) \quad ,$$

$$\overline{\tau}(\underline{\Phi(X)}) \subset \overset{2}{\underline{\Phi}}(X)\ \overline{\tau}(\underline{\tilde{X}}) \quad , \quad \overline{\nu}\text{-pp.}$$

<u>Si</u> <u>X</u> <u>admet la représentation tangentielle</u> (3.11bis), <u>ou</u> (3.11quarto), $\underline{\Phi(X)}$ <u>aura les représentations respectives</u> :

(3.15ter)
$$\Phi(X) \sim \sum_{k=1}^{m} \overset{2}{\underline{\Phi}}(X)\ H_k \cdot Z^k \quad ,$$

(3.15quarto)
$$\Phi(X)^c = \sum_{k=1}^{m} \overset{1}{\underline{\Phi}}(X)\ H_k \cdot M^k$$

$$\underline{\Phi(X)} \sim \overset{2}{\underline{\Phi}}(X)\ \overline{H} \cdot \overline{V} \quad .$$

<u>On est d'ailleurs amené à écrire cela sous la forme</u> :

$$\underline{\Phi(X)} \sim \overset{2}{\underline{\Phi}}(X) \cdot \underline{X} \quad , \quad \Phi(X^c) \sim \overset{1}{\underline{\Phi}}(X) \cdot X^c \quad , \quad \underline{\Phi(X)} \sim \overset{2}{\underline{\Phi}}(X) \cdot \underline{\tilde{X}} \quad .$$

<u>Démonstration évidente par (2.16)</u> :

<u>(3.15quinto)</u> On peut localiser. Si A est un ouvert de $\overline{\mathbb{R}}_+ \times \Omega$, on dira que (3.11bis) est une représentation tangentielle de X dans A si, pour tout $J \in T^{*2}(X)$, $J \cdot X \underset{A}{\sim} \sum_{k=1}^{m} (J|H_k) \cdot Z^k$. Cela revient à dire, si A est optionnel, que (3.11bis) est vraie pour tout $J = J\, 1_A$ porté par A. Il suffit de le vérifier pour un nombre fini convenable de J, ou de vérifier (3.11bis) pour un plongement de V. On en déduit que, étant donné des H_k , Z^k, il existe un plus grand ouvert A de $\overline{\mathbb{R}}_+ \times \Omega$ sur lequel $\sum_{k=1}^{m} H_k\ dZ^k$ soit une représentation tangentielle de $d\underline{X}$, et il est optionnel.

(3.16) Exemple d'une diffusion brownienne sur une variété riemannienne.

Proposition (10.16) : Plaçons-nous dans les conditions du § 8 de S[1], avec les mêmes notations. Pour qu'une mesure $\lambda = \mathbb{P}^{\mu}$ sur Ω, μ probabilité sur V, soit solution du problème des martingales, relativement à l'opérateur différentiel elliptique L, et à la loi de probabilité μ de X_o, il faut et il suffit que X soit une semi-martingale pour $(\Omega, \mathcal{O}, (\mathcal{T}_t)_{t \in \overline{\mathbb{R}}_+}, \lambda)$, dans $[0,\zeta[$ (ζ temps de mort), vérifiant $X_o(\mathbb{P}^{\mu}) = \mu$, et ayant la représentation tangentielle

$$(3.16\text{bis}) \qquad d\underset{-}{\tilde{X}}_t = L(X_t)dt \quad \text{ou} \quad \underset{-}{\tilde{X}} \sim L(X) \cdot (t), \, ,$$

au sens de (3.11quarto) : $d\overline{V} = dt$, $\overline{H} = L(X)$. Alors dt est minimale (puisque $\{L(X) = 0\}$ est vide !) donc équivalente à dX.

Soit $(J^k)_{k=1,2,\dots,N}$ une base orthonormée des espaces cotangents, optionnelle, le long de X ($J^k(t,\omega) \in T^{*1}(V, X(t,\omega))$), soit $(H_k)_{k=1,2,\dots,N}$ la base duale. On sait qu'aux J^k on peut associer des B^k, mouvements browniens dans $[0,\zeta[$, deux à deux indépendants, et qu'on a la représentation tangentielle (S[1], proposition (8.5), page 107)

$$(3.16\text{ter}) \begin{cases} d\underset{-}{X}^c_t = \sum_{k=1}^{N} H_{k,t}\, dB^k_t \quad , \quad \text{ou} \quad X^c = \sum_{k=1}^{N} H_k \cdot B^k \quad , \quad \text{donc} \\ d\underset{-}{X}_t = \sum_{k=1}^{N} H_{k,t}\, dB^k_t + L(X_t)\, dt \quad , \quad \text{ou} \quad \underset{-}{X} \sim \sum_{k=1}^{N} H_k \cdot B^k + L(X) \cdot (t) \quad . \end{cases}$$

Ces formules montrent que $d\underset{-}{X}$, $d\underset{-}{\tilde{X}}$, dX^c, dt sont équivalentes (i.e. ont les mêmes parties négligeables). En prenant $\overline{\nu} = \nu$ équivalente à dt, on a $\tau(X^c) = T^1(V,X)$, $\tau(\underset{-}{\tilde{X}}) = [L(X)]$, $\tau(X) = \tau(X^c) \oplus \tau(\underset{-}{\tilde{X}})$, on est dans la situation de 3) de (3.5). On notera, comme il était nécessaire, que L est partout ≥ 0 pour la structure de préordre de $T^2(V)$.

Remarque : La relation entre l'opérateur L et le processus de Markov est bien connue, L est le générateur infinitésimal du semi-groupe de Markov. C'est ce que Stroock et Varadhan ont exprimé par le problème des martingales. Il est encore plus sympathique de la voir sous la forme ci-dessus : si X est une semi-martingale pour $\lambda = \mathbb{P}^{\mu}$, elle a en chaque point (t,ω) des vecteurs tangents $d\underline{X}_t$, dX^c_t, $d\underline{\tilde{X}}_t$, et $d\underline{\tilde{X}}_t$ est un vecteur 2-tangent au point $X(t,\omega)$: eh bien c'est exactement $L(X_t)dt$; puisque L est un opérateur différentiel du 2ème ordre sans terme d'ordre 0, en tout point v de V, $L(v) \in T^{*2}(V,v)$.

On peut se sentir ici autorisé à écrire $\frac{d\underline{\tilde{X}}_t}{dt} = L(X_t)$.

<u>Démonstration</u> : Pour que l'on ait la représentation tangentielle (3.16bis), il faut et il suffit que, pour tout $J \in T^{*2}(X)$, on ait $(J \bullet X) - (J \bullet X^c) = J \bullet \underline{\tilde{X}} = (J|L(X)) \bullet (t)$; et pour cela, il faut et il suffit que ce soit vrai pour tout $J = D^2\varphi$, $\varphi \in C^2(V;\mathbb{R})$, soit $D^2\varphi(X) \bullet \underline{X} - D\varphi(X) \bullet X^c = L\varphi(X) \bullet (t)$ dans $[0,\zeta[$, ou $\varphi(X) - \varphi(X_0) - (\varphi(X))^c - L\varphi(X) \bullet (t) = 0$. Cela revient exactement à écrire que, pour toute φ de classe C^2, $\varphi(X) - \varphi(X_0) - L\varphi(X) \bullet (t)$ est une martingale, donc que $\lambda = \mathbb{P}^{\mu}$ vérifie le problème des martingales. On en déduit bien que $d\underline{X}_t$, $d\underline{\tilde{X}}_t$, dt, sont équivalentes. Ensuite (3.16ter) a été montré à (8.5) de S[1]. Comme alors les parties dX^c-négligeables sont celles qui sont dB^k-négligeables pour tout k, ce sont encore les parties dt-négligeables : on est dans un cas où $d\underline{X}$ et dX^c sont équivalentes. La propriété $[H_1, H_2, \ldots, H_m] = T^1$ ne donne <u>aucune</u> indication permettant de conclure que $\tau(u^c) = T^1$. Si l'on regarde la proposition (3.5), on voit qu'on prend une base $(J^k)_{k=1,2,\ldots,N}$ de $T^{*1}(X)$, $(H_k)_{k=1,2,\ldots,N}$ la base duale, $u^c(J^k) = M^k$, et qu'on trouve ainsi la représentation tangentielle (3.8), $u^c = \sum_{k=1}^{N} H_k \bullet M^k$, où les parties u-négligeables sont les parties dM^k-négligeables pour tout k ; pour ce choix, on a <u>toujours</u> $[H_1, H_2, \ldots, H_N] = T^1$, et cela ne donne <u>aucune idée</u> sur $\tau(u^c)$; $\tau(u^c) \subset [H_1, H_2, \ldots, H_m] = T^1$ u^c-pp., cela n'a aucune valeur ! Mais il existe un processus $\overset{1}{J} \in T^{*1}(X)$ orthogonal à $\tau(u^c)$ et $\neq 0$ sur $C = \{\tau(u^c) \neq T^1\}$; on peut le supposer partout de longueur 1 (pour la métrique riemannienne définie par L) sur $\overline{\mathbb{R}}_+ \times \Omega$. Alors $1_C\, J \bullet X^c = 0$; mais $J \bullet X^c$ est un mouvement brownien B, donc $1_C \bullet B = 0$, C est dB-négligeable, ou dt- ou dX-négligeable. On a donc bien $\tau(X^c) = T^1$ $d\underline{X}$-pp. et on peut le supposer partout ; X a partout une composante martingale au sens de (3.10ter). Par contre, pour

$\tau(\underset{\sim}{X})$, la situation est simple : $A = \{\tau(X^c) = \{0\}\}$ est vide, donc $\tau(\underset{\sim}{X}) \not\subset T^1$ dX-pp., et $\subset [L(X)]$ d$\underline{X}$-pp., donc $\tau(\underset{\sim}{X}) = [L(X)]$ d$\underline{X}$-pp. En prenant $\tau(X^c) = T^1(X)$, $\tau(\underset{\sim}{X}) = [L(X)]$, $\tau(\underline{X}) = T^1(X) \oplus [L(X)]$, on est dans la situation de (3.5), 3).

<u>(3.17)</u> Ce que nous avons fait avec $T^{*2}(X)$ et $T^2(X)$ s'étend évidemment à des fibrés arbitraires. Si $G(V) = G$ est un fibré borélien de base V, $G^*(V) = G^*$ son fibré dual, on pourra appeler $G(X)$, $G^*(X)$ l'espace des processus optionnels à valeurs dans G, G^*, le long de X ; si $J \in G^*(X)$, c'est un processus optionnel à valeurs dans G^*, $J(t,\omega) \in G^*(V, X(t,\omega))$. On pourra alors considérer u, application $\mathcal{O}$pt-linéaire de $G^*(X)$ dans $\mathcal{O}pt\,\mathcal{S}\mathcal{M}^c$, et ses représentations tangentielles

$$(3.17\text{bis}) \qquad u \sim \sum_{k=1}^{m} H_k \cdot Z^k \quad , \quad Z^k \in \mathcal{O}pt\,\mathcal{S}\mathcal{M}^c \quad , \quad H_k \in G(X) \quad .$$

L'intérêt particulier de $T^{*2}(X)$ et $T^2(X)$ était de pouvoir considérer $\underline{X}$ elle-même comme définissant une telle application.

On peut introduire l'espace $\mathcal{L}(G_1, G_2)$, aussi fibré borélien de base V si G_1 et G_2 sont fibrés boréliens de base V. Soit alors $L \in \mathcal{L}(G_1, G_2)(X)$; L est un processus optionnel à valeurs dans $\mathcal{L}(G_1, G_2)$, $L(t,\omega) \in \mathcal{L}(G_1(V, X(t,\omega)); G_2(V, X(t,\omega)))$. Si alors u est une application $\mathcal{O}$pt-linéaire de $G_1^*(X)$ dans $\mathcal{O}pt\,\mathcal{S}\mathcal{M}^c$, et si ${}^tL$ ou L^* est la transposée de L, processus optionnel à valeurs dans $\mathcal{L}(G_2^*, G_1^*)$, le composé uL^* (qu'on notera éventuellement $L(u)$ ou $L \cdot u$) est $\mathcal{O}$pt-linéaire de $G_2^*(X)$ dans $\mathcal{O}pt\,\mathcal{S}\mathcal{M}^c$; bien entendu u domine $L(u)$; si u admet la représentation tangentielle (3.17bis), $H_k \in G_1(X)$, $L(u) = uL^*$ aura la représentation tangentielle

$$(3.17\text{ter}) \qquad L(u) \sim \sum_{k=1}^{m} L(H_k) \cdot Z^k \quad ;$$

si u est tangente à τ suivant (3.10sexto), $L(u)$ est tangente à $L(\tau)$. L'image de L, c-à-d. $LG^1(X)$, est un $\mathcal{O}$pt-module libre (il est de type fini !), et engendre une famille optionnelle de sous-espaces vectoriels du fibré G_2, soit $\operatorname{Im} L$; par orthogonalité, son noyau est aussi un $\mathcal{O}$pt-module libre, et engendre une famille optionnelle de sous-espaces vectoriels du fibré G_1, notée Ker L. Pour que $L(u)=0$, il faut et il suffit que, pour tout $J \in G_2^*(X)$, $u(L^*J)=0$, donc $L^*J \in \overline{\tau}^*$ $\overline{\nu}$-pp., $\overline{\tau}^*$ et $\overline{\nu}$ associés à u par (3.4) ; cela veut dire que Im $L^* \subset \overline{\tau}^*$ $\overline{\nu}$-pp., ou Ker $L \supset \overline{\tau}^{*+} = \overline{\tau}(u)$, $\overline{\nu}$-pp., ou que u soit tangente à Ker L. C'est évidemment vrai si les H_k sont dans Ker L, et (3.4) dit qu'inversement, si $L(u)=0$, il existe des représentations tangentielles pour lesquelles les H_k sont partout dans Ker L.

Si en particulier $G_1 = T^2(V)$, on pourra appliquer ce qui précède à $u = d\underline{X}$. Alors L(u) s'écrira, si l'on veut, $L \bullet \underline{X}$, ou $L\, d\underline{X}$; ν-pp. est alors $d\underline{X}$-pp.

(3.17quarto) On peut encore généraliser. Soient V, W deux variétés, X une semi-martingale à valeurs dans V, Y une semi-martingale à valeurs dans W. Si $G_1(V)$, $G_2(W)$ sont des fibrés boréliens de bases V, W, $\mathcal{L}(G_1,G_2)$ est un fibré borélien de base $V \times W$. Soit alors L un processus optionnel à valeurs dans $\mathcal{L}(G_1,G_2)$, le long de (X,Y) : $L(t,\omega) \in \mathcal{L}(G_1(X(t,\omega))\ ;\ G_2(Y(t,\omega)))$. Si u est $\mathcal{O}$pt-linéaire de $G_1^*(X)$ dans $\mathcal{O}\mathrm{pt}\,\mathcal{S}\mathcal{M}^c$, Lu sera $\mathcal{O}$pt-linéaire de $G_2^*(Y)$ dans $\mathcal{O}\mathrm{pt}\,\mathcal{S}\mathcal{M}^c$, où $Lu(J) = u(L^*J)$, $J \in G_2^*(Y)$. Et on aura toutes les mêmes propriétés. Le cas de la proposition (3.15) correspond à $G_1 = T^2(V)$, $G_2 = T^2(W)$, $Y = \Phi(X)$, $u = d\underline{X}$, $L = \underline{\overset{2}{\Phi}}(X)$. Toutes les fois que $u = d\underline{X}$, on écrira facilement $L \bullet \underline{X}$ pour L(u) ou $L \bullet u$; nous avons d'ailleurs écrit à (3.15) : $\Phi(X) \sim \underline{\overset{2}{\Phi}}(X) \bullet \underline{X}$.

(3.18) Localisation sur un ouvert A de $\overline{\mathbb{R}}_+ \times \Omega$.

Reprenons les conditions de (2.20). On dira que X admet la représentation tangentielle (3.11bis) sur A, $(Z^k)_{k=1,2,\dots,m}$ étant un système de classes d'équivalence sur A de semi-martingales (continues) formelles sur $\overline{\mathbb{R}}_+ \times \Omega$, $(H_k)_{k=1,2,\dots,m}$ un système de vecteurs 2-tangents à V le long de X sur A, optionnels sur $\underline{A}$ (voir le début de (2.20) pour la relation entre les H_k et $\overline{X}$) si, pour tout J 2-cotangent optionnel le long de X sur A, on a

$$J \bullet \underline{X} \underset{A}{\sim} \sum_{k=1}^{m} (J|H_k)_{T^{*2},T^2} \bullet Z^k.$$

De telles représentations existent (si $(J^k)_{k=1,2,\dots,N'}$ est une $\mathcal{O}$pt-base de $T^{*2}(X)$ dans A, $(H_k)_{k=1,2,\dots,N'}$ sera sa base duale comme à (3.2bis), et Z^k sera la classe de $J^k \bullet \underline{X}$). Et on aura tous les mêmes énoncés que sur $\overline{\mathbb{R}}_+ \times \Omega$.

(3.19) Il importe de montrer que les notions introduites dans ce paragraphe avaient un caractère local. Soit A un ouvert, et soit $(A_n)_{n\in\mathbb{N}}$ une suite d'ouverts de réunion A. Soient $\overline{\tau}^*$ une famille optionnelle de sous-espaces vectoriels 2-cotangents le long de X sur A, $\overline{\nu}$ une mesure ≥ 0 sur A muni de sa tribu optionnelle (intersection avec A de la tribu optionnelle de $\overline{\mathbb{R}}_+ \times \Omega$). Soit $(A_n)_{n\in\mathbb{N}}$ une suite d'ouverts recouvrant A ; $\overline{\tau}^*$ définit évidemment une famille $\overline{\tau}^*_n$ sur A_n, et $\overline{\nu}$ une mesure induite $\overline{\nu}_n$ sur A_n (par $\overline{\nu}_n(B) = \overline{\nu}^*(B)$, mesure extérieure, pour B partie relativement optionnelle de A_n ; une partie de A_n est $\overline{\nu}_n$-négligeable ssi elle est $\overline{\nu}$-négligeable). Ensuite soit u $\mathcal{O}$pt-linéaire de $T^{*2}(X,A)$ dans $\mathcal{O}pt\,\mathcal{S}\mathcal{M}^c(A)$ (espace des classes d'équivalence sur A de semi-martingales formelles sur $\overline{\mathbb{R}}_+ \times \Omega$) ; pour tout n, elle définit u_n, $\mathcal{O}$pt-linéaire de $T^{*2}(X,A_n)$ dans $\mathcal{O}pt\,\mathcal{S}\mathcal{M}^c$. En effet, soit $J_n \in T^{*2}(X,A_n)$; il est restriction à A_n de $J \in T^{*2}(X,A)$; et la classe d'équivalence sur A_n de u(J) est indépendante du choix de J, donc définit $u(J_n)$; si en effet, par différence, $J \in T^{*2}(X,A)$ est nul sur A_n, $J = 1_{\{J\neq 0\}}J$, où $\{J \neq 0\}$ est une partie relativement optionnelle de A, donc $u(J) = 1_{\{J\neq 0\}} \cdot u(J) \underset{A_n}{\sim} 0$. [Nous venons en fait de montrer une équivalence indispensable à connaître : si A' est un sous-ouvert de A, et si $J \in T^{*2}(X,A)$ est nul sur A', $u(J) \underset{A'}{\sim} 0$.] Alors $\overline{\tau}^*$, $\overline{\nu}$ sont associés à u par (3.4), ssi, pour tout n, $\overline{\tau}^*_n$ et $\overline{\nu}_n$ le sont à u_n. Supposons en effet d'abord que $\overline{\tau}^*_n$, $\overline{\nu}_n$ soient associés à u_n pour tout n ; soit $J \in T^{*2}(X,A)$, qui définit $J_n \in T^{*2}(X,A_n)$; pour que $u(J) \underset{A}{\sim} 0$, il faut et il suffit que $u(J_n) \underset{A_n}{\sim} 0$ pour tout n, donc que $J_n \in \overline{\tau}^*_n$ $\overline{\nu}_n$-pp., c-à-d. $J \in \overline{\tau}^*$ $\overline{\nu}$-pp sur A_n pour tout n, donc $\overline{\nu}$-pp. sur A ; le passage du local au global est évident. C'est l'opposé qui est moins simple. Supposons $\overline{\tau}^*$, $\overline{\nu}$ associés à u sur A ; soit $J_n \in T^{*2}(X,A_n)$, donc restriction à A_n de $J \in T^{*2}(X,A)$; supposons $u(J_n)$ ou $u(J) \underset{A}{\sim} 0$; soit A'_n le plus grand ouvert d'équivalence à 0 de u(J), il est relativement optionnel dans A et contient A_n ; alors $1_{A'_n} \cdot u(J) = 0$ (S[1], proposition (3.7)), mais c'est $u(1_{A'_n} J)$, donc $1_{A'_n} J \in \overline{\tau}^*$ $\overline{\nu}$-pp., donc $J \in \overline{\tau}^*$ $\overline{\nu}$-pp. sur A'_n donc sur A_n, ou $J \in \overline{\tau}^*_n$ $\overline{\nu}$-pp. Inversement, supposons $J_n \in \overline{\tau}^*_n$ $\overline{\nu}$-pp., ou $J \in \overline{\tau}^*$ $\overline{\nu}$-pp. sur A_n ; alors

$\{J \in \overline{\tau}^*\}$ est optionnel dans A, et il contient A_n à un ensemble $\overline{\nu}$-négligeable près ; comme on peut modifier J sur un ensemble $\overline{\nu}$-négligeable sans modifier u(J), on peut supposer $J \in \overline{\tau}^*$ partout sur A_n ; alors

$$u(J) = u(1_{J\in\overline{\tau}^*}J) + u(1_{J\notin\overline{\tau}^*}J) = u(1_{J\notin\overline{\tau}^*}J) = 1_{J\notin\overline{\tau}^*} \cdot u(J) \underset{A_n}{\sim} 0, \text{ donc } u(J_n) \underset{A_n}{\sim} 0.$$

[Nous venons en fait d'étendre l'équivalence indispensable signalée ci-dessus : si A' est un sous-ouvert de A, et si $J \in T^{*2}(X,A)$, $J \in \overline{\tau}^*$ $\overline{\nu}$-pp. sur A', alors $u(J) \underset{A'}{\sim} 0$.]

Nous ne jugerons pas utile de faire des raisonnements analogues pour toutes les autres propriétés. Si $\overline{\tau}(u)$ est le sous-espace tangent à u, associé à $\overline{\nu}$ par (3.4), c'est l'orthogonal de $\overline{\tau}^*$; donc, à u_n et $\overline{\nu}_n$, sera associé $\overline{\tau}_n(u)$, restriction de $\overline{\tau}(u)$ à A_n. Soient $(Z^k)_{k=1,2,\ldots,m}$ un système de semi-martingales, $(H_k)_{k=1,2,\ldots,m}$ un système de vecteurs 2-tangents à u le long de X sur A. Alors $\sum_{k=1}^{m} H_k \cdot Z^k$ sera une représentation tangentielle de u sur A ssi elle l'est, pour tout n, pour u_n sur A_n. Etc.

§ 4. LES PROCESSUS ET LES INTEGRALES DE STRATONOVITCH

Résumé du § 4. C'est le point de vue de Stratonovitch. Il devient de plus en plus utilisé, car il évite justement le calcul différentiel d'ordre 2. (4.0) définit les processus de Stratonovitch (continus), et leurs principales propriétés. Pour f de Stratonovitch, on peut définir f^c, sa composante martingale locale continue. (4.1bis) étend alors le § 6 de S[1] aux variétés seulement C^1. (4.1ter) définit et étudie les principales propriétés de l'intégrale de Stratonovitch. On aura alors, si V est une variété C^2, une intégrale de Stratonovitch $J \underset{(S)}{\cdot} X$, si J est Stratonovitch 1-contangent à V le long de la semi-martingale X : c'est (4.6), et les propositions suivantes ; (4.12) donne l'image par une application C^2, (4.15), le cas d'une sous-variété. Puis (4.18) donne les représentations tangentielles au sens de Stratonovitch. (4.21) localise à un ouvert A de $\overline{\mathbb{R}}_+ \times \Omega$. (4.22) étudie les applications u, au sens de Stratonovitch, analogues à celles de (3.0). Ici encore, on a des développements assez longs, et ennuyeux. (4.24) est le point de vue de P.A. Meyer sur les intégrales de Stratonovitch, avec la différentielle $D\varpi$ d'une forme différentielle ϖ ; (4.31) est l'image par une application C^2, et (4.32) la définition de Meyer de l'intégrale de Stratonovitch de ϖ à partir de $D\varpi$.

(4.0) Processus de Stratonovitch.

Nous devons modifier sensiblement la définition habituelle des processus de Stratonovitch ; d'abord celle-ci n'est pas suffisamment localisable, ensuite nous ne voulons ici que des processus continus, il faudra donc d'un côté généraliser, de l'autre côté restreindre la définition habituelle. Nous l'avons déjà partiellement fait dans S[1] (aux pages 72, 73, 74, 92, 93) ; mais sans désir d'une utilisation systématique, donc trop rapidement et avec mauvaise conscience, ce qui a fait que l'énoncé de la remarque page 92 est faux (voir ici même un erratum en fin de l'article). Nous donnerons ici au contraire des définitions et propriétés très précises.

Un processus X réel sur A, ouvert de $\overline{\mathbb{R}}_+ \times \Omega$, est dit globalement de Stratonovitch s'il existe des semi-martingales réelles $Y_1, Y_2, \ldots, Y_\ell$ sur $\overline{\mathbb{R}}_+ \times \Omega$, continues dans A (mais non nécessairement dans $\overline{\mathbb{R}}_+ \times \Omega$, voir note (3)), et une fonction f réelle de classe C^1 sur $\mathbb{R}^\ell$, telles que $X = f(Y_1, Y_2, \ldots, Y_\ell)$ sur A ; X est alors optionnel continu. Et alors X sera dit de Stratonovitch sur A (sous-entendu localement), s'il est optionnel et s'il existe une suite d'ouverts $(A_n)_{n\in\mathbb{N}}$ recouvrant A, tels que, dans chaque $A \cap A_n$, X soit globalement de Stratonovitch ; X est alors continu (et on peut supposer les A_n optionnels, en remplaçant chaque A_n par le plus grand ouvert où $Y_{n,1}, Y_{n,2}, \ldots, Y_{n,\ell_n}$ sont continues, et où $f_n(Y_{n,1}, Y_{n,2}, \ldots, Y_{n,\ell_n})$ est égal à un prolongement optionnel de X à $\overline{\mathbb{R}}_+ \times \Omega$). Une semi-martingale réelle continue dans A (S[2], définition (6.5)) est de Stratonovitch ; une fonction C^1 réelle d'un nombre fini de processus réels de Stratonovitch est de Stratonovitch ; si A est réunion d'une suite d'ouverts A_n, si X est optionnel sur A et Stratonovitch sur chaque A_n, il l'est aussi sur A. Nous avons donc bien ici des processus continus, et leur caractère est local. Enfin, si X est un processus sur A à valeurs dans une variété de classe C^1, il est dit de Stratonovitch si, pour toute fonction φ réelle C^1 sur V, $\varphi(X)$ est réel de Stratonovitch ; il est alors optionnel continu, et la définition est de caractère local ; si $V = \mathbb{R}^N$, X est Stratonovitch ssi ses coordonnées le sont.

Si X est Stratonovitch à valeurs dans V, si $\Phi : V \to W$ est de classe C^1, $\Phi(X)$ est Stratonovitch à valeurs dans W. Si V' est une sous-variété C^1 (non nécessairement fermée) de V, si X est un processus sur A à valeurs dans V', qui est Stratonovitch à valeurs dans V, il l'est aussi à valeurs dans V' ; en effet X est optionnel à valeurs dans V', et V' est réunion d'ouverts $(V'_n)_{n \in \mathbb{N}}$ tels que, si φ est réelle C^1 sur Y', sa restriction à V'_n est restriction d'une fonction $\overline{\varphi}_n$ réelle C^1 sur V, de sorte que $\varphi(X) = \overline{\varphi}_n(X)$ sur $X^{-1}(V'_n)$ est Stratonovitch sur $X^{-1}(V'_n)$, donc sur A. Si X est Stratonovitch sur $\overline{\mathbb{R}}_+ \times \Omega$ à valeurs dans V, si $\tilde{V}$ est un revêtement de V, si $\tilde{X}$ est une relèvement continu de X dans $\tilde{V}$ tel que $\tilde{X}_o$ soit $\mathcal{C}_o$-mesurable, $\tilde{X}$ est Stratonovitch à valeurs dans $\tilde{V}$; en effet (par proposition (2.6) de S[1]) il est d'abord continu adapté donc optionnel ; ensuite il existe une suite d'ouverts $(\tilde{V}'_n)_{n \in \mathbb{N}}$ recouvrant $\tilde{V}$, tels que, sur chaque V'_n, la projection π_n de $\tilde{V}'_n$ sur son image V'_n dans V soit un C^1-difféomorphisme ; la projection $X = \pi(\tilde{X})$ est Stratonovitch à valeurs dans V, donc à valeurs dans V'_n sur $\tilde{X}^{-1}(\tilde{V}'_n)$, et alors $\tilde{X} = \pi_n^{-1}(X)$ l'est à valeurs dans $\tilde{V}$ sur $\tilde{X}^{-1}(\tilde{V}'_n)$, donc partout.

<u>(4.0bis)</u> Soit X Stratonovitch sur A ouvert, à valeurs dans V. Alors il existe une suite d'ouverts $(A_n)_{n \in \mathbb{N}}$ recouvrant A tels que, pour chaque n, il existe des semi-martingales $Y_{n,1}, Y_{n,2}, \ldots, Y_{n,\ell_n}$ réelles, continues sur A_n, ou plus simplement une semi-martingale Y_n à valeurs dans $\mathbb{R}^{\ell_n}$, continue sur A_n, et une fonction f_n sur $\mathbb{R}^{\ell_n}$ <u>à valeurs dans</u> V, telles que $X = f_n(Y_{n,1}, Y_{n,2}, \ldots, Y_{n,\ell_n}) = f_n(Y_n)$ sur $A \cap A_n$. Soit en effet $(V'_n)_{n \in \mathbb{N}}$ un recouvrement ouvert de V, $\overline{V}'_n$ compact, Φ_n un C^1-difféomorphisme d'une boule ouverte U'_n de $\mathbb{R}^N$ sur V'_n, de centre origine ; soit $(V''_n)_{n \in \mathbb{N}}$ un recouvrement ouvert subordonné, $\overline{V}''_n$ compact $\subset V'_n$, $U''_n = \Phi_n^{-1}(V''_n)$, $\overline{U}''_n$ compact $\subset U'_n$. Il existe $\overline{\Phi_n^{-1}}$,

application C^1 de V dans $\mathbb{R}^N$, égale à Φ_n^{-1} sur V''_n. Il existe aussi $\overline{\Phi}_n$, application C^1 de $\mathbb{R}^N$ dans V'_n, égale à Φ_n sur U''_n. [Soit en effet α_n réelle C^1 sur $\mathbb{R}^N$, $0 \leq \alpha_n \leq 1$, égale à 1 sur $\overline{U}''_n$, à support dans U'_n ; on prend $\overline{\Phi}_n(x) = \Phi_n(x\,\alpha_n(x))$; $x\,\alpha_n(x)$ est dans U'_n pour tout x de $\mathbb{R}^N$, et vaut x pour $x \in U''_n$] ; alors $\overline{\Phi}_n\, \overline{\Phi_n^{-1}}$ est l'identité sur V''_n. Par hypothèse, $Y_n = \overline{\Phi_n^{-1}}(X)$ est Stratonovitch sur A à valeurs dans $\mathbb{R}^N$; en raisonnant alors sur chacune de ses coordonnées, on voit qu'il existe une suite $(A_{n,m})_{m \in \mathbb{N}}$ d'ouverts de $\overline{\mathbb{R}}_+ \times \Omega$, de réunion A, telle que, dans chaque $A_{n,m}$, $Y_n = f_{n,m}(Z_{n,m})$, où $Z_{n,m}$ est une semi-martingale sur $\overline{\mathbb{R}}_+ \times \Omega$, continue sur $A_{n,m}$, à valeurs dans un $\mathbb{R}^{\ell_{n,m}}$, et où $f_{n,m}$ est une fonction C^1 sur $\mathbb{R}^{\ell_{n,m}}$ à valeurs dans $\mathbb{R}^N$. Donc, sur $X^{-1}(V''_n) \cap A_{n,m}$, $X = \overline{\Phi}_n\, \overline{\Phi_n^{-1}}(X) = \overline{\Phi}_n(Y_n) = (\overline{\Phi}_n \circ f_{n,m})(Z_{n,m})$, ce qui est le résultat cherché (avec deux indices n, m, au lieu d'un).

Remarque : Le type de démonstration de (4.0bis) est plus court que celui de (6.5quinto) de S[2], et peut le remplacer si X est continu sur A, mais pas dans le cas général (nous voulons que $X^{-1}(V''_n)$ soit ouvert dans $\overline{\mathbb{R}}_+ \times \Omega$, cela nécessite X continue !).

(4.1) Si X est une fonction vectorielle C^1 d'un nombre fini de semi-martingales réelles sur $\overline{\mathbb{R}}_+ \times \Omega$, il est classique qu'on peut définir X^c comme une martingale (cf. M[1], pages 354 et suivantes). Si alors X est Stratonovitch sur A à valeurs vectorielles, si $(A_n)_{n \in \mathbb{N}}$ est une suite d'ouverts optionnels recouvrant A, et si, sur chaque $A \cap A_n$, $X = X_n$, fonction C^1 d'un nombre fini de semi-martingales, on peut définir $X_n^c \in \mathcal{M}^c$; $X_m^c \sim X_m^c$ sur $A \cap A_m \cap A_n$; alors (6.3ter) de S[2] dit qu'il existe une semi-martingale (continue !) formelle Y, $\sim X_n^c$ sur chaque $A \cap A_n$. Alors Y est équivalente sur A à une martingale formelle, par (3.4) de S[1] ; on l'appellera X^c, composante martingale de X ; elle est une classe d'équivalence sur A de martingales formelles. Si $A = \overline{\mathbb{R}}_+ \times \Omega$, il résulte de (6.4) de S[2], que X^c est même une vraie martingale sur $\overline{\mathbb{R}}_+ \times \Omega$, si on la prend nulle au temps 0.

Ceci permet d'abord d'étendre le calcul des $J \cdot X^c$, du § 6 de S[1], ou de

(2.11), au cas où X est seulement de Stratonovitch.

Proposition (4.1bis) : Soient V une variété de classe C^1, et $X : \overline{\mathbb{R}}_+ \times \Omega \to V$, de Stratonovitch. Il existe une application $\mathcal{O}pt$-linéaire unique de $T^{*1}(X)$ dans $\mathcal{O}pt\ \mathcal{M}^c$ notée $J \mapsto J \cdot X^c$, telle que, pour toute $\varphi \in C^1(V;\mathbb{R})$:

(4.1ter) $$D\varphi(X) \cdot X^c = \varphi(X)^c \quad .$$

Elle est séquentiellement continue pour la convergence simple sur $T^{*1}(X)$. On dit que J est dX-intégrable si $J \cdot X^c$ est une vraie martingale. On dit que A optionnel $\subset \overline{\mathbb{R}}_+ \times \Omega$ est dX^c-négligeable, si, pour tout $J \in T^{*1}(X)$ porté par A, $J \cdot X^c = 0$. L'ensemble $T^{*1}(X) \cdot X^c$ des $J \cdot X^c$, $J \in T^{*1}(X)$, est l'$\mathcal{O}pt$-module engendré par les $(\varphi(X))^c, \varphi \in C^1(V;\mathbb{R})$; si X est plongé dans $\mathbb{R}^d$, il est engendré par les $X^{c,k}$, où les X^k sont les coordonnées de X.

Démonstration : C'est la même que pour (2.7) ou (2.11).

(4.1ter) Si alors f est une fonction réelle de Stratonovitch, X une semi-martingale réelle, on définit l'intégrale de Stratonovitch $f \underset{(S)}{\cdot} X$ par

(4.2) $$f \underset{(S)}{\cdot} X = f \cdot S + \frac{1}{2}[f,X] \quad (\text{où } [f,X] = [f^c,X^c]) \quad .$$

Bien sûr, on peut prendre pour X une semi-martingale formelle, alors $f \underset{(S)}{\cdot} X$ l'est aussi. On a toujours, pour f et g de Stratonovitch, $f \underset{(S)}{\cdot} (g \underset{(S)}{\cdot} X) = fg \underset{(S)}{\cdot} X$. Mais, si X est une martingale, $f \underset{(S)}{\cdot} X$ n'est pas en général une martingale ; et, si X et Y sont des semi-martingales, f et g des fonctions de Stratonovitch,

(4.3) $$(f \underset{(S)}{\cdot} X)^c = f \cdot X^c \quad ; \quad [f \underset{(S)}{\cdot} X, g \underset{(S)}{\cdot} Y] = fg \cdot [X,Y] \quad .$$

La formule de changement de variables d'Itô est remplacée par la formule usuelle : si Φ est une fonction C^2, donc $\Phi'(X)$ une fonction de Stratonovitch,

(4.4) $$\Phi(X)-\Phi(X_o)=\Phi'(X)\underset{(S)}{\bullet}X .$$

Comparons cette formule à (2.5). Nous dirons donc, comme à (2.6) :

(4.5) Principe fondamental.

Soit X une semi-martingale à valeurs vectorielles. Au sens de Stratonovitch, dX_t se comporte, pour les applications C^2, comme un vecteur 1-tangent au point X_t.

(4.5) Intégrales de Stratonovitch sur une variété C^2.

Soit X une semi-martingale à valeurs dans V (de nouveau de classe C^2). Soit $\mathscr{S}tr$ la $\mathbb{R}$-algèbre des fonctions réelles de Stratonovitch ; soit $T^{*1}\mathscr{S}tr(X)$ le $\mathscr{S}tr$-module des processus de Stratonovitch 1-cotangents à V le long de X : $J\in T^{*1}\mathscr{S}tr(X)$ est une fonction de Stratonovitch à valeurs dans $T^{*1}(V)$, et $J(t,\omega)\in T^{*1}(V,X(t,\omega))$. Alors ce qui est énoncé dans S[1], page 73, s'énonce mieux comme suit, et nous allons le démontrer :

Proposition (4.6) : Il existe une application $\mathscr{S}tr$-linéaire et une seule de $T^{*1}\mathscr{S}tr(X)$ dans $\mathscr{S}\mathscr{M}^c(X)$ (•), notée $J\mapsto J\underset{(S)}{\bullet}X$, telle que, pour tout $\varphi\in C^2(V;\mathbb{R})$:

(4.7) $$D\varphi(X)\underset{(S)}{\bullet}X=\varphi(X)-\varphi(X_o) .$$

Nous démontrerons d'abord un lemme :

Lemme (4.8) : Supposons V plongée dans $\mathbb{R}^d$, et soient $(x^k)_{k=1,2,\ldots,d}$ les fonctions coordonnées, $\bar{x}^k$ leurs restrictions à V, $(e_k)_{k=1,2,\ldots,d}$ la base de $\mathbb{R}^d$. Soit $\eta_k(v)$ la projection orthogonale de e_k sur $T(V,v)$ (pour la structure euclidienne de $\mathbb{R}^d$). On a, pour un vecteur 1-cotangent $J_v\in T^{*1}(V,v)$ et un vecteur tangent $\xi_v\in T^1(V,v)$, les formules :

(•) On obtient toujours une vraie semi-martingale, parce que J est localement bornée.

$$(4.9)\qquad J_v = \sum_{k=1}^{d} (J_v | \eta_k(v))_{T^{*1}(V,v),T^1(V,v)}\, \overline{Dx}^k(v) \quad ,$$

$$(4.10)\qquad \xi_v = \sum_{k=1}^{d} (\overline{Dx}^k(v) | \xi_v)_{T^{*1}(V,v),T^1(V,v)}\, \eta_k(v) \quad .$$

<u>Démonstration du lemme</u> : Chaque $\xi_v \in T^1(V,v)$ peut s'écrire, comme tout vecteur de E :

$$\xi_v = \sum_{k=1}^{d} (Dx^k(v)|\xi)_{E^*,E}\, e_k \ ,$$

donc

$$= \sum_{k=1}^{d} (\overline{Dx}^k(v)|\xi_v)_{T^{*1}(V,v),T^1(V,v)}\, e_k \ ;$$

mais $\xi \in T^1(V,v)$ coïncide avec sa projection orthogonale sur $T^1(V,v)$, d'où (4.10) en projetant les deux membres Alors, si $J_v \in T^{*1}(V,v)$, (4.10) donne :

$$(J_v|\xi_v)_{T^{*1}(V,v),T^1(V,v)} =$$

$$\sum_{k=1}^{d} (\overline{Dx}^k(v)|\xi_v)_{T^{*1}(V,v),T^1(V,v)}\, (J_v|\eta_k(v))_{T^{*1}(V,v),T^1(V,v)} \ ;$$

compte-tenu de ce que c'est vrai pour tout $\xi_v \in T^1(V,v)$, cela donne (4.9).

<u>Remarque</u> : Ce lemme exprime que les applications identiques de $T^1(V,v)$ et et $T^{*1}(V,v)$, transposées l'une de l'autre, s'expriment comme $\sum_{k=1}^{d} \overline{Dx}^k(v) \otimes \eta_k(v)$.

<u>Démonstration de la proposition (4.6)</u> : Nous allons copier la démonstration de (2.7), compte-tenu des remarques 1 et 2 qui la suivent.

1) <u>Unicité</u>. Il suffit de montrer que $T^{*1}\mathcal{S}tr(X)$ est $\mathcal{S}tr$-engendré par les $D\varphi(X) \in C^2$. Or c'est ce que montre la formule (4.9) du lemme : si $J \in T^{*1}\mathcal{S}tr(X)$, les $(J|\eta_k(X))_{T^{*1},T^1}$ sont des fonctions de Stratonovitch (4), et on a bien $J = \sum_{k=d}^{d} (J|\eta_k(X))\overline{Dx}^k(X)$.

2) Existence Supposons qu'on ait une relation $\sum_{\ell} \alpha_{\ell}\, D\varphi_{\ell}(X) = 0$, $\alpha_{\ell} \in \mathcal{S}tr$, $\varphi_{\ell} \in C^2$. En gardant les notations de la démonstration de (2.7), pour l'existence, $\sum_{\ell} \alpha_{\ell}\, D\overline{\psi}_{\ell,n}(\overline{Y}_n) = 0$ sur $X^{-1}(V''_n)$, puis, par (4.7),

$$\sum_{\ell} \alpha_{\ell} \underset{(S)}{\bullet} \varphi_{\ell}(X) \sim \sum_{\ell} \alpha_{\ell} \underset{(S)}{\bullet} \overline{\psi}_{\ell,n}(\overline{Y}_n) \sim \sum_{\ell} \alpha_{\ell} \underset{(S)}{\bullet} (D\overline{\psi}_{\ell,n}(\overline{Y}_n) \underset{(S)}{\bullet} \overline{Y}_n) = \sum_{\ell} \alpha_{\ell}\, D\overline{\psi}_{\ell,n}(\overline{Y}_n) \underset{(S)}{\bullet} \overline{Y}_n \sim 0$$

sur $X^{-1}(V''_n)$; donc $\sum_{\ell} \alpha_{\ell} \underset{(S)}{\bullet} \varphi_{\ell}(X)$ est équivalente à 0 sur chaque $X^{-1}(V''_n)$, donc partout, donc $= 0$. (On peut éviter les prolongements $\overline{Y}_n$, $\overline{\psi}_{\ell,n}$, par les remarques de (2.20)).

Proposition (4.11) : Si $J \in T^{*1}\mathcal{S}tr(X)$,

$$(J \underset{(S)}{\bullet} X)^c = J \bullet X^c \ .$$

Démonstration : C'est vrai pour $J = D\varphi(X)$, donc toujours par $\mathcal{S}tr$-linéarité.

Proposition (4.12) : Soit Φ une application C^2 de V dans une autre variété W, X semi-martingale à valeurs dans V, $\Phi(X)$ son image dans W. Pour $J \in T^{*1}\mathcal{S}tr(\Phi(X))$, soit $\Phi^* J$ son image réciproque

$$\Phi^* J(t,\omega) = {}^1\Phi^*(X(t,\omega))\, J(t,\omega) \quad , \quad \Phi^* J \in T^{*1}\mathcal{S}tr(X) \ . \tag{4.13}$$

On a :

$$\Phi^* J \underset{(S)}{\bullet} X = J \underset{(S)}{\bullet} \Phi(X) \ . \tag{4.14}$$

Démonstration : Par $\mathcal{S}tr$-linéarité, on se ramène à $J = D\varphi(\Phi(X))$, les deux membres valent alors $\varphi(\Phi(X)) - \varphi(\Phi(X_o))$.

Conséquence (4.14bis) : Un résultat de Marc Yor.

Soit ϖ une forme différentielle fermée de degré 1, de classe C^1, sur V. On peut classiquement calculer son intégrale sur une trajectoire continue $x : [0,+\infty[\to V$, $\int_{]0,t]} \varpi(x_s)\, dx_s$, bien que x ne soit pas différentiable. On peut la définir comme suit. Soit $\tilde{V}$ un revêtement universel de V, $\tilde{\varpi}$ le relèvement de ϖ, $\tilde{x}$ un relèvement continu de x, arbitraire (il est unique dès qu'on s'est fixé $\tilde{x}_o$). Sur $\tilde{V}$, $\tilde{\varpi} = D\tilde{\varphi}$, $\tilde{\varphi}$ fonction de classe C^1. Soit π la projection de $\tilde{V}$ sur V ; $x = \pi \circ \tilde{x}$. Si x est de classe C^1,

$$\int_{]0,t]} \varpi(x_s)\, dx_s = (\varpi(x) \bullet x)_t = (\varpi(x) \bullet \pi\tilde{x})_t = ((\pi^* \varpi)(\tilde{x}) \bullet \tilde{x})_t$$

$$= (\tilde{\varpi}(\tilde{x}) \bullet \tilde{x})_t = (D\tilde{\varphi}(\tilde{x}) \bullet \tilde{x})_t = \tilde{\varphi}(\tilde{x}_t) - \tilde{\varphi}(\tilde{x}_o) \quad ,$$

et on prend le dernier membre comme définition du premier si x est seulement continue ; le résultat est indépendant du choix du revêtement $\tilde{V}$, et de $\tilde{x}_o$, $\tilde{\varphi}$. (Ceci serait même valable pour ϖ seulement continue et non C^1, fermée au sens des distributions, mais ce ne serait pas comparable à l'intégrale de Stratonovitch, comme nous le ferons plus loin.)

Soit maintenant X une semi-martingale à valeurs dans V, $\tilde{X}$ un relèvement semi-martingale à valeurs dans $\tilde{V}$, unique après choix de $\tilde{X}_o$ $\mathcal{C}_o$-mesurable (S[1], proposition (2.6), page 11). Il existe alors deux calculs possibles de $\int_{]0,t]} \varpi(X_s)\, dX_s$; l'un, c'est le précédent, le long de chaque trajectoire (continue !) $X(\omega)$; l'autre, c'est l'intégrale de Stratonovitch, $(\varpi(X) \underset{(S)}{\bullet} X)_t$ (ϖ étant C^1, $\varpi(X)$ est Stratonovitch). Le théorème de Yor dit qu'elles coïncident. C'est une conséquence immédiate de ce qui précède :

$$(\varpi(X) \underset{(S)}{\bullet} X)_t = (\varpi(X) \underset{(S)}{\bullet} \pi\tilde{X})_t = \text{(par (4.14))}\ ((\pi^* \varpi(\tilde{X}) \underset{(S)}{\bullet} \tilde{X})_t = (\tilde{\varpi}(\tilde{X}) \underset{(S)}{\bullet} \tilde{X})_t$$

$$= \text{(par définition de } \tilde{\varphi})\ (D\tilde{\varphi}(\tilde{X}) \underset{(S)}{\bullet} \tilde{X})_t = \text{(par (4.7))}\ \tilde{\varphi}(\tilde{X}_t) - \tilde{\varphi}(\tilde{X}_o) \ .$$

<u>Corollaire (4.15)</u> : <u>Soit</u> V <u>une variété</u>, V' <u>une sous-variété</u> (<u>non nécessairement fermée</u>), X <u>une semi-martingale à valeurs dans</u> V'. <u>Soit</u> J <u>un processus de Stratonovitch</u> 1-<u>cotangent à</u> V <u>le long de</u> X, J' <u>son image dans le quotient</u> $T^{*1}(V')$. <u>On a</u> :

(4.16.) $$J \underset{(S)}{\bullet} X = J' \underset{S}{\bullet} X \ .$$

<u>En particulier</u> $J \underset{S}{\bullet} X$ <u>ne dépend que de l'image</u> J'.

Remarque (4.17) : On a aussi une proposition analogue à (2.19), que je n'énoncerai pas. D'autre part, l'ensemble des $J \underset{(S)}{\bullet} X$, pour $J \in T^{*1} \mathcal{S}tr(X)$, est exactement le sous-$\mathcal{S}$tr-module de $\mathcal{S}\mathcal{M}^c(X)$ engendré par les $\varphi(X)-\varphi(X_o)$, $\varphi \in C^2$.

Enfin il existe des représentation tangentielles :

Proposition (4.18) : Il existe des représentations tangentielles

$$(4.18\text{bis}) \qquad X \sim \sum_{k=1}^{m} H_k \underset{(S)}{\bullet} Z^k \quad ,$$

où les H_k sont des processus de Stratonovitch 1-tangents à V le long de X, $H_k \in T^1 \mathcal{S}tr(X)$, les Z^k des semi-martingales. Cela veut dire que, pour tout $J \in T^{*1} \mathcal{S}tr(X)$:

$$(4.19) \qquad J \underset{(S)}{\bullet} X = \sum_{k=1}^{m} (J|H_k) \underset{(S)}{\bullet} Z^k \quad .$$

Pour qu'il en soit ainsi, il faut et il suffit que pour un (et c'est alors vrai pour tout) plongement de V dans un espace vectoriel, on ait (4.18bis) au sens usuel. En particulier, si V est plongée dans $\mathbb{R}^d$, de fonctions coordonnées $(x^k)_{k=1,2,\ldots,d}$, de base $(e_k)_{k=1,2,\ldots,d}$, et si $\eta_k(v)$ est la projection orthogonale de e_k sur $T^1(V,v)$ (voir lemme (4.8)), on a la représentation tangentielle

$$(4.20) \qquad X \sim \sum_{k=1}^{d} \eta_k(X) \underset{(S)}{\bullet} Z^k \quad , \quad \text{où } Z^k = X^k = x^k(X) \quad .$$

Démonstration : Pour tout $J \in T^{*1} \mathcal{S}tr(X)$, on a (4.9), d'où

$$J \underset{(S)}{\bullet} X = \sum_{k=1}^{d} (J|\eta_k(X)) \, \overline{Dx}^k(X) \underset{(S)}{\bullet} X$$

$$= \sum_{k=1}^{d} (J|\eta_k(X)) \underset{(S)}{\bullet} (\overline{Dx}^k(X) \underset{(S)}{\bullet} X)$$

$$= \sum_{k=1}^{d} (J|\eta_k(X)) \underset{(S)}{\bullet} X^k \quad . \text{ (Voir note}^{(4)}\text{.)}$$

<u>Remarque</u> : La formule (4.10) montre que tout $H \in T^1 \mathcal{S}tr(X)$ est une combinaison $\mathcal{S}tr$-linéaire des $\eta_k(X)$, donc toute représentation tangentielle se ramène à une représentation avec les $\eta_k(X)$; mais celles-ci sont très nombreuses, k varie de 1 à $d \leq 2N$ et non de 1 à N !

<u>(4.21)</u> <u>Localisation des formules de Stratonovitch</u>.

Les fonctions de Stratonovitch, sur A ouvert de $\overline{\mathbb{R}}_+ \times \Omega$, forment une algèbre sur $\mathcal{S}tr(A)$. Si alors f est un processus vectoriel de Stratonovitch sur A, on peut définir f^c comme une classe d'équivalence sur A de martingales formelles. Si donc f est une fonction réelle de Stratonovitch sur A, X une classe d'équivalence sur A de semi-martingales, formelles, on définit $f \underset{(S)}{\bullet} X$ par $f \underset{(S)}{\bullet} X = f \bullet X + \frac{1}{2} \langle f^c, X^c \rangle$ comme classe d'équivalence sur A de semi-martingales formelles, et on a les mêmes formules que ci-dessus. Si V est une variété C^2, X une semi-martingale sur A à valeurs dans V, $T^{*1} \mathcal{S}tr(X,A)$ se définit aussitôt comme à (2.20) : $J \in T^{*1} \mathcal{S}tr(X,A)$ est un processus défini sur A, de Stratonovitch à valeurs dans $T^{*1}(V)$, tangent à V le long de X sur A. [Il existera bien une suite $(A_n)_{n \in \mathbb{N}}$ d'ouverts recouvrant A, telle que, sur chaque $A \cap A_n$, X soit restriction d'une semi-martingale $\overline{X}_n$ à valeurs dans V, et $\mathcal{S}$ restriction à A_n d'un processus $\overline{J}_n$ de Stratonovitch 2-cotangent à la variété, défini partout, mais pas partout cotangent le long de $\overline{X}_n$. Mais c'est sans importance et on n'utilise rien de tel.] On refera la démonstration d'existence et d'unicité (4.16) sur A, en utilisant (4.9), et on trouvera $J \underset{(S)}{\bullet} X \in \mathcal{O}pt\, \mathcal{S}\mathcal{M}^c(A)$, classe d'équivalence sur A de semi-martingales réelles formelles, avec, pour φ réelle C^2 sur V, $D\varphi(X) \underset{(S)}{\bullet} X =$ classe de $\varphi(X)$. Alors tout le reste se généralise aisément.

<u>(4.22)</u> On peut alors appliquer une petite partie de qui a été dit au début du § 3, et à (2.8) de S[2], au cas de Stratonovitch, et considérer les applications u $\mathcal{S}tr$-linéaires de $T^{*1} \mathcal{S}tr(X)$ dans $\mathcal{O}pt\, \mathcal{S}\mathcal{M}^c$, c-à-d. telles que, pour $J \in T^{*1} \mathcal{S}tr(X)$, et α réelle $\in \mathcal{S}tr$, $u(\alpha J) = \alpha \underset{(S)}{\bullet} u(J)$. On pourra noter u(J) par $J \underset{(S)}{\bullet} u$. Et la semi-martingale X elle-même définit une telle application. Il existe des représentations tangentielles $u = \sum_{k=1}^{m} H_k \underset{(S)}{\bullet} Z^k$, Z^k semi-martingales,

$H_k \in T^1 \mathcal{S}tr(X)$, avec la même démonstration que (4.18) : les H_k seront les même $\eta_k(X)$, les Z^k seront les $\overline{Dx}^k(X) \underset{(S)}{\cdot} u$. Mais c'est à peu près tout ce qu'on peut faire ici ; rien d'analogue au $\tau(u)$, ou $\tau(\underline{X})$.

Voici cependant des choses importantes qu'on pourra faire. On ne peut pas parler de $\tau(u)$ au sens de Stratonovitch, mais, si τ est un processus de Stratonovitch à valeurs dans la grassmannienne du fibré $T^{*1}(V)$, c-à-d. $\tau(t,\omega)$ sous-espace vectoriel de $T^1(V,X(t,\omega))$ <u>de dimension constante</u> d, on peut dire que u est tangent à τ au sens de Stratonovitch, si, pour tout $J \in T^{*1} \mathcal{S}tr(X)$, orthogonal à τ, $J \underset{(S)}{\cdot} u = 0$; l'orthogonal τ^+ de τ est aussi Stratonovitch à valeurs dans la grassmannienne de $T^{*1}(V)$, et cela voudra dire que $J \in \tau'$ entraîne $J \underset{(S)}{\cdot} X = 0$. On pourra plus généralement introduire $G_1 \mathcal{S}tr(X)$, $G_2 \mathcal{S}tr(Y)$, $G_1^* \mathcal{S}tr(X)$, $G_2^* \mathcal{S}tr(Y)$ ($G_1 \mathcal{S}tr(X)$ est l'espace des processus de Stratonovitch à valeurs dans G(V) le long de X) comme à (3.15quinto), avec une application L à valeurs dans $\mathcal{L}_1(G_1;G_2)$ le long de X et Y, elle-même de Stratonovitch [$\mathcal{L}(G_1;G_2)$ est un fibré C^1 de base $V \times W$, la fibre au-dessus de $(v,w) \in V \times W$ est $\mathcal{L}(G_1(V;v);G_2(W,v))$; L est Stratonovitch à valeurs dans $\mathcal{L}(G_1;G_2)$, et $L(t,\omega) \in \mathcal{L}(G_1(V;X(t,\omega));G_2(W,Y(t,\omega)))$]. Mais, si E, F sont des espaces vectoriels et $\mathcal{L}_k(E;F)$ est l'espace des applications linéaires de rang k de E dans F, c'est une sous-variété algébrique sans singularité de $\mathcal{L}(E;F)$, donc C^∞ (c'est une orbite de $GL(E) \times GL(F)$, opérant sur $\mathcal{L}(E;F)$ par $(A,B,u) \mapsto AuB$, $GL(E) \times GL(F) \times \mathcal{L}(E;F) \to \mathcal{L}(E;F)$). On en déduit que $L \to L^*$, $L \mapsto \text{Ker } L$, $L \mapsto \text{Im } L$, sont des applications C^∞ de $\mathcal{L}_k(E;F)$ dans $\mathcal{L}_k(F^*;E^*)$, la grassmannienne Gr(E) et la grassmannienne Gr(F) respectivement. Munissons E et F de structures euclidiennes. Alors, si on désigne par $(\ )_+$ l'orthogonal de ( ) pour cette structure, $\tau \to \tau_+$ est C^∞ de Gr(E) dans elle-même, et la projection de E dans E, de noyau τ et d'image τ_+ dépend C^∞ de τ (à valeurs dans $\mathcal{L}(E;E)$). Il existe un nombre fini d'ouverts recouvrant Gr(E), tels que, dans chacun d'eux, $\tau \in Gr(E)$ ait une base dépendant C^∞ de τ ; et le sous-espace engendré par un nombre fini constant de vecteurs de E, <u>indépendants</u>, est fonction C^∞ de ces vecteurs, à valeurs dans Gr E.

Soit $u \in \mathcal{L}_k(E;F)$; c'est une bijection u_0 de $(\text{Ker } u)_+$ sur Im u ; si u_{-1}

est l'opérateur égal à u_o^{-1} : Im $u \to (\text{Ker } u)_+$ sur Im u , à 0 sur $(\text{Im } u)_+$, $u_{-1} \in \mathcal{L}_k(F;E)$, et $u \mapsto u_{-1}$ est C^∞ de $\mathcal{L}_k(E;F)$ sur $\mathcal{L}_k(F;E)$. Tout ce que nous venons de voir sur E,F, fixes, subsiste pour deux fibrés vectoriels C^1, $G_1(V)$, $G_2(W)$, de bases V, W, avec leurs fibrés en grassmanniennes et le fibré $\mathcal{L}(G_1;G_2)$ sur $V \times W$ (la fibre au-dessus de $(v,w) \in (V,W)$ est $\mathcal{L}(G_1(V,v);Gr(W,v))$, car on peut munir les fibres de structures euclidiennes C^1, et les applications précédentes deviennent C^1, par démonstrations locales.

Proposition (4.23) : *Soit* A *un ouvert de* $\overline{\mathbb{R}}_+ \times \Omega$, X *une semi-martingale dans* A *à valeurs dans* V. *Soit* G(V) *un fibré vectoriel* C^1 *sur* V. *Soit* τ *un processus sur* A, *à valeurs dans* Gr G(V) *le long de* X : $\tau(t,\omega)$ *est un sous-espace vectoriel de* $G(V,X(t,\omega))$, *de dimension constante* d. *S'il existe une suite* $(A_n)_{n\in\mathbb{N}}$ *d'ouverts de* $\overline{\mathbb{R}}_+ \times \Omega$, *recouvrant* A, *et pour chacun d'eux un système fini de sections* $(e_{k,n})_{k=1,2,\ldots,m}$ *de* τ, *de Stratonovitch sur* A_n, *engendrant* τ *en tout point de* A_n , *et si* τ *est optionnel, il est Stratonovitch. Inversement, soit* τ *Stratonovitch. Il existe une suite* $(A_n)_{n\in\mathbb{N}}$ *d'ouverts recouvrant* A, *et pour chacun d'eux un système* $(e_{k,n})_{k=1,2,\ldots,g}$, $g = \dim G(V)$, $e_{k,n}$ *restriction à* A_n *d'une fonction de Stratonovitch sur* A *à valeurs dans* G(V) *le long de* X (i.e. $e_{k,n}(t,\omega) \in G(V,X(t,\omega))$), *tels que les* $e_{k,n}$, $k = 1,2,\ldots,g$, *forment une base de* G(V) *sur* A_n , *et que les* $e_{k,n}$, $k \leq d$, *soient partout sur* A *à valeurs dans* τ *et forment une base de* τ *sur* A_n ; *et un système* $(\varepsilon_n^k)_{k=1,2,\ldots,g}$, ε_n^k *restriction à* A_n *d'une fonction de Stratonovitch sur* A *à valeurs dans* G(V) *le long de* X, *tel que les* ε_n^k, $k = 1,2,\ldots,g$, *forment la base duale de* $G^*(V)$ *sur* A_n , *et que les* ε_n^k, $k \geq d+1$, *soient partout dans* τ^+ *et forment une base de* τ^+ *sur* A_n . *Si* $\mathfrak{N}$ *est le sous-* $\mathcal{S}$tr*-module des sections Stratonovitch de* τ, *une section* e *Stratonovitch de* G(V) *le long de* X *sur* A *est dans* $\mathfrak{N}$ *si et seulement si, sur chaque* A_n , $e = \sum_{k=1}^{d} \alpha^{k,n} e_{k,n}$, $\alpha_{k,n}$ *réelles Stratonovitch sur* A_n ; *on peut choisir les* $\alpha^{k,n}$ *restrictions à* A_n *de fonctions Stratonovitch sur* A. [*Mais évidemment* e *n'est égale à* $\sum_{k=1}^{d} \alpha^{k,n} e_{k,n}$ *que sur* A_n .] *Si* τ_1, τ_2 *sont des processus de Stratonovitch à valeurs dans* Gr G(V) *le long de* X, *leurs orthogonaux (à valeurs* dans Gr $G^*(V)$) aussi ; et si τ_1, τ_2, $\tau_1+\tau_2$, $\tau_1 \cap \tau_2$ sont de dimension constante, $\tau_1+\tau_2$ et $\tau_1 \cap \tau_2$ sont de Stratonovitch.

Démonstration : L'application qui, à un système de vecteurs indépendants, fait correspondre l'espace qu'ils engendrent, est fonction C^1 de ces vecteurs ; donc, si τ a une base $(e_k)_{k=1,2,\ldots,d}$ sur A_n, où les e_k sont des sections Stratonovitch de τ sur A_n, τ est Stratonovitch sur A_n, donc, étant optionnel sur A, Stratonovitch sur A. Si l'on suppose, non une base Stratonovitch de τ sur A_n, mais un système fini de générateurs, on partagera chaque A_n en un nombre fini de sous-ouverts dans chacun desquels un sous-système déterminé de ces vecteurs est une base (c'est là qu'intervient fondamentalement le fait que dim τ est constante), et on est ramené au cas d'une base. Inversement, soit τ une section Stratonovitch de la grassmannienne Gr G(V), de dimension constante d. Soit $(V'_n)_{n\in\mathbb{N}}$ un atlas C^1 de V trivialisant le fibré G(V) ; au-dessus de V'_n, on pourra supposer que V' est un ouvert d'un espace vectoriel E et que $G(V)=V'_n\times G$, G de dimension g, Gr $G(V)=V'_n\times \mathrm{Gr}\, G$. Il existe un nombre fini d'ouverts $(\mathcal{O}_{n,m})_{m=1,2,\ldots,L}$ de Gr G tel que, pour $\theta\in\mathcal{O}_{n,m}$, de dimension d, on ait une base $(e'_{k,n,m}(\theta))_{k=1,2,\ldots,g}$ de G, fonction C^1 de θ, dont les d premiers vecteurs forment une base de θ. Soit $(V''_n)_{n\in\mathbb{N}}$ un atlas subordonné. Soit α_n une fonction réelle C^1 sur V, à support dans V'_n, égale à 1 sur V''_n. Nous prendrons $A_{n,m}=X^{-1}(V''_n\times\mathcal{O}_{n,m})$; ce sont des ouverts de A, et $\bigcup_{n,m} A_{n,m}=A$; alors $e'_{k,n,m}$ est Stratonovitch sur $X^{-1}(V'_n\times\mathcal{O}_{n,m})$, et, si on prend $e'_{k,n,m}\,\alpha_n$ nulle sur $\complement$ supp α_n, elle est une section de G(V) définie partout sur V, égale à $e'_{k,n,m}$ sur $V''_n\times\mathcal{O}_{n,m}$, et $e_{k,n,m}=e'_{k,n,m}(\tau)\,\alpha_n(X)$ est Stratonovitch sur A, section de G(V) le long de X ; les $e_{k,n,m}$ satisfont à toutes les conditions requises. Soit $(\varepsilon'^k_{n,m})$ la base duale de $(e'_{k,n,m})$; posons $\varepsilon^k_{n,m}=\varepsilon'^k_{n,m}(\tau)\,\alpha_n(X)$, il est de Stratonovitch sur A. Posons $\alpha^k_{n,m}=(e\,|\,\varepsilon^k_{n,m})$ pour $e\in\mathcal{G}\mathcal{S}tr(X)$; c'est une fonction réelle de Stratonovitch sur A ; et $e\in\tau$ sur A ssi, sur chaque $A_{n,m}$, $e=\sum_{k=1}^{d}\alpha^k_{n,m}\,e_{k,n,m}$. La conclusion relative à $\tau_1+\tau_2$ est évidente, puisqu'il a sur chaque $A_{n,m}$ un nombre fini de générateurs (et que $\tau_1+\tau_2$ est supposé de dimension constante) ; on passe à $\tau_1\cap\tau_2$ par orthogonalité.

Proposition (4.23bis) : Soit u une application $\mathcal{S}$tr-linéaire de $G^*\mathcal{S}tr(X,A)$ (espace des processus de Stratonovitch à valeurs dans le fibré $G^*(V)$, le long de X, sur l'ouvert A de $\overline{\mathbb{R}}_+ \times \Omega$). Soit $J \in G^* \mathcal{S}tr(X,A)$, nul sur le sous-ouvert A' de A. Alors $u(J) \underset{A'}{\sim} 0$.

Démonstration : Je fais de ce résultat (l'analogue d'une équivalence rapidement signalée dans (4.18)) une proposition, parce qu'il ne m'a pas paru évident(♦). Soit $(V'_n)_{n\in\mathbb{N}}$ un atlas de V, localement fini, V' relativement compacts, trivialisant le fibré G(V). Soit (α_n) une partition de l'unité C^1 subordonnée. Alors $J = \sum_{n\in\mathbb{N}} \alpha_n(X)\, J$. Montrons d'abord que $u(\alpha_n(X)J) \underset{A'}{\sim} 0$. Au-dessus de V'_n, G(V) est trivial, il existe une base C^1 : $(e_k)_{k=1,2,\ldots,g}$ de G, une base duale $(\varepsilon^k)_{k=1,2,\ldots,g}$ de G^* ; et $J = \sum_{k=1}^{g} (J\,|\,e_k(X))\, \varepsilon^k(X)$ dans $X^{-1}(V'_n)$ donc
$\alpha_n(X)\, J = \sum_{k=1}^{g} (J|e_k(X))\, \alpha_n(X)\, \varepsilon^k(X)$ dans $X^{-1}(V'_n)$; mais aussi dans $X^{-1}(\complement \text{ support}\, \alpha_n)$ donc partout sur A. Mais $(J|e_k(X))\, \alpha_n(X)$ est Stratonovitch dans $X^{-1}(V'_n)$, nul donc Stratonovitch dans $X^{-1}(\complement \text{ support } \alpha_n)$, ces deux ouverts relatifs de A sont relativement optionnels sur A, donc il est de Stratonovitch sur A ; alors
$u(\alpha_n(X)J) = \sum_{k=1}^{g} (J|e_k(X))\, \alpha_n(X) \underset{(S)}{\cdot} u(\varepsilon^k(X))$; et $(J|e_k(X))\, \alpha_n(X)$ est nul sur A', donc, par la localisation de l'intégrale de Stratonovitch, $u(\alpha_n(X)J) \underset{A'}{\sim} 0$.

Soit $K_N = \{ \sum_{n\le N} \alpha_n = 1\}$; c'est un compact de V, croissant avec N, et $\bigcup_N \overset{o}{K}_N = V$. On peut trouver une suite de compacts H_N de V, $H_N \subset \overset{o}{K}_N$, telle que les $\overset{o}{H}_N$ croissent encore avec N, et aient pour réunion V. Soit β_N une fonction C^1, $0 \le \beta_N \le 1$, $\beta_N = 0$ sur H_N, $= 1$ sur $\complement \overset{o}{K}_N$. Alors $J'_N = J - \sum_{n\le N} \alpha_n(X)\, J = 0$ sur $X^{-1}(K_N)$, donc $J'_N = \beta_N(X)\, J'_N$ (puisque $\beta_N(X) \ne 1$ entraîne $X \in \overset{o}{K}_N \subset K_N$ donc $J'_N = 0$). Donc $u(J'_N) = \beta_N(X) \underset{(S)}{\cdot} u(J'_N)$ est équivalent à 0 sur $X^{-1}(\overset{o}{H}_N)$, sur lequel $\beta_N(X) = 0$, donc $u(J) \sim \sum_{n\le N} u(\alpha_n(X)J)$ sur $X^{-1}(\overset{o}{H}_n)$. Finalement, $u(J) \sim 0$ sur $A' \cap X^{-1}(\overset{o}{H}_N)$; ceci est

---

(♦) Il est évident pour $J \to J \underset{(S)}{\cdot} X$, parce qu'on a des représentations tangentielles globales (4.18).

vrai pour tout N, et $\bigcup_N X^{-1}(\overset{o}{H_N}) = A$, donc $u(J) \underset{A'}{\sim} 0$.

Proposition (4.23ter) : Soit A ouvert, A' sous-ouvert dans $\overline{\mathbb{R}}_+ \times \Omega$. Soit u $\mathcal{S}$tr-linéaire de $G^* \mathcal{S}tr(X,A)$ dans $\mathcal{O}pt\, \mathcal{S}\mathcal{M}^c$. Il existe une application unique u', $\mathcal{S}$tr-linéaire de $G^* \mathcal{S}tr(X,A')$ dans $\mathcal{O}pt\, \mathcal{S}\mathcal{M}^c$, qui prolonge u.

Démonstration : Soit $(A_n)_{n \in \mathbb{N}}$ une suite d'ouverts recouvrant A, ayant les propriétés indiquées à (4.23) (mais sans famille τ). Soit $J' \in G^* \mathcal{S}tr(X,A')$. Pour tout n, il existe $J_n \in G^* \mathcal{S}tr(X,A)$ qui coïncide avec J' sur $A' \cap A_n$ (de la forme $J_n = \sum_{k=1}^{g} (J' | e_{k,n}) \varepsilon_n^k$). Sur $A_m \cap A_n \cap A'$, $J_m = J' = J_n$, donc (4.23bis) montre que $u(J_m) \sim u(J_n)$. Alors (6.3ter) de S[2] montre l'existence d'une semi-martingale formelle $u'(J')$ sur A', équivalente à chaque $u(J_n)$ sur $A' \cap A_n$. En outre, le même raisonnement montre que $u(J_n)$ est défini à une équivalence près sur $A' \cap A_n$, et finalement $u'(J')$ à une équivalence près sur A'. L'application u' ainsi définie est trivalement $\mathcal{S}$tr-linéaire, et elle prolonge u ; c-à-d., si $J \in G^* \mathcal{S}tr(X,A)$, $u'(J) = u(J)$. Il reste à montrer l'unicité de u', c-à-d. à montrer que, si u' est $\mathcal{S}$tr-linéaire de $G^* \mathcal{S}tr(X,A')$ dans $\mathcal{O}pt\, \mathcal{S}\mathcal{M}^c$ vaut 0 sur $G^* \mathcal{S}tr(X,A)$, elle est nulle. Soit en effet $J' \in G^* \mathcal{S}tr(X,A')$; pour tout n, il existe $J_n \in G^* \mathcal{S}tr(X,A)$ égal à J' sur $A' \cap A_n$; alors $J_n - J' \in G^* \mathcal{S}tr(X,A')$ et vaut 0 sur $A' \cap A_n$, donc, d'après (4.23bis), $u'(J - J') \sim 0$ sur $A' \cap A_n$, donc $u'(J') = 0$ sur $A' \cap A_n$, donc sur A'.

Proposition (4.23quarto) : Soit A ouvert, réunion d'une suite $(A'_\ell)_{\ell \in \mathbb{N}}$ d'ouverts. Soit u $\mathcal{S}$tr-linéaire de $G^* \mathcal{S}tr(X,A)$ dans $\mathcal{O}pt\, \mathcal{S}\mathcal{M}^c(A)$, u'_ℓ les applications définies à (4.23ter) relatives aux A'_ℓ. Soit τ un processus de Stratonovitch à valeurs dans la grassmannienne Gr G(V), le long de X sur A, dim $\tau = d$ constante. Pour que u soit tangente à τ sur A, il faut et il suffit que, pour tout ℓ, u'_ℓ soit tangente à τ sur A'_ℓ. Pour que $\sum_{k=1}^{m} H_k \underset{(S)}{\cdot} Z^k$ soit une représentation tangentielle de u sur A, il faut et il suffit qu'elle le soit pour tout u'_ℓ sur A'_ℓ. Pour que u soit tangente à τ sur A, il faut et il suffit qu'il existe une suite

$(A_n)_{n\in\mathbb{N}}$ d'ouverts recouvrant A, telle que, pour tout n, u admette une représentation tangentielle sur A_n, $u = \sum_{k=1}^{m} H_{k,n} \cdot Z_n^k$, avec des $H_{k,n} \in \tau$.

Démonstration : Reprenons les A_n ayant, par rapport à τ, les propriétés énoncées à (4.23). Bien évidemment, si u est tangente à τ sur chaque A'_ℓ, elle l'est sur A. Inversement, soit u tangente à τ sur A. Soit $J'_\ell \in G^* \mathcal{S}tr(X,A'_\ell)$, $J'_\ell \in \tau^+$ sur A'_ℓ. Sur $A'_\ell \cap A_n$, J'_ℓ coïncide avec $\sum_{k=1}^{g} (J'_\ell | e_{k,n})\varepsilon_n^k$, donc par (4.23bis), $J'_\ell \underset{A'_\ell\cap A_n}{\sim} \sum_{k=1}^{g} (J'_\ell | e_{k,n}) \underset{(S)}{\cdot} u(\varepsilon_n^k)$. Mais ε_n^k est à valeurs dans τ^+ pour $k \geq d+1$, sur A tout entier, donc $u(\varepsilon_n^k) \underset{A}{\sim} 0$ pour $k \geq d+1$; et J'_ℓ est orthogonal à τ sur A'_ℓ, $e_{k,n}$ est à valeurs dans τ sur A tout entier, donc $(J'_\ell | e_{k,n}) = 0$ sur A'_ℓ pour $k \leq d$. Finalement $J'_\ell \underset{A'_\ell\cap A_n}{\sim} 0$ donc $\underset{A'_\ell}{\sim} 0$.

Si une représentation tangentielle est valable pour tout A'_ℓ, elle l'est trivialement pour A. Inversement, supposons que $u = \sum_{k=1}^{m} H_k \underset{(S)}{\cdot} Z^k$ sur A. Cela veut dire que, pour $J \in G^* \mathcal{S}tr(A)$, $u(J) = \sum_{k=1}^{m} (J|H_k) \underset{(S)}{\cdot} Z^k$. Utilisons la même formule pour $J'_\ell \in G^* \mathcal{S}tr(X,A'_\ell)$; on définit ainsi une application $\mathcal{S}tr$-linéaire de $G^* \mathcal{S}tr(X,A'_\ell)$ dans $\mathcal{O}pt\, \mathcal{S}\mathcal{M}^c$, égale à u sur $G^* \mathcal{S}tr(X,A)$; donc c'est u'_ℓ d'après l'unicité de (4.23ter). Donc on a bien une représentation tangentielle de u'_ℓ.

Enfin, avec la construction des A_n, $e_{k,n}$, ε_n^k, u admet, sur A_n la représentation tangentielle $u = \sum_{k=1}^{g} e_{k,n} \underset{(S)}{\cdot} u(\varepsilon_n^k)$; si u est tangente à τ, $u(\varepsilon_n^k) = 0$ pour $k \geq d+1$, donc c'est une représentation tangentielle $\sum_{k=1}^{m}$, avec des $e_{k,n} \in \tau$; inversement, s'il existe une représentation tangentielle dans A_n, $u = \sum_{k=1}^{m} H_{k,n} \underset{(S)}{\cdot} Z_n^k$, avec des $H_{k,n} \in \tau$, trivialement u est tangente à τ dans A_n donc dans A.

Proposition (4.23quinto) : Soient $G_1(V)$, $G_2(W)$, deux fibrés C^1 sur les variétés C^2 : V, W et X, Y des semi-martingales sur A à valeurs dans V, W, respectivement. Soit u une application $\mathcal{S}tr$-linéaire de $G_1^* \mathcal{S}tr(X)$ dans $\mathcal{O}pt\, \mathcal{S}\mathcal{M}^c$, et soit L un processus de Stratonovitch d'applications de rang fixe k, de $G_1(V)$

dans $G_2(W)$, le long de X, Y, respectivement (L est Stratonovitch à valeurs dans $\mathcal{L}(G_1;G_2)$ fibré sur $V \times W$, et $L(t,\omega) \in \mathcal{L}(G_1(V,X(t,\omega))\ ;\ G_2(W,Y(t,\omega))))$. Alors L^* (adjoint de L) est de Stratonovitch. Ensuite Ker L et Im L sont de Stratonovitch à valeurs dans les grassmaniennes. Puis $Lu : J \mapsto u(L^*J)$ est $\mathcal{S}$tr-linéaire de $G_2^* \mathcal{S}tr(Y)$ dans $\mathcal{O}pt\ \mathcal{S}\mathcal{M}^c$; et $Lu = 0$ ssi u est tangente à Ker L ; ou si et seulement s'il existe une suite $(A_n)_{n \in \mathbb{N}}$ d'ouverts recouvrant A, tels que, dans chaque $A \cap A_n$, u ait une représentation tangentielle $u = \sum_{k=1}^{m} H_k \underset{(S)}{\cdot} Z^k$, où les H^k sont tangentes à Ker L.

Démonstration : Puisque L est de Stratonovitch, et que $L \mapsto \text{Ker } L$ et $L \mapsto \text{Im } L$ sont C^1, Ker L et Im L sont Stratonovitch. Ensuite $Lu = 0$ signifie que $u(L^*J) = 0$ pour tout $J \in G_2^* \mathcal{S}tr(Y)$. Mais l'ensemble des L^*J, $J \in G_2^* \mathcal{S}tr(Y)$, est exactement l'ensemble des $J' \in G_1^* \mathcal{S}tr(X)$ prenant leurs valeurs dans Im L^* ; si en effet J' est à valeurs dans Im L^*, et si $(L^*)_{-1}$ est affecté à L^* comme indiqué à (4.22), $L^* \mapsto (L^*)_{-1}$ est C^1 donc $(L^*)_{-1}$ est Stratonovitch, donc $J = (L^*)_{-1} J'$ est Stratonovitch, et $L^*J = L^*(L^*)_{-1} J' = J'$ puisque $J' \in \text{Im } L^*$. Donc $Lu = 0$ veut dire que $u(J') = 0$ pour J' à valeurs dans Im $L^* = (\text{Ker } u)^+$, donc que u est tangente à Ker L. La représentation tangentielle résulte de (4.23quarto).

(4.24) Le point de vue de P.A. Meyer sur les intégrales de Stratonovitch [cf. P.A. Meyer [2], § 4, pp. 56 et suivantes].

Ce point de vue ne s'applique que pour le clacul de $J \underset{(S)}{\cdot} X$, $J \in T^{*1}\ \mathcal{S}tr\ X$, de la forme particulière $\varpi(X)$, où ϖ est une forme différentielle C^1 de degré 1 sur V, ϖ section C^1 du fibré $T^{*1}(V)$. Comme Meyer développe abondamment ce point de vue, je n'en donnerai qu'une esquisse, tout ce qui suit dans le § 4 vient de lui.

Proposition (4.25) : Sur une variété V de classe C^2, il existe un opérateur D unique, de l'espace des sections C^1 de $T^{*1}(V)$ dans l'espace des sections C^0 de $T^{*2}(V)$, tel que :

$$(4.26)\quad \begin{cases} D(D\varphi) = D^2\varphi \ , \quad \underline{\text{pour}}\ \varphi \in C^2(V;\mathbb{R}) \ ; \\ D(\alpha\varpi) = \alpha D\varpi + \frac{1}{2} D\alpha \odot D\varpi \ , \quad \underline{\text{pour}}\ \alpha\ \underline{\text{réelle}}\ C^1,\ \varpi\ \underline{\text{section}}\ C^1\ \underline{\text{de}}\ T^{*1}(V). \end{cases}$$

<u>L'image de</u> $D\varpi$ <u>dans le quotient</u> T^{*1} <u>est</u> ϖ.

<u>Démonstration</u> : On suit la méthode indiquée à la remarque 1 qui suit la démonstration de (2.7). L'unicité résulte de ce que les $D\varphi$, $\varphi \in C^2(V;\mathbb{R})$, engendrent $T^{*1}(V)$ en tant que module sur $C^1(V;\mathbb{R})$, d'après (4.9). Pour démontrer l'existence, on doit montrer que, si l'on a une relation $\sum_\ell \alpha_\ell\ D\varphi_\ell = 0$, $\sum_\ell (\alpha_\ell\ D^2\varphi_\ell + \frac{1}{2} D\alpha_\ell \odot D\varphi_\ell) = 0$. Comme tout vecteur 2-tangent en $v \in \mathbb{V}$ est combinaison $\mathbb{R}$-linéaire de traces en v de champ 1-tangents et de produits de champs 1-tangents de classe C^1, il suffira de montrer que si ξ et η sont des champs 1-tangents de classe C^1, les deux quantités

$$(4.27)\qquad (\sum_\ell (\alpha_\ell\ D^2\varphi_\ell + \frac{1}{2} D\alpha_\ell \odot D\varphi_\ell) | \xi) \quad \text{et}$$

$$(4.28)\qquad (\sum_\ell (\alpha_\ell\ D^2\varphi_\ell + \frac{1}{2} D\alpha_\ell \odot D\varphi_\ell) | \xi\eta)$$

sont nulles ; le produit scalaire $(.|.)$ est entre $T^{*2}(V)$ et $T^2(V)$, et $\xi\eta$, le produit a le sens suivant : ξ, η, étant des opérateurs différentiels d'ordre 1, de classe C^1, $\xi\eta$, leur composé, est un opérateur différentiel d'ordre 2, de classe C^0. Voir (1.7bis). Comme $\xi \in T^1$ est nul sur $P^* = T^{*1} \odot T^{*1}$, (4.27) s'écrit

$$(\sum_\ell \alpha_\ell\ D^2\varphi_\ell | \xi)_{T^{*2},T^2} \ , \quad \text{c-à-d.} \quad (\sum_\ell \alpha_\ell\ D\varphi_\ell | \xi)_{T^{*1},T^1} = 0 \ ,$$

d'après l'hypothèse.
D'après la fin de (1.6), (4.28) s'écrit

$$(4.29)\qquad \sum_\ell \alpha_\ell((\xi\eta)\varphi_\ell) + \frac{1}{2}\sum_\ell (D\alpha_\ell \odot D\varphi_\ell | \xi \odot \eta)_{T^{*1}\odot T^{*1},T^1\odot T^1}$$

$$= \sum_\ell (\alpha_\ell((\xi\eta)(\varphi_\ell)) + \frac{1}{2}\xi(\alpha_\ell)\ \eta(\varphi_\ell) + \frac{1}{2}\xi(\varphi_\ell)\ \eta(\alpha_\ell)) \ .$$

Mais, par hypothèse, $\sum_\ell \alpha_\ell\ D\varphi_\ell = 0$, donc $\sum_\ell \alpha_\ell\ \xi(\varphi_\ell) = 0$, $\sum_\ell \alpha_\ell\ \eta(\varphi_\ell) = 0$. Par dérivation de la deuxième par rapport à ξ :

$$\sum_{\ell} \xi(\alpha_\ell)\ \eta(\varphi_\ell) + \sum_{\ell} \alpha_\ell((\xi\eta)(\varphi_\ell)) = 0 \quad .$$

Donc (4.29) est

$$(4.30) \qquad \frac{1}{2}\sum_{\ell} (\xi(\varphi_\ell)\ \eta(\alpha_\ell) - \xi(\alpha_\ell)\ \eta(\varphi_\ell)) = \frac{1}{2}\,(\xi \wedge \eta \mid \sum_{\ell} d\varphi_\ell \wedge d\alpha_\ell)_{\Lambda^2 T^{*1}, \Lambda^2 T^1} \quad ,$$

où $\wedge$ est le produit extérieur des vecteurs ou des formes, ΛT^1 et ΛT^{*1} sont les algèbres extérieures de T^1 et T^{*1}. Mais, puisque la forme de degré 1 : $\sum_{\ell} \alpha_\ell\ d\varphi_\ell$ est nulle, son cobord $\sum_{\ell} d\alpha_\ell \wedge d\varphi_\ell$ l'est aussi, et on trouve bien 0. Ceci montre que, si, pour $\varpi = \sum_{\ell} \alpha_\ell\ D\varphi_\ell$, on définit $D\varpi = \sum_{\ell} (\alpha_\ell\ D^2\varphi_\ell + \frac{1}{2}\ D\alpha_\ell \odot D\varphi_\ell)$, c'est indépendant de l'expression de ϖ. Ayant ainsi formé $D\varpi$, on doit vérifier que l'on a (4.26). Il suffit de le vérifier pour $\varpi = \beta D_\varphi$, où c'est trivial, les deux membres de la 2ème relation (4.26) étant égaux à

$$\alpha\beta\ D^2\varphi + \frac{1}{2}\ \alpha\ D\beta \odot D\varphi + \frac{1}{2}\ \beta\ D\alpha \odot D\varphi \quad .$$

Quant au fait que l'image de $D\varpi$ dans $T^{*1} = T^{*2}$ soit ϖ, c'est évident, car, si $\varpi = \alpha\ D\varphi$, $D\varpi = \alpha\ D^2\varphi + \frac{1}{2} D\alpha \odot D\varpi$, l'image de $D\alpha \odot D\varphi$, qui est à valeurs dans P^*, est nulle, donc l'image de ϖ est celle de $\alpha\ D^2\varphi$, c-à-d. $\alpha\ D\varphi = \varpi$.

<u>(4.30bis)</u> Dans une carte, si $\varpi = \sum_{k=1}^{N} \varpi_k\ Dx^k$, on a, par (4.26) :

$$D\varpi = \sum_{k=1}^{N} \varpi_k\ D^2x^k + \frac{1}{2} \sum_{i,j=1}^{N} \partial_i\varpi_j\ Dx^i \odot Dx^j$$

$$= \sum_{k=1}^{N} \varpi_k\ D^2x^k + \frac{1}{2} \sum_{i,j=1}^{N} \frac{1}{2}\,(\partial_i\varpi_j + \partial_j\varpi_i)\ Dx^i \odot Dx^j \quad .$$

Ou encore, si $\varpi = \sum_{k=1}^{N} \varpi_k\ \varepsilon^k$,

$$(4.30\text{ter}) \qquad D\varpi = \sum_{k=1}^{N} \varpi_k\ \varepsilon^k + \frac{1}{2} \sum_{i,j=1}^{N} \partial_i\varpi_j\ \ \varepsilon^i \odot \varepsilon^j$$

$$= \sum_{k=1}^{N} \varpi_k\ \varepsilon^k + \frac{1}{2} \sum_{i,j=1}^{N} \frac{1}{2}\,(\partial_i\varpi_j + \partial_j\varpi_i)\ \varepsilon^i \odot \varepsilon^j \quad .$$

Proposition (4.31) : Soit Φ une application C^2 de V dans W, ϖ une section C^1 de $T^{*1}(W)$. Alors

$$D(\overset{1}{\underline{\Phi}}\ \varpi) = \overset{2}{\underline{\Phi}}{}^{*}\ (D\varpi) \quad ,$$

i.e. D est fonctorielle.

Démonstration : Evident en prenant $\varpi = \alpha\ D\varphi$.

(4.31) On définit alors l'intégrale de Stratonovitch $\varpi(X) \underset{(S)}{\bullet} X$, où ϖ est une section C^1 de T^{*1}, donc $\varpi(X)$ de Stratonovitch par :

(4.32) $$\varpi(X) \underset{(S)}{\bullet} X = D\varpi(X) \bullet \underline{X} \quad ,$$

qui ramène l'intégrale de Stratonovitch à l'intégrale ordinaire. Il faut évidemment montrer qu'on retrouve le $J \underset{(S)}{\bullet} (X)$ défini à la proposition (4.6). Par additivité, il suffit de le faire pour $\varpi = \alpha\ D\varphi$, α de classe C^1 et φ de classe C^2. Notons par (S_1) l'intégrale de Stratonovitch de (4.6) et par (S_2) celle de (4.32).

$$(\alpha\ D\varphi)(X) \underset{(S_2)}{\bullet} X = D(\alpha\ D\varphi)(X) \bullet \underline{X} = (\alpha\ D^2\varphi + \frac{1}{2} D\alpha \odot D\varphi)(X) \bullet \underline{X}$$

$$= \alpha(X) \bullet \varphi(X) + \frac{1}{2}[\alpha(X)^c, \varphi(X)^c] \text{ (par la crochet-stabilité, (2.15), et (4.1 ter) appliquée à } \alpha, \varphi)$$

$$= \alpha(X) \underset{(S)}{\bullet} \varphi(X) \text{ (intégrale de Stratonovitch réelle)}$$

$$= \alpha(X) \underset{(S)}{\bullet} (D\varphi(X) \underset{(S_1)}{\bullet} X)$$

$$= (\alpha\ D\varphi)(X) \underset{(S_1)}{\bullet} X \text{ (par la } \mathcal{S}\text{tr-linéarité de } \underset{(S_1)}{\bullet}) \quad .$$

§ 5. SYSTEMES DIFFERENTIELS POUR LES SEMI-MARTINGALES SUR DES VARIETES

Résumé du § 5. La donnée d'un système différentiel ordinaire est celle d'un champ $\overset{1}{\Theta}$ de sous-espaces vectoriels 1-tangents ; on cherche les trajectoires qui, en chaque point, sont tangentes au sous-espace de ce point. Un système différentiel stochastique sera la donnée d'un champ $\overset{2}{\Theta}$ de sous-espaces vectoriels 2-tangents, et on cherche une semi-martingale X qui lui soit 2-tangente dX-pp. C'est la définition (5.2). On peut poser le même problème au sens de Stratonovitch, alors il s'agit de nouveau de plans 1-tangents, c'est (5.4). L'essentiel du paragraphe est consacré à trouver une relation entre les deux ; ce sera utilisé plus tard pour le relèvement d'une semi-martingale par une connexion (le sous-espace tangent est alors le sous-espace horizontal pour la connexion). Le théorème essentiel est le suivant (5.16) : si $\overset{1}{\Theta}$ est un champ de sous-espaces 1-tangents, il existe un champ unique associé (5.16), $\overset{2}{\Theta}$, de sous-espaces 2-tangents, tel qu'une semi-martingale X soit 1-tangente à $\overset{1}{\Theta}$, au sens de Stratonovitch, ssi elle est 2-tangente à $\overset{2}{\Theta}$ au sens ordinaire. La définition de $\overset{2}{\Theta}$ en fonction de $\overset{1}{\Theta}$ peut se faire par les accélarations complètes, (5.5), par les champs de vecteurs tangents ou opérateurs différentiels, (5.14), par la différentielle de P.A. Meyer des formes différentielles, (5.15). La proposition (5.17) étudie le cas où le champ Θ est complètement intégrable.

(5.1) Dans les équations différentielles déterministes, on se donne un vecteur tangent H, fonction sur $V \times \mathbb{R}_+$, à valeurs dans $T^1(V)$, $H(v,t) \in T^1(V,v)$, et on cherche une courbe $t \mapsto X_t$, $\mathbb{R}_+ \to V$, telle que, pour tout $t \in \mathbb{R}_+$, $\frac{dX}{dt} = H(X_t, t)$; nous verrons plus loin quelle généralisation en donner pour les équations différentielles stochastiques. Ce qu'on appelle système différentiel ou système de Pfaff déterministe est autre chose ; on se donne un champ de sous-espace tangent Θ, fonction sur $V \times \overline{\mathbb{R}}_+$ (nous préférons toujours ici $\overline{\mathbb{R}}_+$ à $\mathbb{R}_+$) à valeurs dans le fibré des grassmanniennes de $T^1(V)$; $\Theta(v,t)$ est un sous-espace vectoriel de $T^1(V,v)$, ou un élément de la grassmannienne Gr $T^1(V,v)$; et on cherche une courbe $t \mapsto X_t$, $\overline{\mathbb{R}}_+ \to V$, telle que, pour tout $t \in \overline{\mathbb{R}}_+$, la tangente à la courbe, $\tau(X_t)$, soit contenue dans $\Theta(X_t,t)$. C'est cela que nous allons interpréter dans ce paragraphe, pour des semi-martingales (sans d'ailleurs donner aucun théorème d'existence ni d'unicité).

(5.2) Pour des semi-martingales, il sera normal de considérer des sous-espaces tangents d'ordre 2. On se donnera une fonction $\overset{2}{\Theta} = \Theta$ sur $V \times \overline{\mathbb{R}}_+ \times \Omega$, à valeurs dans le fibré des grassmanniennes de $T^2(V)$; $\Theta(v,t,\omega)$ est un sous-espace vectoriel de $T^2(V,v)$, ou un élément de la grassmannienne $\mathrm{Gr}\, T^2(V,v)$. Et on cherche alors une semi-martingale X à valeurs dans V tel que, pour $d\underline{X}$-presque tout (t,ω), le sous-espace tangent à la semi-martingale $\tau(\underline{X})(t,\omega)$ (défini $d\underline{X}$-pp. à (3.13bis)) soit contenu dans $\Theta(X_t(\omega),t,\omega)$; dit plus simplement, telle que $\tau(\underline{X})$ soit dans $\Theta(X,.,.)$ $d\underline{X}$-pp. Dans le langage de (3.10sexto), X est solution ssi $d\underline{X}$ est tangente à $\Theta(X,.,.)$ $d\underline{X}$-pp.

(5.3) Il est pour le moins indispensable de supposerque $\Theta(v,.,.)$ est optionnelle sur $\overline{\mathbb{R}}_+ \times \Omega$ pour tout $v \in V$ (à valeurs dans le fibré en grassmanniennes $\mathrm{Gr}\, T^2(V)$), et que, pour tout $(t,\omega) \in \overline{\mathbb{R}}_+ \times \Omega$, $\Theta(.,t,\omega)$ est continue sur V (à valeurs dans ce même fibré). Alors, si X est optionnel, a fortiori si c'est une semi-martingale, $\Theta(X,.,.)$ est optionnel, c'est donc une famille optionnelle de sous-espaces 2-tangents à V le long de X, ce qui est le cadre dans lequel nous nous sommes toujours placés. [En effet, soit $R = (B_i)_{i \in I}$ un recouvrement dénombrable de V par des parties boréliennes disjointes, et $(v_i)_{i \in I}$ une famille de points de V, $v_i \in B_i$ pour tout i ; soit Θ_R la fonction définie par $\Theta_R(v,t,\omega) = \Theta(v_i,t,\omega)$ pour $v \in B_i$; Θ_R est mesurable sur $V \times (\overline{\mathbb{R}}_+ \times \Omega)$ pour le produit tensoriel de la tribu borélienne de V par la tribu optionnelle de $\overline{\mathbb{R}}_+ \times \Omega$, puisque $\Theta(v_i,.,.)$ est optionnelle. Soit alors $(R_n)_{n \in \mathbb{N}}$ une suite de tels recouvrements, les parties constituant R_n ayant un diamètre $\leq \frac{1}{n}$, pour une métrique choisie sur V, définissant sa topologie. Lorsque $n \to +\infty$, la continuité de $\Theta(.,t,\omega)$ sur V entraîne que Θ_{R_n} tende vers Θ en tout point v, t, ω, donc Θ elle aussi est mesurable sur $V \times (\overline{\mathbb{R}}_+ \times \Omega)$, pour le produit tensoriel de la tribu borélienne de V par la tribu optionnelle de $\overline{\mathbb{R}}_+ \times \Omega$. On en déduit bien que $\Theta(X,.,.)$ est optionnelle si X est optionnelle.]

Bien évidemment un cas particulièrement intéressant sera celui où Θ ne dépend pas de (t,ω), Θ est une fonction continue sur V à valeurs dans Gr $T^2(V)$, $\Theta(v) \in \text{Gr}\, T^2(V,v)$, c-à-d. une section continue du fibré Gr $T^2(V)$ sur V ; pour V connexe, cela imposera que dim $\Theta(v)$ soit une constante. C'est aussi là le cas le plus intéressant pour les systèmes différentiels déterministes.

(5.4) On peut poser le même problème en termes d'intégrales de Stratonovitch. Nous ne l'examinerons que pour Θ indépendante de (t,ω). Soit $\overset{1}{\Theta} = \Theta$ une fonction C^1 sur V à valeurs dans Gr $T^1(V)$, $\Theta(v) \in \text{Gr}\, T^1(V,v)$, c-à-d. une section C^1 du fibré Gr $T^1(V)$ sur V, ou encore un champ C^1 de sous-espaces vectoriels 1-tangents. On cherche alors une semi-martingale X à valeurs dans V, telle que dX, au sens de Stratonovitch (4.22), soit tangente à $\Theta(X)$, qui est bien un processus de Stratonovitch à valeurs dans la grassmannienne. On retrouve là les systèmes différentiels familiers, si X est une courbe déterministe. Ce qu'il est intéressant de voir ici, c'est que, si $\overset{1}{\Theta}$ est un tel système, on peut lui associer un système $\overset{2}{\Theta}$ de sous-espaces 2-tangents, de manière qu'une semi-martingale X soit tangente à $\overset{1}{\Theta}$ au sens de Stratonovitch, ssi elle est tangente, au sens ordinaire, à $\overset{2}{\Theta}$.

Proposition (5.5) : *Soit* $\overset{1}{\Theta}$ *un champ* C^1 *de sous-espaces vectoriels 1-tangents à V, de dimension constante d. Soit* $\overset{2}{\Theta}(v)$ *le plus petit sous-espace vectoriel de* $T^2(V,v)$, *ayant la propriété suivante* :

pour toute courbe de classe C^2, $\mathbb{R} \to V$, *solution du système* $\overset{1}{\Theta}$, *c-à-d. pour laquelle, pour tout* $t \in \mathbb{R}$, *la vitesse* Z'_t *de Z au temps t soit dans* $\overset{1}{\Theta}(Z_t)$, *et telle que* $Z_o = v$, *l'accélaration complète de Z au temps* 0, (1.14bis), Z''_o, *est dans* $\overset{2}{\Theta}(v)$. *La famille* $\overset{2}{\Theta}$ *ainsi définie, section du fibré* Gr $T^2(V)$ *sur V, est continue ; la dimension de* $\overset{2}{\Theta}(v)$ *est* $d + \frac{d(d+1)}{2}$. *Si V est* C^m, *et* $\overset{1}{\Theta}$ *de classe* C^{m-1}, $\overset{2}{\Theta}$ *est de classe* C^{m-2}.

Démonstration : Tout est local. On peut donc supposer que V est un produit

$B \times F$ d'espaces vectoriels, et qu'on se trouve dans un ouvert de $B \times F$ où $\overset{1}{\textcircled{H}}(b,f)$ est toujours supplémentaire de F, donc $\dim B = d$, $\dim F = N-d$ [(5)]. On peut donc représenter $\overset{1}{\textcircled{H}}(b,f) \in T^1(B \times F,(b,f)) = B \times F$, comme le graphe d'une application $\overset{1}{\Gamma}$ de B dans F, $\overset{1}{\textcircled{H}}(b,f) =$ graphe de $\overset{1}{\Gamma}(b,f)$, $\overset{1}{\Gamma}(b,f) \in \mathcal{L}(B;F)$; alors $\overset{1}{\textcircled{H}}(b,f)$ est aussi l'image de B par une application linéaire $\overset{1}{\sigma}(b,f)$ de F dans $B \oplus F$, $\overset{1}{\sigma}(b,f) \in \mathcal{L}(B;B \oplus F)$, telle que , si $\overset{1}{\pi}$ est la projection de $B \times F$ sur B, $\overset{1}{\pi} \circ \overset{1}{\sigma}(b,f) = I_B$, application identique de B ; $\overset{1}{\sigma}(b,f) = I_B + \overset{1}{\Gamma}(b,f)$. Alors

$$(B \oplus F) \oplus ((B \oplus F) \odot (B \oplus F)) = B \oplus F \oplus (B \odot B) \oplus (B \otimes F) \oplus (F \odot F) \quad ;$$

si $\xi \in B \oplus F$, $\xi = \xi' + \xi''$, $\eta \in B \oplus F$, $\eta = \eta' + \eta''$, alors $\xi \odot \eta \in (B \oplus F) \odot (B \oplus F)$ est $\xi' \odot \eta' + (\xi' \otimes \eta'' + \eta' \otimes \xi'') + \xi'' \odot \eta'' \in (B \odot B) + (B \otimes F) + (F \odot F)$. La courbe Z est donnée par (X,Y), X trajectoire dans B, Y trajectoire dans F. La vitesse à l'instant t est $Z'(t) = (X'(t),Y'(t))$; puisqu'elle doit être dans $\overset{1}{\textcircled{H}}(Z_t)$, on a

$$(5.6) \qquad Y'(t) = \overset{1}{\Gamma}(X(t),Y(t))\,X'(t) \quad , \quad \text{ou} \quad Z'(t) = \overset{1}{\sigma}(X(t),Y(t))\,X'(t) \quad ;$$

$\overset{1}{\Gamma}(X(t),Y(t)) \in \mathcal{L}(B;F)$, $X'(t) \in B$, on trouve bien $Y'(t) \in F$.

L'accélération complète a nécessairement pour composante sur $(B \oplus F) \odot (B \oplus F)$ le carré tensoriel de la vitesse, $Z'(t) \odot Z'(t) = (X'(t) \odot X'(t)) + 2(X'(t) \otimes Y'(t)) + (Y'(t) \odot Y'(t)) \in (B \odot B) \oplus (B \otimes F) \oplus (F \odot F)$; il faut chercher sa composante dans $B \oplus F$, par dérivation de (X',Y'). On trouve $X''(t)$ sur B ; et sur F, $Y''(t)$, défini par :

$$(5.7) \qquad Y''(t) = \partial_1 \overset{1}{\Gamma}(X(t),Y(t))(X'(t))X'(t) + \partial_2 \overset{1}{\Gamma}(X(t),Y(t))(Y'(t))X'(t)$$
$$+ \overset{1}{\Gamma}(X(t),Y(t))X''(t) \in F \quad .$$

Pour que les notations soient claires : Γ est une fonction sur $B \times F$ à valeurs dans $\mathcal{L}(B;F)$, donc $\partial_1 \Gamma(b,f)$ est une application linéaire de B dans $\mathcal{L}(B;F)$, sa valeur sur $X'(t)$ est donc un élément de $\mathcal{L}(B,F)$, qui, opérant sur $X'(t)$, donne un élément de F ; $\partial_2 \Gamma(b,f)$ est une application linéaire de F dans $\mathcal{L}(B;F)$ (donc bilinéaire de $F \times B$ dans F), sa valeur sur $Y'(t) \in F$ est donc un élément de $\mathcal{L}(B;F)$, qui, opérant sur $X'(t)$, donne un élément de F ; $\Gamma(b,f)$ est une application linéaire de B dans F, qui, opérant sur $X''(t) \in B$, donne un élément de F. Compte-tenu de (5.6), c'est

$$(5.8) \quad Y''(t) = \partial_1 \overset{1}{\Gamma}(X(t),Y(t))(X'(t))X'(t) + \partial_2 \overset{1}{\Gamma}(X(t),Y(t))(\overset{1}{\Gamma}(X(t),Y(t))X'(t))X'(t) + \overset{1}{\Gamma}(X(t),Y(t))X''(t) \; .$$

On voit que $\underline{Z''(t)} = \underline{(X,Y)''(t)}$ est dans l'image d'une application $\overset{2}{\sigma}(X(t),Y(t))$ de $B\oplus(B\odot B)$ dans $(B\oplus F)\oplus((B\oplus F)\odot(B\oplus F))$, définie par :

$$(5.9) \quad \overset{2}{\sigma}(b,f) = \begin{pmatrix} \overset{1}{\sigma}(b,f) \in \mathcal{L}(B;B\oplus F) & 0 + \overset{2}{\Gamma}(b,f) \in \mathcal{L}(B\odot B;B\oplus F) \\ 0 \in \mathcal{L}(B;(B\oplus F)\odot(B\oplus F)) & \overset{1}{\sigma}(b,f) \circledcirc \overset{1}{\sigma}(b,f) \in \mathcal{L}(B\odot B;(B\oplus F)\odot(B\oplus F)) \end{pmatrix}$$

On a mis une matrice à cause de la décomposition en somme directe $B\oplus(B\odot B)$, $(B\oplus F)\oplus(B\oplus F)\odot(B\oplus F))$, avec $\overset{1}{\sigma}(b,f) \in \mathcal{L}(B;B\oplus F) = I + \overset{1}{\Gamma}(b,f)$, $\overset{1}{\Gamma}(b,f) \in \mathcal{L}(B;F)$, $0 + \overset{2}{\Gamma}(b,f) \in \mathcal{L}(B\odot B;B\oplus F)$, avec $0 \in \mathcal{L}(B\odot B;B)$, $\overset{2}{\Gamma}(b,f) \in \mathcal{L}(B\odot B;F)$, et $\overset{1}{\sigma}(b,f) \circledcirc \overset{1}{\sigma}(b,f) \in \mathcal{L}(B\odot B;((B\oplus F)\odot(B\oplus F))$. D'après (5.7) :

<u>(5.10)</u> $\overset{2}{\Gamma}(b,f)$ = (application linéaire de $B\odot B$ dans F qui, sur $\xi\odot\xi \in B\odot B$, prend la valeur $\partial_1\Gamma(b,f)(\xi)\xi$, donc, sur $\xi\odot\eta$, la valeur $\frac{1}{2}(\partial_1 \overset{1}{\Gamma}(b,f)(\xi)\eta + \partial_1 \overset{1}{\Gamma}(b,f)(\eta)\xi))$ + (application linéaire de $B\odot B$ dans F qui, sur $\xi\odot\xi \in B\odot B$, prend la valeur $\partial_2 \overset{1}{\Gamma}(b,f)(\Gamma(b,f)\xi)\xi$, donc, sur $\xi\odot\eta$, la valeur $\frac{1}{2}(\partial_2 \overset{1}{\Gamma}(b,f)(\overset{1}{\Gamma}(b,f)\xi)\eta + \partial_2 \overset{1}{\Gamma}(b,f)(\overset{1}{\Gamma}(b,f)\eta)\xi))$.

On ne saurait trop expliciter : pour $\xi, \eta \in T^1(B,b)$:

$$(5.11) \quad \overset{2}{\Gamma}(b,f)(\xi\odot\eta) = \frac{1}{2}(\partial_1 \overset{1}{\Gamma}(b,f)(\xi)\eta + \partial_1 \overset{1}{\Gamma}(b,f)(\eta)\xi) + \frac{1}{2}(\partial_2 \overset{1}{\Gamma}(b,f)(\overset{1}{\Gamma}(b,f)\xi)\eta + \partial_2 \overset{1}{\Gamma}(b,f)(\overset{1}{\Gamma}(b,f)\eta,\xi) \; .$$

Si $\overset{2}{\pi} = \overset{1}{\pi}\oplus(\overset{1}{\pi}\circledcirc\overset{1}{\pi})$ est la projection de $(B\oplus F)\oplus((B\oplus F)\odot(B\oplus F))$ sur $B\oplus(B\odot B)$, $\overset{2}{\pi}\,\overset{2}{\sigma}(b,f) = I_{B\oplus(B\odot B)}$. Donc l'image de $\overset{2}{\sigma}(b,f)$ est aussi le graphe d'une application linéaire de $B\oplus(B\odot B)$ dans $F\oplus((B\otimes F)\oplus(F\odot F))$, qui est elle-même définie par la matrice suivante (5.12) :

$$\overset{2}{\boldsymbol{\Gamma}}(b,f) = \begin{pmatrix} \overset{1}{\Gamma}(b,f) \in \mathcal{L}(B;F) & \overset{2}{\Gamma}(b,f) \in \mathcal{L}(B \odot B;F) \\ 0 \in \mathcal{L}(B;(B\otimes F)+(F \odot F)) & (\xi \odot \eta \to (\xi\otimes\Gamma(b,f)\eta+\eta\otimes\Gamma(b,f)\xi)+\overset{1}{\Gamma}(b,f)\xi \odot \overset{1}{\Gamma}(b,f)\eta) \\ & \in \mathcal{L}(B\odot B;(B\otimes F)\oplus(F\odot F)) \end{pmatrix} \qquad (5.12)$$

et $\overset{2}{\sigma}(b,f) = I_{B\oplus(B\odot B)} \oplus \overset{2}{\Gamma}(b,f)$. Posons $\overset{2}{\theta}(b,f) = \operatorname{Im} \overset{2}{\sigma}(b,f) =$ graphe de $\overset{2}{\boldsymbol{\Gamma}}(b,f)$. L'espace $\theta(b,f)$ ainsi déterminé contient bien toutes les accélérations complètes, au point $v = (b,f)$, des trajectoires C^2 solutions du système différentiel défini par le champ $\overset{1}{\Theta}$. Puisque $B + (B\odot B)$ a la dimension $d + \frac{d(d+1)}{2}$, le graphe $\overset{2}{\theta}(v)$ de $\overset{2}{\boldsymbol{\Gamma}}(v)$ aussi ; et la continuité du champ $\overset{2}{\theta}$ est évidente. Il reste à montrer, sachant déjà que $\overset{2}{\Theta}(v) \subset \overset{2}{\theta}(v)$, qu'ils sont égaux. Donnons-nous une trajectoire C^2 arbitraire dans B, soit $X = \varphi(t)$, $\varphi(0) = b$. Elle est solution dans B de l'équation différentielle $\frac{dX}{dt} = \varphi'(t)$; celle-ci se "relève" en une équation différentielle dans $B\oplus F$, $\frac{dX}{dt} = \varphi'(t)$, $\frac{dY}{dt} = \overset{1}{\Gamma}(\varphi(t),Y)\varphi'(t)$, de classe C^1 ; tous ses vecteurs tangents sont tangents à $\overset{1}{\Theta}(v)$ en chaque point v de $V = B\times F$. Elle a une solution unique (C^1 entraîne Lipschitz !), de classe C^2, passant en $v = (b,f)$ à l'instant 0. Donc son accélération complète au temps 0 doit être contenue dans l'espace vectoriel $\overset{2}{\Theta}(v)$ cherché en v ; or c'est $\overset{2}{\sigma}(b,f)\ \underline{\varphi''(0)}$. Les $\underline{\varphi''(0)}$, accélérations complètes au temps 0 de toutes les trajectoires C^2 dans B, qui sont en b l'instant 0, engendrent $T^2(B,b) = B\oplus(B\odot B)$, donc l'espace vectoriel cherché $\overset{2}{\Theta}(v)$ doit contenir l'image de $\overset{2}{\sigma}(b,f)$, donc c'est l'espace $\overset{2}{\theta}(v)$ que nous venons de déterminer ; $\overset{2}{\Theta}(v) = \overset{2}{\theta}(v) = \operatorname{Im} \overset{2}{\sigma}(v) =$ graphe de $\overset{2}{\boldsymbol{\Gamma}}(v)$.

La forme trouvée pour $\overset{2}{\Theta}(v)$ donne en outre :

Corollaire (5.13) : *En tout point* (b,f) *de* $B\times F$ *avec la notation* (5.9), $\overset{2}{\sigma}(b,f)$ *induit* $\overset{1}{\sigma}(b,f)$ *sur* B, *donc* $\overset{2}{\sigma}$ *envoie* $T^2(B,b)/T^1(B,b) = T^1(B,b)\odot T^1(B,b)$ *dans* $\overset{2}{T}(V,(b,f))/\overset{1}{T}(V,(b,f)) = T^1(V,(b,f))\odot T^1(V,(b,f)) = (B\oplus F)\odot(B\oplus F)$, *par l'application* $\overset{1}{\sigma}(b,f) \circledcirc \overset{1}{\sigma}(b,f)$. *Intrinsèquement* : *pour tout* $v\in V$, $\overset{2}{\Theta}(v) \supset \overset{1}{\Theta}(v)$, *et* $\overset{2}{\Theta}(v)/\overset{1}{\Theta}(v)$ *s'envoie bijectivement sur le sous-espace* $\overset{1}{\Theta}(v)\odot\overset{1}{\Theta}(v)$ *de*

$T^2(V,v)/T^1(V,v) = T^1(V,v) \odot T^1(V,v)$.

[Ce n'est pas étonnant : l'image dans $T^1(V,v) \odot T^1(V,v)$ de l'accélération complète est le carré tensoriel de la vitesse ; l'image de $\overset{2}{\Theta}(v)$ est l'espace engendré par les carrés tensoriels des vitesses, c-à-d. $\overset{1}{\Theta}(v) \odot \overset{1}{\Theta}(v)$.]

(5.13bis) Description de $\overset{2}{\Theta}(v)$ en coordonnées quelconques (♦)

Nous avons utilisé une décomposition $V = B \times F$; regardons maintenant les équations de $\overset{2}{\Theta}(v)$ en coordonnées quelconques. Nous supposerons simplement $V = E = \mathbb{R}^N$ espace vectoriel, et $\overset{1}{\Theta}$ défini localement (comme dans la théorie usuelle de Frobenius des systèmes différentiels) par l'annulation de N-d formes différentielles de degré 1 indépendantes, $(\overset{\ell}{\varpi})_{\ell=1,2,\ldots,N-d}$; soit $\overset{\ell}{\varpi} = \sum_{k=1}^{N-d} \overset{\ell}{\varpi}_k \, dX^k$.

On sait que $T^2(E,v) = E \oplus (E \odot E)$. Le sous-espace $\overset{1}{\Theta}(v) \odot \overset{1}{\Theta}(v)$ a la dimension $\frac{d(d+1)}{2}$, il est donc défini par $\frac{N(N+1)}{2} - \frac{d(d+1)}{2}$ équations linéaires indépendantes ; nous en prendrons en nombre excédentaire, en écrivant que l'orthogonal de $\overset{1}{\Theta}(v) \odot \overset{1}{\Theta}(v)$ dans $E^* \odot E^*$ est engendré par les $\overset{\ell}{\varpi} \odot \varpi'$, où $\ell = 1,2,\ldots,N-d$, ϖ' arbitraire, ou, ce qui revient au même les $\overset{\ell}{\varpi} \odot \varepsilon^k$, où $\ell = 1,2,\ldots,N-d$, $k = 1,2,\ldots,N$; $(\varepsilon^k)_{k=1,2,\ldots,N}$ est la base de $(\mathbb{R}^N)^*$, duale de la base $(e_k)_{k=1,2,\ldots,N}$ de $\mathbb{R}^N$. Cela fait (N-d)N générateurs, ce qui est excédentaire, mais peu importe. Si donc L' est un élément de $E \odot E$, il est dans $\overset{1}{\Theta}(v) \odot \overset{1}{\Theta}(v)$ si et seulement si, en posant $L' = \sum_{i,j=1}^{N} \frac{1}{2} L'^{i,j} e_i \odot e_j$, $L'^{i,j} = L'^{j,i}$, on a, pour tout $\ell = 1,2,\ldots,N-d$ et tout $j = 1,2,\ldots,N$:

$$\text{(5.13ter)} \quad \begin{cases} 0 = (\overset{\ell}{\varpi}(v) \odot \varepsilon^j | L')_{E^* \odot E^*, E \odot E} = (\sum_{i=1}^{N} \overset{\ell}{\varpi}_i(v)\, \varepsilon^i \odot \varepsilon^j | L') \\ \quad = \sum_{i=1}^{N} \overset{\ell}{\varpi}_i(v)\, L'^{i,j} \quad ; \quad \ell = 1,2,\ldots,N-d \ , \quad j = 1,2,\ldots,N \ . \end{cases}$$

Pour $L \in \overset{2}{\Theta}(v)$, sa composante L' sur $E \odot E$ est un élément arbitraire de $\overset{1}{\Theta}(v) \odot \overset{1}{\Theta}(v)$, donc vérifiant (5.13ter). Alors sa composante ξ dans E est

---

(♦) Cette description est due à P.A. Meyer [2], § 6, pages 70 et suivantes.

déterminée modulo $\overset{1}{\Theta}(v)$, puisque le noyau de $\overset{2}{\Theta}(v) \to \overset{1}{\Theta}(v) \odot \overset{1}{\Theta}(v) \subset E \odot E$ est $\overset{1}{\Theta}(v)$ (5.13). Donc ξ doit, une fois L' connu, satisfaire à N-d équations linéaires indépendantes. Or écrivons que X est une trajectoire $\mathbb{R} \to E$ tangente partout à $\overset{1}{\Theta}$:

$$\text{(5.13quarto)} \quad (\overset{\ell}{\varpi}(X) | X'(t)) \equiv 0 \quad \text{ou} \quad \sum_{k=1}^{N} \overset{\ell}{\varpi}_k(X) X'^k(t) = 0 \quad , \quad \ell = 1,2,\ldots,N\text{-}d \ .$$

En dérivant en t, pour $t = 0$, avec $X(0) = v$:

$$\text{(5.13quinto)} \quad \sum_{k=1}^{N} \overset{\ell}{\varpi}_k(v)\, X''^k(0) + \sum_{i,j=1}^{N} \partial_i \overset{\ell}{\varpi}_j(v)\, X'^i(0)\, X'^j(0) = 0 \ .$$

Si donc $L = \begin{pmatrix} \xi \\ L' \end{pmatrix}$ est un élément de $\overset{2}{\Theta}(v)$, il est une somme finie d'accélérations complètes, donc une somme finie de $\begin{pmatrix} X''(0) \\ X'(0) \odot X'(0) \end{pmatrix}$, chacun de la forme $\sum_{k=1}^{N} X''^k(0)\, \varepsilon^k + \frac{1}{2} \sum_{i,j=1}^{N} 2X'^i(0)\, X'^j(0)\, \varepsilon^i \odot \varepsilon^j$, donc il vérifie, en vertu de (5.13quinto)

$$\text{(5.13sexto)} \quad \sum_{k=1}^{N} \overset{\ell}{\varpi}_k(v)\, \xi^k + \frac{1}{2} \sum_{i,j=1}^{N} \partial_i \overset{\ell}{\varpi}_j(v)\, L'^{i,j} = 0 \quad , \quad \ell = 1,2,\ldots,N\text{-}d \ .$$

Comme les $\overset{\ell}{\varpi}(v)$ sont des formes linéaires indépendantes, on a là, pour déterminer ξ en fonction de L', N-d équations indépendantes, ce sont donc les équations cherchées. Donc :

<u>Proposition (5.13sexto)</u> : <u>Pour que</u> $L = \begin{pmatrix} \xi \\ L' \end{pmatrix} \in \overset{2}{\Theta}(v)$, $\xi = \sum_{k=1}^{N} \xi^k e_k$, $L' = \frac{1}{2} \sum_{i,j} L'^{i,j} e_i \odot e_j$, <u>il faut et il suffit que</u>

(5.13septimo)

$\sum_{i=1}^{N} \overset{\ell}{\varpi}_i(v)\, L'^{i,j} = 0$ (équations en nombre éxcédentaire exprimant que $L' \in \overset{1}{\Theta}(v) \odot \overset{1}{\Theta}(v)$), $\ell = 1,2,\ldots,N\text{-}d$, $j = 1,2,\ldots,N$, et

$\sum_{k=1}^{N} \overset{\ell}{\varpi}_k(v)\, \xi^k + \frac{1}{2} \sum_{i,j=1}^{N} \partial_i \overset{\ell}{\varpi}_j(v)\, L'^{i,j} = 0$ (N-d équations indépendantes déterminant ξ en fonction de L', modulo $\overset{1}{\Theta}(v)$), $\ell = 1,2,\ldots,N\text{-}d$.

La deuxième équation peut être symétrisée :

$$(5.13\text{octavo}) \qquad \sum_{k=1}^{N} \varpi_k^{\ell}(v)\, \xi^k + \frac{1}{2} \sum_{i,j=1}^{N} \frac{1}{2} (\partial_i \varpi_j^{\ell}(v) + \partial_j \varpi_i^{\ell}(v))\, L'^{i,j} = 0 \quad .$$

En regardant (4.30bis), on voit que :

$$\begin{pmatrix} \xi \\ L' \end{pmatrix} \in \overset{2}{\Theta}(v) \text{ ssi } L' \in \overset{1}{\Theta}(v) \odot \overset{1}{\Theta}(v) \quad , \text{ et si}$$

$$(5.13\text{noveno}) \qquad (D\varpi^{\ell} \,|\, L)_{T^{*2},T^{2}} = 0 \quad , \quad k = 1,2,\ldots,N-d \quad .$$

<u>Proposition (5.14)</u> : <u>Dans les conditions de</u> (5.5), $\overset{2}{\Theta}(v)$ <u>est le plus petit sous-espace vectoriel de</u> $T^2(V,v)$ <u>ayant la propriété suivante</u> : <u>si</u> ξ, η, <u>sont des champs</u> C^1 <u>de vecteurs</u> 1-<u>tangents sur</u> V (i.e. <u>des opérateurs différentiels homogènes d'ordre</u> 1, <u>de classe</u> C^1), <u>si</u> $\xi\eta$, $\eta\xi$ <u>sont leurs produits</u>, <u>champs</u> C^0 <u>de vecteurs</u> 2-<u>tangents</u> (<u>ou opérateurs différentiels d'ordre</u> 2, <u>sans terme d'ordre</u> 0, <u>de classe</u> C^0), <u>et si</u> $\xi(w)$, $\eta(w)$ <u>sont dans</u> $\overset{1}{\Theta}(w)$ <u>pour tout</u> $w \in V$, $(\xi\eta + \eta\xi)(v) \in \overset{2}{\Theta}(v)$.

<u>Remarque</u> : Il serait faux, par contre, que $(\xi\eta)(v)$ et $(\eta\xi)(v)$ soient toujours dans $\overset{2}{\Theta}(v)$; sans quoi le crochet $[\xi,\eta](v)$ serait dans $\overset{2}{\Theta}(v) \cap T^1(V,v) = \overset{1}{\Theta}(v)$, et cela voudrait dire que le champ $\overset{1}{\Theta}$ est complèment intégrable, ce qui n'est pas le cas en général.

<u>Démonstration</u> : C'est un excellent exercice de calcul que de voir cela direc- sur la formule (5.9) ! Mais il existe un moyen plus rapide Il suffit évidemment de le faire en remplaçant $\xi\eta + \eta\xi$ par $\xi\xi = \xi^2$, et ensuite de polariser : $(\xi + \eta)^2 = \xi^2 + (\xi\eta + \eta\xi) + \eta^2$. Nous démontrerons d'abord un lemme :

<u>Lemme (5.14bis)</u> : <u>Soit</u> ξ <u>un champ de vecteurs</u> 1-<u>tangents de classe</u> C^1 <u>sur</u> V, <u>et soit</u> X <u>une solution de l'équation différentielle qu'il définit</u>, <u>de sorte que</u> $X'(t) = \xi(X(t))$. <u>Alors l'accélération complète est</u> $\underline{X}''(t) = \xi^2(X(t))$.

<u>Démonstration du lemme</u> : Tout est local. On peut donc supposer que ξ est identiquement nul en dehors d'un compact K de V, de sorte que ξ définit un groupe à un paramètre de C^2 difféomorphismes de V, $\Phi_t : V \to V$, avec $\Phi_o =$ identité, $\Phi_{s+t} = \Phi_s \circ \Phi_t$, $\Phi_t =$ identité sur $\complement K$, pour tout t ; on écrira aussi $\Phi(t,v) = \Phi_t(v)$. Le lien entre Φ et ξ est $\frac{d}{dt}\Phi(.,v) = \xi(\Phi(.,v))$. Chaque isomorphisme agit aussi sur l'espace CB(V) des fonctions continues bornées sur V $^{(\bullet)}$, par $(\Phi_t(\varphi))(v) = \varphi(\Phi_{-t}(v))$, et Φ définit un groupe à un paramètre d'opérateurs de CB dans lui-même. Le générateur infinitésimal de ce groupe est $-\xi$, opérant sur le sous-espace dense Dom (ξ) des fonctions $\varphi \in CB$ pour lesquelles $\xi\varphi \in CB$; si $\varphi \in$ Dom (ξ), la trajectoire $t \mapsto \Phi_t \varphi$ est C^1, et $\frac{d}{dt}(\Phi_t\varphi) = -\xi\,\Phi_t\,\varphi = -\Phi_t(\xi\varphi)$. Alors $\varphi \in$ Dom (ξ^2), c-à-d. $t \mapsto \Phi_t\,\varphi$ est C^2, ssi $\xi^2\varphi = \xi(\xi(\varphi))$ est continue bornée, et alors $\frac{d^2}{dt^2}\Phi_t\,\varphi = \xi^2\,\Phi_t\,\varphi = \xi\,\Phi_t\xi\varphi = \Phi_t\,\xi^2\,\varphi$. Toute φ bornée et C^2 est dans Dom (ξ^2). Une solution X de l'équation différentielle est $t \mapsto \Phi_t v$, $v \in V$. Son accélération complète $\underline{X}''(0)$ est définie par la propriété (1.16) : pour $\varphi \in C^2(V) \subset$ Dom (ξ^2),

$$(\underline{X}''(0) \mid D^2\varphi(v))_{T^2(V,v),T^{*2}(V,v)} = (\varphi \circ X)''(0) = (\frac{d^2}{dt^2}(\varphi(\Phi_t(v)))_{t=0}$$

$$(\frac{d^2}{dt^2}(\Phi_{-t}\varphi))_{t=0}(v) = (\xi^2\varphi)(v) \quad ,$$

ce qui démontre le lemme.

Voici une autre démonstration du lemme.

Le lemme est évident en un point où $\xi(v) = 0$; car la solution de l'équation différentielle est $X(t) \equiv v$, donc $\underline{X''(0)} = 0$, et $\xi^2(v) = 0$ d'après (1.7bis). Soit donc $\xi(v) \neq 0$. Au voisinage du point v, on peut prendre une carte sur un voisinage de 0 dans $\mathbb{R}^N$; soit $\mathbb{R}^{N-1}$ un hyperplan de $\mathbb{R}^N$, transversal à $\xi(v)$. Alors $(t,u) \mapsto \Phi_t(u)$ est un difféomorphisme d'un voisinage de 0 dans $\mathbb{R} \times \mathbb{R}^{N-1}$ sur un voisinage de 0 dans $\mathbb{R}^N$ par le théorème des fonctions implicites ; on peut

---

$^{(\bullet)}$ On peut prendre bien d'autres espaces ; on veut se retrouver dans la situation familière d'un semi-groupe opérant sur un Banach et de son générateur infinitésimal.

donc prendre $(t,u) \in \mathbb{R} \times \mathbb{R}^{N-1} = \mathbb{R}^N$ comme coordonnées locales au voisinage de 0 dans $\mathbb{R}^N$. Pour ces coordonnées, et s, t assez petits, $\Phi_t(s,u) = (s+t,u)$. Le groupe de difféomorphisme est devenu le groupe des translations parallèles au vecteur de base e_1 de $\mathbb{R}^N$. Alors le champ ξ est devenu l'opérateur différentiel à coefficients constants ∂_1 ; $\xi^2 = \partial_1^2$, le vecteur vitesse sur toute trajectoire est e_1, et l'accélération complète est $e_1 \odot e_1 = \partial_1^2$, ce qui démontre le lemme.

<u>Démonstration de la proposition (5.14)</u> : Soit ξ un champ C^1, tel que $\xi(v) \in \overset{1}{\Theta}(v)$ pour tout v. Soit X la solution de l'équation différentielle $\frac{dX}{dt} = \xi(X(t))$, valant v à l'instant 0 ; alors $\xi^2(v) = \underline{X''(0)}$, et on sait, par la définition de $\overset{1}{\Theta}(v)$, que $\underline{X}''(0) \in \overset{2}{\Theta}(v)$, donc $\xi^2(v) \in \overset{2}{\Theta}(v)$.

Inversement, montrons que, si G est le plus petit sous-espace vectoriel de $T^2(V,v)$ tel que, pour tout champ ξ de classe C^1 tangent à $\overset{1}{\Theta}$, $\xi^2(v) \in G$, alors (nous savons déjà que $G \subset \overset{2}{\Theta}(v)$) nécessairement $G \supset \overset{2}{\Theta}(v)$. Reprenons les notations de la démonstration de (5.5), avec $V = B \times F$, $v = (0,0)$. Soit $\begin{pmatrix} \alpha \\ \beta \odot \beta \end{pmatrix} \in B \oplus (B \odot B)$, $\beta \neq 0$. Il existe un champ ζ de vecteurs 1-tangents sur B, de classe C^1, tel que $\zeta^2(0) \equiv \begin{pmatrix} \alpha \\ \beta \odot \beta \end{pmatrix}$ [par un changement de coordonnées, on peut supposer que β est vecteur d'une base de B ; prenons pour ζ l'opérateur différentiel sur B : $(1 + \alpha^1 x^1)\partial_1 + \alpha^2 x^1 \partial_2 + \ldots + \alpha^d x^1 \partial_d$; alors

$$\zeta^2(0) = (((1 + \alpha^1 x^1)\partial_1 + \alpha^2 x^1 \partial_2 + \ldots + \alpha^d x^1 \partial_d)$$
$$((1 + \alpha^1 x^1)\partial_1 + \alpha^2 x^1 \partial_2 + \ldots + \alpha^d x^1 \partial_d))_{x=0}$$
$$= \partial_1^2 + \alpha^1 \partial_1 + \alpha^2 \partial_2 + \ldots + \alpha^d \partial_d = \begin{pmatrix} \alpha \\ \beta \odot \beta \end{pmatrix} ,$$

si $\beta = \partial_1$ et si $\alpha^1, \alpha^2, \ldots, \alpha^d$ sont les coordonnées de α suivant la base B.] Relevons ζ en ξ, $\xi(b,f) = \overset{1}{\sigma}(b,f)\, \zeta(b)$; on obtient un champ ξ de classe C^1, $\xi(v) \in \overset{1}{\Theta}(v)$, $\zeta = \overset{1}{\pi}\xi$. On a donc $\xi^2(0) \in \overset{2}{\Theta}(0)$. On voit aisément, du fait que ζ est un champ sur B de vecteurs $\in B$, que $\zeta^2 = \overset{2}{\pi}\xi^2$, donc $\xi^2(b,f) = \overset{2}{\sigma}(b,f)\, \zeta^2(b)$. Donc G doit contenir tous les $\overset{2}{\sigma}(0,0) \begin{pmatrix} \alpha \\ \beta \odot \beta \end{pmatrix}$, $\beta \neq 0$; les $\begin{pmatrix} \alpha \\ \beta \odot \beta \end{pmatrix}$, $\beta \neq 0$, engendrent

$B\oplus(B\odot B)$; donc G contient $\overset{2}{\sigma}(0,0)(B\oplus(B\odot B)) = \overset{2}{\Theta}(0,0)$.

Remarque : En reprenant la fin de la démonstration, on peut dire ceci : soient ξ, η, deux champs de 1-vecteurs sur B, de classe C^1, et considérons leurs relèvements $\overset{1}{\sigma}\xi$, $\overset{1}{\sigma}\eta$, $(\overset{1}{\sigma}\xi)(b,f) = \overset{1}{\sigma}(b,f)\ \xi(b)$. Alors, comme on le voit en faisant opérer sur des fonctions qui ne dépendent que de b, non de f, le champ de 2-vecteurs $(\overset{1}{\sigma}\xi)(\overset{1}{\sigma}\eta)$ a pour projection sur B le champ de 2 vecteurs $\xi\eta$, et de même pour $\eta\xi$, donc le champ de 2-vecteurs $\overset{1}{\sigma}(\xi)\ \overset{1}{\sigma}(\eta) + \overset{1}{\sigma}(\eta)\ \overset{1}{\sigma}(\xi)$ a pour projection le champ de 2-vecteurs $\xi\eta + \eta\xi$. Mais on vient de voir que $\overset{1}{\sigma}(\xi)\ \overset{1}{\sigma}(\eta) + \overset{1}{\sigma}(\eta)\ \overset{1}{\sigma}(\xi) \in \overset{2}{\Theta}$, donc il est l'image par $\overset{2}{\sigma}$ de sa projection :

$$\text{(5.14ter)} \qquad \overset{1}{\sigma}(\xi)\ \overset{1}{\sigma}(\eta) + \overset{1}{\sigma}(\eta)\ \overset{1}{\sigma}(\xi) = \overset{2}{\sigma}(\xi\eta + \eta\xi) \quad .$$

Voici maintenant un résultat de P.A. Meyer suivant (4.25) [cf. P.A. Meyer [2], § 6, pages 70 et suivantes].

Proposition (5.15) : *Avec les notations de* (5.5) *et* (4.25), $\overset{2}{\Theta}(v)$ *est le plus petit sous-espace vectoriel de* $T^2(V,v)$ *tel que, si* ϖ *est un champ de vecteurs 1-cotangents de classe* C^1, *partout orthogonal à* $\overset{1}{\Theta}$, $D\varpi(v)$ *soit orthogonal à* $\overset{2}{\Theta}(v)$ *(en d'autres termes,* $\overset{2}{\Theta}(v)$ *est l'orthogonal de tous les* $D\varpi(v)$, ϖ *de classe* C^1 *partout orthogonale à* $\overset{1}{\Theta}$*). Cette définition de* $\overset{2}{\Theta}(v)$ *a l'avantage d'être d'emblée vectorielle : l'ensemble des* $D\varpi(v)$, *pour* ϖ *partout orthogonal à* $\overset{1}{\Theta}$, *est un sous-espace vectoriel de* $T^{*2}(V,v)$, *et* $\overset{2}{\Theta}(v)$ *est son orthogonal*.

Démonstration : Il est évident que, si X est une trajectoire orthogonale à ϖ à tout instant, son accélération complète est orthogonale à $D\varpi$ à tout instant. En effet : $D\varpi(X)(\overset{2}{\underline{X}}(1\odot 1)) = \overset{2}{\underline{X}}{}^{*}(D\varpi)(1\odot 1)$ (au sens de 1.9) $= D(\overset{1}{\underline{X}}{}^{*}\varpi)(1\odot 1)$ (par (4.31)) $= 0$ puisque l'orthogonalité $(\varpi(X)|X') = 0$ peut se traduire par $\overset{1}{\underline{X}}{}^{*}(\varpi) \equiv 0$. Mais la réciproque est moins simple. Mais on pourra utiliser (5.13septimo), en suivant la définition de Meyer. Il sera plus commode de ne pas symétriser en i, j. Une forme ϖ partout orthogonale à $\overset{1}{\Theta}$ a l'expression

$$\varpi = \sum_{\ell=1}^{N-d} \alpha_\ell \varpi^\ell = \sum_{\ell=1}^{N-d} \sum_{k=1}^{N} \alpha_\ell \varpi_k^\ell \varepsilon^k .$$

D'après (4.30bis) :

$$D\varpi = \sum_{\ell=1}^{N-d} \alpha_\ell \varpi_k^\ell \varepsilon^k + \frac{1}{2} \sum_{\ell=1}^{N-d} \sum_{i,j=1}^{N} \partial_i (\alpha_\ell \varpi_j^\ell) \varepsilon^i \odot \varepsilon^j$$

$$= \sum_{\ell=1}^{N-d} \alpha_\ell \left(\sum_{k=1}^{N} \varpi_k^\ell \varepsilon^k + \frac{1}{2} \sum_{i,j=1}^{N} \partial_i \varpi_j^\ell \varepsilon^i \odot \varepsilon^j \right)$$

$$+ \sum_{\ell=1}^{N-d} \sum_{i,j=1}^{N} \frac{1}{2} (\partial_i \alpha_\ell) \varpi_j^\ell \varepsilon^i \odot \varepsilon^j .$$

Ecrivons que $L = \begin{pmatrix} \xi \\ L' \end{pmatrix} = \sum_{k=1}^{N} \xi_k \varepsilon^k + \frac{1}{2} \sum_{i,j=1}^{N} L'^{i,j} \varepsilon^i \odot \varepsilon^j$, $L'^{i,j} = L'^{i,j}$, est orthogonal à toutes les $D\varpi(v)$:

$$\sum_{\ell=1}^{N-d} \alpha_\ell(v) \left(\sum_{k=1}^{N} \varpi_k^\ell(v) \xi^k + \frac{1}{2} \sum_{i,j=1}^{N} \partial_i \varpi_j^\ell(v) L'^{i,j} \right)$$

$$+ \sum_{\ell=1}^{N-d} \sum_{i,j=1}^{N} \frac{1}{2} (\partial_i \alpha_\ell)(v) \varpi_j^\ell(v) L'^{i,j} = 0 .$$

Mais les $\alpha_\ell(v)$ et les $\partial_i \alpha_\ell(v)$ sont arbitraires. On obtiendra donc, pour $L = \begin{pmatrix} \xi \\ L' \end{pmatrix}$, les équations :

$$\begin{cases} \displaystyle\sum_{k=1}^{N} \varpi_k^\ell(v) \xi^k + \frac{1}{2} \sum_{i,j=1}^{N} \partial_i \varpi_j^\ell(v) L'^{i,j} = 0 , \quad \ell = 1,2,\dots,N-d ; \\ \displaystyle\sum_{j=1}^{N} \varpi_j^\ell(v) L'^{i,j} = 0 , \quad i = 1,2,\dots,N ; \ \ell = 1,2,\dots,N-d . \end{cases}$$

Ce sont les équations (5.13septimo) de $\overset{2}{\Theta}(v)$.

Cette construction de $\overset{2}{\Theta}$ à partir de $\overset{1}{\Theta}$ a pour but, comme nous l'avons dit à (5.4), de relier les systèmes différentiels ordinaires et les systèmes différentiels de Stratonovitch pour les semi-martingales :

<u>Proposition (5.16)</u> : <u>Soit</u> $\overset{1}{\Theta}$ <u>un champ</u> C^1 <u>de sous-espaces</u> 1-<u>tangents à</u> V, <u>de dimension constante</u> d. <u>Soit</u> $\overset{2}{\Theta}$ <u>le champ</u> C^0 <u>de sous-espaces</u> 2-<u>tangents associé</u>

à $\overset{1}{\Theta}$ *par les théorèmes qui précèdent*. *Soit* X *une semi-martingale dans* A *ouvert de* $\mathbb{R}_+ \times \Omega$, *à valeurs dans* V. *Alors* dX *est tangente à* $\overset{1}{\Theta}(X)$ *au sens de Stratonovitch, ssi si* $d\underline{X}$ *est tangent à* $\overset{2}{\Theta}(X)$ *au sens ordinaire*.

Démonstration : 1) Supposons X tangente à $\overset{1}{\Theta}$ (de dimension d). Pour toute forme différentielle ϖ de degré 1, de classe C^1 sur V, orthogonale à $\overset{1}{\Theta}$, $D\varpi$ est orthogonale à $\overset{2}{\Theta}$ par (5.15), et la relation $\varpi(X) \underset{(S)}{\cdot} X = 0$ équivaut à $D\varpi(X) \cdot \underline{X} = 0$, d'après (4.32). Si nous prouvons qu'il existe une suite d'ouverts $(A_n)_{n\in\mathbb{N}}$ recouvrant A, telle que, dans chaque $A \cap A_n$, un nombre fini de $D\varpi(X)$ engendre, en tout point (t,ω), le sous-espace $\overset{2}{\Theta}(X(t,\omega))^+$, alors ce nombre fini de $D\varpi(X)$ $\mathcal{O}pt$-engendrera le sous-$\mathcal{O}pt$-module des sections optionnelles de $\overset{2}{\Theta}(X)^+$, et alors, X étant aussi $\mathcal{S}tr$-tangent à $\overset{1}{\Theta}(X)$ sur $A \cap A_n$ par (4.23), $d\underline{X}$ sera bien orthogonal à $\overset{2}{\Theta}(X)^+$ sur A_n, donc sur A, donc $d\underline{X}$ sera tangente à $\overset{2}{\Theta}(X)$. On choisira $(V'_n)_{n\in\mathbb{N}}$, recouvrement ouvert de V par des domaines de cartes, tel que, dans chaque V'_n, $\overset{1}{\Theta}$ soit défini par l'annulation de N-d formes différentielles indépendantes $(\overset{\ell}{\varpi})_{\ell=1,2,\dots,N-d}$, et $A_n = X^{-1}(V'_n)$. On est donc, en localisant sur chaque A_n, amené à $V = \mathbb{R}^N$, ce que nous supposerons. Pour que ϖ de classe C^1 soit en tout point v orthogonal à $\overset{1}{\Theta}(v)$, il faut et il suffit qu'elle soit une combinaison linéaire à coefficients C^1 des $\overset{\ell}{\varpi}$, $\varpi = \sum_{\ell=1,2,\dots,N-d} \alpha_\ell \overset{\ell}{\varpi}$. Mais, pour tout $v \in V$, il existe une unique fonction affine $\overline{\alpha}_\ell$ sur $\mathbb{R}^N$ telle que $\alpha_\ell - \overline{\alpha}_\ell$ soit 1-plate en v ; alors $D\varpi(v) = \sum_{\ell=1,2,\dots,N-d} (D(\overline{\alpha}_\ell \overset{\ell}{\varpi}))(v)$. Donc les $D(\overline{\alpha}_\ell \overset{\ell}{\varpi})$, $\ell = 1,2,\dots,N-d$, $\overline{\alpha}_\ell$ affines, engendrent, en tout point v de V, $\overset{2}{\Theta}(v)$. Les fonctions $D(\alpha_m \overset{\ell}{\varpi})$, $\ell = 1,2,\dots,N-d$, $m = 0,1,2,\dots,N$, $\alpha_o = 1$, α_k = coordonnée x_k pour $k = 1,2,\dots,N$, répondent à la question : en tout point $v \in V$, elles engendrent $\overset{2}{\Theta}(v)$.

2) Supposons $\underline{X}$ tangente à $\overset{2}{\Theta}(X)$ sur A. Soit $(A_n)_{n\in\mathbb{N}}$ une suite d'ouverts de $\mathbb{R}_+ \times \Omega$ recouvrant A tels que, sur A_n, X prenne ses valeurs dans un ouvert de V où $\overset{1}{\Theta}$ soit défini par l'annulation de N-d formes différentielles indépendantes $\overset{\ell}{\varpi}$, $\ell = 1,2,\dots,N-d$. Alors $D\overset{\ell}{\varpi}(X)$ est dans $\overset{2}{\Theta}(X)^+$ sur A_n, par (5.15), donc $\overset{\ell}{\varpi}(X) \underset{(S)}{\cdot} X = D\overset{\ell}{\varpi}(X) \cdot \underline{X} \sim 0$. Mais (4.23) dit que, sur A_n, tout

$J \in T^{*1}$ $\mathcal{S}$tr(X) qui est dans $\overset{1}{\Theta}(X)^+$ est combinaison $\mathcal{S}$tr-linéaire des $\varpi^{\ell}(X)$, donc X est $\mathcal{S}$tr-orthogonal à $\overset{1}{\Theta}(X)^+$ sur A_n, donc sur A, donc tangente à $\overset{1}{\Theta}(X)$ au sens de Stratonovitch.

Proposition (5.17) : Soit $\overset{1}{\Theta}$ un champ de sous-espaces vectoriels 1-tangents de classe C^1 sur V, complètement intégrable, donc définissant un feuilletage de V, de dimension d. Soit $\overset{2}{\Theta}$ le champ 2-tangent de classe C^o associé par (5.5). Si X est $\mathcal{S}$tr-tangente à $\overset{1}{\Theta}$ (ou tangente à $\overset{2}{\Theta}$) en chacun de ses points, presque sûrement toute trajectoire est tout entière dans la feuille de son point de départ (qui n'est pas le même pour toutes les trajectoires : X_o est une variable aléatoire, la feuille de $X_o(\omega)$ dépend de ω.)

Démonstration : Appelons T le temps de sortie de X de la feuille de X_o ; montrons que c'est un temps d'arrêt. L'ensemble C des (x,y) de $V \times V$ qui sont dans la même feuille est un borélien (un F_σ) de $V \times V$. [On considère d'abord, pour une structure riemannienne sur V, l'ensemble C(L) des couples (x,y) qu'on peut joindre par une courbe rectifiable à feuille constante de longueur $\leq L$; en utilisant la compacité de l'ensemble des applications f de [0,L] dans V, lipschitziennes : $|f(t) - f(s)| \leq |t - s|$, pour lesquelles f(0) varie dans un compact de V, on voit que C(L) est fermé dans $V \times V$; et $C = \bigcup_L C(L)$.] Si on munit $V \times V$ de sa tribu borélienne, produit tensoriel des tribus boréliennes, $(t,\omega) \mapsto (X_o(\omega), X_t(\omega))$ est optionnelle à valeurs dans $V \times V$; donc l'ensemble des (t,ω) pour lesquels $(X_o(\omega), X_t(\omega)) \in C$ est optionnelle, et T, son temps de sortie, est bien un temps d'arrêt.

Soit $(V'_n)_{n \in \mathbb{N}}$ un recouvrement ouvert de V, tel que, dans chaque V'_n, le feuilletage soit un produit. Soit T_n le temps de sortie $\geq$ T. Dans $[T,T_n[$, X est dans V'_n. Dans V'_n, il existe N-d fonctions C^2 indépendantes, $(F_k)_{k=1,2,\ldots,N-d}$, telles que les feuilles aient, dans V'_n, les équations F_k = constante. Chaque $D^2F_k(v)$ est dans le sous-espace orthogonal dans $T^{*2}(V,v)$ au sous-espace 2-tangent $\overset{2}{\Theta}(V,v)$ à la feuille de V en v ; puisque $d\underline{X}$ est 2-tangente à la feuille, $D^2F_k(X) \cdot \underline{X} \sim 0$ dans $[T,T_n[$, définition (3.10sexto), ou $F_k(X)$ = constante dans $[T,T_n[$; donc X reste dans la même feuille dans $[T,T_n[$, donc $T_n = T$. Ceci étant vrai pour tout n, $T=+\infty$, X reste toujours dans la feuille de X_o.

§ 6. EQUATIONS DIFFERENTIELLES STOCHASTIQUES, DEFINITIONS ESSENTIELLES

Résumé du § 6. Il s'agit des définitions essentielles pour les équations différentielles stochastiques.

On introduit d'abord des ensembles $A \subset \overline{\mathbb{R}}_+ \times \Omega$ plus généraux que des ouverts : ce sont des ouverts relatifs d'un intervalle $[S,T]$, S temps d'arrêt, T temps $\geq S$, (6.1). On doit étendre à ces A les propriétés de localisation connues pour les ouverts. On définit à (6.4) une équation différentielle stochastique sur un espace vectoriel, et à (6.5) une solution.

(6.1) Nous aurons besoin de considérer des semi-martingales et des équivalences sur des ensembles $A \subset \overline{\mathbb{R}}_+ \times \Omega$ plus généraux que les ouverts. Dans la suite, S sera un temps d'arrêt, T un temps (non nécessairement mesurable) $\geq S$; $[S,T|$ voudra dire un ensemble donné $\bigcup_{\omega\in\Omega} [S(\omega),T(\omega)| \times \{\omega\}$, où $T(\omega)|$ est parfois $T(\omega)]$, parfois $T(\omega)[$, pas nécessairement la même chose pour tous les ω. Alors A sera un ouvert relatif donné de $[S,T|$; il sera commode de l'écrire $(\overline{\mathbb{R}}_+ \times \Omega') \cap [S,T| \cap A$, où $\Omega' \subset \Omega$ et où A sera un ouvert de $\overline{\mathbb{R}}_+ \times \Omega$. Tous les théorèmes d'équivalence énoncés à (3.2) de S[1] pour des ouverts de $\overline{\mathbb{R}}_+ \times \Omega$ subsistent évidemment pour de tels ensembles A, parce qu'on passe immédiatement de $A \cap]S,T[$, ouvert, à A. Et l'équivalence de deux processus continus sur A est la même sur A et sur $A \cap]S,T[$.

(6.1bis) Soit X une semi-martingale vectorielle. Il existe un plus grand ouvert relatif A' de A où $X \sim 0$, et il est optionnel si A est optionnel et T temps d'arrêt.

Son existence est évidente : $A' \cap]S,T[$ est l'intersection avec $]S,T[$ du plus grand ouvert d'équivalence à 0 de X ; A' est l'adhérence dans A de $A' \cap]S,T[$

par continuité. Mais $X \underset{B}{\sim} 0$ dans un ouvert relatif B de A, pour T temps d'arrêt, ssi $X^T - X^S \sim 0$ dans $B \cup [0,S[\cup]T,+\infty]$, ouvert de $\overline{\mathbb{R}}_+ \times \Omega$. Donc A' est l'intersection avec A du plus grand ouvert absolu d'équivalence à 0 de $X^T - X^S$, il est donc optionnel pour A optionnel.

Ceci s'étend immédiatement à X semi-martingale formelle.

<u>(6.2)</u> Nous avons défini dans S[2] (6.5), les semi-martingales dans A pour A ouvert ; nous conservons cette définition pour les ensembles A comme ci-dessus. On ne peut pas nécessairement choisir les A_n optionnels ; on le peut si A <u>est ouvert</u>, <u>ou si</u> $[S,T| = [S,T[$ <u>là où</u> $T < +\infty$, <u>ou si</u> T <u>est lui aussi un temps d'arrêt</u> ; c'est ce que nous appellerons la condition (6.2).

En effet, c'est évident si A est ouvert, on remplace A_n par A'_n, le plus grand ouvert où $\overline{X} = X$; il est optionnel et $\supset A \cap A_n$. On peut toujours remplacer $\overline{X}$ et X_n par une même constante dans $[0,S[$, sans changer leur caractère de processus optionnels et de semi-martingales ; mais alors $\overline{X} = X_n$ dans $((A \cap A_n) \cup [0,S[) \cap [0,T[$ qui est ouvert, de sorte que le plus grand ouvert A'_n d'égalité de $\overline{X}$ et X_n le contient, alors $\bigcup_n A'_n \supset A \cap [S,T[$, ce qui règle le cas où $[S,T| = [S,T[$, et bien évidemment aussi le cas où $[S,T| = [S,T[$ seulement là où $T < +\infty$. Si T est un temps d'arrêt, on peut aussi remplacer $\overline{X}$ et X_n par le processus constant $\overline{X}_T$ dans $[T,+\infty[$, alors $\overline{X} = X_n$ dans $(A \cap A_n) \cup [0,S[\cup [T,+\infty]$ ouvert, donc A'_n contient cet ensemble et $\bigcup_n A'_n = A$, d'où le résultat.

<u>(6.2bis)</u> Les propriétés suivantes de S[2], § 6, énoncées pour A ouvert, sont encore vraies ici : (6.1), (6.2), (6.3) (pour A optionnel), (6.3bis), (6.3ter) (A comme ici, A_n ouverts optionnels de $\overline{\mathbb{R}}_+ \times \Omega$; on trouve $\overline{X}$ semi-martingale continue formelle, $X_n \sim \overline{X}$ sur $A \cap]S,T[\cap A_n$ ouvert, donc aussi sur $A \cap A_n$ par continuité), (6.4bis) (A comme ici, les A_n ouverts optionnels ; alors on trouve une semi-martingale formelle $\overline{X}$, $X \sim \overline{X}$ sur $A \cap]S,T[$, donc sur A par continuité), (6.4ter), (6.5quinto). [Pour (6.5quinto), on doit modifier complètement la démonstration, parce que T n'est plus un temps d'arrêt, et qu'on ne peut donc plus supposer X_n arrêté en T. Par contre ici X est continue dans A. On définira

$X_{n,m}$ comme suit : c'est une constante $\in K_m$ dans $[0,s[$, c'est $\overline{X}_s$ dans $[s,+\infty] \times \{S_{n,m} = s\}$, où $\overline{X}$ est un prolongement optionnel de X, à valeurs dans V', c'est $X_s^{(S_{n,m})-}$ dans $[s,+\infty] \times \{S_{n,m} > s\}$. C'est une semi-martingale, elle prend ses valeurs dans V' (à cause de $X_n^{(S_{n,m}-)}$) et, pour tout ω, $\overline{X_{n,m}(\omega)} \subset V'$; donc (voir S[1], (1.2) page 6) c'est une semi-martingale à valeurs dans V'. Ensuite $X = X_{n,m}$ dans l'intérieur relatif $|s,S_{n,m}|$ de $[s,S_{n,m}]$ dans $A \cap A_n$ (c'est évident pour $S_{n,m} = s$; pour $S_{n,m} > s$, il y a égalité dans $[s,S_{n,m}[$, mais on a pris $X_n^{(S_{n,m})-}$ et X est continue). Il reste à voir que les intérieurs relatifs des $[s,S_{n,m}]$ dans $A \cap A_n$ recouvrent A. Tous les raisonnements de (6.5quinto) sont valables sauf ceux pour lesquels $t = T(\omega)$. Mais alors, une fois trouvé s comme dans (6.5quinto) de S[2], $S_{n,m}(s)(\omega) \geq T(\omega)$, donc l'intérieur relatif de $[s,S_{n,m}(s)\omega]$ contient le point $t = T(\omega)$, d'où le résultat.

Il existe un tout autre raisonnement possible, analogue à celui de (4.0bis), en remplaçant Stratonovitch par semi-martingale (continue) (ce qui est plus simple) ; $X^{-1}(V''_n)$ n'est plus un ouvert puisque A n'est pas ouvert, mais c'est un ouvert relatif de A, ce qui suffit. Nous laisserons au lecteur le soin de faire cette autre démonstration, s'il le désire], puis (6.6bis) (toutefois, pour le plus grand ouvert A où $X \sim Y$, nous ne nous inquièterons pas de savoir à quelle condition il est optionnel), (6.6ter). (Ici aussi, il y a quelque-chose à modifier. On prendra S_n à valeurs dans $[0,\overline{+\infty}]$, et on appellera $|s,S_n|$ l'intérieur relatif de $[s,S_n]$ dans $A \cap A_n$. On appellera ensuite S'_n le temps de sortie $\geq S$ de $A \cap A_n$, à valeurs dans $[0,\overline{+\infty}]$, et on appellera $|S,S'_n|$ l'intérieur de $[S,S'_n]$ dans $A \cap A_n$. Alors, dans chaque $|s,S_n|$ et dans chaque $|S,S'_n|$, X est restriction d'une semi-martingale, et les $|s,S_n|$, $s \in \mathbb{Q}_+$, $n \in \mathbb{N}$, et $|S,S'_n|$, $n \in \mathbb{N}$, sont des ouverts relatifs de A recouvrant A], (6.7), (6.8), (6.11), (6.12) ; et aussi les résultats antérieurs du présent article : (2.18), (2.20), (3.15quinto), (3.18), (3.19), (4.21), (4.23) à (4.23quinto).

C'est désormais sur de tels ensembles $A \subset \overline{\mathbb{R}}_+ \times \Omega$ qu'on travaillera.

(6.3.0) Systèmes différentiels et équations différentielles.

Il faut bien distinguer ces deux notions. Pour un système différentiel déterministe, défini au § 5, on se donne un champ $\overset{1}{\Theta}$ de sous-espaces vectoriels 1-tangents, $\overset{1}{\Theta}(v)$ sous-espace vectoriel de $T^1(V,v)$, et on cherche une solution, c-à-d. une courbe $X : t \mapsto X_t$, telle qu'à chaque instant t, la courbe soit tangente à $\overset{1}{\Theta}$, $X'(t) \in \overset{1}{\Theta}(X(t))$. En général dim $\overset{1}{\Theta} = d > 1$; mais, même si dim $\overset{1}{\Theta} = d = 1$, on ne se donne pas la vitesse $X'(t)$, mais seulement la tangente $\overset{1}{\Theta}(X(t))$. Une équation différentielle déterministe consiste à se donner un champ de vecteurs 1-tangents H sur V, et on cherche une solution, c-à-d. une courbe telle que $X'(t) = H(X(t))$; à chaque instant, non seulement sa tangente, mais sa vitesse est donnée. Bien évidemment une équation différentielle définira un système différentiel, en appelant $\overset{1}{\Theta}(v)$ le sous-espace vectoriel $[H(v)]$ engendré par $H(v)$. Et chaque système différentiel donne lieu à une infinité d'équations différentielles, en choisissant un champ H tel que, pour tout $v \in V$, $H(v) \in \overset{1}{\Theta}(v)$. Ceci est le point de vue déterministe indépendant du temps, mais on peut supposer que Θ et H dépendent du temps. Les théorèmes d'existence et d'unicité sont relatifs aux équations différentielles. Nous avons traité au § 1 les systèmes différentiels indépendants du temps, en regardant comment des semi-martingales pouvaient en être solutions. Nous étudierons maintenant les équations différentielles stochastiques, d'abord dans des espaces vectoriels, puis sur des variétés, et elles dépendront de t et ω.

<u>(6.3)</u> On appellera alors équation différentielle stochastique sur E une formule

$$dX = \sum_{k=1}^{m} H_k(X,.,.)\, dZ^k \quad , \text{ ou } \quad X \sim \sum_{k=1}^{m} H_k(X,.,\ ) \cdot Z^k \quad ;$$

H est une fonction optionnelle sur $A \times E \subset \overline{\mathbb{R}}_+ \times \Omega \times E$ à valeurs dans E (ce qui voudra dire : $H_k(x,.,.)$ est optionnelle sur A pour tout $x \in E$), continue en x ($H_k(.,t,\omega)$ est continue sur E pour tout $(t,\omega) \in A$), et où les Z^k sont des classes d'équivalence sur A de semi-martingales (continues) formelles. L'inconnue et le processus X sur A sont à valeurs dans E. X doit être optionnel, et alors $H_k(X,.,.) : (t,\omega) \mapsto H_k(X(t,\omega),t,\omega)$ est optionnel sur A à valeurs dans E (voir démonstration de (5.3)), donc on peut l'intégrer par rapport à Z^k, (6.8) de S[2]. On demande que l'intégrale du 2nd membre, soit I(X), classe d'équivalence sur A de semi-martingales formelles, soit équivalente à X. Il faut donc pouvoir dire si le processus optionnel X est équivalent sur A à une semi-martingale (continue) formelle. Nous supposerons donc X semi-martingale (continue) sur A, et pas seulement optionnel, et alors il définira bien une classe d'équivalence sur A de semi-martingales (continues) formelles, par (6.7) de S[2], et on pourra exiger l'équivalence $X \sim I(X)$ pour dire que X est solution de l'équation différentielle.

Ces hypothèses sur H_k, Z^k, X sont suffisantes pour que les expressions employées aient un sens, mais pas pour avoir des théorèmes. Nous supposerons donc beaucoup plus ; en particulier tout en cherchant X sur A, nous supposerons les H_k et Z_k définies sur $\overline{\mathbb{R}}_+ \times \Omega$.

(6.3bis) Soit E un espace vectoriel de dimension N, et soit H une fonction sur $E \times \overline{\mathbb{R}}_+ \times \Omega$, à valeurs dans E. Supposons qu'il existe une suite $(U'_n)_{n \in \mathbb{N}}$ d'ouverts de E, et une suite $(M_n)_{n \in \mathbb{N}}$ de variables aléatoires réelles (donc finies) ≥ 0 telles que $|H| \leq M_n$, i.e. $|H(x,t,\omega)| \leq M_n(\omega)$ sur $U'_n \times \overline{\mathbb{R}}_+ \times \Omega$; on dira que H est localement bornée (localement a ici un sens topologique, sur E) ; on dira que H est globalement bornée si l'un des U'_n est E. Supposons qu'il existe une suite $(K_n)_{n \in \mathbb{N}}$ de variables aléatoires réelles ≥ 0 telles que

$$|H(x',t,\omega) - H(x'',t,\omega)| \leq K_n(\omega) \; |x' - x''| \quad ,$$

pour $x', x'' \in U'_n$, $t \in \overline{\mathbb{R}}_+$, $\omega \in \Omega$.
On dira que H est localement lipschitzienne (sous-entendu : en x) ; on dira qu'elle est globalement lipschitzienne si l'un des U'_n est E.
On dira enfin que H est optionnelle si, pour tout $x \in E, H(x,.,.)$ est optionnelle sur $\overline{\mathbb{R}}_+ \times \Omega$ à valeurs dans E. Si K est un compact de E, et si H est localement bornée et lipschitzienne, elle l'est globalement sur $K \times \overline{\mathbb{R}}_+ \times \Omega$. S'il existe un point x_0 de E tel que $|H(x_0,.,.) \leq M$, et si H est localement lipschitzienne, elle

est localement bornée.

Définition (6.4) : Soit E un espace vectoriel. On appelle équation différentielle stochastique EDS sur E une formule

$$dX = \sum_{k=1}^{m} H_k(X,.,.)\, dZ^k \quad , \quad \text{ou} \quad X \sim \sum_{k=1}^{m} H_k(X,.,.) \bullet Z^k \quad ,$$

où les Z^k sont des semi-martingales réelles continues sur $\overline{\mathbb{R}}_+ \times \Omega$, et les H_k des fonctions sur $E \times \overline{\mathbb{R}}_+ \times \Omega$ à valeurs dans E, optionnelles localement bornées et localement lipchitziennes au sens de (1.3bis).

Définition (6.5) : Soit X une semi-martingale (continue) dans A, donc définissant une classe d'équivalence dans A de semi-martingales (continues) formelles à valeurs dans E. En portant X dans les H_k, on obtient des processus $H_k(X,.,.)$ optionnels dans A, donc le 2ème membre $\sum_{k=1}^{m} H_k(X,.,.) \bullet Z^k = I(X)$ est aussi une classe d'équivalence dans A de semi-martingales formelles. On dit que X est solution dans A de EDS si $X \underset{A}{\sim} I(X)$. En supposant X défini dans A, comme ci-dessus, il est dit solution dans un ouvert relatif A' de A si $X \underset{A'}{\sim} I(X)$; et X est solution dans A ssi il est solution dans $A \cap]S,T[$, ouvert de $\overline{\mathbb{R}}_+ \times \Omega$ (par continuité). On remarquera que, si Z^k est définie seulement sur $[S,T]$, S et T temps d'arrêt, $T \geq S$, et semi-martingale continue sur $[S,T]$, on se ramène aussitôt à la situation précédente, en remplaçant Z^k par la semi-martingale $(Z^k)^T - (Z^k)^S$, nulle sur $[0,S[$, égale à $Z^k - Z^k_S$ dans $[S,T[$, $Z^k_T - Z^k_S$ dans $[T,+\infty]$, qui lui est équivalente sur $[S,T]$.

Proposition (6.6) : Soit X une semi-martingale dans A, à valeurs dans E. Il existe un plus grand ouvert relatif A' de A où X est solution de EDS ; il est optionnel si A est optionnel et T temps d'arrêt.

Démonstration : C'est le plus grand ouvert relatif d'équivalence de deux semi-martingales ; on applique (6.1bis).

§ 7. EXISTENCE ET PROPRIETES DES SOLUTIONS DES EQUATIONS DIFFERENTIELLES STOCHASTIQUES

Résumé du § 7. On rappelle le théorème fondamental (connu) d'existence et d'unicité pour une équation sur un espace vectoriel E, pour des coefficients bornés et lipschitziens, (7.1). Puis on démontre le même théorème pour des coefficients seulement localement bornés et lispchitziens, (7.2). La proposition (7.3) définit le temps de mort ζ de la solution et son intervalle d'exitence $[S,\zeta|$; ζ est un temps d'arrêt prévisible. La proposition (7.4) donne des résultats très généraux, mais qui semblent nouveaux : ou bien $[S,\zeta| = [S,\zeta]$ (alors nécessairement $\zeta = +\infty$), ou bien $[S,\zeta| = [S,\zeta[$, mais alors X_t tend vers l'infini quand $t < \zeta$ tend vers ζ. La proposition (7.6) étudie le cas des coefficients globalement bornés.

Proposition (7.1) : Supposons les H_k de EDS (localement bornés mais) globalement lipschitziens : il existe une variable aléatoire $K \geq 0$ tel que, $\forall x', x'' \in E$, $\forall t \in \overline{\mathbb{R}}_+$, $\forall \omega \in \Omega$,

$$|H_k(x',t,\omega) - H_k(x'',t,\omega)| \leq K(\omega)\ |x' - x''| \quad .$$

Soient S un temps d'arrêt, a une fonction sur Ω à valeurs dans E, $\mathcal{T}_S$-mesurable. Il existe un processus unique X sur $[S,+\infty]$, solution de EDS dans $[S,+\infty]$, égal à a au temps S ; il est restriction de semi-martingale. [Dans de telles conditions, X est à trajectoires bornées, donc H(X,.,.) aussi, donc chaque intégrale stochastique $H_k \cdot Z^k$ est une vraie semi-martingale. Sur [S,T], en outre, toute semi-martingale est restriction de semi-martingales par S[1], proposition (2.4).]

Principe de la démonstration : Le fait qu'il soit restriction de semi-martingale résulte de S[1], proposition (2.4). On cherche alors une semi-martingale répondant à la question, en écrivant que, si on la prolonge par 0 sur [0,S[, elle vérifie l'équation intégrale sur $\overline{\mathbb{R}}_+ \times \Omega$

(7.1bis) $$X = 1_{[S,+\infty]}\, a + \sum_k H_k(X,.,.) \circ (Z^k - (Z^k)^S) \quad ,$$

et on résout par approximations successives, convergentes suivant Picart, comme des quotients de puissances par des factorielles. Ce théorème est connu, nous l'admettrons. [On trouvera une démonstration très moderne par M. Emery, dans Séminaire de Probabilités, Strasbourg, 1977-1978, Lecture Notes in Maths., Springer-Verlag, No 721 (1979), p. 281-293.]

Proposition (7.2) : Reprenons les hypothèses générales de (6.4).

1) Existence. Pour S temps d'arrêt, a fonction $\mathcal{C}_S$-mesurable sur Ω à valeurs dans E, il existe un temps d'arrêt $T \geq S$, $> S$ là où $S < +\infty$, et un processus X sur $[S,T]$, restriction de semi-martingale, solution de EDS dans $[S,T]$, égal à a au temps S.

2) Unicité. Si T est un temps d'arrêt, T un temps (non nécessairement mesurable) $\geq S$, $\Omega' \subset \Omega$, si X^1 et X^2 sont deux processus sur $A = (\overline{\mathbb{R}}_+ \times \Omega') \cap [S,T|$, solutions de EDS et égaux en S là où $A \cap$ (graphe de S) n'est pas vide, ils coïncident.

Démonstration. 1) Existence. Soit $(U'_n)_{n\in\mathbb{N}}$ un recouvrement ouvert de E, tel que les H_k soient bornés et lispchitziens dans $U'_n \times \overline{\mathbb{R}}_+ \times \Omega$. Soit $(U''_n)_{n\in\mathbb{N}}$ un recouvrement subordonné. Il existe une fonction $\overline{H}_{k,n}$ sur $E \times \overline{\mathbb{R}}_+ \times \Omega$, optionnelle, globalement bornée et lipschitzienne à valeurs dans E, qui coïncide avec H_k sur $\overline{U''_n} \times \overline{\mathbb{R}}_+ \times \Omega$ (il suffit d'appeler α_n une fonction C^∞ sur E, à support dans U'_n, égale à 1 sur $\overline{U''_n}$, et de prendre $\overline{H}_{k,n} = \alpha_n H_k$). Soit $\Omega''_n = a^{-1}(U''_n)$, ensemble de $\mathcal{C}_S$. On résoud l'équation $(\overline{EDS})_n$, obtenue en remplaçant H_k par $\overline{H}_{k,n}$, avec la même valeur initiale a, grâce à (2.1). Soit T''_n le temps de sortie de la solution $\overline{X}_n$ de U''_n. Alors $T_n \geq S$, et $> S$ sur Ω''_n là où $S < +\infty$, à cause de la continuité à droite. Soient $\Omega_o = \Omega''_o$, $\Omega_1 = \Omega''_1 \setminus \Omega''_o, \ldots, \Omega_n = \Omega''_n \setminus \Omega''_o \setminus \ldots \setminus \Omega''_{n-1}, \ldots$. Soit X une semi-martingale égale à $\overline{X}_n$ dans $(\overline{\mathbb{R}}_+ \times \Omega_n) \cap [S,+\infty]$ (on a là une réunion dénombrable stationnaire d'ensembles semi-martingales) ; soit T le temps d'arrêt égal à T''_n sur Ω_n ; X et T répondent à la question.

2) Unicité.

a) Montrons d'abord que, si X^1 et X^2 sont solutions de EDS dans $[S,T]$, T temps d'arrêt $\geq S$, et égales à $a \in \mathcal{C}_S$ au temps S, il existe un temps d'arrêt T', $S \leq T' \leq T$, $T' > S$ là où $T > S$, tel qu'elles coïncident dans $[S,T]$. Reprenons les U''_n et Ω''_n, Ω_n, de la démonstration précédente. X^1 et X^2 sont aussi solutions de $\overline{(EDS)}_n$ dans $[S,T'''_n]$, où T'''_n est le premier temps de sortie de X^1 ou X^2 de U''_n ; $S \leq T'''_n \leq T$, et $T'''_n > S$ sur $\{T > S\} \cap \Omega''_n$. Alors $(X^1)^{T'''_n}$ et $(X^2)^{T'''_n}$ sont toutes deux solutions de $\overline{\overline{(EDS)}}_n$, obtenu en remplaçant dans $\overline{(EDS)}_n$ les Z^k par $(Z^k)^{T'''_n}$, mais maintenant dans $[S,+\infty]$ et non seulement $[S,T'''_n]$, et égales partout au temps S ; d'après l'unicité de (7.1), elles coïncident dans $[S,+\infty]$, donc X^1 et X^2 coïncident dans $[S,T'''_n]$. En prenant $T' = T'''_n$ sur Ω_n, X^1 et X^2 coïncident maintenant dans $[S,T']$, et $T' > S$ là où $T > S$.

b) Montrons maintenant l'unicité pour $[S,T]$, T temps d'arrêt $\geq S$. Soit $T'' = T \wedge \operatorname{Inf}\{t \geq S \,;\, X^1_t \neq X^2_t\}$; c'est un temps d'arrêt, $S \leq T'' \leq T$. Par continuité, $X^1 = X^2$ dans $[S,T'']$. Mais, d'après les parties 1) et 2a), en résolvant l'équation avec la condition initiale $X = X^1_{T''} = X^2_{T''}$ au temps T'', on voit qu'il existe un temps d'arrêt $T' \geq T''$, $> T''$ là où $T'' < +\infty$, a fortiori là où $T'' < T$, tel que X^1 et X^2 soient encore égales dans $[T'',T']$, donc dans $[S,T']$; donc nécessairement $T'' = T$.

c) Considérons maintenant $[S,T|$, T temps d'arrêt. Supposons d'abord X^1, X^2 restrictions de semi-martingales $\overline{X}^1$, $\overline{X}^2$. En les remplaçant par le processus constant $\overline{X}^1_S$ sur $(\overline{\mathbb{R}}^+ \times \{S = T\}) \cap [T,+\infty]$, et par les processus constants $\overline{X}^1_{T_-}$, $\overline{X}^2_{T_-}$ sur $(\overline{\mathbb{R}}_+ \times \{T > S\}) \cap [T,+\infty]$, elles prolongent toujours X^1 et X^2, sont encore des semi-martingales, continues dans $[S,+\infty]$, solutions de (EDS) dans $[S,T]$, égales en S; d'après b), elles sont égales dans $[S,T]$, donc $X^1 = X^2$ dans $[S,T|$. Dans le cas général, elles sont dans $[S,T[$ des semi-martingales ; donc, d'après Strickert (cf. S[2], (6.5ter), page 55-467), il existe une suite croissante $(T_n)_{n\in\mathbb{N}}$ de temps d'arrêt $\geq S$, tendant vers T, tels que, dans $[S,T_n[$, elles soient restrictions de semi-martingales. Ce que nous de voir montre alors qu'elles coïncident dans $[S,T_n[$, donc dans $[S,T[$, donc dans $[S,T|$ par continuité.

d) T temps quelconque $\geq S$, $A = [S,T|$. Soient $\overline{X}^1$ et $\overline{X}^2$ des processus optionnels sur $\overline{\mathbb{R}}_+ \times \Omega$, prolongeant X^1 et X^2 ; on peut les supposer égaux partout au temps S. Il existe un plus grand ouvert relatif de $[S,+\infty]$ où ils sont tous deux solutions de EDS, par (6.6), et il est optionnel ; son temps de sortie $\geq S$ est un temps d'arrêt T'. Bien évidemment $T' \geq T$. Alors $\overline{X}^1 = \overline{X}^2$ dans $[S,T'[$ par c), donc $X^1 = X^2$ dans $[S,T[$, donc dans $[S,T|$ par continuité.

e) Cas général. On remplace T par $T' = T$ sur Ω', S sur $\complement\Omega'$, $[S,T'| = [S,T|$ sur Ω', $=[S,S[= \emptyset$ sur $\complement\Omega'$, et on est ramené à $[S,T'|$, cas d).

Proposition (2.3) : *Pour une équation différentielle stochastique* EDS, *et une donnée initiale* a *$\mathcal{T}_S$-mesurable au temps d'arrêt* S, *il existe une solution maxima* X, *définie dans un intervalle stochastique* $[S,\zeta|$, ζ *temps de mort. Le temps d'arrêt* ζ *est prévisible*, > 0, $\geq S$, $> S$ *là où* $S < +\infty$. *La solution* X *est maxima au sens suivant : d'une part elle est solution de* EDS, *et* $X_S = a$; *d'autre part, si* X' *est une solution de* EDS *dans* $A = (\overline{\mathbb{R}}_+ \times \Omega') \cap [S,T|$, *égale à* a *au temps* S *là où* A *n'est pas vide, alors* $A \subset [S,\zeta|$, *et* $X' = X$ *dans* A. *L'intervalle* $[S,\zeta|$ *est* $[S,\zeta]$ *exactement là où* $S = \zeta$ *et là où* $\zeta > S$ *et* X_{ζ_-} *existe* ; ζ *vaut alors* $+\infty$.

Démonstration : 1) On considère tous les temps d'arrêt T pour lesquels il existe une solution dans $[S,T]$, et on prend pour ζ leur borne supérieure λ-essentielle ; c'est la plus petite (aux ensembles λ-négligeables près) variable aléatoire qui soit λ-ps. $\geq$ à tous ces T. On sait que ζ est l'enveloppe supérieure d'une suite $(T_n)_{n\in\mathbb{N}}$ de ces temps d'arrêt, donc ζ est un temps d'arrêt. D'après (7.2), 1), $\zeta > S$ là où $S < +\infty$, donc $\zeta > 0$ partout.

2) Une solution X^i dans $[S,T_i]$ et une solution X^j dans $[S,T_j]$ coïncident dans $[S,T_i \wedge T_j]$ par l'unicité (7.2), 2), donc définissent un même processus $X^{i,j}$ dans $[S,T_i \vee T_j]$, restriction de semi-martingale (celle qui vaut X dans $[S,T_i[$, X^j dans $[T_i,T_i \vee T_j[$, et le processus constant $X^{i,j}_{T_i \vee T_j}$ dans $[T_i \vee T_j,+\infty]$), solution de EDS et valant a au temps S. Il en résulte que ζ est limite d'une suite croissante de temps d'arrêt $(\zeta_n)_{n\in\mathbb{N}}$, et que les solutions définissent un même processus X, continu, restriction de semi-martingale dans $[S,\zeta_n]$, solution de EDS dans chaque $[S,\zeta_n]$ donc dans $[S,\zeta[$.

3) Soit X' une solution dans un $(\overline{\mathbb{R}}_+ \times \Omega) \cap [S,T|$, qu'on peut remplacer par un $[S,T|$ par la méthode de démonstration de (7.2), 2), e), restriction à $[S,T|$ d'un processus optionnel $\overline{X}'$ et solution de EDS, valant a en S là où $[S,T|$ n'est pas vide. Alors X et X' sont toutes deux solutions dans $[S,\zeta[\cap [S,T|$, égales en S donc égales par l'unicité (7.2) ; elles définissent donc un même processus X'' dans $[S,\zeta[\cup [S,T|$, restriction d'un processus optionnel $\overline{X}''$ (valant X dans $[S,\zeta[$ et $\overline{X}'$ dans son complémentaire), et solution. On considèrera le plus grand ouvert de $[S,+\infty]$ où $\overline{X}''$ est solution (6.6), et son temps de sortie au-delà de S, soit T'', temps d'arrêt ; $\overline{X}''$ est solution dans $[S,T''[$ et prend la valeur a en S. Mais il existe une suite $(T''_n)_{n\in\mathbb{N}}$ croissante de temps d'arrêt $\geq$ S, tendant vers T'', telle que $\overline{X}''$ soit dans $[S,T''_n[$, restriction d'une semi-martingale $\overline{X}''_n$ par Strickert (cf. S[2], (6.5ter), page 55-467) ; alors $X''_{(T''_n)_-}$ existe là où $T''_n > S$, et le processus obtenu en remplaçant $\overline{X}''_n$ dans $[T''_n,+\infty]$ par le processus constant a, là où $T''_n = S$ et par $X''_{(T''_n)_-}$ là où $T''_n > S$, est une semi-martingale, solution dans $[S,T''_n]$. D'après la définition de ζ, $T''_n \leq \zeta$, donc $T'' \leq \zeta$, donc $T \leq \zeta$, et X' = X dans $[S,T[$.

4) Il n'y aura possibilité de prolonger X en solution dans $[S,\zeta]$ qu'en prenant les $[S(\omega),\zeta(\omega)]$ parmi les points pour lesquels $\zeta(\omega) = S(\omega)$ $(= +\infty)$ ou pour lesquels $X(\zeta_-(\omega),\omega)$ existe. Considérons effectivement l'ensemble Ω' des points pour lesquels $S < +\infty$ et X_{ζ_-} existe ; il est dans $\mathcal{C}_\zeta$, et, sur cet ensemble, X_{ζ_-} est $\mathcal{C}_\zeta$-mesurable. Alors, d'après l'existence (7.2),1), il existe un temps d'arrêt $\zeta' \geq \zeta$, $> \zeta$ là où $\zeta < +\infty$, et une solution X' de EDS dans $[\zeta,\zeta']$, prenant la valeur X_{ζ_-} au temps ζ sur Ω', une valeur constante au temps ζ sur $\complement\Omega'$. Le recollement de X et de X' dans $[S,\zeta']$, est solution dans $[S,\zeta[$ et dans $[\zeta,\zeta']$, et continu sur $(\overline{\mathbb{R}}_+ \times \Omega') \cap [S,\zeta']$; alors il est solution dans $(\overline{\mathbb{R}}_+ \times \Omega') \cap [S,\zeta']$, ce qui entraîne $\zeta' = \zeta$ sur Ω', donc $\zeta = +\infty$. Et alors, sur $(\overline{\mathbb{R}}_+ \times \Omega') \cap [S,+\infty]$, X prolongé par X_{∞_-} au temps $+\infty$ là où $S < +\infty$, est bien solution de EDS. On obtient bien l'intervalle maximum indiqué $[S,\zeta|$, où c'est $[S,\zeta] = [S,+\infty]$ exactement là où $\zeta = S = +\infty$ et là où $S < \zeta$ et X_{ζ_-} existe .

5) Si $(\zeta_n)_{n\in\mathbb{N}}$ est une suite croissante de temps d'arrêt tendant vers ζ, tels que X soit solution dans $[S,\zeta_n]$ d'après 1), de sorte que $X_{\zeta_n -}$ existe, nécessairement $\zeta_n < \zeta$ là où $\zeta < +\infty$, comme nous venons de le voir ; donc la suite des

$\zeta_n \wedge n$ annonce ζ, qui est prévisible.

Corollaire (7.3bis) : Soient EDS, EDS' deux équations différentielles stochastiques, S, S' deux temps d'arrêt, $a \in \mathcal{T}_S$, $a' = \mathcal{T}_{S'}$. Si $\Omega^{\cdot} \subset \Omega$, et si, sur $\Omega^{\cdot}$, $a = a'$, $S = S'$, et si, sur $E \times \overline{\mathbb{R}}_+ \times \Omega^{\cdot}$, EDS = EDS', [nous entendons par là que $Z^k \sim Z'^k$, et $H_k(v,t,\omega) = H'_k(v,t,\omega)$] alors, sur $\Omega^{\cdot}$, les temps de mort ζ, ζ' coïncident, $[S,\zeta| = [S',\zeta'|$, et, dans $\overline{\mathbb{R}}_+ \times \Omega^{\cdot}$, les solutions maxima X, X' coïncident.

Démonstration : X' est solution de EDS' donc de EDS dans $((\overline{\mathbb{R}}_+ \times \Omega^{\cdot}) \cap [S',\zeta'| = (\overline{\mathbb{R}}_+ \times \Omega^{\cdot}) \cap [S,\zeta'|$, avec $a' = a$ sur $\Omega^{\cdot}$; donc $\zeta' \leq \zeta$ sur Ω', $(\overline{\mathbb{R}}_+ \times \Omega^{\cdot}) \cap [S',\zeta'| \subset (\overline{\mathbb{R}}_+ \times \Omega^{\cdot}) \cap [S,\zeta|$, et $X' = X$ dans cet intervalle. En raisonnant en sens inverse, on obtient le résultat.

Proposition (7.4) : 1) Sur l'ensemble $\Omega'(K)$ des ω pour lesquels la trajectoire $X(\omega)$ reste tout entière dans le compact K dans $[S,\zeta[$, X_{ζ_-} existe là où $S < +\infty$, donc $\zeta = +\infty$ et $[S,\zeta| = [S,+\infty]$. Sur $\overline{\mathbb{R}}_+ \times \Omega'(K) \cap [S,+\infty]$, X est restriction de semi-martingale. Sur $X^{-1}(K)$, séjour de X dans K, X est restriction d'une semi-martingale.

2) Soit Ω' l'ensemble des ω pour lesquels la trajectoire $X(\omega)$ est relativement compacte dans $[S,\zeta[$; c'est aussi $\bigcup_K \Omega'(K)$ pour tous les compacts K de E, et l'ensemble où $S = +\infty$ où X_{ζ_-} existe. Donc ζ y vaut $+\infty$, et $[S,\zeta|$ y vaut $[S,+\infty]$. Il existe une suite $(\zeta_n)_{n \in \mathbb{N}}$ de temps d'arrêt, croissante et tendant vers $+\infty$, stationnairement sur Ω', tels que, dans chaque $[S,\zeta_n]$, X soit restriction de semi-martingale. Si $\Omega' = \Omega$, X est, sur $[S,+\infty]$, restriction de semi-martingale.

3) Soit $\Omega'' = \complement \Omega'$ l'ensemble des ω pour lesquels la trajectoire $X(\omega)$ n'est pas relativement compacte ; ζ y est fini ou infini mais $[S,\zeta|$ est toujours $[S,\zeta[$; sur Ω'', quand $t < \zeta$ tend vers ζ, X_t tend vers l'infini dans E.

Démonstration : 1) Il existe un voisinage U' de K tel que les H_k soient bornés et lipschitziens sur $U' \times \overline{\mathbb{R}}_+ \times \Omega$; donc il existe $\overline{H}_k$ définie sur $E \times \overline{\mathbb{R}}_+ \times \Omega$, partout bornée et lipschitzienne, égale à H_k sur $K \times \overline{\mathbb{R}}_+ \times \Omega$. Alors on peut résoudre l'équation $\overline{(EDS)}$, où H_k est remplacée par $\overline{H}_k$, avec une valeur initiale au temps S égale à a sur $a^{-1}(K)\supset\Omega'(K)$, et à une constante quelconque sur $\complement\, a^{-1}(K)$. On trouve une solution Y dans $[S,+\infty]$ par (7.1). Alors X est solution aussi de $\overline{(EDS)}$ dans $(\overline{\mathbb{R}}_+\times\Omega'(K))\cap[S,\zeta|$; elle ne prend pas la même valeur que Y au temps S, mais, en la remplaçant par Y sur le complémentaire de l'ensemble semi-martingale $(\overline{\mathbb{R}}_+\times a^{-1}(K))\cap[S,+\infty]$, elle est encore solution de $\overline{EDS}$ dans $(\overline{\mathbb{R}}_+\times\Omega'(K))\cap[S,\zeta|$, égale à Y au temps S. D'après l'unicité (7.2),2),appliquée à EDS, $X=Y$ dans cet ensemble. Donc X y est restriction de la semi-martingale Y, alors X_{ζ_-} existe si $S<+\infty$, donc, par (7.3), $\zeta=+\infty$ et $[S,\zeta|=[S,+\infty]$. Cela prouve 1), sauf la fin relative à $X^{-1}(K)$, qui résultera du lemme (7.5),d).

<u>2)</u> est évident. Soient $(K_n)_{n\in\mathbb{N}}$ une suite de compacts épuisant E, et ζ_n le temps de sortie de K. X est, dans $[S,\zeta_n]$, restriction de semi-martingale, parce que $[S,\zeta_n]$ est compact optionnel, (6.5). Si $\Omega'=\Omega$, on applique aussi (6.5), à $[S,+\infty]$.

<u>3)</u> On va d'abord établir un lemme, limitant les oscillations de X.

<u>Lemme (7.5)</u> : <u>Soient</u> K <u>un compact de</u> E, U' <u>un ouvert contenant</u> K, <u>relativement compact dans</u> E. <u>Soient</u> S_o <u>le temps d'entrée</u> $\geq$ S <u>de</u> X <u>dans</u> K, T_o <u>le temps de sortie</u> $\geq S_o$ <u>de</u> U', S_1 <u>le temps d'entrée</u> $\geq T_o$ <u>dans</u> K, T_1 <u>le temps de sortie</u> $\geq S_1$ <u>de</u> U, etc. (<u>S'il n'y a pas d'entrée ou de sortie</u>, <u>le temps d'entrée ou de sortie est pris égal à</u> ζ.)

a) <u>Dans</u> $[S_n,T_n[$, X <u>est restriction de semi-martingale</u> ;

b) <u>la suite des</u> S_n, T_n, <u>est stationnaire</u>, <u>et tend vers</u> ζ ;

c) <u>sur</u> $\Omega'_n=\{S_n<\zeta\,,\,T_n=\zeta\}$, ζ <u>est infini</u>, <u>et</u> $[S,\zeta|=[S,+\infty]$;

d) <u>la réunion</u> (<u>stationnaire</u>) <u>des</u> $[S_n,T_n[$ <u>contient le séjour de</u> X <u>dans</u> K <u>et est contenue dans le séjour de</u> X <u>dans</u> U', <u>et</u> X <u>y est restriction de semi-martingale</u> ;

e) <u>pour tout</u> ω, <u>la trajectoire</u> $X(\omega)$ <u>est</u>, <u>ou toujours dans</u> U' <u>pour</u> t <u>assez grand</u> (<u>donc relativement compacte</u>), <u>ou toujours dans</u> $\complement$ K <u>pour</u> t <u>assez grand</u>.

<u>Démonstration du lemme</u> : Pour la suite, remarquons d'abord que, si tous les résultats sont montrés pour des processus arrêtés X^{R_ℓ}, pour des temps d'arrêt

R_ℓ croissant et tendant stationnairement vers $+\infty$, ils seront vrais pour X. Mais X^{R_ℓ} est solution de l'équation différentielle arrêtée, où les Z^k sont remplacés par $(Z^k)^{R_\ell}$, et d'ailleurs toutes les solutions de cette équation arrêtée sont exactement les arrêtées des solutions de l'équation initiale ; l'équation arrêtée a un temps de mort ζ_ℓ égal à ζ sur $\{R_\ell \geq \zeta\}$, à $+\infty$ sur $\{R_\ell < \zeta\}$, donc $\zeta_\ell \geq \zeta$ tend en décroissant et stationnairement vers ζ pour $\ell \to +\infty$, de sorte que des conclusions $\zeta_\ell = +\infty$ obtenues pour les équations arrêtées donneront aussi la conclusion $\zeta = +\infty$ pour l'équation initiale. Comme Z^k est continue, elle est localement dans H^2, donc les R_ℓ peuvent être choisis avec $(Z^k)^{R_\ell} \in H^2$; nous pourrons donc garder l'équation donnée, mais supposer les Z^k dans H^2. Si Z est une semi-martingale continue $\in H^2$ nulle au temps 0, elle s'écrit $Z = V + M$, où V est un processus adapté continu à variation finie, M une martingale locale continue, toutes deux nulles au temps 0, et

$$\|Z\|^2_{H^2} = \mathbb{E}\left(\left(\int_{]0,+\infty]} |dV_t|\right)^2 + \langle M,M\rangle_\infty\right) < +\infty \quad .$$

Il existe alors une constante D(Bürckholder-Davis-Gundy) telle que

$$\mathbb{E} \sup_{t\in\overline{\mathbb{R}}_+} |Z_t|^2 \leq D^2 \|Z\|^2_{H^2} \quad .$$

Si alors H est optionnelle bornée,

$$\text{(7.5bis)} \qquad \mathbb{E} \sup_{t\in\overline{\mathbb{R}}_+} |(H \bullet Z)_t|^2 \leq D^2 \sup |H|^2 \|Z\|^2_{H^2} \quad .$$

Soit Y_n la solution de l'équation différentielle $\overline{\text{(EDS)}}$ (obtenue en remplaçant H_k par $\overline{H}_k$, globalement bornée et lipschitzienne sur $E \times \overline{\mathbb{R}}_+ \times \Omega$, égale à H_k sur $\overline{U'} \times \overline{\mathbb{R}}_+ \times \Omega$) et égale à X_{S_n} au temps S_n là où $S_n < \zeta$; Y_n est restriction à $[S_n, +\infty]$ de semi-martingale, et $X = Y_n$ dans $[S_n, T_n[$ par l'unicité (7.2),2), donc a) est démontré. Supposons b) démontré ; la réunion des $[S_n, T_n[$ est une réunion dénombrable stationnaire d'ensembles semi-martingales, donc d) sera démontré ; e) en résultera aussitôt (en modifiant un peu K et U') car, si $S_n < \zeta$, $T_n = \zeta$, $X_t \in \overline{U'}$ pour $t \geq S_n$, et si $T_{n-1} < \zeta$, $S_n = \zeta$, $X_t \in \complement K$ pour $t \geq T_{n-1}$. Quant à c), il résulte de la partie 2) de (7.4), déjà démontrée. C'est donc b) qu'il faut démontrer. Il va falloir majorer les oscillations de X dans les $[S_n,T_n[$. Alors $X-\overline{J}(Y_n) = X - \sum_{k=1}^{m} \overline{H}_k(Y_n,\cdot,\cdot)\bullet Z^k$ est un processus constant dans $[S_n,T_n[$. Il en est de même de $X - \sum_{k=1}^{m} \overline{H}_k(Y_n,\cdot,\cdot)\bullet((Z^k)^{T_n} - (Z^k)^{S_n})$, mais ce dernier vaut X_{S_n} au temps S_n, donc $X - X_{S_n} = \sum_{k=1}^{m} \overline{H}_k(Y_n,\cdot,\cdot)\bullet((Z^k)^{T_n} - (Z^k)^{S_n})$ dans $[S_n,T_n[$. $\overline{H}_k$ est globalement majorée au sens de (6.9), c-à-d. bornée, non par une constante, mais par une variable aléatoire réelle ≥ 0. Si nous appelons alors $\tau_\ell = \operatorname{Inf}\{t \geq S_n\ ;\ |\overline{H}_k(Y_n,\cdot,\cdot)| > \ell$ pour un $k = 1,2,\ldots,m\}$, $(\tau_\ell)_{\ell\in\mathbb{N}}$ est alors une suite croissante de temps d'arrêt, tendant stationnairement vers $+\infty$. Alors, dans $[0,\tau_\ell[$, $\overline{H}_k(Y_n,\cdot,\cdot) = \overline{H}_k(Y_n,\cdot,\cdot)1_{[0,\tau_\ell[}$, donc

$$X - X_{S_n} = \sum_{k=1}^{m} \overline{H}_k(Y_n,\cdot,\cdot)\, 1_{[0,\tau_\ell[}\bullet((Z^k)^{T_n} - (Z^k)^{S_n})$$

dans $[S_n,T_n[\,\cap\,[0,\tau_\ell[$, donc aussi dans $[S_n,T_n[\,\cap\,[0,\tau_\ell]$. On peut alors appliquer (7.5bis) et on trouve

$$\text{(7.5ter)}\qquad \mathbb{E} \sup_{\substack{S_n \leq t < T_n \\ t \leq \tau_\ell}} |X_t - X_{S_n}|^2$$

$$\leq m\ell^2 D^2 \sum_{k=1}^{m} \mathbb{E}\Big(\Big(\int_{[S_n,T_n[} |dV_t^k|\Big)^2 + \langle M^k,M^k\rangle_{T_n} - \langle M^k,M^k\rangle_{S_n}\Big)$$

si $Z^k = V^k + M^k$.

Au second membre, pour ℓ fixé nous avons les intégrales (E ...) d'une suite de fonctions (lorsque $n\to+\infty$), qui convergent ponctuellement vers 0 et restent majorées par une fonction intégrable, puisque $Z^k \in H^2$; donc ce second membre tend vers 0 pour $n\to+\infty$. Donc aussi le premier. On peut donc extraire une suite partielle pour laquelle $\sup_{\substack{S_n \leq t < T_n \\ t \leq \tau_\ell}} |\ \ |$ tend vers 0 λ-ps. ; on peut utiliser le procédé diagonal pour les $\ell \in \mathbb{N}$, donc trouver une suite partielle pour laquelle

$\sup_{S_n \le t < T_n} |X_t - X_{S_n}|$ tend vers 0. Or, si $T_n < \zeta$, $\sup_{S_n \le t < T_n} |X_t - X_{S_n}| \ge |X_{T_n} - X_{S_n}|$, borné inférieurement puisque $X_{S_n} \in K$ et $X_{T_n} \in \complement U'$; donc ps. $T_n = \zeta$ pour n assez grand, ce qui démontre b), donc le lemme.

Fin de la démonstration de (7.4) : Soit $(K_i)_{i \in \mathbb{N}}$ une suite de compacts épuisant U. Si $\omega \in \Omega''$, $X(\omega)$ n'est pas relativement compacte ; donc, pour tout i, $X_t(\omega)$ est dans $\complement K_i$ pour t assez grand, donc s'éloigne à l'infini quand $t < \zeta(\omega)$ tend vers $\zeta(\omega)$.

Remarques : 1) Le lemme mérite bien son nom de lemme, il sert à montrer la proposition, mais une fois celle-ci montrée, il n'en est qu'un sous-produit. En effet, les deux parties non triviales du lemme sont d) (entraînant b)), et e). Or $\bigcup_n [S_n, T_n[$ est dans le séjour de X dans U' ; si l'on connaît la proposition, on sait par 1) que, sur le séjour dans le compact $\overline{U'}$, X est restriction d'une semi-martingale ; et, si une trajectoire n'est ni dans U' pour t assez grand, ni dans $\complement K$ pour t assez grand, elle oscille une infinité de fois entre K et $\complement U'$, ce qui est impossible puisque la proposition exprime que la trajectoire ne peut qu'avoir une limite ou tendre vers l'infini quand t tend vers ζ.

2) Nous avons vu que, sur $(\overline{\mathbb{R}}_+ \times \Omega'(K) \cap [S, +\infty]$, X est restriction d'une semi-martingale ; on peut voir que ce n'est pas nécessairement vrai sur $\overline{\mathbb{R}}_+ \times \tilde{\Omega}'(K)$, où $\tilde{\Omega}'$ est l'ensemble des ω dont la trajectoire $X(\omega)$ est dans K à partir d'un t assez grand. De même, sur $(\overline{\mathbb{R}}_+ \times \Omega') \cap [S, +\infty]$, X n'est pas nécessairement restriction de semi-martingale (•).

3) Il est donc impossible que la trajectoire $X(\omega)$ soit relativement compacte sans que $\zeta = +\infty$ et que $X_t(\omega)$ ait une limite pour $t \to +\infty$; et il est impossible que la trajectoire soit récurrente : si elle n'est pas relativement compacte, elle s'éloigne indéfiniment.

(Remarquons qu'au contraire le mouvement brownien sur une variété, en dimension ≤ 2, peut être récurrent ; mais l'équation différentielle stochastique est sur

(•) Un contre-exemple m'a été donné par Lenglart.

$\mathbb{R}_+ \times \Omega$, et non sur $\overline{\mathbb{R}}_+ \times \Omega$. Si $\tau < +\infty$, et qu'on raisonne seulement sur $[0,\tau]$, on retrouve les mêmes résultats qu'ici.)

Corollaire (7.5quarto) (Lenglart) : Supposons que dim $E = N = 1$, et que toutes les Z^k soient des martingales (locales continues) M^k. Alors il n'y a pas de temps de mort, $\zeta = +\infty$, et X est, dans $[S,\zeta| = [S,+\infty]$, restriction de semi-martingale.

Démonstration : L'égalité

$$S - a\, 1_{t \geq S} = \sum_{k=1}^{m} H_k(X,.,.) \cdot (Z^k - (Z^k)^S)$$

montre que $X - a\, 1_{t\geq S}$ est une martingale locale continue sur $[0,\zeta|$. Or, sur $\mathbb{R}$, une martingale locale continue sur $[0,\zeta|$ ou bien a une limite en ζ ou bien est récurrente, elle ne peut pas tendre vers ∞ ; donc, avec les notations de (7.4), $\Omega' = \Omega$.

Remarque : Ainsi, en dimension 1, une équation différentielle stochastique avec des Z^k martingales est plus régulière que l'équation déterministe $dX = X^2 dt$! Le résultat ne subsiste pas en dimension ≥ 2 (D. Stroock m'a communiqué un contre-exemple).

Proposition (7.6) : Si les coefficients de EDS sont (localement lipschitziens mais) globalement bornés, $|H_k| \leq M$, variable aléatoire finie ≥ 0, $\zeta = +\infty$, et X est, dans $[S,\zeta| = [S,+\infty]$, restriction de semi-martingale.

Démonstration : On se ramènera, comme dans la démonstration du lemme (7.5), à des $Z^k \in H^2$; appelons $(\zeta_n)_{n\in\mathbb{N}}$ une suite de temps d'arrêt $\geq S$ tendant vers ζ, telle que X soit, dans $[S,\zeta_n]$, une semi-martingale. En posant, comme dans la démonstration du lemme (7.5), $\tau_\ell = \operatorname{Inf}\{t \geq S \,;\, |H_k(X,.,.)| > \ell$ pour un $k\}$, on appliquera (7.5bis) :

$$X = X_S + \sum_{k=1}^{m} H_k(X,.,.)\, 1_{[0,\tau_\ell[} \cdot ((Z^k)^{\zeta_n} - (Z^k)^S) \quad ,$$

dans $[S,\zeta_n] \cap [0,\tau_\ell]$, d'où

$$\mathbb{E} \sup_{S \le t \le \zeta_n \wedge \tau_\ell} |X_t - X_S|^2 \le$$

$$m^2 \ell^2 D^2 \, \mathbb{E}((\int_{[S_n,\zeta_n \wedge \tau_\ell]} |dV_t^k|)^2 + \langle M^k,M^k\rangle_{\zeta_n \wedge \tau_\ell} - \langle M^k,M^k\rangle_S) \quad .$$

Pour ℓ fixé, le second membre est borné indépendamment de n, donc aussi le premier ; donc, par Fatou :

$$\mathbb{E} \sup_{S \le t < \zeta \wedge \tau_\ell} |X_t - X_S|^2 < +\infty \quad .$$

Donc λ-ps., X_t reste borné pour $t < \zeta \wedge \tau_\ell$, donc aussi pour $t < \zeta$, donc $\Omega' = \Omega$ suivant les notations de (7.4).

§ 8. EQUATIONS DIFFERENTIELLES STOCHASTIQUES SUR DES VARIETES DIFFERENTIELLES, DEFINITIONS, PROPRIETES ELEMENTAIRES ET RESOLUTION

Résumé du § 8. On passe aux équations différentielles stochastiques sur des variétés V. (8.4) donne la définition (intrinsèque, sans cartes) ; (8.6) donne un théroème d'existence local, le cas global sera vu plus loin.

Soit U' un ouvert d'un espace vectoriel E ; il n'y a aucune difficulté à parler d'une équation différentielle stochastique sur U', au lieu de E. Les Z^k seront toujours des semi-martingales réelles ; H_k sera une fonction sur $U' \times \overline{\mathbb{R}}_+ \times \Omega$, à valeurs dans E, optionnelle, localement bornée et lipschitzienne ; et on cherchera une solution X, semi-martingale dans A à valeurs dans U'.

Rappelons ((6.5quinto) de S[2]) que : "X semi-martingale à valeurs dans U' " implique qu'il existe une suite $(A_n)_{n\in\mathbb{N}}$ d'ouverts recouvrant A, telle que, dans chaque $A\cap A_n$, X soit restriction d'une semi-martingale à valeurs dans U'. Nous aurons à passer de là à une variété dfférentielle V. Il est bien connu que le changement de cartes fait alors intervenir les crochets $[Z^i,Z^j]=\langle Z^{i,c},Z^{j,c}\rangle$, $i,j=1,2,\dots,m$; si, dans une carte, ils ne figurent pas, c'est un accident, ils figurent dans les autres cartes du même ouvert de V. Autant vaut donc supposer dès le début qu'ils figurent. Nous appellerons donc désormais EDS l'équation, sur un ouvert U' de E :

(EDS)(8.1) $$dX=\sum_{k=1}^{m} H_k(X,.,.)\,dZ^k+\frac{1}{2}\sum_{i,j=1}^{m} H_{i,j}(X,.,.)\,d[Z^i,Z^j]\quad ,$$

où les H_k, $H_{i,j}$ ont les propriétés indiquées aux § 1, 2, $H_{i,j}=H_{j,i}$. Alors en introduisant $\underline{dX}$ suivant (2.2)

EDS(8.2) $$\underline{dX}=\begin{pmatrix} dX \\ \\ \frac{1}{2}\,d[X,X]\end{pmatrix}=\sum_{k=1}^{m}\begin{pmatrix} H_k(X,.,.) \\ \\ 0\end{pmatrix}dZ^k$$

$$+\frac{1}{2}\sum_{i,j=1}^{m}\begin{pmatrix} H_{i,j}(X,.,.) \\ \\ H_i(X,.,.)\odot H_j(X,.,.)\end{pmatrix}d[Z^i,Z^j]\quad .$$

Continuons à appeler H_k ou $\overset{1}{H}_k$ le vecteur H_k, 1- donc 2-tangent, $\overset{1}{H}_k(x,t,\omega)\in E=T^1(E,x)\subset T^2(E,x)=E\oplus(E\odot E)$, $\overset{1}{H}_k=\begin{pmatrix}H_k\\ 0\end{pmatrix}$, mais appelons $\overset{2}{H}_{i,j}$ le vecteur 2-tangent $\begin{pmatrix}H_{i,j}\\ H_i\odot H_j\end{pmatrix}$, $\overset{2}{H}_{i,j}(x,t,\omega)\in T^2(E,x)=E\oplus(E\odot E)$. Alors (8.2) s'écrit :

EDS(8.3) $$\underline{dX}=\sum_{k=1}^{m}\overset{1}{H}_k(X,.,.)\,dZ^k+\frac{1}{2}\sum_{i,j=1}^{m}\overset{2}{H}_{i,j}(X,.,.)\,d[Z^i,Z^j]\quad .$$

Et alors, il est équivalent de dire que X est solution dans A, ou de dire que le 2nd membre est, dans A, représentation tangentielle de $\underline{X}$, suivant (3.11ter) et (3.13). Nous n'aurons donc aucune difficulté à passer d'un ouvert U' de E à une variété V. On remarquera que V doit être plus que de classe C^2 : elle doit être de classe $C^{2,1}$ ou C^2-lipschitzienne ; les changements de cartes doivent avoir des dérivées d'ordre ≤ 2 lipschitziennes, pour que les $\overset{2}{H}_{i,j}$ puissent être lipschitziennes. D'autre part l'image $\overset{1,1}{H}_{i,j}$ de $\overset{2}{H}_{i,j}$ dans le quotient $E \odot E = T^1 \odot T^1 = T^2/T^1$ n'est pas arbitraire, c'est $H_i \odot H_j$; ce qui fait que, dans E, donc dans une carte de V, la 2ème équation (8.2), celle qui donne $\frac{1}{2}\, d[X,X]$, est automatiquement conséquence de la première.

Définitions (8.4) : Soit V une variété différentielle $C^{2,1}$, ou C^2-lipschitzienne, dont les changements de cartes sont $C^{2,1}$ (dérivées d'ordre ≤ 2 lipschitziennes). On appelle équation différentielle stochastique EDS (nous avons distingué EDS et $\underline{\text{EDS}}$ sur V = E. Pour V quelconque, nous emploierons indifféremment EDS ou $\underline{\text{EDS}}$.) la donnée de :

1) m semi-martingales (continues) réelles, $(Z^k)_{k=1,2,\ldots,m}$;

2) m fonctions $(H_k)_{k=1,2,\ldots,m}$, $H_k = \overset{1}{H}_k$, sur $V \times \overline{\mathbb{R}}_+ \times \Omega$, 1-tangentes à V, c-à-d. à valeurs dans $T^1(V)$, $H_k(v,t,\omega) \in T^1(V,v)$; on les suppose optionnelles en (t,ω) (pour tout v, $H_k(v,.,.)$ est optionnelle sur $\overline{\mathbb{R}}_+ \times \Omega$ à valeurs dans $T^1(V,v)$), localement bornées et localement lipschitziennes en v (si $(V'_n)_{n\in\mathbb{N}}$ est un atlas de V, $(V''_n)_{n\in\mathbb{N}}$ un atlas subordonné, il existe des variables aléatoires réelles ≥ 0, K_n et M_n, telles que, pour v, v', v'' $\in V''_n$:

$$(8.5) \qquad |H_k(v,t,\omega)| \leq M(\omega)\, , \; |H_k(x',t,\omega) - H_k(v'',t,\omega)) \leq K(\omega)\; |v' - v''| \; .$$

Ces inégalités n'ont de sens que sur des cartes, comme indiqué, mais si elles sont vraies pour un atlas et un atlas subordonné, elles sont vraies pour tout autres atlas et atlas subordonné. Comme V est $C^{2,1}$, $T^1(V)$ est $C^{1,1}$ a fortiori $C^{0,1}$, la seule chose qui soit nécessaire pour H_k. Il n'est pas inutile d'expliciter cela au moins une fois. Si on a (8.5) sur une carte dans un ouvert de E, et si on considère une autre carte dans un ouvert de F, pour la même région, on passe de l'une à l'autre par un difféomorphisme Θ de classe $C^{1,1}$ donc $C^{0,1}$; au lieu de H_k on trouve L_k, avec des formules :

$$L_k(\Theta(x),t,\omega) = \Theta'(x)\, H_k(x,t,\omega) \quad ; \quad \text{oublions } (t,\omega) \quad ;$$

$$|L_k(\Theta(x))| \leq \operatorname*{Sup}_x \|\Theta'(x)\|_{\mathcal{L}(E;F)} |H_k(x)|_E \leq \text{const. } M$$

$$|L_k(\Theta(x')) - L_k(\Theta(x''))| = |\Theta'(x')\, H_k(x') - \Theta'(x'')\, H_k(x'')|$$

$$\leq \|\Theta'(x') - \Theta'(x'')\|_{\mathcal{L}(E;F)} |H_k(x')| + \|\Theta'(x)\|_{\mathcal{L}(E;F)} |H_k(x') - H_k(x'')|_E$$

$$\leq \text{const. } |x' - x''|_E\, M + \text{const. } K\, |x' - x''|_E$$

$$\leq \text{const. } (K + M)\, |\Theta(x') - \Theta(x'')|_F \quad ,$$

parce que Θ' et Θ'^{-1} sont bornées et lipschitziennes sur tout compact, et que $|x' - x''|_E \leq \text{const. } |\Theta(x') - \Theta(x'')|_F$;

3) $\frac{m(m+1)}{2}$ fonctions $(H_{i,j})_{i,j=1,2,\ldots,m}$, $H_{i,j} = \overset{2}{H}_{i,j}$, $H_{j,i} = H_{i,j}$, sur $V \times \overline{\mathbb{R}}_+ \times \Omega$, 2-tangentes à V, c-à-d. à valeurs dans $T^2(V)$, $H_{i,j}(v,t,\omega) \in T^2(V,v)$, optionnelles, localement bornées et lipschitziennes dans le même sens, (8.5) ; V étant $C^{2,1}$, $T^2(V)$ est $C^{0,1}$, et c'est ce qui est nécessaire.

On suppose que l'image de $\overset{2}{H}_{i,j}(v,t,\omega)$ dans le quotient $T^2(V,v)/T^1(V,v) = T^1(V,v) \odot T^1(V,v)$ est $\overset{1}{H}_i(v,t,\omega) \odot \overset{1}{H}_j(v,t,\omega)$. L'équation <u>EDS</u> s'écrit alors sous la forme (8.3) (ou sous la forme intégrale, avec ~ au lieu d'=). On dit qu'un processus sur $A \subset \overline{\mathbb{R}}_+ \times \Omega$ (défini au § 6), à valeurs dans V, est solution de <u>EDS</u>, ce qu'on exprime par (8.3), si X est une semi-martingale sur A à valeurs dans V,, et s'il admet (8.3) comme représentation tangentielle. Rappelons que cela peut s'exprimer sous l'une des formes suivantes :

A) Dans une carte d'un ouvert V' de V sur un ouvert U' d'un espace vectoriel E, on a (8.3) dans $A \cap X^{-1}(V')$, ouvert relatif de A, ou (8.1) qui entraîne automatiquement (8.3) ($H_{i,j}$ étant la 1ère composante $\overset{2}{H}_{i,j}$, sur $E \subset E \oplus (E \odot E)$) ;

B) Pour tout plongement de V' dans un espace vectoriel E, on a (8.3), ou

(8.1) qui entraîne automatiquement (8.3), $\overset{1}{H}_{i,j}$ étant encore la 1ère composante de $\overset{2}{H}_{i,j}$, sur $E \subset E \oplus (E \odot E)$. Dans A comme dans B, (8.1) entraîne automatiquement (8.3) parce que la projection de $\overset{1,1}{H}_{i,j}$ de $\overset{2}{H}_i$ sur $T^2/T^1 = T^1 \odot T^1$ est $H^i \odot H^j$. On ne devra pas confondre $\overset{2}{H}_{i,j}$, vecteur 2-tangent, $\overset{1,1}{H}_{i,j}$ sa projection dans $T^1 \odot T^1$, et $\overset{1}{H}_{i,j}$ sa composante sur $E \subset E \oplus (E \odot E)$, qui n'existe que pour un espace vectoriel E (où alors $\overset{2}{H}_{i,j} = \begin{pmatrix} \overset{1}{H}_{i,j} \\ \overset{1}{H}_i \odot \overset{1}{H}_j \end{pmatrix}$).

C) Pour toute fonction φ réelle C^2 sur V, on a, sur A :

$$(8.6) \qquad \varphi(X) \sim \sum_{k=1}^{m} (D\varphi(X) \mid H_k(X,.,.))_{T^{*1},T^1} \cdot Z^k + \frac{1}{2} \sum_{i,j=1}^{m} (D^2\varphi(X) \mid H_{i,j}(X,.,.))_{T^{*2},T^2} \cdot [Z^i,Z^j] .$$

D) Pour tout processus J 2-cotangent à V le long de X, optionnel sur A, on a :

$$(8.7) \qquad J \cdot \underline{X} \sim \sum_{k=1}^{m} (J \mid H_k(X,.,.))_{T^{*2},T^2} \cdot Z^k + \frac{1}{2} \sum_{i,j=1}^{m} (J \mid H_{i,j}(X,.,.)) \cdot [Z^i,Z^j] .$$

Nous n'étudierons pas dans ce paragraphe l'extension des résultats du § 7, sauf un :

<u>Proposition (8.6)</u> (généralisant (7.2),1) : <u>Pour</u> S <u>temps d'arrêt</u>, a <u>fonction</u> $\mathcal{T}_S$<u>-mesurable sur</u> Ω <u>à valeurs dans</u> V, <u>il existe un temps d'arrêt</u> $T \geq S$, $>$ S <u>là où</u> $S < +\infty$, <u>et un processus sur</u> [S,T], <u>restriction de semi-martingale</u>, <u>solution de EDS dans</u> [S,T], <u>égal à</u> a <u>au temps</u> S.

<u>Démonstration</u> : Soit $(V'_n)_{n \in \mathbb{N}}$ un atlas de V, $(V''_n)_{n \in \mathbb{N}}$ un atlas subordonné, V''_n relativement compacts. La n-ième carte ramène V''_n, V'_n à U''_n, U'_n ouverts d'un

espace vectoriel E, U''_n relativement compact. Dans E, l'équation devient EDS, de type étudié aux paragraphes 6 et 7 (avec simplement à la fois des H^1_k, $H^1_{i,j}$, à valeurs dans E). On détermine alors des $\overline{H}_{k,n}$, $\overline{H}_{i,j,n}$ comme dans la démonstration de (7.2),1), des Ω''_n, une équation $\overline{(EDS)}_n$. On en déduit une solution $\overline{X}_n$, et son temps de sortie T''_n de U''_n. On construit ensuite T à partir des T''_n comme dans la démonstrattion de (7.2),1).

§ 9. EQUATIONS DIFFERENTIELLES DE STRATONOVITCH SUR UNE VARIETE

Résumé du § 9. Il s'agit des équations différentielles sous la forme de Stratonovitch. Il y a deux définitions qui ne donnent pas les mêmes résultats, (9.15 et 16), et (9.17bis). Le passage d'Itô à Stratonovitch et vice-versa est (9.18). (9.23) dit que toute semi-martingale est solution globale d'une équation différentielle stochastique. Plus généralement, (9.24) linéarise l'espace des équations différentielles stochastiques. On en déduira un théorème de prolongement d'équations différentielles stochastiques (9.28).

Donnons-nous toujours des semi-martingales continues réelles $(Z^k)_{k=1,2,\ldots,m}$, et des H_k de classe $C^{1,1}$, ne dépendant pas de (t,ω) : H_k est une application $C^{1,1}$ de V dans $T^1(V)$, $H_k(v) \in T^1(V,v)$. Soient alors X une semi-martingale sur A à valeurs dans V, $H_k(X)$ est un processus de Stratonovitch sur A à valeurs dans $T^1(V)$, 1-tangent à V le long de X sur A. (Il suffit pour cela que H_k soit de classe C^1.) Alors on dira que X, semi-martingale continue optionnelle sur A à valeurs dans V, est solution de l'équation différentielle stochastique de Stratonovitch

$$(9.1) \qquad dX \underset{(S)}{=} \sum_{k=1}^{m} H_k(X)\, dZ^k \quad \text{ou} \quad X \sim \sum_{k=1}^{m} H_k(X) \underset{(S)}{\cdot} Z^k ,$$

si le second membre est une représentation tangentielle de Stratonovitch de X, au sens de (4.18), sur A.

(9.2) Passage d'une équation différentielle de Stratonovitch à une équation différentielle ordinaire.

Détaillons le dernier membre de (9.1) :

$$(9.3)\qquad X \sim \sum_{k=1}^{m} H_k(X) \cdot Z^k + \frac{1}{2} \sum_{j=1}^{m} [H_j(X)^c, Z^{j,c}] \ .$$

Raisonnons toujours sur une carte V' de V (ce qui revient, si tout était défini sur $A \subset \overline{\mathbb{R}}_+ \times \Omega$, à se placer sur $A \cap X^{-1}(V')$), considérée comme l'identité, ce qui revient à prendre $V = E$ espace vectoriel. Par Itô : $H_j(X)^c \sim H'_j(X) \cdot X^c$, si H' est la dérivée de H_j ; sa valeur en un point de E est un élément de $\mathcal{L}(E,E)$; appliquée à X^c à valeurs dans E, elle donne un processus à valeurs dans E. Alors $[H_j(X)^c, Z^{j,c}] = [H'_j(X) \cdot X^c, Z^{j,c}]$, et $X^c = \sum_{i=1}^{m} H_i(X) \cdot Z^{i,c}$, d'où

$$(9.4)\qquad X \sim \sum_{k=1}^{m} H_k(X) \cdot Z^k + \frac{1}{2} \sum_{i,j=1}^{N} H'_j(X)(H_i(X)) \cdot [Z^i, Z^j] \ ,$$

où $H_j(X(t,\omega))\,(H_i(X(t,\omega)))$ est la valeur dans $H'_j(X(t,\omega)) \in \mathcal{L}(E;E)$ sur $H_i(X(t,\omega)) \in E$, c'est un élément de E . Ou encore :

$$(9.5)\qquad dX = \sum_{k=1}^{m} H_k(X)\, dZ^k + \frac{1}{2} \sum_{i,j=1}^{N} H'_j(X)\, d[Z^i, Z^j] \ , \quad \text{et}$$

$$(9.6)\qquad \underline{dX} = \begin{pmatrix} dX \\ \frac{1}{2}\, d[X,X] \end{pmatrix} = \sum_{k=1}^{m} H_k(X)\, dZ^k + \frac{1}{2} \sum_{i,j=1}^{N} \overset{2}{H}_{i,j}(X)\, d[Z^i, Z^j] \ , \quad \text{avec}$$

$$(9.7)\qquad \overset{2}{H}_{i,j}(X) = \begin{pmatrix} H'_j(X)(H_i(X)) \\ H_i(X) \odot H_j(X) \end{pmatrix} \text{ à valeurs dans } E \oplus (E \odot E) \ .$$

Ce n'est pas symétrique, on symétrisera :

(9.7bis) $$\overset{2}{H}_{i,j}(X) = \begin{pmatrix} \frac{1}{2}\,(H'_j(X)(H_i(X)) + H'_i(X)(H_j(X)) \\ H_i(X) \odot H_j(X) \end{pmatrix} .$$

Il existe une autre interprétation, sans cartes.

En effet, H_i, H_j sont des champs de vecteurs 1-tangents, donc des opérateurs différentiels d'ordre 1. Leur produit (ou composé) H_iH_j est un opérateur différentiel d'ordre 2 ; d'après (1.7bis), on a :

(9.7ter) $$(H_i\ H_j)_v = H'_j(v)(H_i(v)) + H_i(v) \odot H_j(v)$$

(où $(\partial_{H_i(v)}H_j)(v) + H_i(v) \odot H_j(v)) \in E \oplus (E \odot E)$,
de sorte que (9.7bis) est aussi

(9.8) $$\overset{2}{H}_{i,j}(X) = \frac{1}{2}\,(H_i\ H_j + H_j\ H_i)(X) .$$

On a donc deux interprétations complètement différentes d'une équation différentielle de Stratonovitch, (9.7) et (9.8), lorsque le coefficient de Z^k est de la forme $H_k(X)$, où H_k est un champ $C^{1,1}$, de vecteurs 1-tangents à V. Une carte nous a montré l'identité de deux interprétations différentes, mais chacune s'exprime sans cartes : (9.7) est (9.1) avec une intégrale stochastique de Stratonovitch, et (9.8) donne :

(9.9) $$dX = \sum_{k=1}^{m} H_k(X)\ dZ^k + \frac{1}{2} \sum_{i,j=0}^{m} \frac{1}{2}\,(H_i\ H_j + H_j\ H_i)(X)\ d[Z^i,Z^j] ,$$

où H_iH_j est le produit de deux opérateurs différentiels d'ordre 1, qui est donc un opérateur différentiel d'ordre 2 ; la composante de $\frac{1}{2}\,(H_i\ H_j + H_j\ H_i)$ dans $T^2/T^1 = T^1 \odot T^1$ est $H_i \odot H_j$.

Nous avons expressément supposé que H_k était une application de V dans $T^1(V)$ (c-à-d. que $H_k(v) \in T^1(V,v)$), donc ne dépendait pas de t, ω. Ce n'est pas indispensable. Dans la conception de l'intégrale de Stratonovitch, H_k peut dépendre de v, t, ω, mais de telle manière que, si X est une semi-martingale,

$H_k(X,.,.)$ soit un processus de Stratonovitch ; une telle dépendance n'est pas immédiate à préciser. Cela se produira par exemple si F_k est une application $C^{1,1}$ de $V \times \mathbb{R}^{\ell}$ à valeurs dans $T^1(V)$, $F_k(v,y_i,y_2,\ldots,y_{\ell}) \in T^1(V,v)$, si $Y_1,Y_2,\ldots,Y_{\ell}$, sont des semi-martingales réelles continues, et si $H_k(x,t,\omega) = F_k(x,Y_1(t,\omega),\ Y_2(t,\omega),\ldots,Y_{\ell}(t,\omega))$; mais bien d'autres possibilités existent. Dans la deuxième interprétation, on peut fixer aisément des conditions générales d'application : si H_k est une application de $V \times \overline{\mathbb{R}}_+ \times \Omega$ dans $T^1(V)$, $H_k(v,t,\omega) \in T^1(V,v)$, $H_k(v,.,.)$ optionnelle, et que H_k soit dérivable en v pour (t,ω) fixés, avec dérivées premières en v localement bornées et lipschitziennes comme dans (8.5) (qui a un sens sur chaque carte) ; alors $(H_i(.,t,\omega)$ et $H_j(.,t,\omega)$ sont des opérateurs différentiels d'ordre 1 sur V, donc $H_i(.,t,\omega)H_j(.,t,\omega)$ un opérateur différentiel d'ordre 2 sur V , donc $H^2_{i,j}$ devient une application de $V \times \overline{\mathbb{R}}_+ \times \Omega$ dans $T^2(V)$, $(H_i\ H_j)(v,t,\omega) \in T^2(V,v)$ optionnelle localement bornée et lipschitzienne, de composante $H_i \odot H_j$ dans $T^2(V)/T^1(V) = T^1(V) \odot T^1(V)$, et alors la première égalité (9.1) veut dire (9.9).

Les deux interprétations possibles d'une équation de Stratonovitch coïncident si H_k est un champ sur V, indépendant de (t,ω) ; autrement, elles ne coïncident pas en général. Prenons par exemple le cas $V = E = \mathbb{R}$, $N = 1$, $m = 1$, $Z = B$ mouvement brownien, donc l'équation différentielle de Stratonovitch

$$(9.10) \qquad dX \underset{(S)}{=} B\ dB \ ;$$

ici H est, au contraire de ce qui précède, indépendant de x, et ne dépend que de (t,ω) (cela n'a de sens de parler d'un champ constant que si V est un espace vectoriel). Prenons l'interprétation (9.1)-(9.7) :

$$(9.11) \qquad X \sim B \underset{(S)}{\bullet} B = B \bullet B + \frac{1}{2} \langle B,B \rangle = B \bullet B + \frac{1}{2}\,(t) \ ,$$

où (t) est le processus $(t,\omega) \mapsto t$. La solution nulle au temps 0 est $X = \frac{1}{2}\,B^2$. Prenons l'interprétation (9.8)-(9.9) ; $B(t,\omega)$ est l'opérateur différentiel, à coefficients constants pour (t,ω) fixés : $B(t,\omega)\partial$; son carré est $B^2(t,\omega)\partial^2 = B(t,\omega)\partial \odot B(t,\omega)\partial$, d'où

$$(9.12) \qquad \underline{X} \sim \begin{pmatrix} B \\ 0 \end{pmatrix} \bullet B + \frac{1}{2} \begin{pmatrix} 0 \\ B \odot B \end{pmatrix} \bullet (t) \quad ,$$

d'où, en prenant seulement la composante sur $\mathbb{R} \subset \mathbb{R} \oplus (\mathbb{R} \odot \mathbb{R})$:

$$(9.13) \qquad X \sim B \bullet B \quad ,$$

dont la solution nulle au temps 0 est $\frac{1}{2}(B^2 - (t))$.

Les deux interprétations s'appliquent à des situations différentes : l'intégrale de Stratonovitch est juste une intégrale, elle s'applique à des représentations tangentielles (4.18) et ne s'applique pas tellement bien à des équations différentielles stochastiques ; au contraire le produit de champs $H_i H_j$ ne s'applique pas à des représentations tangentielles (à moins que les H_k ne soient de la forme $H_k(X)$, H_k champ de vecteurs 1-tangents à V de classe C^1), mais très bien à des équations différentielles stochastiques. Nous ne garderons en général que la deuxième, mais pour la distinguer des notations différentielles antérieures, nous l'écrirons avec δ au lieu de d :

Définition (9.14) : Soit $(H_k)_{k=1,2,\dots,m}$ un système de fonctions de $V \times \overline{\mathbb{R}}_+ \times \Omega$ dans $T^1(V)$, $H_k(v,t,\omega) \in T^1(V,v)$, $H_k(v,.,.)$ optionnel à valeurs dans $T^1(V,v)$, H_k de classe C^1 en v pour (t,ω) fixés, H_k et ses dérivées d'ordre 1 localement bornées et lipschitziennes. On appelle équation différentielle stochastique de Stratonovitch

$$(9.15) = (9.1) \qquad \delta X \underset{(S)}{=} \sum_{k=1}^{m} H_k(X,.,.)\, \delta Z^k$$

l'équation différentielle

$$(9.17) = (9.3) \qquad dX = \sum_{k=1}^{m} H_k(X,.,.)\, dZ^k + \frac{1}{4} \sum_{i,j=1}^{m} (H_i H_j + H_j H_i)(X,.,.)\, d[Z^i,Z^j] \quad .$$

Si H_k est indépendant de (t,ω), c'est équivalent à la représentation tangentielle de Stratonovitch :

(9.17) = (9.3)
$$X \sim \sum_{k=1}^{m} H_k(X) \underset{(S)}{\bullet} Z^k .$$

Quand, pour H_k quelconque, nous voudrons écrire que

$$X \sim \sum_{k=1}^{m} H_k(X) \underset{(S)}{\bullet} Z^k ,$$

nous l'écrirons aussi comme avant, avec d :

(9.17bis)
$$dX \underset{(S)}{=} \sum_{k=1}^{m} H_k(X)\, dZ^k .$$

Le même symbole $\underset{(S)}{=}$ sera utilisé, mais δX et δZ^k pour la signification (9.15)-(9.16), et dX, dZ^k pour la signification $X \sim \sum_{k=1}^{m} H_k(X,.,.) \underset{(S)}{\bullet} Z^k$. Elles coïncident si H_k est indépendant de (t,ω).

<u>Remarque (9.17ter)</u> : Considérons une équation $\delta X \underset{(S)}{=} \sum_{k=1}^{m} H_k(X,.,\,.)\alpha_k\, \delta Z^k$, où les α_k sont réelles optionnelles sur $\overline{\mathbb{R}}_+ \times \Omega$ (donc indépendantes de $v \in V$) à trajectoires bornées. On peut la considérer comme $\sum_{k=1}^{m} (H_k(X,.,.)\alpha_k)\delta Z^k$ ou comme $\sum_{k=1}^{m} H_k(X,.,.)(\alpha_k\, \delta Z^k)$, où $\alpha_k\, \delta Z^k$ veut dire $\delta(\alpha_k \bullet Z^k)$ (intégrale ordinaire). Dans les deux cas, l'expression correspondante (9.16) est la même, parce que $(H_i\ \alpha_i)(H_j\ \alpha_j) + (H_j\ \alpha_j)(H_i\ \alpha_i) = (H_i\ H_j + H_j\ H_i)\alpha_i\ \alpha_j$. Par carte, pour des équations différentielles de Stratonovitch avec d, on doit supposer H_k indépendante de (t,ω), et comme α_k dépend de t, ω, on doit la supposer de Stratonovitch et pas seulement optionnelle à trajectoires bornées, et on ne se permettra que de considérer l'équation $dX \underset{(S)}{=} \sum_{k=1}^{m} H_k(X)\, (\alpha_k\, dZ^k)$, où $\alpha_k\, dZ^k = d(\alpha_k \underset{(S)}{\bullet} Z^k)$, intégrale de Stratonovitch.

(9.18) <u>Passage d'une équation ordinaire à une équation de Stratonovitch et vice-versa</u>.

Supposons l'équation de Stratonovitch

$$(9.19)\qquad \delta X \underset{(S)}{=} \sum_{k=1}^{m} H_k(X,.,.)\,\delta Z^k + \frac{1}{2}\sum_{i,j=1}^{m} \overset{1}{H}_{i,j}(X,.,.)\,\delta[Z^i,Z^j]\quad ,$$

(où les $\overset{1}{H}_{i,j}$ sont aussi des 1-vecteurs, $\overset{1}{H}_{i,j}$ optionnel, localement borné et lipschitzien sans plus).

Cela équivaut à l'équation différentielle ordinaire :

$$(9.20)\qquad d\underline{X} = \sum_{k=1}^{m} H_k(X,.,.)\,dZ^k + \frac{1}{2}\sum_{i,j=1}^{m} \overset{2}{H}_{i,j}(X,.,.)\,d[Z^i,Z^j]\quad ,$$

où $\overset{2}{H}_{i,j} = \overset{1}{H}_{i,j} + \frac{1}{2}(H_i H_j + H_j H_i)$, $\overset{2}{H}_{i,j} = \overset{2}{H}_{j,i}$.

Inversement, si on part d'une équation différentielle ordinaire, mais où les H_k ont aussi leurs dérivées d'ordre 1 localement bornées et lipschitziennes

$$(9.21)=(8.3)\qquad d\underline{X} = \sum_{k=1}^{m} \overset{1}{H}_k(X,.,.)\,dZ^k + \frac{1}{2}\sum_{i,j=1}^{m} \overset{2}{H}_{i,j}(X,.,.)\,d[Z^i,Z^j]\quad ,$$

où la projection de $\overset{2}{H}_{i,j}$ sur $T^2/T^1 = T^1 \odot T^1$ est $H_i \odot H_j$, elle peut s'écrire sous la forme de Stratonovitch :

$$(9.22)\qquad \delta X \underset{(S)}{=} \sum_{k=1}^{m} \overset{1}{H}_k(X,.,.)\,dZ^k + \frac{1}{2}\sum_{i,j=1}^{m} \overset{1}{K}_{i,j}(X,.,.)\,d[Z^i,Z^j]\quad ,$$

où $\overset{1}{K}_{i,j} = \sum_{i,j=1}^{m} \left(\overset{2}{H}_{i,j}(X,.,.) - \frac{1}{2}(\overset{1}{H}_i \overset{1}{H}_j + \overset{1}{H}_j \overset{1}{H}_i)(X,.,.)\right) d[Z^i,Z^j]$,

où la projection de $\overset{1}{K}_{i,j}$ sur $T^1 \odot T^1$ est nulle, de sorte que $\overset{1}{K}_{i,j}$ est un processus 1-tangent, $K_{i,j}$ fonction sur $V \times \overline{\mathbb{R}}_+ \times \Omega$ à valeurs dans $T^1(V)$, $\overset{1}{K}_{i,j}(v,t,\omega) \in T^1(V,v)$.

<u>Toute équation de Stratonovitch admet une forme ordinaire</u>, <u>et toute équation ordinaire</u>, <u>à coefficients</u> H_k <u>assez réguliers</u>, <u>admet une forme de Stratonovitch</u>.

On pourra même dire qu'une équation ordinaire (9.21) a la forme de Stratonovitch, si $\overset{2}{H}_{i,j} = \frac{1}{2}(H_i H_j + H_j H_i)$, de sorte que sa forme de Stratonovitch (9.22), avec $\overset{1}{K}_{i,j} = 0$, s'obtient en supprimant les $\overset{2}{H}_{i,j}$ et en mettant $\underset{(S)}{=}$.

Proposition (9.23) : Toute semi-martingale X est solution d'équations différentielles stochastiques définies sur A, qu'on peut même choisir de Stratonovitch indépendantes de (t,ω).

Démonstration : Il suffit d'appliquer (4.20), avec $H_k(v,t,\omega) = \eta_k(v)$, $Z^k = x^k(X)$. On peut même choisir les η_k indépendants de la semi-martingale donnée X, et les Z^k se déterminent alors à partir de X.

(9.24) Linéarisation de l'espace des équations différentielles stochastiques.

Une équation différentielle stochastique sur une variété V n'est pas une section d'un fibré vectoriel. Supposons $(Z^k)_{k=1,2,\ldots,m}$ donné une fois pour toutes. Alors H_k est bien une section d'un fibré vectoriel, dont la fibre au-dessus de $v \in V$ est l'ensemble des applications optionnelles de $\overline{\mathbb{R}}_+ \times \Omega$ dans $T^1(V,v)$. Mais, une fois choisis les H_k, $\overset{2}{H}_{i,j}$ n'est plus une section d'un espace fibré vectoriel, mais d'un espace fibré affine, puisqu'on impose à sa projection $\overset{1,1}{H}_{i,j}(v,t,\omega)$ sur le quotient $T^1(V,v) \odot T^1(V,v)$ d'être $H_i(v,t,\omega) \odot H_j(v,t,\omega)$; la différence entre deux sections de ce fibré affine est une section du fibré vectoriel dont le fibré au-dessus de v est le même, espace des applications optionnelles de $\overline{\mathbb{R}}_+ \times \Omega$ à valeurs dans $T^1(V,v)$ (la différence de deux éléments de $T^2(V,v)$, de même projection sur le quotient, est un élément du noyau de cette projection, c-à-d. de $T^1(V,v)$).

Ce qui fait qu'on ne peut pas parler de la somme de deux équations différentielles stochastiques (pour des Z^k donnés), ni du produit d'une équation différentielle stochastique par un nombre réel ; on peut additionner les H_k pour chaque k, mais pas les $\overset{2}{H}_{i,j}$ pour chaque i,j ($H_i \odot H_j$ ne dépend pas linéairement de H_i, H_j !).

Mais les équations différentielles stochastiques de Stratonovitch sont des sections d'un fibré vectoriel, comme les H_k plus haut, et forment donc un espace vectoriel, et même un module sur l'anneau des fonctions réelles $C^{1,1}$ sur V : si $(EDS)_\ell$, $\ell = 1,2$, est une équation différentielle de Stratonovitch, de coefficients $H_{k,\ell}$ (pour les mêmes Z^k données), et si α_ℓ est une fonction réelle $C^{1,1}$ sur V, l'équation différentielle de Stratonovitch $\alpha_1(EDS)_1 + \alpha_2(EDS)_2$ est celle qui a pour coefficients les $\alpha_1 H_{k,1} + \alpha_2 H_{k,2}$.

Mais il existe évidemment bien d'autres procédés, qui même sont valables pour les équations n'ayant pas la régularité supplémentaire $C^{1,1}$. Puisque $T^1(V) \odot T^1(V)$ est un quotient du fibré $T^2(V)$ de classe $C^{0,1}$, il en existe un relèvement θ de classe $C^{0,1}$ (propriétés générales des fibrés quotients de fibrés vectoriels) ; il suffit par exemple de le faire dans des cartes et d'utiliser une partition de l'unité ; ou de mettre sur les fibres $T^2(V;v)$ une structure euclidienne, variant $C^{0,1}$ avec v, alors le quotient $T^1(V) \odot T^1(V)$ devient canoniquement isomorphe au fibré orthogonal (donc supplémentaire) de $T^1(V)$ dans le fibré $T^2(V)$, c-à-d. à un sous-fibré de $T^2(V)$, et cet isomorphisme θ est un relèvement $C^{0,1}$. [Un tel relèvement θ est aussi équivalent à une connexion sans torsion sur le fibré tangent.]

$$(9.25) \qquad \delta X \underset{(\theta)}{=} \sum_{k=1}^{m} \overset{1}{H}_k(X,.,.)\, \delta Z^k + \frac{1}{2} \sum_{i,j=1}^{m} \overset{1}{K}_{i,j}(X,.,.)\, \delta[Z^i,Z^j] \quad ,$$

où $\underset{\theta}{=}$ veut dire

$$(9.26) \qquad d\underline{X} = \sum_{k=1}^{m} \overset{1}{H}_k(X,.,.)\, dZ^k +$$

$$+ \frac{1}{2} \sum_{i,j=1} \left(\theta(H_i(X,.,.) \odot H_j(X,.,.)) + \overset{1}{K}_{i,j}(X,.,.)\right) d[Z^i,Z^j] \quad ;$$

c'est bien l'équation donnée (8.3), pourvu que $\overset{1}{K}_{i,j} = \overset{2}{H}_{i,j} - \theta(\overset{1}{H}_i \odot \overset{1}{H}_j)$; son image dans le quotient $T^2/T^1 = T^1 \odot T^1$ est nulle, donc $\overset{1}{K}_{i,j}$ est bien 1-tangent, $\overset{1}{K}_{i,j}(v,t,\omega) \in T^1(V,v)$. Avec ce symbole $\underset{\theta}{=}$, les H_k et $K_{i,j}$ deviennent des sections du même fibré vectoriel, sans distinction entre les H_k et les $K_{i,j}$. On peut alors, pour des Z^k et θ donnés, considérer l'espace des équations différentielles stochastiques comme un espace vectoriel, et même un module sur l'algèbre des fonctions réelles $C^{0,1}$ sur V.

On peut aussi utiliser (voir P.A. Meyer, [2], § 4, pages 56 et suivantes) le relèvement θ pour de nouveaux calculs d'intégrales stochastiques. En effet, T^2 est décomposé en somme directe de T^1 et de $\theta(T^2/T^1)$, image par θ de T^2/T^1 dans T^2 ; si π est la projection canonique de T^2 sur son quotient T^2/T^1, $\pi\theta = I_{T^2/T^1}$, et $\theta\pi$ est un projecteur de T^2, de noyau T^1, d'image $\theta(T^2/T^1)$; soit $\rho = I - \theta\pi$, projecteur d'image T^1, et appelons $\bar{\rho}$ le même opérateur, considéré comme opérant $T^2 \to T^1$; donc son transposé ${}^t\bar{\rho}$ est un injection $T^{*1} \to T^{*2}$. Si alors $J \in T^{*1}(X)$, ${}^t\bar{\rho}J \in T^{*2}(X)$, et on peut calculer l'intégrale stochastique ${}^t\bar{\rho}\, J \bullet \underline{X}$, qu'on notera $J \underset{(\theta)}{\bullet} \underline{X}$. Cette intégration est une application $\mathcal{O}$pt-linéaire de $T^{*1}(X)$ dans $\mathcal{O}$pt $\mathcal{M}^c$. Suivant Bismut, on dira que X est une θ-martingale à valeurs dans V, si cette intégration anvoie $T^{*1}(X)$ dans $\mathcal{O}$pt $\mathcal{M}^c$.

<u>Corollaire (9.28)</u> : <u>Soit</u> F <u>un ensemble fermé de</u> V, <u>et soit</u> $(EDS)_F$ <u>une équation différentielle stochastique donnée seulement sur</u> F : <u>ses coefficients</u> H_k, $H_{i,j}$ <u>ne sont donnés que sur</u> F. <u>On suppose que tout point</u> $w \in F$ <u>possède un voisinage ouvert</u> V_w <u>dans</u> V, <u>où les</u> H_k <u>et</u> $H_{i,j}$ <u>se prolongent en</u> $H_{k,w}$, $H_{i,j,w}$, <u>encore optionnels</u>, <u>localement bornés et lispchitziens</u>. <u>Alors</u> $(EDS)_F$ <u>se prolonge en une équation différentielle stochastique</u> <u>EDS</u> <u>sur</u> V <u>tout entière</u>.

<u>Démonstration</u> : On utilise une forme = de l'équation, suivant (9.25) ; supposons-le fait. Alors on prolonge $\overset{1}{H}_k$, $\overset{1\,\theta}{K}_{i,j}$, par $\sum_w \alpha_w \overset{1}{H}_{k,w}$, où $((\alpha_w)_{w\in V}, \alpha)$ est une partition de l'unité $C^{0,1}$ relative au recouvrement $((V_w)_{w\in F}, \complement F)$ de V.

§ 10. EQUATIONS DIFFERENTIELLES STOCHASTIQUES SUR UNE VARIETE V ET UNE SOUS-VARIETE W.

Résumé du § 10. On définit à (10.1) ce qu'est une équation différentielle stochastique sur une variété V, tangente à une sous-variété W. On démontre qu'alors toute solution qui débute sur W reste toujours dans W, (10.3) et (10.5). Ceci permet d'étendre aux équations sur une variété ce qui a été dit au sujet des équations sur un espace vectoriel, (10.4).

Définition (10.1) : Soit EDS une équation différentielle sur V. On dit qu'en un point w d'une sous-variété W (de classe $C^{2,1}$) de V, l'équation est tangente à W, si les $\overset{1}{H}_k(w,t,\omega)$ sont dans $T^1(W,w)$, et les $\overset{2}{H}_{i,j}(w,t,\omega)$ sont dans $T^2(W;w)$, pour tout $(t,\omega) \in \overline{\mathbb{R}}_+ \times \Omega$.

On sait (voir (1.8)) que $T^1(W,w)$ est sous-espace vectoriel de $T^1(V;w)$, et $T^2(W;w)$ sous-espace de $T^2(V;w)$. Le quotient $T^2(W;w)/T^1(W;w)$ s'injecte dans le quotient $T^2(V,w)/T^1(V;w)$, et le diagramme suivant est commutatif :

(10.2)
$$\begin{array}{ccc} T^2(W;w)/T^1(W;w) & \xrightarrow{\text{isom.}} & T^1(W;w) \odot T^1(W;w) \\ \big\downarrow \text{injection} & & \big\downarrow \text{injection} \\ T^2(V;w)/T^1(V;w) & \xrightarrow{\text{isom.}} & T^1(V;w) \odot T^1(V;w) \end{array} .$$

Il en résulte qu'une équation différentielle stochastique sur W est identique à une équation différentielle stochastique sur V, définie seulement sur W, tangente à W le long de W, et localement prolongeable au sens de (9.28), avec $F = W$; il existe donc, par (9.28), une équation différentielle stochastique sur V tout entière qui la prolonge. Inversement, une équation différentielle stochastique sur V, tangente à W le long de W, induit une équation différentielle stochastique sur W ; et un processus X sur A à valeurs dans W est solution dans W si et seulement s'il l'est dans V. En effet, on passe de la représentation tangentielle dans W à la représentation dans V trivialement par (3.5ter) pour l'injection Φ de W dans V, donc, si X est solution dans W, il l'est dans V. Inversement, supposons X solution dans V. Si $(V'_n)_{n\in\mathbb{N}}$ est un atlas relatif à (V,W) ramenant V'_n à un espace vectoriel et W'_n à un sous-espace vectoriel, on voit trivialement que X est solution dans W dans chaque $A\cap X^{-1}(V'_n)$, donc sur A.

Lemme (10.3) : Soit V une sous-variété fermée d'un espace vectoriel E. Soit EDS une équation différentielle stochastique dans E, tangente à V le long de V. Soit X une solution maxima de EDS dans E, pour une valeur initiale $a\in\mathcal{C}_S$; soit ζ son temps de mort. Pendant toute sa vie, c-à-d. dans $[S,\zeta|$, X est à valeurs dans V pour l'ensemble des trajectoires pour lesquelles $a=X_S\in V$.

Démonstration : Soit d'abord $a\in V$ partout. Soit $\zeta_V\leq\zeta$ le temps de sortie de X de V ; alors X est solution dans V, dans $[S,\zeta_V|$, où $\zeta_V|$ est $\zeta_V]$ partout où $\zeta|$ est $\zeta]$ est $\zeta_V=\zeta$, et partout où $\zeta_V<\zeta$. D'après le théorème d'existence locale (8.6), il existe un temps d'arrêt $T\geq\zeta_V$, partout $>\zeta_V$ là où $\zeta_V<+\infty$, et une solution Y de EDS dans $[\zeta_V,T]$ à valeurs dans V, égale, au temps ζ_V, à X_{ζ_V} là où $\zeta_V<\zeta$, à n'importe quelle constante $\in V$ ailleurs. Alors X et Y sont toutes deux solutions de EDS à valeurs dans E, dans $[\zeta_V,T\wedge\zeta]\cap(\overline{\mathbb{R}}_+\times\{\zeta_V<\zeta\})$, égales au temps ζ_V, donc elles coïncident dans cet intervalle. Cela prouve que X est encore dans V dans cet intervalle ; d'après la définition de ζ_V, cela prouve que $\zeta_V=\zeta$.

Si maintenant a n'est pas partout à valeurs dans V, on posera $\Omega'=\{a\in V\}$. On considèrera la solution X' correspondant à la valeur initiale, au temps S, a sur Ω', une constante arbitraire $\in V$ sur $\complement\Omega'$. Le résultat est vrai pour X', et on applique (7.3bis).

Proposition (10.4) : Les propositions suivantes des §§ 6 et 7 : (6.6), (7.2), (7.3), (7.3bis), (7.4), démontrées lorsque V est un espace vectoriel E, sont vraies pour V quelconque.

<u>Démonstration</u> : On plonge V comme sous-variété fermée $C^{2,1}$ d'un espace vectoriel E. On a vu à (10.1) que <u>EDS</u> définie sur V, se prolonge en une équation, encore notée <u>EDS</u>, sur E, tangente à V le long de V. L'existence locale de (7.2) est en fait (8.6), on a dû le faire directement pour une variété quelconque V. Mais toutes les unicités résultent de (10.3), puisque ce sont des unicités dans E. Ensuite, dans E, on a un temps de mort ζ, et il est valable aussi sur V par (10.3). Comme la relative compacité d'une trajectoire dans V ou dans E sont les mêmes, ainsi que la convergence à l'infini dans V ou E, on passe aussitôt de E à V. Il y a juste quelques points non immédiats : en appliquant brutalement (7.4), là où on dit que X est restriction de semi-martingale, X est à valeurs dans V mais restriction d'une semi-martingale a priori à valeurs dans E. Si c'est dans un intervalle $[S',T']$, S' et T' temps d'arrêt, X est aussi restriction de la semi-martingale obtenue en la prolongeant par une constante $\in$ V dans $[0,S[$ et par $X_{T'}$ dans $[T',+\infty]$; si c'est dans un intervalle $[S',T'[$, cela prouve que $X_{T'_-}$ existe là où $T' > S'$, et elle est restriction de la semi-martingale obtenue en la prolongeant par une constante $\in$ V dans $[0,S'[$, et dans $(\overline{\mathbb{R}}_+ \times \{T' = S'\}) \cap [S',+\infty]$, et par $X_{T'_-}$ dans $(\overline{\mathbb{R}}_+ \times \{T' > S'\}) \cap [T',+\infty]$, donc encore à valeurs dans V ; dans les autres cas, l'ensemble considéré est réunion dénombrable stationnaire d'ensembles semi-martingales, dans chacun desquels X est restriction de semi-martingales à valeurs dans V, et on applique S[1], lemme (2.2).

<u>Remarque</u> : Ainsi la définition globale sur une variété V d'une équation différentielle stochastique et de ses solutions permet, par plongement dans un espace vectoriel, de démontrer les propriétés <u>globales</u> de ses solutions, sans cartes locales de la variété. Seul le théorème d'existence locale (8.6) a dû être montré par des cartes. Cette méthode de plongement de V dans un espace vectoriel, qui permet d'éviter des cartes pour avoir des propriétés globales des solutions, a déjà été employée par Ikeda-Watanabe (article à paraître). En fait , c'est peut-être seulement un amusement : les propriétés

(6.6), (7.2), (7.3), (7.4) auraient pu être montrées directement sur une variété, sans beaucoup plus de fatigue que sur un espace vectoriel !

Nous pouvons maintenant généraliser (10.3) :

Proposition (10.5) : Soient V une variété, W une sous-variété fermée, EDS une équation différentielle stochastique sur V, tangente à W le long de W. Soit X une solution maxima de EDS à valeurs dans V, dans un intervalle stochastique $[S,\zeta|$, ζ temps mort. Pendant toute sa vie, i.e. dans $[S,\zeta|$, X est à valeurs dans W pour toutes les trajectoires pour lesquelles $a = X_S \in W$.

Démonstration : On plonge V comme sous-variété fermée d'un espace vectoriel E. On passe alors de V à E et de E à W, en appliquant (10.3) et (10.4).

Remarque : On notera que (10.5) est très différent de (5.7) ; dans (5.7), il y a foliation, $\textcircled{H}$ est complètement intégrable, et on n'applique pas l'unicité de la solution d'une équation différentielle, $\overset{1}{\textcircled{H}}$ est C^1 ou $\overset{2}{\textcircled{H}}$ est C^0, pas de condition de Lipschitz ; dans (10.5), il y a une seule sous-variété W, on s'appuie sur l'unicité, $\overset{1}{\textcircled{H}}$ est $C^{1,1}$ ou $\overset{2}{\textcircled{H}}$ est $C^{0,1}$, condition de Lipschitz (faute de laquelle le résultat est trivialement faux, déjà pour une équation déterministe).

Généralisation (10.5bis) : Soient V, W, des variétés, Φ une immersion $C^{2,1}$ de V dans W. Soit EDS une équation différentielle stochastique, tangente à $\Phi(V)$ en tout point de $\Phi(V)$. On suppose que Φ est continuement propre, au sens suivant : si une trajectoire continue $(v_t)_{t\in\mathbb{R}_+}$ tend vers l'infini de V pour $t \to +\infty$, son image par Φ ne peut pas tendre vers une limite dans W. Si alors X est solution de EDS dans W, $a = X_S$ dans $\Phi(W)$, X est dans $\Phi(V)$ pendant toute sa vie $[S,\zeta|$.

Remarque : $\Phi(V)$ n'est pas supposé fermée, mais continuement propre (ce qui ne veut pas dire propre : Φ propre voudrait dire que si $(v_n)_{n\in\mathbb{N}}$ tend vers l'infini de V, $\Phi(v_n)$ ne peut pas tendre vers une limite dans W. Nous remplaçons la suite

$(v_n)_{n\in\mathbb{N}}$ par une trajectoire continue $(v_t)_{t\in\mathbb{R}_+}$. Propre est plus fort que continuement propre. Un ouvert de W n'est pas en général continuement propre. Une géodésique du tore n'est pas propre, mais est continuement propre).

Démonstration : Les H_k, $H_{i,j}$ se transportent de W à V puisqu'ils sont tangents à $\Phi(V)$ le long de $\Phi(V)$ et que Φ est un $C^{2,1}$ difféomorphisme local. Donc on définit une équation différentielle stochastique Φ^{-1}(EDS) sur V. Relevons la valeur initiale $a = X_S$ en $\hat{a} = \hat{X}_S$, $\mathcal{C}_S$-mesurable, à valeurs dans V. On en déduit une solution $\hat{X}$ dans $[S,\hat{\zeta}|$, à valeurs dans V. Son image $\Phi(\hat{X}) = X$ est solution de EDS dans W dans $[S,\hat{\zeta}|$, et constamment dans $\Phi(V)$. Supposons que, dans V, elle existe dans $[S,\zeta| \supsetneq [S,\hat{\zeta}|$. Il existerait alors une trajectoire continue tendant vers l'infini de V pour $t\to\hat{\zeta}$, dont l'image ne tendrait pas vers l'infini de W, contrairement à l'hypothèse.

(10.6) Variétés et sous-variétés dans le formalisme de Stratonovitch.

Considérons une équation de Stratonovitch (9.15) sur V, qui veut donc dire (9.16). Elle est tangente à une sous-variété W le long de W, si, en tout point $w\in W$, $H_k(w,t,\omega)\in T^1(W,w)$, et $(H_i H_j)(w,t,\omega)\in T^2(W,w)$. Or il suffit que la première condition soit toujours vérifiée pour que la seconde le soit aussi. Il suffit de le voir sur une carte, où $V = E$ espace vectoriel, $W = G$ sous-espace vectoriel. On reprend la formule (9.7bis). Le vecteur $(H_i \odot H_j)_w \in E\oplus(E\odot E)$ a comme composante sur E : $(\partial_{H_i(w)} H_j)(w)$, dérivée partielle suivant un vecteur $H_i(w)\in G$ d'un champ H_j qui, sur G, est à valeurs dans G, donc c'est un vecteur $\in G$; et il a comme composante sur $E\odot E$: $H_i(w)\odot H_j(w)\in G\odot G$. Donc :

(10.7) Une équation de Stratonovitch (9.15) sur V est tangente à W le long de W ssi, pour tout $w\in W$, tout (t,ω), $H_k(w,t,\omega)\in T^1(W,w)$.

§ 11. SEMI-MARTINGALES HORIZONTALES PAR RAPPORT A UNE CONNEXION D'UN ESPACE FIBRE.

Résumé du § 11. (11.1) rappelle la notion de connexion sur un espace fibré, et (11.2) définit les semi-martingales horizontales pour la connexion. Des propriétés équivalentes sont données à (11.3) et (11.4). (11.11) étudie le cas des connexions linéaires sur les fibrés vectoriels.

(11.1) Soit G un espace fibré $C^{2,1}$, de base B, de fibre-type F, où π sera la projection de G sur B. Soit $g \in G$, $\pi g = b \in B$. Alors $\overset{1}{\underline{\pi}}(g)$, que nous appellerons souvent π, est une application linéaire de $T^1(G,g)$ sur $T^1(B,b)$, qui fait du deuxième un quotient du premier, par le sous-espace $T^1(F_b;g)$, où F_b est la fibre au-dessus de b. De même il y a une application linéaire $\overset{2}{\underline{\pi}}(g) = \pi$ de $T^2(G;g)$ sur $T^2(B;b)$, qui fait du deuxième un quotient du premier ; dans les cartes produits, $G = B \times F$, G, B et F vectoriels, le noyau de la surjection $(B \oplus F) \oplus ((B \oplus F) \odot (B \oplus F)) = B \oplus F \oplus (B \odot B) \oplus (B \otimes F) \oplus (F \odot F) \to B \oplus (B \odot B)$ est $F \oplus (B \otimes F) \oplus (F \odot F)$. Alors $\overset{2}{\underline{\pi}}(g)$ envoie $T^2(G;g)$ sur $T^2(B;b)$, $T^1(G;g)$ sur $T^1(B;b)$, donc le quotient $T^2(G;g)/T^1(G;g)$ sur $T^2(B;b)/T^1(B;b)$, et le diagramme suivant est commutatif :

$$\begin{array}{ccc}
T^2(G;g)/T^1(G,g) & \xrightarrow{\;\pi\;} & T^2(B;b)/T^1(B;b) \\
\Big\downarrow \text{isom.} & & \Big\downarrow \text{isom.} \\
T^1(G;g) \odot T^1(G;g) & \xrightarrow{\;\pi \odot \pi\;} & T^1(B;b) \odot T^1(B;b)
\end{array} \quad .$$

On appelle connexion $\overset{1}{\sigma}$ sur G un système de relèvements des quotients du premier ordre : pour tout $g \in G$, $\overset{1}{\sigma}(g)$ est une application linéaire de $T^1(B;b)$ dans $T^1(G;g)$, telle que $\pi \circ \overset{1}{\sigma}(g) = I_{T^1(B;b)}$. On supposera la connexion de classe C^1. La connexion définit en tout point g de G un "sous-espace tangent horizontal"

$\overset{1}{\Theta}(g)$, sous-espace vectoriel de $T^1(G,g)$, image de $\overset{1}{\sigma}$, c-à-d. $\overset{1}{\Theta}(g) = \mathrm{Im}\,\overset{1}{\sigma}(g)$; $\overset{1}{\Theta}$ s'appelle la famille des plans horizontaux, champ C^1 de sous-espaces tangents, de dimension dim B. Sur une carte locale autour d'un point de G, on peut représenter le fibré comme un produit d'ouverts d'espaces vectoriels, que nous écrirons comme produit d'espaces vectoriels, $G = B \times F$, et la connexion est définie par $\overset{1}{\sigma}(b,f) \in \mathcal{L}(B;B\oplus F)$, $\overset{1}{\sigma} = I_B \oplus \overset{1}{\Gamma}(b,f)$, $\overset{1}{\Gamma}(b,f) \in \mathcal{L}(B;F)$; alors $\overset{1}{\Theta}(b,f)$ est, dans $B\times F$, le graphe de $\overset{1}{\Gamma}(b,f)$. On se trouve ramené exactement à la situation de (5.4). Donc $\overset{1}{\Theta}$ définit sur G un système différentiel ; une courbe C^1 déterministe, solution de ce système, c-à-d. à tangente dans $\overset{1}{\Theta}$, $\frac{dX}{dt} \in \overset{1}{\Theta}(X(t))$, est appelée une courbe horizontale de la connexion. Donc :

<u>Définition (11.2)</u> : On appellera semi-martingale horizontale $\hat{X}$, relativement à la connexion, une semi-martingale de G, tangente à $\overset{1}{\Theta}$ au sens de Stratonovitch : $d\hat{X}_t$ est $\mathcal{S}$tr-tangente à $\overset{1}{\Theta}(X_t)$ (5.4).

<u>(11.3)</u> On a alors déjà étudié les propriétés élémentaires de ces semi-martingales horizontales. Au champ $\overset{1}{\Theta}$ correspond un champ $\overset{2}{\Theta}$ de classe C^0 de sous-espaces 2-tangents, $\overset{2}{\Theta}(g) \in T^2(G,g)$, de dimension $\dim B + \dim B(\dim B+1)/2$; $\overset{2}{\Theta}(g)$ est l'image de $T^2(B,\pi g)$ par une application linéaire $\overset{2}{\sigma}(g)$ de $T^2(B,\pi g)$ dans $T^2(G,g)$, avec $\overset{2}{\pi}\,\overset{2}{\sigma}(g) = \pi(g)\circ\overset{2}{\sigma}(g) = I_{T^2(B,\pi g)}$. Dans une carte produit d'espaces vectoriels, $\overset{2}{\Theta}(b,f)$ est le graphe d'une application linéaire $\overset{2}{\Gamma}(b,f)$ de $B\oplus(B\odot B)$ dans $F\oplus(B\otimes F)\oplus(F\odot F)$: voir (5.9), (5.10), (5.12), (5.13), (5.14), (5.15), (5.16). Cela donne :

<u>Proposition (11.3)'</u> : <u>Une semi-martingale</u> $\hat{X}$ <u>sur</u> G <u>est horizontale</u>, <u>ssi</u> $d\hat{X}_t$ <u>est tangente à</u> $\overset{2}{\Theta}(\hat{X}_t)$ <u>au sens ordinaire</u>.

<u>(11.3bis)</u> On peut utiliser les méthodes de (3.17), (3.17quinto), et de (4.23quinto); $\hat{X}$ est une semi-martingale sur G, $\pi\hat{X} = X$ est sa projection, une semi-martingale sur B, et $\overset{1}{\sigma}(g) \in \mathcal{L}(T^1(B,\pi g);T^1(G,g))$, $\overset{2}{\sigma}(g) \in \mathcal{L}(T^2(B,\pi g),T^2(G,g))$. L'espace $\overset{1}{\Theta}(g)$ est l'image de $\overset{1}{\sigma}(g)$; mais $\pi\,\overset{1}{\sigma}(g)$ est l'identité de $T^1(B,g)$, donc $\overset{1}{\sigma}(g)\,\pi$

est la projection de $T^1(G,g)$ sur $\overset{1}{\Theta}(g)$ parallèlement à $\overset{1}{T}(F_g,g)$, donc $\overset{1}{\Theta}(g)$ est le noyau de $I_{T^1(G,g)} - \overset{1}{\sigma}(g)\,\pi$; donc $d\hat{X}$ est $\mathcal{S}$tr-tangente au noyau de $I - \overset{1}{\sigma}\pi$ ssi sa transformée par cette application est nulle, i.e. ssi $d\hat{X} \underset{(S)}{=} \overset{1}{\sigma}\,\pi\, d\hat{X}$. On peut faire de même pour le contact ordinaire de $d\underline{X}$ avec le noyau $\overset{2}{\Theta}$ de $I_{T^2(G)} - \overset{2}{\sigma}\pi$; donc, comme $\pi\hat{X} = X$:

<u>Proposition (11.4)</u> : <u>Soit</u> $\hat{X}$ <u>une semi-martingale sur le fibré</u> G, <u>de projection</u> X <u>sur</u> B. <u>Alors</u> $\hat{X}$ <u>est horizontale ssi</u>, <u>au sens de</u> (3.17quinto) <u>et</u> (4.23quinto) :

(11.5) $$d\hat{X} \underset{(S)}{=} \overset{1}{\sigma}(\hat{X})\,\pi(\hat{X})\,d\hat{X} \quad , \text{ ou } \quad \hat{X} \sim \overset{1}{\sigma}(\hat{X})\,\pi(\hat{X}) \underset{(S)}{\bullet} X$$

$$\text{ou } \quad d\hat{X} \underset{(S)}{=} \overset{1}{\sigma}(\hat{X})\,dX \quad \text{ ou } \quad \hat{X} \sim \overset{1}{\sigma}(\hat{X}) \underset{(S)}{\bullet} X \quad , \text{ ou}$$

(11.6) $$d\underline{\hat{X}} = \overset{2}{\sigma}(\hat{X})\,\pi(\hat{X})\,d\underline{\hat{X}} \quad , \text{ ou } \quad \underline{\hat{X}} \sim \overset{2}{\sigma}(\hat{X})\,\pi(\hat{X}) \bullet \underline{\hat{X}}$$

$$d\underline{\hat{X}} = \overset{2}{\sigma}(\hat{X})\,d\underline{X} \quad , \text{ ou } \quad \underline{\hat{X}} \sim \overset{2}{\sigma}(\hat{X}) \bullet \underline{X} \quad .$$

Explicitons ces relations, en supposant $G = B \times F$ par des cartes, B et F espaces vectoriels. Alors $\hat{X} = (X,Y)$, et cela donne, pour (11.5) (X à valeurs dans B, Y dans F) :

(11.7) $$dY \underset{(S)}{=} \overset{1}{\Gamma}(X,Y)\,dX \quad \text{ ou } \quad Y \sim \overset{1}{\Gamma}(X,Y) \underset{(S)}{\bullet} X \quad ,$$

et pour (11.6) ($\underline{X}$ à valeurs dans $B \oplus (B \odot B)$, $\underline{Y}$ dans $F \oplus (B \otimes F) + (F \odot F)$:

(11.8) $$d\underline{Y} = \overset{2}{\Gamma}(X,Y)\,d\underline{X} \quad \text{ ou } \quad \underline{Y} \sim \overset{2}{\Gamma}(X,Y) \bullet \underline{X} \quad ,$$

ce qui donne pour Y, à valeurs dans F :

(11.9) $$dY = \overset{1}{\Gamma}(X,Y)\,dX + \overset{2}{\Gamma}(X,Y)\,\frac{1}{2}\,d[X,X] \quad , \text{ ou}$$

$$Y = \overset{1}{\Gamma}(X,Y) \bullet X + \overset{2}{\Gamma}(X,Y) \bullet \frac{1}{2}\,[X,X] \quad .$$

Pour expliciter $\overset{2}{\Gamma}$, il est plus commode de choisir une base $(b_k)_{k=1,2,\dots,N}$ de B ; alors (11.9) devient, si $X = \sum_{k=1}^{N} b_k X^k$:

$$dY = \sum_{k=1}^{N} \overset{1}{\Gamma}(X,Y)\, b_k\, dX^k + \frac{1}{2} \sum_{i,j=1}^{N} \overset{2}{\Gamma}(X,Y)\,(b_i \otimes b_j)\, d[X^i,X^j] \quad , \quad \text{ou}$$

$$(11.10) \qquad dY = \sum_{k=1}^{N} \overset{1}{\Gamma}(X,Y)\, b_k\, dX^k + \sum_{i,j=1}^{N} \Big(\frac{1}{2}\,(\partial_1 \Gamma(X,Y)(b_i)b_j + \partial_1 \Gamma(X,Y)(b_j)b_i)$$
$$+ \frac{1}{2}\,(\partial_2 \overset{1}{\Gamma}(X,Y)(\overset{1}{\Gamma}(X,Y)b_i)b_j + \partial_2 \overset{1}{\Gamma}(X,Y)(\overset{1}{\Gamma}(X,Y)b_j)b_i)\Big)\frac{1}{2}\, d[X^i,X^j] \quad .$$

Qu'il s'agisse de (11.7) ou de (11.10), pour $X = \pi \hat{X}$ connue, Y est solution d'une équation différentielle stochastique.

(11.11) Cas des fibrés vectoriels et des connexions linéaires.

Si F est un espace vectoriel, la connexion est dite linéaire, si, pour toute carte sur un produit d'un ouvert U' de B par F tout entière, Γ est linéaire sur la fibre :

$$\Gamma(b,f) = \Gamma(b)f \quad , \quad \Gamma(b) \in \mathcal{L}(F;\mathcal{L}(B;F)) \quad .$$

Alors Γ est une fonction sur U' à valeurs dans $\mathcal{L}(F;\mathcal{L}(B;F)) = \mathcal{L}_2(F \times B;F)$, qui a donc une dérivée Γ', fonction sur U' à valeurs dans $\mathcal{L}(B;\mathcal{L}(F;\mathcal{L}(B;F))) = \mathcal{L}_3(B\times F\times B;F)$, avec $\partial_1 \Gamma(b,f) = \Gamma'(b)\,f$, $\partial_2 \Gamma(b,f) = \Gamma(b)$; alors (11.7) devient, pour $G = B \times F$, espaces vectoriels :

$$(11.11\text{bis}) \qquad dY \underset{(S)}{=} \overset{1}{\Gamma}(X)\, Y\, dX \quad ,$$

tandis que (11.10) devient :

$$(11.12) \qquad dY = \sum_{k=1}^{N} \overset{1}{\Gamma}(X)\, Y\, b_k\, dX^k + \sum_{i,j=1}^{N} \Big(\frac{1}{2}\big(\overset{1}{\Gamma}{}'(X)(b_i)\, Y\, b_j + \overset{1}{\Gamma}{}'(X)(b_j)\, Y\, b_i\big)$$

$$+ \frac{1}{2}\big(\overset{1}{\Gamma}(X)(\overset{1}{\Gamma}(X)\, Y\, b_i)b_j + \overset{1}{\Gamma}(X)(\overset{1}{\Gamma}(X)\, Y\, b_j)b_i\big)\Big)\, \frac{1}{2}\, d[X^i, X^j] \quad ,$$

[ici $\overset{1}{\Gamma}(X) \in \mathcal{L}(F \times B; F)$, donc $\overset{1}{\Gamma}(X)\, Y\, b_k \in F$, et $\overset{1}{\Gamma}(X)(\overset{1}{\Gamma}(X)\, Y\, b_i)b_j \in F$; $\Gamma'(X) \in \mathcal{L}(B \times F \times B; F)$, et $\overset{1}{\Gamma}{}'(X)(b_j)\, Y\, b_i \in F$].

On peut l'écrire avec des indices : soit $(b_k)_{k=1,2,\dots,N}$ une base de B, $X = \sum_{k=1}^{N} X^k b_k$, $(f_\alpha)_{\alpha=1,2,\dots,M}$ une base de F, de sorte que $Y = \sum_{\alpha=1}^{M} Y^\alpha f_\alpha$; $\overset{1}{\Gamma}(b)$ est définie par des coefficients $\Gamma^\beta_{\alpha,k}(b)$, avec :

$$(11.13) \qquad \overset{1}{\Gamma}(b)\Big(\sum_{\alpha=1}^{M} Y^\alpha f_\alpha\, ,\ \sum_{k=1}^{N} X^k b_k\Big) = \sum_{\alpha=1}^{M} \sum_{k=1}^{N} \sum_{\beta=1}^{M} \Gamma^\beta_{\alpha,k}(b)\, Y^\alpha X^k f_\beta \quad .$$

Alors

$$(11.14) \qquad \overset{1}{\Gamma}{}'(b)\Big(\sum_{i=1}^{N} X^i b_i\, ,\ \sum_{\alpha=1}^{M} X^\alpha b_\alpha\, ,\ \sum_{j=1}^{N} X^j b_j\Big) =$$

$$= \sum_{i=1}^{N} \sum_{\alpha=1}^{M} \sum_{j=1}^{N} \sum_{\beta=1}^{M} \partial_i \Gamma^\beta_{\alpha,j}(b)\, X^i\, Y^\alpha\, X^j\, f_\beta \quad .$$

Alors (11.12) devient :

$$(11.15) \qquad dY^\beta = \sum_{\alpha=1}^{M} \sum_{k=1}^{N} \Gamma^\beta_{\alpha,k}(X)\, Y^\alpha\, dX^k$$

$$+ \Big(\sum_{i=1}^{N} \sum_{\alpha=1}^{M} \sum_{j=1}^{N} \frac{1}{2}\big(\partial_i \Gamma^\beta_{\alpha,j}(X) + \partial_j \Gamma^\beta_{\alpha,i}(X)\big)\, Y^\alpha$$

$$+ \sum_{\alpha=1}^{M} \sum_{i=1}^{N} \sum_{j=1}^{N} \sum_{\gamma=1}^{M} \frac{1}{2}\big(\Gamma^\beta_{\alpha,j}(X)\, \Gamma^\alpha_{\gamma,i}(X) + \Gamma^\beta_{\alpha,i}(X)\, \Gamma^\alpha_{\gamma,j}(X)\big)\, Y^\gamma\Big)\, \frac{1}{2}\, d[X^i, X^j] \quad .$$

<u>Remarque (11.16)</u> : Quand la connexion est linéaire, au-dessus d'un ouvert $\mathcal{B}$ de B, pour une carte vectorielle $\mathcal{B} \times F$, l'équation différentielle en Y des semi-martingales horizontales est linéaire, sous la forme (11.11bis) ou (11.12).

§ 12. RELEVEMENT D'UNE EQUATION DIFFERENTIELLE STOCHASTIQUE PAR UNE CONNEXION.

Résumé du § 12. Le relèvement par une connexion d'une équation différentielle ordinaire est classique ; (12.1) définit le relèvement d'une équation différentielle stochastique. On en donne la formulation explicite à (12.4). (12.6) donne le relèvement d'une équation de Stratonovitch.

(12.0) Dans le cas d'une équation différentielle déterministe, le relèvement est évident : si $\overset{1}{\sigma}$ définit la connexion, l'équation relevée de l'équation $\frac{dX_t}{dt} = H(X_t,t)$ est $\frac{d\hat{X}_t}{dt} = \overset{1}{\sigma}(\hat{X}_t)\; H(\pi\hat{X}_t\,,\,t)$: en chaque point g de G, le vecteur tangent H(g,t) est l'image par σ(g) du vecteur tangent H(π g,t). Ce n'est guère plus difficile pour une équation différentielle stochastique, puisque la connexion $\overset{1}{\sigma}$ définit une connexion du 2nd ordre $\overset{2}{\sigma}$, c-à-d. un relèvement des vecteurs 2-tangents :

Définition (12.1) : Soit EDS une équation différentielle stochastique sur la base B du fibré G, définie par (8.3). On appelle relèvement de cette équation par la connexion σ l'équation différentielle stochastique $\widehat{EDS}$ sur G définie par :

$$(12.2)\qquad d\underline{\hat{X}} = \sum_{k=1}^{m} \overset{1}{\sigma}(\hat{X})\; H_k(\pi\hat{X},.,.)\, dZ^k + \frac{1}{2}\sum_{i,j=1}^{m} \overset{2}{\sigma}(H)\; \overset{2}{H}_{i,j}(\pi\hat{X},.,.)\; d[Z^i,Z^j] \;.$$

Autrement dit, c'est

$$(12.3)\qquad d\underline{\hat{X}} = \sum_{k=1}^{m} \hat{H}_k(\hat{X},.,.)\, dZ^k + \frac{1}{2}\sum_{i,j=1}^{m} \widehat{\overset{2}{H}}_{i,j}(\hat{X},.,.)\; d[Z^i,Z^j] \;,$$

où $\hat{H}_k(g,.,.)$ (resp. $\widehat{\overset{2}{H}}_{i,j}(g,.,.)$) est l'image par $\overset{1}{\sigma}(g)$ (resp. $\overset{2}{\sigma}(g)$) de $H_k(\pi G,.,.)$ (resp. $H_{i,j}(\pi g,.,.)$).

Si l'équation est déterministe, on retrouve le relèvement habituel. D'autre part, on trouve bien une équation différentielle stochastique du type (8.3) par le corollaire (5.13) : $\overset{2}{\sigma}(g)$ envoie $T^2(B,\pi g)$ dans $T^2(G,g)$, $T^1(B,\pi g)$ dans $T^1(G,g)$, et le quotient $T^2(B,\pi g)/T^1(B,\pi g) = T^1(B,\pi g) \odot T^1(B,\pi g)$ dans $T^2(G,g)/T^1(G,g) = T^1(G,g) \odot T^1(G,g)$ par $\overset{1}{\sigma}(g) \circledcirc \overset{1}{\sigma}(g)$; l'image de $\overset{2}{H}_{i,j}(b,t,\omega)$ dans $T^1(B,b) \odot T^1(B,b)$ étant $H_i(b,t,\omega) \odot H_j(b,t,\omega)$, celle de $\overset{\widehat{2}}{H}_{i,j}(g,t,\omega) = \overset{2}{\sigma}(g)\, \overset{2}{H}_{i,j}(\pi g,t,\omega)$ dans $T^1(G,g) \odot T^1(G,g)$ est bien $(\overset{1}{\sigma}(g) \circledcirc \overset{1}{\sigma}(g))(H_i(\pi g,t,\omega) \odot H_j(\pi g,t,\omega)) = H_i(g,t,\omega) \odot H_j(g,t,\omega)$.

Si l'on prend une carte de G où il s'exprime comme produit d'ouverts d'espaces vectoriels, ce que nous écrirons, comme toujours, $G = B \times F$, cela s'écrit, d'après (5.9), (5.12), avec $\hat{X} = (X,Y)$:

$$dX = \sum_{k=1}^{m} H_k(X,.,.)\, dZ^k + \frac{1}{2} \sum_{i,j=1}^{m} H_{i,j}(X,.,.)\, d[Z^i,Z^j] \quad ,$$

qui est (8.3) pour X, et

$$(12.4) \qquad dY = \sum_{k=1}^{m} \overset{1}{\Gamma}(X,Y)\, \overset{1}{H}_k(X,.,.)\, dZ^k$$
$$+ \frac{1}{2} \sum_{i,j=1}^{m} \overset{1}{\Gamma}(X,Y)\, \overset{1}{H}_{i,j}(X,.,.)\, d[Z^i,Z^j]$$
$$+ \frac{1}{2} \sum_{i,j=1}^{m} \overset{2}{\Gamma}(X,Y)(H_i(X,.,.) \odot H_j(X,.,.))\, d[Z^i,Z^j] \quad ,$$

pour Y, où $\overset{2}{H}_{i,j} = \begin{pmatrix} \overset{1}{H}_{i,j} \\ \\ H_i \odot H_j \end{pmatrix} \in B \oplus (B \odot B)$.

Comme on l'a fait pour (11.9)-(11.10), cela donne :

$$(12.5)\qquad dY = \sum_{k=1}^{m} \overset{1}{\Gamma}(X,Y)\, H_k(X,.,.)\, dZ^k + \frac{1}{2} \sum_{i,j=1}^{m} \overset{1}{\Gamma}(X,Y)\, \overset{1}{H}_{i,j}(X,.,.)\, d[Z^i,Z^j]$$

$$+ \sum_{i,j=1}^{m} \Big(\frac{1}{2}\big(\partial_1 \overset{1}{\Gamma}(X,Y)(H_i(X,.,.))H_j(X,.,.) + \partial_1 \overset{1}{\Gamma}(X,Y)(H_j(X,.,.))H_i(X,.,.)\big)$$

$$+ \frac{1}{2}\big(\partial_2 \overset{1}{\Gamma}(X,Y)(\overset{1}{\Gamma}(X,Y)H_i(X,.,.))H_j(X,.,.)$$

$$+ \partial_2 \overset{1}{\Gamma}(X,Y)(\overset{1}{\Gamma}(X,Y)H_j(X,.,.))H_i(X,.,.)\big)\Big)\, \frac{1}{2}\, d[Z^i,Z^j] .$$

La formule n'est autre, bien sûr, que (11.10), où l'on remplace $b_k\, dX^k$ par $H_k\, dZ^k$ ou $\frac{1}{2} \overset{1}{H}_{i,j}\, d[Z^i,Z^j]$, puis, dans les termes suivants, de nouveau $b_i\, b_j\, d[X^i,X^j]$ par $H_i\, H_j\, d[Z^i,Z^j]$.

Nous n'expliciterons pas le cas d'une connexion linéaire sur un fibré vectoriel, qui est analogue, avec les mêmes susbstitutions dans (11.12).

<u>(12.6)</u> <u>Relèvement d'une équation différentielle de Stratonovitch</u>.

Utilisons la formule (7.14ter). On en déduit :

<u>Proposition (12.7)</u> : <u>La relevée d'une équation différentielle de Stratonovitch</u> (9.15) <u>par une connexion s'obtient en relevant les</u> H_k <u>par</u> $\overset{1}{\sigma}$:

$\widehat{EDS}$ (12.7bis)
$$\delta \hat{X} \underset{(S)}{=} \sum_{k=1}^{m} \overset{1}{\sigma}(\hat{X})\, H_k(\pi\hat{X},.,.)\, \delta Z^k .$$

<u>Démonstration</u> : On écrit (9.15) en équation ordinaire (9.16), qu'on relève par (12 2), et c'est (12.7bis) à cause de (5.14ter).

<u>Remarque importante</u> : (12.7) est une équation différentielle de Stratonovitch pour $\tilde{X} = (X,Y)$ à valeurs dans $B \oplus F = G$. Elle s'écrit aussi

$$(12.8)\qquad \delta \begin{pmatrix} X \\ Y \end{pmatrix} \underset{(S)}{=} \sum_{i=1}^{m} \begin{pmatrix} H_k(X,.,.) \\ \overset{1}{\Gamma}(X,Y)H_k(X,.,.) \end{pmatrix} \delta Z^k .$$

Mais c'est le système qui est de Stratonovitch, on ne peut pas séparer X de Y. En lui donnant la forme ordinaire, on trouve l'équation de X, puis l'équation de dY, (12.5) (sans termes en $H^1_{i,j}$). Il ne faudrait surtout pas écrire la 2ème équation (12.8) en $\underset{(S)}{=}$, ce serait séparer X de Y, on ne peut pas. On obtiendrait

$$(12.9) \qquad \delta Y \underset{(S)}{=} \sum_{k=1}^{m} \Gamma(X,Y)\, H_k(X,.,.)\, \delta Z^k ,$$

X remplacé par sa valeur, qui serait fausse. Développons-la. On trouvera, d'après (9.20), (9.7), (9.7bis), (9.8)

$$(12.10) \qquad dY = \sum_{k=1}^{m} \Gamma(X,Y)\, H_k(X,.,.)\, dZ^k$$

$$+ \frac{1}{2} \sum_{i,j=1}^{m} \left((\partial_{\Gamma(X,Y)H_i(X,.,.)}\, \Gamma(X,.)H_j(X,.,.))(Y) \right.$$

$$\left. + (\partial_{\Gamma(X,Y)H_j(X,.,.)}\, \Gamma(X,.)H_i(X,.,.))(Y) \right) d[Z^i,Z^j]$$

$$= \sum_{k=1}^{m} \Gamma(X,Y)\, H_k(X,.,.)\, dZ^k$$

$$+ \frac{1}{2} \sum_{i,j=1}^{m} \left(\partial_2\, \Gamma(X,Y)((\Gamma(X,Y)H_i(X,.,.)), H_j(X,.,.)) \right.$$

$$\left. + \partial_2\, \Gamma(X,Y)((\Gamma(X,Y)H_j(X,.,.), H_i(X,.,.)) \right) \frac{1}{2}\, d[Z^i,Z^j] .$$

Au lieu de retrouver (12.5) (sans les $H^1_{i,j}$ que nous avons pris nuls), on ne retrouve que les termes en $\partial_2 \Gamma$, mais pas les termes en $\partial_1 \Gamma$. Ainsi (12.9) est fausse. Au contraire, en développant (12.8) comme système de Stratonovitch, on retrouve (12.5) au complet.

Ceci montre que les équations différentielles stochastiques de Stratonovitch, avantageuses dans bien des cas, doivent se manier avec précaution. Mais supposons que les H_k ne dépendent que de X, pas de (t,ω). Alors (12.9) s'écrit sous la forme d'équation intégrale stochastique matricielle

$$\begin{pmatrix} X \\ Y \end{pmatrix} \sim \sum_{k=1}^{m} \begin{pmatrix} H_k(X) \\ \Gamma(X,Y)H_k(X) \end{pmatrix} \underset{(S)}{\bullet} Z^k \quad ;$$

et là, bien sûr, on peut séparer, et écrire :

$$(12.11) \qquad Y \sim \sum_{k=1}^{m} \Gamma(X,Y)H_k(X) \underset{(S)}{\bullet} Z^k \; .$$

Mais de (12.11) on ne pourra pas retourner à (12.9) (heureusement, puisque (12.11) est vraie et (12.9) fausse !), parce que $\Gamma(X,Y)H_k(X)$ ne dépend pas seulement de Y, mais aussi de (t,ω) par X supposée remplacée par sa valeur !

Dans ce cas, où H_k ne dépend pas de (t,ω), (12.9) est fausse, mais, avec la notation (9.17bis), (12.12) est exacte :

$$(12.12) \qquad dY \underset{(S)}{=} \sum_{k=1}^{m} \Gamma(X,Y)H_k(X)\, dZ^k \; ,$$

où X est supposée remplacée par sa valeur ; c'est équivalent à (12.11).

§ 13. RELEVEMENT D'UNE SEMI-MARTINGALE PAR UNE CONNEXION (OU TRANSPORT PARALLELE LE LONG DES TRAJECTOIRES D'UNE SEMI-MARTINGALE)

Résumé du § 13 : La proposition (13.1) est fondamentale : si EDS est une équation différentielle stochastique sur la base d'un fibré, $\widehat{EDS}$ son relèvement par une connexion, X une semi-martingale sur la base, $\hat{X}$ une semi-martingale au-dessus de X, et si X est solution de EDS, $\hat{X}$ est un relèvement de X si et seulement si elle est solution de $\widehat{EDS}$. Ceci montre que toute semi-martingale se relève, avec un relevement initial donné, (13.2bis). (13.4) étudie le temps de mort de $\hat{X}$; (13.5) est important. (13.6) étudie, dans le cas d'une connexion linéaire, le relèvement d'un produit tensoriel, (13.12), le fibré dual, (13.15), la conservation du produit scalaire (bien connue pour la relèvement déterministe de la connexion de Levi-Civita). (13.18) exprime tous les relèvements par un relèvement unique dans le fibré des repères.

Proposition (13.1) : Soit A un ensemble comme dans le § 1. Soient G un espace fibré $C^{2,1}$, de base B, de fibre type F, et σ une connexion $C^{1,1}$ sur G. Soient X une semi-martingale sur A à valeurs dans B, $\hat{X}$ une semi-martingale sur A à valeurs dans G, au-dessus de X, i.e. $\pi\hat{X} = X$. Soient EDS une équation différentielle stochastique sur B, définie dans A, $\widehat{EDS}$ son relèvement par σ, équation différentielle stochastique sur G définie dans A. On suppose X solution de EDS. Les deux propriétés suivantes sont équivalentes :

1) $\hat{X}$ est horizontale (11.1) ;

2) $\hat{X}$ est solution de $\widehat{EDS}$.

Démonstration : Le cas d'une équation de Stratonovitch est évidemment un cas particulier du cas général.
C'est évident : $\hat{X}$ est horizontale ssi $d\underline{\hat{X}} = \overset{2}{\sigma}(\hat{X})d\underline{X}$, formule (11.6), ce qui, si on le développe, est exactement l'écriture qui exprime que $\hat{X}$ vérifie $\widehat{EDS}$, avec EDS (8.3), et $\widehat{EDS}$ (12.2).
Il faut cependant être un peu plus précis ; avec des jeux d'écriture, on peut démontrer tout ; il faut être sûr que les diverses écritures $dX = \ldots$ correspondent bien à la même chose. Dans $d\underline{\hat{X}} = \sigma(\hat{X})d\underline{X}$ de (11.6), on exprime (3.17quarto) ; on a vu alors que cela transporte toute représentation tangentielle $d\underline{X} = \ldots$, voir (3.17bis) et (3.17ter) ; et une équation différentielle stochastique signifie précisément une représentation tangentielle, voir (8.3) Donc les écritures correspondent bien à l'intuition, et sont bien justifiées !

Définition (13.2) : On dit que $\hat{X}$ est un relèvement de X au-dessus de A, si elle vérifie les propriétés équivalentes de (13.1). Cela équivaut à dire qu'elle est horizontale (de projection X), ou qu'elle vérifie l'équation relevée d'une (ou de toute) équation différentielle stochastique vérifiée par X. Rappelons que X est toujours solution d'une équation différentielle stochastique, (9.23).

Proposition (13.2bis) : Soit X une semi-martingale dans A à valeurs dans B, $\hat{X}$ une semi-martingale dans A à valeurs dans G, au-dessus de X, $\pi\tilde{X} = X$. Il existe un plus grand ouvert relatif A' de A sur lequel $\hat{X}$ est un relèvement de X ; il est optionnel si A est optionnel et T temps d'arrêt.

Démonstration : On choisit une EDS dont X est solution dans A ; on cherche le plus grand ouvert relatif A' de A où $\hat{X}$ vérifie $\widehat{EDS}$, et on applique (6.6).

Proposition (13.3) : Soit X une semi-martingale sur $\overline{\mathbb{R}}_+ \times \Omega$ à valeurs dans E. Elle admet un relèvement maximum $\hat{X}$ unique dans $[S,\hat{\zeta}|$, $\hat{\zeta}$ temps de mort, prenant une valeur donnée $\hat{X}_S = \hat{a} \in \mathcal{C}_S$ au temps d'arrêt S, $\pi\hat{a}_S = a_S = X_S$. Cette semi-martingale $\hat{X}$ est la solution d'une équation différentielle stochastique globale $\widehat{EDS}$ sur G, relevée d'une équation EDS vérifiée par X, avec la condition initiale $\hat{X}_S = \hat{a}$. Elle vérifie donc toutes les propriétés (7.2), (7.3), (7.4).

Evident.

On voit l'intérêt considérable de (9.23) : cette proposition permet d'étudier le relèvement $\hat{X}$ de X globalement sur G, comme solution d'une équation différentielle stochastique globale.

(13.4) Etude du temps de mort de $\hat{X}$.

On peut supposer X définie sur B tout entière, et $\hat{X}$ sur $[S,\hat{\zeta}|$. Mais, plus généralement, on peut se donner une équation EDS, sa relevée $\widehat{EDS}$ par σ, puis une solution X de EDS maxima, définie sur $[S,\zeta|$ avec $X_S = a \in \mathcal{C}_S$, et étudier son relèvement $\hat{X}$ dans $[S,\hat{\zeta}|$ avec $\hat{X}_S = \hat{a} \in \mathcal{C}_S$, $\pi\hat{a} = a$. Bien évidemment $[S,\hat{\zeta}| \subset [S,\zeta|$ puisque $\pi\hat{X} = X$; si on appelle $\Omega'(K)$, Ω', Ω'' les parties de Ω relatives à X, $\hat{\Omega}'(\pi^{-1}(K))$, $\hat{\Omega}'$, $\hat{\Omega}''$ celles relatives à $\hat{X}$, $\hat{\Omega}'(\pi^{-1}(K)) \subset \hat{\Omega}(K)$, $\hat{\Omega}' \subset \Omega'$, $\hat{\Omega}'' \supset \Omega''$. Si, pour $\omega \in \Omega$, $[S(\omega),\hat{\zeta}(\omega)| \subsetneq [S(\omega),\zeta(\omega)|$, cela veut dire que, pour $t \to \hat{\zeta}(\omega)$, $X(t,\omega)$ a une limite b, mais que $\hat{X}(t,\omega)$ tend vers l'infini de G ; en prenant une carte produit de $\pi^{-1}(V'_b)$, V'_b voisinage de b, on peut dire que $\hat{X}(t,\omega)$ tend vers l'infini de la fibre F_b de b, vers (b,∞_{F_b}). Que ζ soit fini on non, $X_{\hat{\zeta}}$ existe,

$\hat{X}_{\hat{\zeta}}$ n'existe pas. On sait que $\hat{\zeta}$ est prévisible ; soit $(\hat{\zeta}_n)_{n\in\mathbb{N}}$ tendant vers $\hat{\zeta}$, $\hat{\zeta}_n \geq S$, $\hat{\zeta}_n < \zeta$ là où $S < +\infty$.

Proposition (13.5) : Dans les conditions de (13.4), si la fibre est compacte ou discrète, ou si la fibre est vectorielle et la connexion linéaire, $\hat{\zeta} = \zeta$, $[S,\hat{\zeta}| = [S,\zeta|$, et, si X est une semi-martingale sur $\overline{\mathbb{R}}_+ \times \Omega$ à valeurs dans B, son relèvement $\hat{X}$, pour $\hat{X}_S = \hat{a} \in \mathcal{C}_S$, est défini dans $[S,+\infty]$.

Démonstration : Le cas de la fibre compacte est évident, $\hat{X}(t,\omega)$ ne peut pas tendre vers l'infini de F_b, qui n'existe pas. Le cas de la fibre discrète aussi, car $t \mapsto \hat{X}(t,\omega)$ est continu, donc, dans une trivialisation $G = B \times F$, il est constant lorsque t tend vers $\zeta(\omega)$ si $X(\zeta(\omega),\omega)$ existe. Passons au cas vectoriel. Soit $[S,\hat{\zeta}| \subsetneqq [S,\zeta|$ sur $\overline{\mathbb{R}}_+ \times \Omega'$, Ω' de λ-mesure > 0, qu'on peut supposer assez petit pour que $X_{\hat{\zeta}}$ prenne ses valeurs dans un ouvert $\mathcal{B}$ de B au-dessus duquel G ait une carte produit $\mathcal{B} \times F$, et que, pour un n, $X((\overline{\mathbb{R}}_+ \times \Omega') \cap [\hat{\zeta}_n,\hat{\zeta}]) \subset \mathcal{B}$. On peut supposer que $\mathcal{B}$ est un ouvert d'un espace vectoriel B, que les coefficients de EDS sont prolongés à B tout entier, que $G = B \times F$, que la connexion sur $\mathcal{B} \times F$ est prolongée en connexion linéaire sur $B \times F$ tout entier. Il suffit donc de montrer que cette hypothèse est contradictoire pour B = espace vectoriel, les coefficients étant globalement bornés et lipschitziens. Alors $\zeta = +\infty$, $[S,\zeta| = [S,+\infty]$, $[S,\hat{\zeta}| \neq [S,+\infty]$ sur Ω'. Mais, dans l'équation de Y devenue (11.12) (pour X supposé connu), tous les coefficients sont linéaires en Y à coefficients fonctions de (t,ω) seulement (puisque X est connue !), donc globalement lipschitziens en Y. L'équation ainsi modifiée n'a donc pas de temps de mort pour Y, d'après (7.1). Mais, sur $\overline{\mathbb{R}}_+ \times \Omega'$, on a le même résultat pour $[\hat{\zeta}_n,+\infty]$, avec les conditions initiales $X_{\hat{\zeta}_n}$, $\hat{X}_{\hat{\zeta}_n}$. Or, dans $(\overline{\mathbb{R}}_+ \times \Omega) \cap [\hat{\zeta}_n,\hat{\zeta}]$, X reste dans $\mathcal{B}$, l'équation modifiée est l'équation donnée et $\hat{X}$ a son temps final en $\hat{\zeta}$, avec $[\hat{\zeta}_n,\hat{\zeta}|$ (relatif à $\hat{X}$) = $[\hat{\zeta}_n,\hat{\zeta}[$, ce qui est contradictoire.

Proposition (13.6) : Soit X une semi-martingale à valeurs dans B.

1) Soit G un fibré vectoriel sur B, muni d'une connexion linéaire. Si $\hat{X}_1$,

$\hat{X}_2$ <u>sont deux relèvements de</u> X, α_1 <u>et</u> α_2 <u>deux fonctions réelles</u> $\mathcal{T}_0$<u>-mesurables sur</u> Ω, $\alpha_1 \hat{X}_1 + \alpha_2 \hat{X}_2$ <u>est aussi un relèvement de</u> X.

2) <u>Soient</u> G_1, G_2, <u>deux fibrés vectoriels sur</u> B, $G_1 \underset{B}{\otimes} G_2$ <u>leur produit tensoriel fibré. Si</u> G_1 <u>et</u> G_2 <u>sont munis de connexions linéaires, il en est de même de</u> $G_1 \otimes G_2$. <u>Si</u> $\hat{X}_1$, $\hat{X}_2$ <u>sont deux relèvements de</u> X <u>dans</u> G_1, G_2, <u>respectivement</u>, $\hat{X}_1 \otimes \hat{X}_2$ <u>est un relèvement de</u> X <u>dans</u> $G_1 \otimes G_2$. <u>Si donc</u> $\hat{X}_1$ <u>et</u> $\hat{X}_2$ <u>sont les relèvements prenant des valeurs donnés</u> $\hat{a}_1$, $\hat{a}_2 \in \mathcal{T}_S$ <u>au temps d'arrêt</u> S, <u>le relèvement de</u> X <u>dans</u> $G_1 \otimes G_2$ <u>prenant la valeur</u> $\hat{a}_1 \otimes \hat{a}_2$ <u>en</u> S <u>est</u> $\hat{X}_1 \otimes \hat{X}_2$ <u>(son temps de mort est</u> $\zeta_1 \wedge \zeta_2$). <u>Même résultat pour des produits tensoriels symétriques ou extérieurs, et produits ordinaires.</u>

<u>Démonstration</u> : Les démonstrations étant toutes analogues, nous ne donnerons que celle de 2) pour $\otimes$. On peut le voir dans une carte produit $G_1 = B \times F_1$, $G_2 = B \times F_2$, B vectoriel, $G_1 \otimes G_2 = B \times (F_1 \otimes F_2)$. Soient Γ_1, Γ_2 les coefficients des connexions de G_1, G_2. La connexion de $G_1 \otimes G_2$ a des coefficients $\Gamma_{1,2}$ donnés par $\Gamma_{1,2}(b) : (F_1 \otimes F_2) \times B \to (F_1 \otimes F_2)$, telle que, pour $\xi \in B$, $(\eta_1, \eta_2) \in (F_1, F_2)$, on ait

$$\Gamma_{1,2}(b)(\eta_1 \otimes \eta_2)\xi = (\Gamma_1(b)(\eta_1)\xi) \otimes \eta_2 + \eta_1 \otimes (\Gamma_2(b)(\eta_2)\xi) \in F_1 \otimes F_2 \quad . \tag{13.7}$$

On peut utiliser la remarque qui a été faite à (12.12), ou plus simplement l'équation d'horizontalité (11.5) de Y_1 et Y_2 :

$$dY_1 \underset{(S)}{=} \overset{1}{\Gamma}_1(X)\, Y_1\, dX \quad , \quad dY_2 \underset{(S)}{=} \overset{1}{\Gamma}_2(X)\, Y_2\, dX \quad ,$$

d'où aussitôt (compte-tenu de ce que, pour les intégrales de Stratonovitch, le changement de variables est le changement usuel, et non celui d'Itô) :

$$d(Y_1 \otimes Y_2) \underset{(S)}{=} dY_1 \otimes Y_2 + Y_1 \otimes dY_2$$

$$\underset{(S)}{=} (\Gamma_1(X)Y_1 \otimes Y_2 + Y_1 \otimes \Gamma_2(X)Y_2)dX \underset{(S)}{=} \Gamma_{1,2}(X)(Y_1 \otimes Y_2)dX \quad ,$$

donc $Y_1 \otimes Y_2$ est $\Gamma_{1,2}$-horizontale.

Proposition (13.8) : Soit X une semi-martingale sur V. Soit G un fibré vectoriel sur B, de fibre type F, G^* son fibré dual, de fibre-type F^*. Si G est muni d'une connexion linéaire, G^* l'est aussi (connexion duale). Si $\hat{X}$, $\hat{X}^*$ sont deux relèvements de X dans G, G^* respectivement, $(\hat{X}^* | \tilde{X})_{F^*,F}$ est un processus localement constant, donc constant si $A = \overline{\mathbb{R}}_+ \times \Omega$.

Démonstration : On utilise la même méthode. Comme on raisonne sur une carte, donc sur un ouvert de $\overline{\mathbb{R}}_+ \times \Omega$, on montrera qu'il est ~ 0 dans cet ouvert. Si Γ définit la connexion de G, celle de G^* est définie par $\Gamma^* = -{}^t\Gamma$; si $\Gamma(b)\eta \in \mathcal{L}(F;F)$, ${}^t\Gamma(b)\eta^* \in \mathcal{L}(F^*,F^*)$, pour $b \in B$, $(\eta,\eta^*) \in (F \times F^*)$, de sorte que $(\Gamma(b)\eta|\eta^*)_{F,F^*} + (\eta|\Gamma^*(b)\eta^*)_{F,F^*} = 0$. On a, pour $\hat{X} = (X,Y)$, $\hat{X}^* = (X,Y^*)$:

$$dY \underset{(S)}{=} \Gamma(X)\, Y\, dX \quad , \quad dY^* = -{}^t\Gamma(X)\, Y^*\, dX \quad , \quad \text{donc}$$

$$d(Y|Y^*) \underset{(S)}{=} ((\Gamma(X)\, Y|Y^*) - (Y|{}^t\Gamma(X)\, Y^*))dX \underset{(S)}{=} 0 \ .$$

Proposition (13.9) : Soit Σ une section $C^{2,1}$ d'un fibré quelconque G, $\Sigma : B \to G$, $\pi \circ \Sigma = I_B$. Nous l'identifions aussi à la sous-variété $C^{2,1}$ de G qu'elle définit, qui est l'image $\Sigma(B)$. Supposons qu'elle soit horizontale pour la connexion, ou annulée par la dérivation covariante : pour $\xi \in T(B,b)$, $\overset{1}{\sigma}(\Sigma(b))\xi \in T^1(\Sigma,\Sigma(b))$, ou $\Sigma'(b) = \overset{1}{\sigma}(\Sigma(b))$, pour $b \in B$. Soit X une semi-martingale sur B, $X_S = a \in \mathcal{C}_S$. Alors $\Sigma(X)$ est horizontale. Le relèvement $\hat{X}$ de X, pour une valeur $\hat{a} \in \mathcal{C}_S$ au temps d'arrêt S, $\pi\hat{a} = a$, reste toute sa vie (i.e. dans $[S,\hat{\zeta}|$) dans Σ sur toute les trajectoires pour lesquelles $\hat{a} \in \Sigma$; ou encore $\hat{X} = \Sigma(X)$ sur $(\overline{\mathbb{R}}_+ \times \Omega') \cap [S,\hat{\zeta}|$, $\Omega' = \{\hat{a} = \Sigma(a)\}$.

Démonstration : Σ est horizontale, donc $d(\Sigma(X)) \underset{(S)}{=} \Sigma'(X)\, dX \underset{(S)}{=} \overset{1}{\sigma}(\Sigma(X))dX$; donc $\Sigma(X)$ est une semi-martingale horizontale, i.e. un relèvement de X ; d'après l'unicité du relèvement (13.2) $\Sigma(X) = \hat{X}$ sur $(\overline{\mathbb{R}}_+ \times \Omega') \cap [S,\hat{\zeta}|$,

$\Omega' = \{\Sigma(a) = \hat{a}\}$. On voit qu'on pourrait aussi appliquer (10.5) : on choisira un équation différentielle stochastique EDS ayant X comme solution, alors $\hat{X}$ sera solution de $\widehat{EDS}$, (13.1), mais $\widehat{EDS}$ est tangente à Σ le long de Σ, car elle entraîne $d\hat{X} \underset{(S)}{=} \overset{1}{\sigma}(\hat{X})\, dX \underset{(S)}{=} \Sigma'(X)\, dX$.

Proposition (13.10) : Si la connexion de G est complètement intégrable, ps. $\hat{X}$ reste toute sa vie dans la section horizontale de son point de départ.

Démonstration : C'est (5.7).

Proposition (13.11) : (Constance du produit scalaire par transport parallèle). Soit G un fibré vectoriel sur B, muni d'une connexion linéaire. Soit β une section $C^{2,1}$ de $G^* \otimes_B G^*$ (c-à-d. un champ $C^{2,1}$ de formes bilinéaires sur les fibres), invariant par la connexion (de dérivée covariante nulle). Elle définit un produit scalaire sur les fibres, $\beta(b)(\eta_1,\eta_2) = (\eta_1|\eta_2)_{F_b}$, pour η_1, $\eta_2 \in F_b$. Si $\hat{X}_1$, $\hat{X}_2$ sont deux relèvements par la connexion d'une semi-martingale X sur A à valeurs dans B, le produit scalaire $(\hat{X}_1|\hat{X}_2)_F = \beta(X)(\hat{X}_1,\hat{X}_2)$ est un processus localement constant, donc constant si $A = \overline{\mathbb{R}}_+ \times \Omega$.

Démonstration : Soit $\hat{\gamma}$ un relèvement de X dans $G^* \otimes_B G^*$. Une combinaison de (13.6) et (13.9), pour la dualité entre $G^* \otimes G^*$ et $G \otimes G$, dit que $\hat{\gamma}(\hat{X}_1,\hat{X}_2)$ est un processus localement constant. Mais β est une section horizontale pour la connexion du fibré $G^* \otimes G^*$, donc (13.9) dit que $\beta(X)$ est un relèvement de X dans ce fibré, d'où le résultat.

Remarque : Si V est une variété riemannienne, et si nous voulons que la connexion de Levi-Civita de son fibré tangent soit $C^{2,1}$, il faut que V soit $C^{3,1}$.

Proposition (13.12) : Soit G un fibré vectoriel muni d'une connexion linéaire. Si $\hat{X}_1,\hat{X}_2,\ldots,\hat{X}_\ell$ sont des relèvements de X semi-martingale à valeurs dans B, dans $[S,+\infty]$, correspondant à des valeurs initiales $(\hat{X}_1)_S,(\hat{X}_2)_S,\ldots,(\hat{X}_\ell)_S$, indépendan-

<u>tes, elles sont partout indépendantes dans</u> $[S,+\infty]$.

<u>Démonstration</u> : Supposons d'abord que la fibre de G soit de dimension 1, auquel cas $\ell = 1$. Soit $T = \operatorname{Inf}\{t \geq S\,;\, \hat{X}_t = 0\}$, à valeurs dans $[0,\overline{+\infty}]$. C'est un temps d'arrêt prévisible (•). En effet, il est la limite croissante des temps d'arrêt $T_n = \operatorname{Inf}\{t \geq S\ ;\ |X_t| \geq \frac{1}{n}\}$, où $|\ |$ est calculé pour une métrique sur les fibres de G. Si donc $\{T \neq \overline{+\infty}\}$ n'est pas λ-négligeable, il existe un ouvert $\mathcal{B}$ de B, identifiable à un ouvert d'un espace vectoriel, et trivialisant G, soit $G = \mathcal{B} \times F$, puis un ensemble $\Omega' \subset \Omega$ de λ-mesure > 0, puis un n tel que $T_n < T < \overline{+\infty}$ sur Ω', et tels que X soit, dans $(\mathbb{R}_+ \times \Omega') \cap [T_n,T]$, à valeurs dans $\mathcal{B}$. Soit $(b_k)_{k=1,2,\dots,N}$ une base de B, $(X^k)_{k=1,\dots,N}$ les composantes de X suivant cette base. Alors, pour $b \in B$, $\Gamma(b) \in B'$, dual de B ; et l'équation d'horizontalité (11.11bis) prend la forme $dY \underset{(S)}{=} Y\,dZ$, où $dZ \underset{(S)}{=} \sum_{k=1}^{N} \Gamma(X)\, b_k\, dX^k$. Elle se résout, dans $(\mathbb{R}_+ \times \Omega') \cap [T_n,T]$, par $Y = Y_{T_n}\, e^{Z-Z_{T_n}}$ [un temps d'arrêt T à valeurs dans $[0,\overline{+\infty}]$ est dit prévisible s'il existe une suite $(T_n)_{n\in\mathbb{N}}$ de temps d'arrêt, tendant vers T, $T_n < T$ là où $T \in]0,+\infty]$; là où $T = 0$, nécessairement $T_n = 0$, et là où $T = \overline{+\infty}$, on permet $T_n = \overline{+\infty}$.] puisque la formule du changement de variables en intégrales de Stratonovitch est la formule usuelle. Cela contredit $Y_T = 0$ puisque $Y_{T_n} \neq 0$.

Supposons maintenant la fibre G de dimension d quelconque. Quitte à prolonger le système libre des $(\hat{X}_i)_S$ en une base, on peut toujours supposer $\ell = d$. On considèrera le fibré puissance extérieure $\Lambda^d G$; sa fibre à la dimension 1. On applique alors (13.6) pour le produit extérieur, et on est ramené au cas d'une fibre de dimension 1, puisque l'indépendance de $\hat{X}_1, \hat{X}_2, \dots, \hat{X}_d$ équivaut à la non nullité de $\hat{X}_1 \wedge \hat{X}_2 \wedge \dots \wedge \hat{X}_d$.

<u>(13.13)</u> Soit $\mathcal{L}(F;G)$ le fibré vectoriel sur B des applications linéaires de la fibre type F dans les fibres de G ; la fibre de $\mathcal{L}(F;G)$ au-dessus de $b \in B$ est

---

(•) Catherine Doléans-Dade a résolu de telles équations même pour des semi-martingales Z discontinues.

$\mathcal{L}(F;F_b)$. En choisissant une base $(f_i)_{i=1,2,\ldots,g}$ de F, un élément de $\mathcal{L}(F;F_b)$ est entièrement défini par l'image qu'il donne de cette base, donc en fait $\mathcal{L}(F;G)$ est isomorphe à G^g, puissance g-ième de G sur B. Le fibré des repères de G est un ouvert de $\mathcal{L}(F;G)$. Il est donc muni d'une connexion linéaire si G l'est, et on a (13.6). On peut donc relever X en $\hat{U}$ dans $\mathcal{L}(F;G)$, pour une valeur initiale $\hat{U}_o$ donnée (•). Supposons U_o inversible, alors $(\hat{f}_i = U_o f_i)_{i=1,2,\ldots,g}$ est une base $\mathcal{T}_o$-mesurable de F_{X_o} ; (13.6), 1), dit que, si $\hat{X}_i$ est le relèvement de X dans G pour la valeur initiale $\hat{f}_i = (\hat{X}_i)_o$ de X dans G au temps 0, $\hat{X}_o = \sum_{i=1}^{g} \alpha_i \hat{f}_i$, α_i réelles $\mathcal{T}_o$-mesurables, le relèvement $\hat{X}$ de X dans G pour la valeur initiale $\hat{X}_o$ est $\hat{X} = \sum_{i=1}^{g} \alpha_i \hat{X}_i$; et (13.6), 2) appliqué au produit G^g dit que $\hat{X}_i = \hat{U} f_i$, $\hat{X} = \sum_{i=1}^{g} \alpha_i \hat{U} f_i = \sum_{i=1}^{g} \alpha_i \hat{U}\hat{U}_o^{-1} f_i = \hat{U}\hat{U}_o^{-1}\hat{X}_o$; (13.6) dit que $(\hat{X}_i)_{i=1,2,\ldots,g}$ est une base à tout instant, donc que $\hat{U}$ est inversible. Donc, quel que soit le choix de $\hat{U}_o$ (qui détermine $\hat{U}$), $\hat{U}\hat{U}_o^{-1}$ est invariable (pour X donnée !) et définit une semi-martingale u à valeurs dans le fibré $\mathcal{L}(G;G)$ des opérateurs entre fibres de G, défini à (3.17quarto) (fibré sur $B\times B$; la fibre au-dessus de $(b_1,b_2)\in B\times B$ est $\mathcal{L}(F_{b_1};F_{b_2})$), avec $\hat{X} = u\hat{X}_o$, $\hat{X}_t = u_t \hat{X}_o$, $u(t,\omega)\in\mathcal{L}(F_{X(t,\omega)};F_{X(t,\omega)})$; u est inversible, avec $u^{-1} = \hat{U}_o \hat{U}^{-1}$, $u_t^{-1} = \hat{U}_o \hat{U}_o^{-1}$, $u_o = I_{F_{X_o}}$. Mais u sert aussi pour d'autres conditions initiales : pour $\hat{X}_S = \hat{a} \in \mathcal{T}_S$, S temps d'arrêt, on aura
$\hat{a} = \hat{X}_S = \sum_{i=1}^{g} \alpha_i (\hat{X}_i)_S$, α_i réelles $\mathcal{T}_S$-mesurables, où $\hat{a} = u_S(\sum_{i=1}^{g} \alpha_i \hat{f}_i)$,
$\hat{X} = \sum_{i=1}^{g} \alpha_i \hat{X}_i = u(\sum_{i=1}^{g} \alpha_i \hat{f}_i) = u(u_S)^{-1}\hat{a}$. Par (13.6) et (13.9), on voit aussitôt que, pour des connexions sur G_1, G_2, auxquelles correspondent u_1, u_2, à la connexion canonique sur $G_1\times G_2$, $G_1\otimes G_2$ correspond $u_1\times u_2$, $u_1\otimes u_2$, et à la connexion duale sur G^* correspond ${}^t u^{-1}$. Donc :

(•) P. Malliavin a utilisé systématiquement ce relèvement dans le fibré des repères, et J.M. Bismut l'opérateur u donné plus loin.

Proposition (13.14) : Soit G fibré vectoriel, muni d'une connexion linéaire, et soit X semi-martingale sur la base B. Il existe une semi-martingale u unique à valeurs dans le fibré $\mathcal{L}(G;G)$ des opérateurs entre fibres,

$u(t,\omega) \in \mathcal{L}(F_{X(0,\omega)}\,;\,F_{X(t,\omega)})$, inversible, $u^{-1}(t,\omega) \in \mathcal{L}(F_{X(t,\omega)}\,;\,F_{X(0,\omega)})$, $u_o = I_{F_{X_o}}$, telle que, si $\hat{X}_o$ est un relèvement arbitraire de X dans G à l'instant 0, son relèvement $\hat{X}$ soit donné par $\hat{X} = u\hat{X}_o$, $\hat{X}_t = u_t\hat{X}_o$. Si le relèvement initial est donné, $\hat{a}$ $\mathcal{T}_S$-mesurable à un temps d'arrêt S, le relèvement correspondant est donné par $\hat{X} = u(u_S)^{-1}\hat{a}$. Si G_1 , G_2 sont deux fibrés vectoriels sur B, munis de connexions, et si u_1 , u_2 , sont les opérateurs associés, l'opérateur associé à $G_1 \otimes G_2$ est $u_1 \otimes u_2$; de même pour les produits tensoriels symétriques et extérieurs, et le produit ordinaire, et le fibré dual avec ${}^t u^{-1}$.

Remarque : Si U_o n'est pas inversible, U ne l'est pas non plus, mais il reste vrai que $\hat{U} = u\hat{U}_o$.

***

Ce texte a été dactylographié au Centre de Mathématiques de l'Ecole Polytechnique, Laboratoire Associé au C.N.R.S. No 169, par Marie-José Lécuyer.

NOTES

(1) page 4. Il est inévitable que des factorielles s'introduisent quelque part dans les produits tensoriels, comme π dans la transformation de Fourier ! Si on les écrase à un endroit, elles réapparaissent à un autre ; ici, c'est $2! = 2$ qui apparaît ici et là. La formule (1.4) pour la dualité entre $E^* \odot E^*$ et $E \odot E$ est classique, sans facteur $\frac{1}{2}$ au second membre (mais beaucoup de gens préfèrent mettre un facteur $\frac{1}{2}$, et personne ne peut rien reprocher à personne !). Plus généralement, on peut identifier l'algèbre tensorielle symétrique $\odot E = \bigoplus_{m=0}^{+\infty} \odot^m E$ à l'algèbre des opérateurs différentiels à coefficients constants sur E, algèbre pour la composition des opérateurs différentiels, et l'algèbre tensorielle symétrique du dual, $\odot E^* = \bigoplus_{m=0}^{+\infty} \odot^m E^*$ à l'algèbre des fonctions polynômes sur E, algèbre pour la multiplication des fonctions ; et on les met en dualité par $(P(D)|Q)_{\odot E, \odot E^*} = (P(D)Q)(0)$. Par exemple, si α et β sont deux fonctions linéaires, ξ et $\eta \in E$ deux opérateurs différentiels homogènes du premier ordre à coefficients constants ∂_ξ, ∂_η, on aura $(\xi \odot \eta | \alpha \odot \beta)_{\odot E, \odot E^*} = \partial_\xi \partial_\eta (\alpha\beta)(0) = \partial_\xi \alpha(0) \partial_\eta \beta(0) + \partial_\xi \beta(0) \partial_\eta \alpha(0) = (\xi|\alpha)(\eta|\beta) + (\xi|\beta)(\eta|\alpha)$. Soit alors $E = \mathbb{R}$, $e = 1$ son élément de base ; $\mathbb{R}^* = \mathbb{R}$ son dual, $\varepsilon = 1$ son élément de base, $(\varepsilon|e) = 1$. Alors $E \odot E = \mathbb{R} \odot \mathbb{R}$, isomorphe à $\mathbb{R}$, d'élément de base $e \odot e = e^2$, et $E^* \odot E^* = \mathbb{R}^* \odot \mathbb{R}^*$, isomorphe à $\mathbb{R}^* = \mathbb{R}$, d'élément de base $\varepsilon \odot \varepsilon = \varepsilon^2$. L'isomorphisme le meilleur entre $\mathbb{R} \odot \mathbb{R}$ et $\mathbb{R}$, $\mathbb{R}^* \odot \mathbb{R}^*$ et $\mathbb{R}^*$, n'est pas le même pour tout le monde. On a sûrement $(\varepsilon^2|e^2) = 2$, suivant (1.4) ; d'ailleurs e est l'opérateur différentiel $\frac{d}{dx}$, ε le polynôme $x \mapsto x$, noté x, et alors $(\varepsilon^2|e^2) = (\frac{d^2}{dx^2}(x^2))(0) = 2$. En théorie quantique des champs (espaces de Fock), on prend plutôt $e^2 = \sqrt{2}$, $\varepsilon^2 = \sqrt{2}$. Ici nous prendrons $e^2 = 1$ (donc

$\varepsilon^2 = 2$, ce dont nous ne nous servirons pas). Voici pourquoi. Soient X, Y deux semi-martingales continues (ou aussi bien deux applications quelconque d'un ensemble) à valeurs dans E. Il est raisonnable de considérer leur produit XY, à valeurs dans $E \odot E$; si $(e_k)_{k=1,2,\ldots,N}$ est une base de E, $X = \sum_{k=1}^{N} X^k e_k$, $Y = \sum_{k=1}^{N} Y^k e_k$, alors $X \odot Y = \sum_{i,j=1}^{N} X^i Y^j e_i \odot e_j$. Ensuite l'intégrale stochastique $X \bullet Y$ est aussi une semi-martingale à valeurs dans $E \odot E$, $X \bullet Y = \sum_{i,j=1}^{N} X^i \bullet Y^j e_i \odot e_j$; $Y \bullet X = \sum_{i,j=1}^{N} Y^i \bullet X^j e_i \odot e_j$. Et $[X,Y] = XY - X \bullet Y - Y \bullet X = \sum_{i,j=1}^{N} [X^i, X^j]\, e_i \odot e_j$ est son processus à variation finie à valeurs dans $E \odot E$. Si alors $E = \mathbb{R}$, on doit distinguer X réelle et Xe, $e = 1$; XY, $X \bullet Y$, $Y \bullet X$, $[X,Y]$ réelles et $(Xe)(Ye) = XYe^2$, $(Xe \bullet Ye) = (X \bullet Y)e^2$, $(Ye \bullet Xe) = (Y \bullet X)e^2$, $[Xe,Ye] = [X,Y]e^2$; c'est bien ennuyeux ! avec $e^2 = 1$, il n'y a pas lieu de les distinguer. Naturellement on aurait des ennuis avec des semi-martingales à valeurs dans $\mathbb{R}^*$ mais "à valeurs réelles" doit tout de même vouloir dire à valeurs dans $\mathbb{R}$ plutôt que $\mathbb{R}^*$. Dans la formule (1.5), pour $E = \mathbb{R}$, $\varphi''(v) \in \mathbb{R}^* \odot \mathbb{R}^*$ est $\partial^2 \varphi(v) \frac{\varepsilon^2}{2}$, $\partial^2 \varphi(v) \in \mathbb{R}$, et on a bien $\frac{\varepsilon^2}{2} = 1$, $\varphi''(v) = \partial^2 \varphi(v)$.

(2) <u>page 9</u> . $\overset{1}{\Phi}(v) \circledcirc \overset{1}{\Phi}(v)$ est le carré tensoriel d'une application linéaire ; on n'a pas le choix sur sa définition. Si $u : E \to F$ est une application linéaire de E dans F, $u \circledcirc u$ est une application linéaire de $E \odot E$ dans $F \odot F$, définie par $(u \circledcirc u)(x \odot y) = u(x) \odot u(y)$, de façon que, si I est l'identité de E, $I \odot I$ soit l'identité de $E \odot E$. [On peut la polariser et calculer alors $(u \circledcirc v)(x \odot y) = \frac{1}{2}\,(u(x) \odot v(y) + u(y) \odot v(x))$, mais <u>en général on ne le fait pas</u>.] Soit alors $F = \mathbb{R}$; $u \circledcirc u$ envoie $E \odot E$ dans $\mathbb{R} \odot \mathbb{R}$, dont l'identification avec $\mathbb{R}$ n'est pas automatique. Mais $u \in \mathcal{L}(E;\mathbb{R}) = E^*$, donc $u \odot u$ possède un sens comme élément de $E^* \odot E^*$, c-à-d. comme un élément du dual de $E \odot E$, donc $u \odot u$ envoie $E \odot E$ dans $\mathbb{R}$; suivons (1.4), $(u \odot u)(x \odot y) = u(x)\,u(y) + u(y)\,u(x) = 2u(x)\,u(y)$. Si $e = 1 \in \mathbb{R}$, $u(x) = u(x)e$, $u(y) = u(y)e$, $(u \odot u)(x \odot y) = 2u(x)\,u(y)$, $(u \circledcirc u)(x \odot y) = u(x) \odot u(y) = u(x)e \odot u(y)e = u(x)\,u(y)e^2$, donc $u \circledcirc u = \frac{e^2}{2}\, u \odot u$.

A la note précédente, nous avons suggéré de prendre $e^2 = e \odot e = 1$, alors $u \circledcirc u = \frac{1}{2}\, u \odot u$.

(3) page 25. Dans la définition d'une semi-martingale réelle X sur A, on suppose qu'il existe une suite d'ouverts $(A_n)_{n\in\mathbb{N}}$ recouvrant A, telle que, dans A_n, X soit restriction d'une semi-martingale X_n.

Nous avons dit, au début de cet article, que semi-martingale voudrait toujours dire semi-martingale continue. Donc X est supposée continue sur A ; par contre il n'est pas possible, en général, de supposer X_n continue sur $\overline{\mathbb{R}}_+ \times \Omega$. Mais, si X est vectorielle, elle reste équivalente, sur A_n et sur A, à une semi-martingale formelle continue, et nous dirons simplement : équivalente à une semi-martingale formelle. Voir S[2], (6.7).

(4) page 59. On a besoin de savoir que $(J|\eta_k(X))_{T^{*1},T^1}$ est de Stratonovitch. Or J et $\eta_k(X)$ sont de Stratonovitch à valeurs dans $T^{*1}(V)$ et $T^1(V)$ respectivement, donc le couple $(J,\eta_k(X))$ est Stratonovitch à valeurs dans le produit $T^{*1}(V)\times T^1(V)$; mais il prend ses valeurs dans la sous-variété de classe C^1, $T^{*1}(V) \underset{(V)}{\times} T^1(V)$, produit fibré sur V, espace des couples d'un vecteur cotangent et d'un vecteur tangent à V au même point, donc il est Stratonovitch à valeurs dans ce fibré ; et le produit scalaire $(.|.)_{T^{*1},T^1}$ est une fonction C^1 sur ce fibré, d'où le résultat.

(5) page 74. On pourrait sans doute trouver $\overset{2}{\odot}(b,f)$ sans faire autant de calculs que dans ce qui suit. Mais, dans la pratique, pour savoir trouver $\overset{2}{\odot}(b,f)$, il faut bien faire ces calculs. Nous les retrouverons dans les connexions, § 11 ; c'est pourquoi j'emploie les Γ qui figureront dans ces connexions.

INDEX BIBLIOGRAPHIQUE

S[1] Laurent SCHWARTZ

Semi-martingales sur des variétés et martingales conformes sur des variétés analytiques complexes,
Lecture Notes in Mathematics n° 780, Springer Verlag 1980.

S[2] Laurent SCHWARTZ

Semi-martingales formelles,
Séminaire de Probabilités XV, Strasbourg 1979-1980,
Lecture Notes in Mathematics n° 850, Springer Verlag 1981, p. 413-489.

M[1] Paul-André MEYER

Un cours sur les intégrales stochastiques
Séminaire de Probabilités X, Strasbourg 1974-1975,
Lecture Notes in Mathematics n° 511, Springer Verlag 1976, p. 246-400.

M[2] Paul-André MEYER

Géométrie stochastique sans larmes.
Séminaire de Probabilités XV, Strasbourg 1979-1980,
Lecture Notes in Mathematics n° 850, Springer Verlag 1981, p. 44-102.

INDEX TERMINOLOGIQUE

et

INDEX DES NOTATIONS

TABLE DES MATIERES

Laurent SCHWARTZ, "Les semi-martingales formelles"

Lecture Notes in Mathematics, No 850, Springer Verlag 1981.

ERRATA

Page 8, à la fin de la ligne -8, ajouter avant la virgule finale : pour tout α.

Page 9, début de la ligne 1, lire : dont on prend le quotient habituel $L^1(\Omega,\mathcal{O},\mu)$...

Page 19, ligne 4, lire : $\mu_\alpha^*(|f_n|)$...

Page 24, lignes 12 et 14, lire : $\mathcal{S}\mathcal{M}$; $\mathcal{V}$, $\mathcal{V}^c$, $\mathcal{M}$, $\mathcal{M}^\delta$, $\mathcal{M}^c$ ...

Page 26, ligne -11, lire : sur $\Omega =]0,+\infty] \times \Omega$ ...

Page 33, ligne -1, lire : $\mathcal{V} \oplus \mathcal{M}^\delta$...

Page 34, remplacer les lignes -6 à -3 par : $\mathcal{S}\mathcal{M}$, mais l'espace $\mathcal{V}^{acc}$ des processus à variation finie accessibles n'est pas fermé dans $\mathcal{S}\mathcal{M}$, et, sur lui, les topologies induites par $\mathcal{V}$ et $\mathcal{S}\mathcal{M}$ ne coïncident pas, et il n'y a pas de décomposition $\mathcal{S}\mathcal{M}^{acc} = \mathcal{V}^{acc} \oplus \mathcal{M}^c$, mais nous verrons à (4.6) que c'est vrai pour les semi-martingales formelles.

Page 35, début de la ligne 13, lire : $\sum_s |f_s|^2 \Delta V_s^2 < +\infty$ et que le processus $(\sum_{s\leq \cdot} |f_s|^2 \Delta V_s^2)^{1/2}$ soit localement intégrable ; ...

Page 36, à la fin de la ligne -9, lire : alors f^2 est $d[X,X]$-intégrable,

Page 37, à la fin de la ligne 4, lire : $\gamma > 0$...

Page 38, à la fin de la ligne 12, lire $C^2(V;W) \times \mathcal{S}\mathcal{M}(V)$ dans ...

Page 40, ligne 6, supprimer : sans doute.

Page 43, à la fin de la ligne 14, lire : $dV^\sigma = \sum_k dV_k$,...

Page 43, de la fin de la ligne -12, à Page 44, jusqu'à la ligne 6, lire :

La composante martingale continue formelle de V est nulle, donc $X^c = M$ et par suite $\tilde{X} = V$; d'où une décomposition en somme directe $\mathcal{P}ré\,\mathcal{S}\mathcal{M}^{acc} = \mathcal{P}ré\,\mathcal{V}^{acc} \oplus \mathcal{P}ré\,\mathcal{M}^c$ [c'est bien une somme directe ; une martingale locale continue à variation finie est nulle, c'est donc vrai aussi en formel]. Si X est une semi-martingale accessible vraie, V et M le seront aussi puisque ce sont $\tilde{X}$ et X^c, mais $\tilde{X} = V$ est seulement à variation finie formelle. En outre, $V^{\sigma} = 1_A \bullet X$, où A est la réunion des graphes des T_k, donc,si X est vraie, V^{σ} et V^c sont aussi des semi-martingales vraies, mais V^{σ} n'est qu'un processus de sauts formel ; V^c est un processus à variation finie continue vrai (par (4.1bis), $\mathcal{P}ré\ \mathcal{V}^c \cap \mathcal{SM} = \mathcal{V}^c$). On le voit bien [contre-exemple indiqué par Stricker] en prenant pour X une martingale N à temps discret, indexée par $\overline{\mathbb{N}}$; alors $N^c = 0$, donc $\tilde{N} = N$, qui n'est pas à variation finie vraie (ici $V = N$, $V^{\sigma} = N$, $V^c = 0$) ; N est alors aussi une semi-martingale spéciale, avec $\tilde{N} + N^c = N + 0$, alors que sa décomposition canonique de semi-martingale spéciale est $0 + N$. J'ignore si la décomposition en somme directe ci-dessus est topologique, il n'y a pas de théorème du graphe fermé ; si $X_n = V_n + M_n$ converge vers 0 dans $\mathcal{P}ré\ \mathcal{SM}^{acc}$, sûrement M_n converge vers 0 dans $\mathcal{P}ré\ \mathcal{M}^c$, donc V_n dans $\mathcal{P}ré\ \mathcal{SM}^{acc}$, mais peut être dans $\mathcal{P}ré\ \mathcal{V}^{acc}$ qui est plus fine.

Page 53, ligne 1, lire : $[0,T_N[$ ... Il y a 2 pages 53.

Page 54, ligne 10, lire : $]s,S[$,...

Page 54, ligne -7, ajouter : Par contre tous ces résultats deviennent vrais en semi-martingales continues vraies si X est accessible (Stricker) ; on applique en effet (4.5), $V^{\sigma} \underset{A}{\sim} 0$ puisque X est continue sur A, donc $X \underset{A}{\sim} V^c + M$, semi-martingale continue vraie.

Page 56, ligne -11, supprimer la première phrase de la démonstration.

Page 60, ligne 1, lire : $\tilde{X}$ au lieu de $\overline{X}$.

Page 60, lignes 9, -9, -2, lire $\widetilde{\Phi(X)}$.

Page 60, à la fin de la ligne -5, supprimer : $\Phi(X)$.

Page 64, à la fin de la ligne 9, lire : $D \bullet M$.

Page 67, ligne 1, lire : $\mathcal{O}pt\ \mathcal{SM}^c = \mathcal{O}pt\ \mathcal{V}^c \oplus \mathcal{O}pt\ \mathcal{M}^c$, ...

Page 67, ligne 13, lire : Mais si $\sum_{\ell=1}^{m} \theta_{\ell,n} \bullet M'_{\ell}$ ...

Page 67, ligne 14, lire : $\theta^2_{\ell,n} \bullet [M'_{\ell}, M'_{\ell}]$ ...

Page 67, début de la ligne 18, lire : dM'_{ℓ}-négligeable ...

Université de Strasbourg
Séminaire de Probabilités 1980/81

VARIATION DES SOLUTIONS D'UNE E.D.S.

par P.A. Meyer, d'après J.M. Bismut

Nous présentons ici certains résultats de l'article de Bismut << Martingales, the Malliavin calculus and hypoellipticity under general Hörmander conditions >>, paru dans ZW, 56, 1981. L'idée du calcul des variations sur les solutions d'une e.d.s. est due à Malliavin, et consiste à montrer que la solution dépend différentiablement, en un certain sens, de la semimartingale directrice, et à calculer sa différentielle. Cela se retrouve aussi chez Bismut, mais les deux méthodes sont très différentes. Malliavin considère la semimartingale directrice comme la valeur à l'instant t d'un processus Y_t (un processus d'Ornstein-Uhlenbeck à valeurs dans l'espace des applications continues sur $\mathbb{R}_+$), et étudie la dépendance en t de la solution. Bismut n'utilise vraiment que la différentiabilité de la solution suivant des droites de l'espace des semimartingales, évitant ainsi tout véritable recours à la dimension infinie.

I. GENERALITES

Notre but est l'étude de la << variation des solutions >> d'une équation différentielle stochastique du type suivant

$$(1)\quad Y_t(x) = x + \int_0^t a(Y_s(x))dZ_s$$

ou encore de sa variante au sens de Stratonovitch

$$(1')\quad Y_t(x) = x + \int_0^t a(Y_s(x))*dZ_s \quad ,$$

lorsqu'on << varie >> la semimartingale directrice Z. L'équation de Stratonovitch est en fait la plus importante du point de vue géométrique (les résultats qui la concernent ont un numéro de la forme n').

Expliquons d'abord les notations. La semimartingale solution Y_t , la valeur initiale x, sont des éléments de $\mathbb{R}^d$, et leurs composantes sont notées Y^i_t , x^i (i=1,...,d). La semimartingale directrice Z - toujours supposée continue - est à valeurs dans $\mathbb{R}^{m+1}$, et ses composantes sont notées Z^λ_t (λ=0,1,...,m). Dans le cas particulier le plus important, appelé << cas brownien >>, on a $Z^0_t=t$, tandis que $(Z^\lambda_t)_{\lambda=1,...,m}$ est un mouvement brownien standard dans $\mathbb{R}^m$. Enfin, a(x) est une matrice $(a^i_\lambda(x))$ dont les éléments sont des fonctions de classe C^∞ , bornées ainsi que leurs dérivées partielles de tous les ordres.

On sait que l'équation (1') est alors un cas particulier de l'équation

(1), si l'on convient d'ajouter les crochets de Z parmi les semimartingales directrices. Rappelons aussi (cf. l'exposé sur les e.d.s. dans ce volume) que la forme (1') a un sens intrinsèque dans les variétés, en interprétant les (a^i_λ) comme des champs de vecteurs $a_\lambda = a^i_\lambda D_i$. Pour avoir une interprétation analogue de la forme (1), il est nécessaire de disposer d'une connexion Γ sur la variété.

Si nécessaire, on écrira $Y^Z_t(x)$ pour indiquer la dépendance de Y vis à vis de la semimartingale directrice Z.

LE FLOT DE L'E.D.S.. D'après les travaux de Malliavin, Baxendale, Elworthy, Eels... Bismut, Kunita, Varadhan...[1] présentés dans le Sém. XV, on peut choisir une version $Y_t(\omega,x)$ de la solution de (1) ou (1'), possédant les propriétés suivantes, pour (presque) tout ω

i. $Y_t(\omega,x)$ est fonction continue de (t,x), de classe C^∞ en x.

ii. Pour tout multiindice α , la dérivée partielle $D^\alpha Y_t(\omega,x)$ par rapport à x est fonction continue de (t,x).

iii. L'application $x \mapsto Y_.(\omega,x)$ est propre : pour tout intervalle compact [0,T], on a $\lim_{x\to\infty} \inf_{t\in[0,T]} |Y_t(\omega,x)| = +\infty$

Il a été démontré aussi que, pour presque tout ω, $x\mapsto Y_t(\omega,x)$ est pour tout t un difféomorphisme de $\mathbb{R}^d$ sur lui même, mais nous n'utiliserons guère ce résultat.

Soit $U_t(\omega,x)$ la matrice de l'application linéaire tangente à $Y_t(\omega,x)$ au point x, c'est à dire la matrice carrée des dérivées partielles $D_j Y^i_t(\omega,x)$. C'est une fonction continue de (t,x), solution de l'équation linéaire

(2) $U_t(x) = I + \int_0^t dL_s(x)U_s(x)$ (2') $U_t(x) = I + \int_0^t *dL_s(x)U_s(x)$[2]

où (L_t) est la semimartingale matricielle

$$dL^i_{jt} = D_j a^i_\lambda(Y_s(x))dZ^\lambda_s \quad (\text{ resp. } *dZ^\lambda_s)$$

La convention de sommation est appliquée en λ comme d'habitude. La matrice $U_t(\omega,x)$ admet pour tout t une matrice inverse $V_t(\omega,x)$, dépendant continûment de (t,x), et donnée par l'équation suivante dans le cas d'Ito

(3) $$V_t(x) = I - \int_0^t V_s(x)(dL_s(x) - \langle dL_s(x),dL_s(x)\rangle)$$

(voir dans ce volume l'article de Karandikar ; cette formule figure aussi chez Bismut sous une forme moins générale). La formule analogue dans le cas de Stratonovitch est plus simple :

(3') $$V_t(x) = I - \int_0^t V_s(x)*dL_s(x) .$$

1. Kunita a signalé l'article de Blagovečenskii-Freidlin (DAN 138, 1961), qui semble ne pas avoir attiré l'attention, et qui est remarquable.
2. *d forme un tout (c'est le « d de Stratonovitch »).

LE CAS BROWNIEN. Comme nous l'avons dit au début, le << cas brownien >> est celui où $Z_t^0=t$, les Z_t^λ ($\lambda\geqq 1$) étant les composantes d'un mouvement brownien standard.

Rappelons que (cf. Emery, ZW 41, 1978, p. 248, lemme 3), la solution de l'équation (1) avec valeur initiale Y_0 satisfait à une inégalité de la forme

(4) $$\|Y\|_{\underline{S}^p} \; (= \|Y^*\|_{L^p}) \leqq C_p \|Y_0\|_{L^p}$$

sous les conditions suivantes : p est fixé dans $[1,\infty[$; la semimartingale directrice Z appartient à l'espace $\underline{\underline{H}}^\infty$ (même réf. p. 243), avec une norme suffisamment petite (i.e. majorée par une quantité qui dépend de p et de la constante de Lipschitz de la matrice a , ainsi que de la dimension de l'espace). Disons maintenant qu'une semimartingale Z est << de type brownien >> si l'application $u \mapsto Z^u$ (arrêt à u) est une application continue de $\mathbb{R}_+$ dans $\underline{\underline{H}}^\infty$, ce qui signifie encore que tout intervalle borné $[0,N]$ peut être partagé en un nombre fini d'intervalles $[t_i,t_{i+1}]$ où l'on peut appliquer l'inégalité (4). On a alors pour tout p fini

(5) $$\|Y_N^*\|_{L^p} \leqq c\|Y_0\|_{L^p} \quad (c|x| \text{ dans le cas de (1)})^{(1)}$$

(ici c dépend de p, de N, et du module de continuité de l'application $u \mapsto Z^u$; le point important est l'appartenance à tout L^p). Les a_λ^i et leurs dérivées partielles étant bornés, les semimartingales directrices des équations (2) et (3) sont elles aussi << de type brownien >>, de sorte que l'on a par exemple

(6) $$\| \sup_{0\leqq t\leqq N} \|U_t(.,x)\| \|_{L^p} \leqq c|x|$$

de même pour V_t , ou pour $\det(V_t)$ qui est un polynôme en les coefficients de V_t. Tout cela a une grande importance pour les résultats de Malliavin.

II. VARIATION DES SEMIMARTINGALES DIRECTRICES

Dans ce paragraphe, nous allons étudier la << variation de la solution Y >> par la méthode élémentaire (bien connue en calcul des variations classique) consistant à dériver le long d'une droite. Nous cherchons donc à prouver la différentiabilité de $Y^{Z+h\zeta}$, où ζ est une semimartingale, ($h\in\mathbb{R}$), et en particulier à déterminer la différentielle

(7) $$\Phi(\zeta) = \frac{d}{dh} Y^{Z+h\zeta} \Big|_{h=0}$$

Dans une digression (intéressante, mais non indispensable pour les résultats ultérieurs) nous nous affranchirons partiellement de la dérivation le long des droites.

1. Cela vaut aussi pour les équations de Stratonovitch.

THEOREME 1. Il existe une version de $Y_t^{Z+h\zeta}(\omega,x)$ qui, pour presque tout ω, est de classe C^∞ en (h,x), avec des dérivées partielles de tous ordres continues en (t,h,x). De plus, la "différentielle" $\Phi(\zeta)=(\Phi_t^i(\omega))$ de $Y^\bullet$ au point Z est l'application linéaire qui à ζ associe la solution de l'e.d.s.

$$\Phi_t \overset{(1)}{=} \int_0^t a(Y_s^Z(x))d\zeta_s + \int_0^t D_i a(Y_s^Z(x))\Phi_s^i \, dZ_s \tag{8}$$

DEMONSTRATION. Ce théorème est tout à fait simple : nous allons appliquer le grand théorème sur les flots d'e.d.s. à un système convenable. Nous doublons le nombre des semimartingales directrices, en associant à tout λ un indice λ' et en posant $Z^{\lambda'}=\zeta^\lambda$. Nous ajoutons à l'espace d'états une coordonnée supplémentaire $x°$. Puis nous considérons le système

$$\overline{Y}_t^i(x°,x) = (x°,x)^i + \sum_{\mu=\lambda,\lambda'}\int_0^t a_\mu^i(\overline{Y}_s)dZ_s^\mu$$

avec pour $i=1,\dots,d$ $a_\lambda^i(x°,x)=a_\lambda^i(x)$, $a_{\lambda'}^i(x°,x)=f(x°)a_\lambda^i(x)$

pour $i=0$, $a_\mu^i(x°,x)=0$ (de sorte que $\overline{Y}_t^0(x°,x)$ reste constant et égal à $x°$).

Pour $x°$ fixé, $x°=h$, la solution est simplement $\overline{Y}_t(h,x)=(h,Y_t^{Z+f(h)\zeta}(x))$. La fonction $f(h)$ ne sert pas à grand chose : on la prend C^∞ <u>à support compact</u> afin que le système ci-dessus soit globalement lipschitzien, avec $f(h)=h$ sur un intervalle entourant 0.

Le grand théorème sur les flots nous dit que $\overline{Y}$ admet une version C^∞ en $(x°,x)$, avec une dérivée par rapport à $x°$ donnée par (2). C'est exactement le résultat cherché.

Plus généralement, ce raisonnement se prête au calcul de la différentielle sur un espace de dimension finie : on remplace Z par $Z+h_1\zeta^1+..h_k\zeta^k$ et on a la différentiabilité par rapport à $(x,h_1,..h_k)$. C'est intéressant en principe pour les calculs de variation seconde.

L'équation (8) présente un grand intérêt. Elle a été étudiée de manière systématique par Yoeurp et Yor dans un important travail non publié, et développé à nouveau par Yoeurp (à paraître). Nous allons reprendre ici la méthode de résolution de l'équation (8) par Yoeurp et Yor (l'extension au cas matriciel est due à A. Uppman).

THEOREME 2. Soit (L_t) une matrice carrée $d\times d$ à coefficients semimartingales, continues et soit U_t la solution de l'équation linéaire

$$U_t = I + \int_0^t dL_s U_s \quad \text{(resp. (9') : } I + \int_0^t * dL_s U_s \text{)}^{(2)}. \tag{9}$$

1. Dans le cas de Stratonovitch : $*d\zeta$, $*dZ$. 2. Cf. (2)-(2') .

Soit (H_t) une semimartingale continue, nulle en 0 à valeurs dans $\mathbb{R}^d$, et soit (Φ_t) la solution de l'équation

(10) $$\Phi_t = H_t + \int_0^t dL_s \Phi_s \quad (\text{ resp. } (10)' : *dL_s)$$

Alors on a[1]

(11) $$\Phi_t = U_t \int_0^t U_s^{-1}(dH_s - \langle dL,dH\rangle_s) = H_t - U_t \int_0^t H_s dU_s^{-1}$$

(11') $$\Phi_t = U_t \int_0^t U_s^{-1} * dH_s = H_t - U_t \int_0^t H_s * dU_s^{-1}$$

REMARQUES. Si H n'est pas nulle en 0, soit Φ' la solution correspondant à $H'=H-H_0$; alors $\Phi_t = H_0 + \Phi'_t$.

Dans la formule (11), noter que le crochet est nul si H est à variation finie.

DEMONSTRATION. Nous cherchons Φ_t sous la forme $U_t M_t$, où (M_t) est une matrice colonne semimartingale. Nous écrivons la formule d'intégration par parties

$$d(UM) = (dU)M + UdM + \langle dU,dM \rangle$$

où $\langle dU,dM \rangle$ est la matrice colonne de coefficients $\langle dU,dM\rangle^i = \langle dU_k^i, dM^k\rangle$ (convention de sommation !). Comme $dU=(dL)U$

$$d\Phi = \underline{\underline{(dU)M}} + UdM + \langle dU,dM\rangle = dH + \underline{\underline{(dL)UM}}$$

Les termes soulignés s'éliminent, et nous avons

$$dM = U^{-1}(dH - \langle dU,dM\rangle)$$

Mais $dM = U^{-1}dH + d(\text{ var.finie })$ entraîne $\langle dU,dM\rangle = U^{-1}\langle dU, U^{-1}dH\rangle = U^{-1}\langle (dU)U^{-1}, dH \rangle$. Or $UU^{-1}=I$, donc $(dU)U^{-1} = -UdU^{-1} + d(\text{var.finie })$, et $U^{-1}\langle (dU)U^{-1}, dH \rangle = -U^{-1}\langle U(dU^{-1}), dH \rangle = \langle dU^{-1}, dH \rangle$. La formule obtenue mérite d'être explicitée :

(12) $$\Phi_t = U_t \int_0^t U_s^{-1} dH_s + \langle dU^{-1}, dH \rangle_s$$

d'où l'on tire (11) en exprimant le dernier crochet au moyen de (3).

Dans (12), intégrons par parties :

$$U^{-1}dH + \langle dU^{-1}, dH \rangle_s = d(U^{-1}H) - HdU^{-1}$$

et nous obtenons la seconde moitié de (11). Quant à (11'), elle n'est pas difficile, puisque le calcul de Stratonovitch obéit aux mêmes règles que le calcul ordinaire.

REMARQUE 1. Il est naturel que dH disparaisse de (11) : en effet, il est bien connu que l'équation (10) peut être résolue pour H seulement continu adapté. La seconde formule (11) , établie dans le cas des semimartingales continues, s'étendra par stabilité au cas des processus continus adaptés, mais une démonstration par un calcul direct mériterait d'être cherchée .

---

1. Il est souvent plus commode d'écrire $\langle dA,dB\rangle$ que $d\langle A,B\rangle$, et nous le faisons librement dans ces formules, et dans toute la suite.

REMARQUE 2. Oublions la structure linéaire de $\mathbb{R}^d$ pour ne garder que la structure différentiable. Il faut alors écrire (1') sous la forme

$$d^2Y_t(x) = a_\lambda(Y_s(x))*dZ_s^\lambda \qquad Y_0(x)=x$$

où les a_λ sont des champs de vecteurs sur $V=\mathbb{R}^d$ (cf. l'appendice de l'exposé de géométrie stochastique. On pourrait de même interpréter (1) en Ito, au moyen d'une connexion sur V). Dans ce cas, la variation de la solution

$$\zeta \mapsto \Phi^\zeta = \frac{d}{dh} Y^{Z+h\zeta}\Big|_{h=0}$$

s'interprète comme une application linéaire de l'espace des semimartingales réelles ζ dans l'espace des semimartingales (Y_t^Z, Φ_t) à valeurs dans T(V) au dessus de Y_t^Z . Remarquons alors le caractère intrinsèque de la formule (11') : $*dH_t = a_\lambda(Y_t^Z)*d\zeta_t^\lambda$ "est" dans $T_{Y_t}(V)$; on le ramène dans $T_{Y_0}(V)$ par U_s^{-1} , et on intègre dans cet espace fixe, après quoi on revient dans $T_{Y_t}(V)$ par U_t. Les " " de la phrase précédente, dont la signification est plus que vague, sont inutiles lorsque ζ est à variation finie, le seul cas utilisé chez Bismut. En effet, on peut alors prendre des densités par rapport à un processus à variation finie scalaire, supprimer les * devant dH, et travailler avec de vrais vecteurs.

DIGRESSION. Nous allons maintenant exposer la méthode de Bismut, qui utilise le flot $Y_t^Z(x,\omega)$ correspondant à la semimartingale directrice Z comme une <<machine>> permettant de ramener l'intégration de (1) avec semimartingale directrice $Z+\zeta$ à celle d'équations différentielles auxiliaires, qui lorsque ζ est à variation finie sont déterministes, et non stochastiques.

L'idée, analogue à celle de la << méthode de variation des constantes >> pour la résolution des équations linéaires, consiste à rechercher la solution sous la forme $Y_t^Z(A_t(\omega),\omega)$, où (A_t) est une semimartingale convenable. Il faut montrer, bien sûr, que le résultat est une semimartingale dont on sait calculer explicitement la différentielle. C'est là l'objet des << formules d'Ito généralisées >> dues à Bismut, et retrouvées par Kunita (Sém. XV, p. 118-120) avec une démonstration plus simple [1]. Nous ne parlerons ici que du cas à variation finie, et nous admettrons le lemme suivant :

LEMME. Si (Y_t) est la solution de (1), et (A_t) est un processus à valeurs dans $\mathbb{R}^d$, continu, adapté et à variation finie, le processus $Y_t(A_t(.),.)$ est une semimartingale, et l'on a

1. D'importants progrès sur ces << formules d'Ito >> ont été réalisés récemment par Sznitman (article à paraître).

(13) $\quad Y_t(A_t(.),.) = Y_0(A_0,.) + \int_0^t a(Y_s(A_s,.))dZ_s + \int_0^t U_s(A_s,.)dA_s$

Si (1) est remplacée par (1'), on obtient la formule (13') analogue en remplaçant dZ_s par $*dZ_s$ - et cette formule reste d'ailleurs vraie pour A non nécessairement à variation finie, en écrivant $*dA_s$ au lieu de dA_s.

THEOREME 3. 1) Supposons ζ à variation finie, et soit $Y_t^Z(x,.)$ la solution de l'équation (1). Soit $A_t(x,\omega)$ - on omettra la mention de x pour simplifier - la solution de l'équation différentielle

(14) $\quad A_t(\omega)= x + \int_0^t U_s^{-1}(A_s(\omega),\omega)a(Y_s(A_s(\omega),\omega)d\zeta_s(\omega)$

Alors on peut prendre

(15) $\quad Y_t^{Z+\zeta}(x,\omega) = Y_t^Z(A_t(x,\omega),\omega)$

2) Le même résultat vaut pour l'équation (1'), mais sans supposer ζ à variation finie : il suffit de remplacer $d\zeta_s$ par $*d\zeta_s$.

Ce théorème met en évidence les faits énoncés au début de la section. Si ζ est à variation finie, l'équation auxiliaire (14) est une équation différentielle non stochastique, qui pour ω fixé se résout de manière déterministe. On a donc un procédé mécanique, connaissant le flot $Y_t^Z(x,\omega)$, pour obtenir en même temps toutes les solutions $Y^{Z+\zeta}$ avec ζ à variation finie, trajectoire par trajectoire. Seule difficulté : l'équation (14) est seulement localement lipschitzienne, et peut donc exploser en temps fini. Bismut mentionne ce problème, et se borne à la remarque suivante : si la matrice a(x) est à support compact K, on a $Y_t^Z(\omega,x)=x$ pour $x\notin K$, donc $U_t(x,\omega)=U_t^{-1}(x,\omega)=I$, et on se trouve dans le cas lipschitzien, ce qui exclut les explosions.

La démonstration du théorème 3 se réduit à un calcul, et (comme nous n'en avons pas besoin) nous ne la donnons pas.

III. APPLICATION AU CAS BROWNIEN

Nous nous plaçons maintenant dans le cas brownien : $Z_t^0=t$, (Z_t^λ) est un mouvement brownien standard ($\lambda=1,\dots,n$). Nous désignons par ζ un processus à variation finie à valeurs dans $\mathbb{R}^{n+1}$ de la forme

$$\zeta_t^0 = 0 \quad , \quad \zeta_t^\lambda = \int_0^t u_s^\lambda ds \quad (u^\lambda \text{ prévisible borné } ; \lambda\geq 1).$$

et nous considérons la trajectoire $Y_{\bullet}^{Z+h\zeta}(x,\omega)$ comme un élément de $\underline{\underline{C}}(\mathbb{R}_+,\mathbb{R}^d)$. Il est bien connu que, si $\tau<\infty$ est fixé, le processus $Z+h\zeta$ est un mouvement brownien sur $[0,\tau]$, par rapport à la loi $M_\tau^h P$, où

$$M_\tau^h = \exp(-h\int_0^\tau u_s\cdot dZ_s - \tfrac{1}{2}h^2\int_0^\tau |u_s|^2 ds)$$

Donc $Y_{\bullet}^{Z+h\zeta}$ a même loi sous $M_\tau^h P$, sur l'intervalle $[0,\tau]$, que $Y_{\bullet}^Z$ sous P. Autrement dit,

LEMME 4 . Si φ est une fonction borélienne positive sur $\underline{\underline{C}}(\mathbb{R}_+,\mathbb{R}^d)$, ne dépendant que des coordonnées d'indice $\leqq\tau$, on a pour tout h

(16) $E[\varphi(Y^Z_\cdot)] = E[\varphi(Y^{Z+h\zeta}_\cdot)\exp(-h\int_0^\tau u_s\cdot dZ_s - \frac{h^2}{2}\int_0^\tau |u_s|^2 ds)]$ (1)

La quantité suivante est donc nulle pour tout h

$$E[\frac{1}{h}(\varphi(Y^{Z+h\zeta}_\cdot)-\varphi(Y^Z_\cdot))\exp(-h\int_0^\tau\ldots)]+E[\varphi(Y^Z_\cdot)\frac{\exp(-h\ldots)-1}{h}]$$

Si nous supposons $\varphi\in L^p$ (p>1), il n'y a pas de difficulté à étudier le dernier terme : il tend vers $-E[\varphi(Y^Z_\cdot)\int_0^\tau u_s\cdot dZ_s]$. Si nous introduisons la martingale

$$\mathfrak{m}^\varphi_t = E[\varphi(Y^Z_\cdot)|\underline{\underline{F}}_t] \quad (t\leqq\tau)$$

qui est de la forme $E[\varphi(Y^Z_\cdot)] + \int_0^\tau j_{\lambda s}dZ^\lambda_s$ ($j_{0s}=0$), cette espérance vaut

(17) $$-E[\varphi(Y^Z_\cdot)\int_0^\tau u_s\cdot dZ_s] = -E[\int_0^\tau u^\lambda_s j_{\lambda s}\, ds]$$

Du côté gauche, il est un peu difficile de faire une hypothèse tout à fait satisfaisante. Supposons que φ soit <u>fortement différentiable</u>. Comme une forme linéaire continue sur $\underline{\underline{C}}([0,\tau],\mathbb{R}^d)$ s'écrit $w\mapsto\int_0^\tau \mu_i(dt)w^i_t$ (que nous écrirons $\int_0^\tau \mu(dt)w(t)$, μ étant une « ligne » et w une « colonne » . Alors la différentiabilité de φ s'écrit

$$\varphi(\pi+w)-\varphi(\pi) = \int_0^\tau \mu(\pi,dt)w(t)+ o(\|w\|)$$

et d'après (8) et (11), sous réserve de convergence dominée, on obtiendra pour le côté gauche

(18) $$E[\int_0^\tau \mu(Y^Z_\cdot,dt)\int_0^t U_t U_s^{-1}a(Y^Z_s)u_s ds]$$
$$= E[\int_0^\tau(\int_s^\tau\mu(Y^Z_\cdot,dt)U_{t-s}a(Y^Z_s))u_s ds]$$

En écrivant que (17)+(18)=0, on obtient la valeur du processus j_s, considéré comme matrice ligne : c'est (1)

(19) $$j_{\lambda s}=E[\int_s^\tau \mu(Y^Z_\cdot,dt)U_{t-s}a_\lambda(Y^Z_s) \mid \underline{\underline{F}}_s]$$ (il s'agit en réalité d'une proj. prévisible)

Cette belle formule est due à Haussmann . La première démonstration de Haussmann (SIAM J. Control and Opt. 16, 252-269, 1978) était fort compliquée. Haussmann en a publié dans Stochastics 3, 1979, 17-27 une démonstration plus simple, assez voisine de celle de Bismut que nous venons de reproduire (avec une simplification supplémentaire dans l'emploi du théorème de Girsanov, due à Williams).

Ici encore, soulignons le sens géométrique de cette formule. Si π est une trajectoire à valeurs dans $\mathbb{R}^d$=V, dans le calcul de la différentielle apparaît la fonction w qui doit être interprétée comme un transport

1. Ici et dans toute la page, le paramètre x est fixé, et on l'omet de la notation.

dans T(V) au dessus de π . Ainsi la matrice ligne $\mu(\pi,dt)$ " est " à valeurs dans $T^*_{\pi(t)}(V)$ - les " " peuvent être interprétés en un sens rigoureux, lorsque les $\mu(\pi,.)$ ont des densités par rapport à une mesure fixe sur $\mathbb{R}_+$. $a(Y^Z_s)$ est une application de $\mathbb{R}^{n+1}$ dans $T_{Y^Z_s}(V)$, $U_{t-s}a(Y^Z_s)$ nous amène dans $T_{Y^Z_t}(V)$, appliquer $\mu(Y^Z_.,dt)$ nous laisse une forme linéaire sur $\mathbb{R}^{n+1}$, et finalement l'intégration a lieu dans le dual de $\mathbb{R}^{n+1}$, espace vectoriel fixe.

Donnons un énoncé explicite des résultats obtenus, sous une hypothèse simple (mais utilisant explicitement la norme euclidienne sur $\mathbb{R}^d$).

THEOREME 5. Supposons que φ soit une fonction fortement différentiable sur $\underline{\underline{C}}([0,\tau],\mathbb{R}^d)$, avec différentielle

$$\varphi(\pi+w) = \varphi(\pi) + \int_0^\tau \mu_i(\pi,dt)w^i(t) + o(\|w\|)$$

les masses totales des mesures μ_i étant uniformément bornées en π (ou plus généralement, à croissance au plus polynômiale en $\|\pi\|$). Alors on a, pour tout processus prévisible borné (u_s) à valeurs dans $\mathbb{R}^{n+1}$,tel que $u^0_s=0$

$$(20)\qquad E[\varphi(Y_.)\int_0^\tau u_s.dZ_s] = E[\int_0^\tau \mu(Y^\cdot,dt)U_t\int_0^t U_s^{-1}a(Y_s)u_s ds\ ]^{(1)}$$

(x omis de la notation, ainsi que le Z de Y^Z_s).

DEMONSTRATION. Revenons à la formule suivant immédiatement (16), l'étude du terme de gauche. Il s'agit de montrer que l'expression sous le signe $\mathbb{E}$ est bornée dans un L^p ,p>1, lorsque h est petit. Pour ce qui est de

$$\exp(-h\int_0^\tau u_s.dZ_s - \frac{h^2}{2}\int|u_s|^2ds\ ),$$

ce facteur a une norme bornée dans tout L^p (p fixé) pour h assez petit (inégalité de John-Nirenberg). Pour le premier facteur, nous écrivons

$$\frac{1}{h}(\varphi(Y^{Z+h\zeta})-\varphi(Y^Z)) = \frac{1}{h}\int_0^h ds \int_0^\tau \mu(Y^{Z+s\zeta},dt)\zeta(t)$$

et comme la norme de $\zeta(t)$ dans $\mathbb{R}^{n+1}$ est bornée par une constante, tout revient à majorer la norme de la mesure $\mu(Y^{Z+s\zeta})$ pour s petit. Mais l'hypothèse de croissance polynômiale nous ramène à montrer que $\|Y^{Z+s\zeta}\|_{\underline{\underline{C}}([0,\tau])}$ appartient à tout L^p, avec une norme majorée en s .

Nous avons signalé cette propriété à la fin de la section I.

---

1. μ est une ligne (1,d), U un carré (d,d), a un rectangle (d,λ), u une colonne (λ,1), et le produit du tout un scalaire.

L'<< INTEGRATION PAR PARTIES >> . Nous allons établir une dernière formule, un peu plus compliquée, avant de quitter Bismut au moment où il s'engage dans la technique du " calcul de Malliavin"

Nous allons prendre dans la formule (20)

$$\varphi(Y_.) = g_k(Y_.) f(Y_\tau) \qquad k=1,\dots,d$$

où f est une fonction C^∞ à support compact sur $\mathbb{R}^d$, et g_k est une fonctionnelle sur $\underline{\underline{C}}([0,\tau],\mathbb{R}^d)$, fortement différentiable - comme φ précédemment, avec les mêmes hypothèses. La raison pour laquelle nous écrivons g_k , c'est que nous pensons à g_k comme à la k-ième composante d'une fonctionnelle à valeurs dans l'espace cotangent initial T^*_x, notée g. Nous noterons $\nu_k(\pi,dt)$ la mesure associée à la différentielle de g_k , et si nous nous rappelons que $\nu_k(\pi,dt)$ est un élément de $T^*_{Y_t}$, nous avons en fait un tableau de mesures scalaires $\nu_{k\ell}(\pi,dt)$ avec deux indices en bas (une forme bilinéaire sur $T_x \times T_{Y_t}$).

Nous allons prendre d'autre part

$$u_{\lambda s} = u^k_{\lambda s} = (U_s^{-1} a_\lambda(Y_s))^k$$

Ce processus prévisible n'est pas borné, mais comme nous avons des bornes dans tous les L^p sur les matrices U_s^{-1}, l'extension ne pase pas de problème. Avec ces notations, la sommation sur k se fait toute seule, et nous obtenons du côté gauche

(21) $\quad E[f(Y_\tau) < g(Y_.), \int_0^\tau U_s^{-1} a_\lambda(Y_s) * dZ_s^\lambda >^{(1)}] \qquad$ (sommation en $\lambda \geqq 1$)

Du côté droit, il faut calculer la différentielle de $\varphi(Y_.)$, qui est un produit. Il apparaît donc deux termes. Le premier

(22) $\quad E[f(Y_\tau) \int_0^\tau \nu_{k\ell}(Y_.,dt) U^\ell_{jt} \int_0^t \sum_1^n (U_s^{-1} a_\lambda(Y_s))^j (U_s^{-1} a_\lambda(Y_s)^k) ds]$

et le second

(23) $\quad E[g_k(Y_.) D_\ell f(Y_\tau) U^\ell_{j\tau} \int_0^\tau \sum_1^n (U_s^{-1} a_\lambda(Y_s))^j (U_s^{-1} a_\lambda(Y_s))^k ds]$

On voit apparaître la forme bilinéaire positive sur $T^*_x \times T^*_x$, qui joue en fait un rôle <u>fondamental</u> dans l'étude de l'e.d.s.

(24) $\quad \gamma^{jk}_t = \int_0^t \Sigma (U_s^{-1} a_\lambda(Y_s))^j (U_s^{-1} a_\lambda(Y_s))^k ds \quad$ (somme sur $\lambda \geqq 1$)

ou plus intrinsèquement $\gamma_t = \int_0^t \Sigma_\lambda\, U_s^{-1} a_\lambda(Y_s) \otimes U_s^{-1} a_\lambda(Y_s)\, ds$. Nous pouvons alors écrire

THEOREME 6. On a la << formule d'intégration par parties >>

(25) $\quad E[g_k(Y_.) D_\ell f(Y_\tau) U^\ell_{j\tau} \gamma^{kj}_\tau] = E[f(Y_\tau) < g(Y_.), \int_0^\tau U_s^{-1} a_\lambda(Y_s) * dZ_s^\lambda >]$

$$- E[f(Y_\tau) \int_0^\tau \nu_{k\ell}(Y_.,dt) U^\ell_{jt} \gamma^{kj}_t] \ .$$

Si l'on veut, on peut interpréter la quantité du côté gauche, sous le signe E[ ], comme $\gamma(g, U^*_\tau(df|_{Y_\tau}))$, sans coordonnées. Du côté gauche, on a des dérivées en f, et du côté droit on n'en a plus.

1. On ne peut confondre ces <,> avec des crochets obliques de semimartingales !

APPENDICE : LIEN AVEC LE CALCUL DE MALLIAVIN

Nous nous proposons ici de faire un << pont >> entre le calcul des variations de Bismut, présenté dans les pages qui précèdent, et le calcul au moyen des opérateurs L et Γ, introduit par Malliavin, et présenté dans un autre exposé de ce volume (<< Note sur le processus d'Ornstein-Uhlenbeck >>, auquel nous renvoyons plus bas sous la référence [O-U]). Une bonne partie de cet appendice est purement formelle, consistant uniquement à expliquer le principe de la méthode de Malliavin. Puis nous montrons où se fait le lien avec la méthode de Bismut, et où interviennent les crochets de Lie de la condition de non-dégénérescence de Hörmander. Dans cette seconde partie, nous suivons à nouveau Bismut, et redonnons des démonstrations complètes.

I. Nous reprenons l'équation (1') dans le << cas brownien >>, que nous écrivons explicitement ci-dessous. Le mouvement brownien est réalisé sur son espace canonique, muni de la mesure de Wiener P

$$dY_t = a_0(Y_t)dt + \sum_{\lambda=1}^{n} a_\lambda(Y_t)*dB_t^\lambda \ , \ Y_0=x \ .$$

On fixe un instant $\tau>0$, et on se propose de montrer que la loi η de Y_τ a une densité C^∞, sous certaines conditions de non-dégénérescence de la famille des champs a_λ ($\lambda\geqq 0$).

Nous ne nous occuperons pas ici que de l'existence d'une densité pour la mesure η, laissant la régularité de côté. D'après un lemme d'analyse harmonique, pour montrer que η est absolument continue, il suffit de montrer que ses dérivées au sens des distributions sont des mesures bornées, autrement dit que pour $f\in \underline{\underline{C}}_c^\infty(\mathbb{R}^d)$

(26) $$|E[D_i f(Y_\tau)]| = |< \eta, D_i f >| \leqq C\sup_x |f(x)| \quad (i=1,\dots,d).$$

L'idée de Malliavin consiste à considérer Y_τ comme une fonctionnelle sur l'espace du mouvement brownien, et à montrer qu'elle est << de classe C^∞ >>, c.à d. que l'on peut lui appliquer autant de fois qu'on le veut les opérateurs L et Γ de [O-U]. Faisons alors un calcul formel, dont le principe est tout à fait simple.

Nous partons de la formule (26) de [O-U], en omettant la mention de τ pour alléger un peu

$$\Gamma((f(Y),Y^j) = \textstyle\sum_k D_k f(Y)\,\Gamma(Y^k,Y^j)$$

Posons $c^{kj}=\Gamma(Y^k,Y^j)$; identifiant cette forme quadratique positive à une matrice symétrique positive, appelons Δ son déterminant et b_{jk} ses cofacteurs (plus exactement Δ_τ , $b_{jk\tau}$, mais τ est omis pour l'instant). Nous avons

(27) $$\Delta\, D_k f(Y) = \textstyle\sum_j b_{kj}\Gamma(f(Y),Y^j)$$

Remplaçons Γ par sa définition : $L(Y^j f(Y)-Y^j Lf(Y)-f(Y)LY^j$, multiplions encore par une fonction ϕ qui sera << bien régulière >> - dans beaucoup de cas, nous pourrons prendre $\phi=1/\Delta$, de manière à retomber sur (26) - et intégrons. Nous devons nous rappeler ici que L est symétrique : chaque fois que dans un produit L tombe sur f(Y), nous le faisons passer sur l'autre facteur. Nous obtenons

$$(28)\qquad E[\Delta\phi D_k f(Y)] = \sum_j E[f(Y)(\,Y^j L(\phi b_{jk})-L(Y^j\phi b_{jk})-\phi b_{jk}LY^j]$$

$$= -\sum_j E[f(Y)\{\,2\phi b_{jk}L(Y^j)+\Gamma(\phi b_{jk},Y^j)\}\,]$$

et nous voyons que le problème de la continuité absolue de η se ramène à la vérification de deux points (on prend $\phi=1$ pour commencer)

- L'intégrabilité des $\{\;\;\}_k$.
- La non dégénérescence de la forme (c^{jk}). En effet, si $\Delta>0$ p.s., (26) nous dira que l'image d'une mesure équivalente à la mesure de Wiener est absolument continue, d'où le même résultat pour l'image de la mesure de Wiener elle même.

Nous laisserons ici de côté le premier problème, pour nous attacher au second.

II. Choisissons une suite (ξ_n) de fonctions continues sur $\mathbb{R}_+$, à valeurs dans $\mathbb{R}^d$, nulles en 0, dont les dérivées $\dot{\xi}_n$ sont C^∞ à support compact et forment une base orthonormale de $L^2(\mathbb{R}_+,\mathbb{R}^d)$. Soient g et h deux fonctions C^∞ sur $\mathbb{R}^d$. Nous avons d'après le th. 9 de [O-U]

$$(29)\qquad \Gamma(g(Y_\tau),h(Y_\tau)) = \sum_n \nabla_{\xi_n} g(Y_\tau)\,\nabla_{\xi_n} h(Y_\tau)$$

Mais nous avons calculé explicitement ces dérivées : ce sont les variations premières données par les théorèmes 1 et 2 :

$$\nabla_{\xi_n} g(Y_\tau) = \sum_i D_i g(Y_\tau)\int_0^\tau (U_{\tau-s}a_\lambda(Y_s))^i\dot{\xi}^\lambda_{ns}ds \quad (\ \lambda=1,\dots n\ )$$

Calculons alors (29) : en utilisant le fait que les $\dot{\xi}_n$ forment une base, il vient

$$(30)\qquad \Gamma(g(Y_\tau),h(Y_\tau)) = D_i g(Y_\tau)D_j h(Y_\tau)c^{ij}_\tau$$

$$c^{ij}_\tau = \int_0^\tau \sum_{\lambda=1}^n (U_{\tau-s}a_\lambda(Y_s))^i(U_{\tau-s}a_\lambda(Y_s))^j ds$$

et nous avons explicitement les coefficients $c^{ij}_\tau=\Gamma(Y^i_\tau,Y^j_\tau)$ du paragraphe précédent.[1]

Les c^{ij}_τ sont les coefficients d'un tenseur symétrique (une forme bilinéaire positive sur $T^*_{Y_\tau}(V)$, image par U_τ du tenseur symétrique au point initial x

$$(31)\qquad S_\tau = \int_0^\tau \Sigma_1^n\, U_s^{-1}a_\lambda(Y_s)\otimes U_s^{-1}a_\lambda(Y_s)ds$$

Supposons que $S_\tau(\omega)$ définisse une forme quadratique dégénérée sur $T^*_x(V)$, et soit $v(\omega)$ un élément de longueur nulle. Par continuité, on a

1. Maintenant, nous suivons de nouveau Bismut mot pour mot.

$\langle v(\omega), U_s^{-1}a_\lambda(\omega)\rangle = 0$ pour tout $\lambda=1,..,n$ et $t \leq \tau$. Soit $\mathcal{H}_t(\omega)$ le sous-espace de $T_x(V)$ engendré par les $U_s^{-1}a_\lambda(\omega)$, $s\leq t$, $\lambda=1,...,n$, et soit $\mathcal{H}_{0+}(\omega) = \bigcap_{t>0} \mathcal{H}_t$. En fait, $\mathcal{H}_t$ est $\underline{\underline{F}}_t$-mesurable, $\mathcal{H}_{0+}$ est $\underline{\underline{F}}_0$-mesurable, donc p.s. égal à un sous-espace <u>fixe</u> de $T_x(V)$ (cela exige que l'on définisse une bonne stucture mesurable sur l'ensemble des sous-espaces de $T_x(V)$, je n'insiste pas là dessus). Comme $v(\omega)$ est une forme orthogonale à $\mathcal{H}_{0+}(\omega)$, on voit que :

ou bien $S_\tau(\omega)$ est p.s. non dégénéré, ou bien il existe une forme $v\varepsilon T_x^*(V)$ <u>non aléatoire</u> orthogonale à $\mathcal{H}_{0+}$.

Mais soit $\sigma(\omega)=\inf\{t : \mathcal{H}_t(\omega)\neq\mathcal{H}_{0+}(\omega)\}$: σ est un temps d'arrêt >0, et l'on voit que v est en fait orthogonal à $\mathcal{H}_t(\omega)$ pour tout $t<\sigma(\omega)$.

III. <u>Où les crochets de Lie font leur apparition</u>. Nous utiliserons le lemme suivant[2], très proche de la formule $(52)_c$ de l'exposé << Géométrie Différentielle stochastique >>, la dérivée de Lie $\mathcal{L}$ remplaçant la dérivée covariante ∇ (rappelons que $[a,K]=\mathcal{L}_aK$ (Sém. XV, p. 68-69)).

LEMME 6. Soit K un champ de vecteurs sur $V=\mathbb{R}^d$. Alors on a

$$(32)\qquad U_t^{-1}K(Y_t) = K(x) + \int_0^t U_s^{-1}([a_\lambda,K])(Y_s)*dZ_s^\lambda$$ (sommation sur tous les λ y compris 0)

DEMONSTRATION. Nous nous bornerons à esquisser cela : on a $d(U_t^{-1}K(Y_t))= U_t^{-1}*dK(Y_t) +(*dU_t^{-1})K(Y_t) = U_t^{-1}(*dK(Y_t)-*dL_tK(Y_t))$ (dL_t est définie après la formule (2), et dU_t^{-1} est donnée par la formule (3'))

D'autre part d'après l'expression de dL

$$*dL_tK(Y_t)^i = D_ja_\lambda^i(Y_t)K^j(Y_s)*dZ_t^\lambda$$

$$*dK(Y_t)^i = D_jK^i(Y_t)*dY_t^j = D_jK^i(Y_t)a_\lambda^j(Y_t)*dZ_t^\lambda$$

En formant $*dK-*dLK$ on voit donc apparaître les $a_\lambda^jD_jK^i-K^jD_ja_\lambda^i$, i.e. les composantes de $[a_\lambda,K]$.

REMARQUE. Si l'on écrit (32) avec $\mathcal{L}_{a_\lambda}K$ au lieu du crochet, on obtient une formule valable pour tous les champs de tenseurs. En particulier, pour une forme Θ, la formule (qui s'écrit avec $U_t^* : T_{Y_t}^* \to T_x^*$)

$$(33)\qquad U_t^*\Theta_{Y_t} = \Theta_x + \int_0^t U_s^*(\mathcal{L}_{a_\lambda}\Theta(Y_s))*dZ_s^\lambda$$

est la forme intrinsèque de la formule (2), qui était matricielle. On obtient en effet celle-ci en prenant $\Theta=dx^i$, $\mathcal{L}_{a_\lambda}dx^i=da_\lambda^i$. Cette formule a une propriété remarquable : <u>elle s'étend aux formes d'ordre 2</u>, permettant ainsi de calculer les extensions des U_t en opérateurs de l'espace tangent du second ordre $\tau_x(V)$ dans l'espace $\tau_{Y_t}(V)$.[3]

1. Il ne s'agit pas de "crochets obliques". 2. Bismut. Mécanique Aléatoire, p.158-163
3. Pour l'extension de $\mathcal{L}$ à l'ordre 2, voir Sém. XV, p. 68-69.

Développons la formule (32) en intégrales d'Ito . Soit $H(K)_t=U_t^{-1}K(Y_t)$, semimartingale dans $T_x(V)$. Nous avons (< , > est un crochet oblique !)

$$d< H(K), Z^\lambda >_t = H(\mathcal{L}_{a_\mu} K)d<Z^\mu,Z^\lambda>_t \quad (\text{ sommation sur } \mu=0,..,n)$$

et par conséquent, en remplaçant K par $\mathcal{L}_{a_\lambda} K$, pour développer l'intégrale de Stratonovitch dans (32)

$$(34)\quad H(K)_t = K(x) + \int_0^t H(\mathcal{L}_{a_\lambda} K)_s dZ_s^\lambda + \frac{1}{2}\int_0^t H(\mathcal{L}_{a_\mu}\mathcal{L}_{a_\lambda} K)_s d<Z^\mu,Z^\lambda>_s$$

ou dans le cas brownien

$$(35)\quad U_t^{-1}K(Y_t) = K(x) + \sum_1^n \int_0^t U_s^{-1}\,[a_\lambda,K](Y_s)dZ_s^\lambda$$
$$+ \int_0^t U_s^{-1}[a_0,K](Y_s)ds + \frac{1}{2}\sum_1^n U_s^{-1}[a_\lambda,[a_\lambda,K]](Y_s)ds$$

IV. Revenons alors à la fin du II. Si v est non aléatoire, orthogonal à $\mathcal{H}_t(\omega)$ pour tout $t<\sigma(\omega)$, les semimartingales réelles $\langle v,U_t^{-1}K(Y_t)\rangle$ (crochets gras ! valeur d'une forme sur un vecteur) sont nulles, pour $K=a_1,\ldots,a_n$. Donc les parties martingales sont nulles, et on voit que

l'orthogonalité de v aux $U_s^{-1}K(Y_s)$, $s<\sigma$ entraîne
l'orthogonalité aux $U_s^{-1}[a_\lambda,K](Y_s)$, $s<\sigma$, $\lambda=1,..,n$

En itérant, on voit que v est orthogonal à tous les crochets itérés $U_s^{-1}J(Y_s)$ ou $J=a_\lambda$, $[a_\lambda,a_\mu]$, $[a_\lambda,[a_\mu,a_\nu]]$... correspondant à $\lambda,\mu,\nu..\geq 1$

Mais alors, en regardant les parties à variation finie, on voit que v est orthogonal aussi aux $U_s^{-1}[a_o,J](Y_s)$. Et finalement, nous sommes parvenus à une condition géométrique :

LEMME 7. Si au point x les champs $a_1,\ldots,a_n$ et les crochets itérés formés à partir de $a_o,a_1,\ldots,a_n$ engendrent $T_x(V)$, S_τ définit p.s. une forme non dégénérée pour $\tau>0$.

Noter le rôle particulier de a_0 !

L'ensemble des raisonnements faits plus haut montre que, si cette condition géométrique est satisfaite, la loi de $Y_t(x)$ est absolument continue. Bien sûr, cela peut se déduire de la formule de Bismut (25), mais il était peut être plus instructif de procéder autrement, et de renvoyer le lecteur à l'article de Bismut pour la comparaison...

Signalons enfin que la loi de $Y_t(x)$ admet en fait une densité C^∞ sous la condition géométrique ci-dessus, et que cette conclusion reste exacte en supposant que les a_i (y compris a_o) et leurs crochets itérés engendrent $T_x(V)$ en tout point (alors que le lemme 7, lui, ne subsiste pas). Ces résultats figurent dans l'article de Bismut, et nous espérons avoir donné envie de les lire...

Université de Strasbourg
Séminaire de Probabilités 1980/81

GEOMETRIE DIFFERENTIELLE STOCHASTIQUE (bis)

par P.A. Meyer

Cet exposé fait suite à l'exposé du même titre de l'an dernier[1]. Il est consacré à un certain nombre de résultats sur la théorie des <u>équations différentielles stochastiques</u> régies par une semimartingale continue, sujet très incomplètement traité l'an dernier. Comme d'habitude, notre but principal consiste à étendre aux semimartingales générales ce que d'autres font seulement pour le mouvement brownien. Les résultats présentés ici sont à peu près les suivants

- Les théorèmes d'approximation des solutions des e.d.s. de Stratonovitch par interpolation linéaire (Bismut). Nous les présentons sous la forme de l'interpolation géodésique, ce qui nous permet de démontrer du même coup le théorème d'Ito sur l'approximation du transport parallèle stochastique (déjà ancien, mais dont je n'ai jamais vu de démonstration détaillée), et surtout, l'idée récente de correction géodésique au transport parallèle, due à Dohrn et Guerra, et qui m'a beaucoup intéressé.
- Une étude assez développée des équations différentielles stochastiques <u>linéaires</u> à valeurs dans T(V), ou plus généralement dans un fibré vectoriel au dessus de V (signalons tout de suite que nous n'utilisons aucun résultat de la théorie des fibrés vectoriels).
- Les formules classiques (Ito, Dynkin) sur l'extension aux champs de tenseurs d'un << procédé de transport >>.

Comme l'an dernier, cet exposé destiné aux probabilistes ne suppose que très peu de connaissances en géométrie différentielle (cependant, nous renverrons aux exposés du séminaire XV).

Il me reste à reconnaître mes dettes : envers le livre d'Ikeda-Watanabe pour un certain nombre de démonstrations, et envers le livre << Mécanique Aléatoire >> de J.M. Bismut pour presque tout l'exposé.

AVERTISSEMENT. Comme dans l'exposé de l'an dernier, nous évitons systématiquement certaines difficultés : d'abord, tout ce qui est différentiable est automatiquement supposé C^{∞}. Ensuite, et surtout, nous négligeons tous les problèmes de localisation et de recollement : nos << variétés >> sont en réalité des $\mathbb{R}^n$ dont on oublie la structure linéaire, et que l'on rapporte à des coordonnées globales (x^i) non linéaires, ou << mollusques de référence >>, comme disait (je crois) Einstein.

1. Toutefois, on ne promet plus rien quant aux larmes.

TABLE DES MATIERES

Les passages marqués d'une * traitent de questions spéciales, et pourront être omis sans inconvénient (comme tout l'exposé, d'ailleurs).

I. APPROXIMATION DES SOLUTIONS D'E.D.S.

1. RAPPELS SUR LES E.D.S. DANS $\mathbb{R}^d$

Les équations différentielles stochastiques régies par une semimartingale continue peuvent se classer en trois types, par ordre de généralité croissante. Nous les appellerons de manière conventionnelle, par le nom d'auteurs qui les ont spécialement étudiés (et sans prétendre faire de l'histoire !).

Le plus ancien est le type d'Ito :

(1) $$Y_t = y + \int_0^t a(X_s, Y_s) dX_s$$

Ici, la semimartingale continue directrice $X = (X_s^\lambda)$ varie dans un $\mathbb{R}^k$, la solution $Y = (Y_s^i)$ varie dans un $\mathbb{R}^d$, et la matrice $a = (a_\lambda^i(x,y))$ sera supposée C^∞ en (x,y), et uniformément lipschitzienne en y.

Nous rencontrons ensuite le type de Doléans

(2) $$Y_t = y + \int_0^t a(.,s,Y_s) dX_s$$

La matrice $a(\omega,s,y)$ est , pour y fixé, un processus adapté càglàd., pour (ω,s) fixé une fonction uniformément lipschitzienne (C^∞) de y. Notons que C. Doléans considère le type plus général

(2') $$Y_t = H_t + \int_0^t a(.,s,Y_{s-}) dX_s$$ où H_t est un processus càdlàg. donné.

Nous rencontrerons dans les variétés des équations du type (1), plus rarement du type (2), et c'est tout. Mais pour la théorie générale, le type d'Emery est extrêmement commode. Il s'agit d'équations

(3) $$Y_t = H_t + \int_0^t F(Y)_{s-} dX_s$$

Ici (H_t) est un processus càdlàg. adapté donné (il est important qu'il puisse être prix càdlàg., même lorsque X est continue), F est une « machine » qui transforme les processus càdlàg. adaptés à valeurs dans $\mathbb{R}^d$ en processus càdlàg. adaptés à valeurs dans $\mathbb{R}^k$, avec les propriétés

(4) $$Y^{T-} = Z^{T-} \implies F(Y)^{T-} = F(Z)^{T-} \text{ pour tout t.d'a. } T$$
$$(F(Y) - F(Z))^* \leq K (Y-Z)^*$$

où comme d'habitude, on pose $H_t^* = \sup_{s \leq t} |H_s|$, $H^* = H_\infty^*$ pour tout processus H à valeurs dans un $\mathbb{R}^n$.

Dans les trois cas, nous avons un théorème d'existence et d'unicité des solutions. Nous aurons besoin aussi de rappeler une inégalité due à Emery. Donnons nous un exposant p, $1 \leq p < \infty$. Alors il existe un certain espace $\underline{\underline{H}}^\infty$, une certaine constante M (dépendant de p, des deux dimensions k et d, et de la constante de Lipschitz K de (4)) telle que si $\|X\|_{\underline{\underline{H}}^\infty} \leq M$, on ait

(5) $$\|Y^*\|_{L^p} \leq c\,\|(H+F(0))^*\|_{L^p}$$

où $c=c_p$ dépend seulement de p. L'espace $\underline{\underline{H}}^\infty$ est défini de manière précise dans le Sém. XII, bas de la p. 758, par exemple. Mais en réalité vous n'avez pas besoin d'en connaître la définition : il vous suffit de savoir que toute semimartingale continue X est localement dans $\underline{\underline{H}}^\infty$: X étant supposée nulle en 0, il existe un t.d'a. T>0 tel que $\|X^T\|_{\underline{\underline{H}}^\infty} \leq M$, ce qui permet d'appliquer (5) sur [0,T]. Après quoi on considère la semimartingale $(X_{t+T}-X_T)$, et on recommence...

> Il est bon aussi de savoir que lorsque X est un mouvement brownien standard, la norme de X arrêté à N constant est majorée par cN , où c dépend de la dimension seulement.

Encore des rappels : des processus Y^n sont dits converger uniformément sur tout compact en probabilité (UCP) vers un processus Y si, pour tout N fixé, $(Y^n-Y)^*_N \to 0$ en probabilité.

Le plus grand avantage technique de l'emploi de semimartingales directrices continues quelconques est le suivant : si Q est une loi absolument continue par rapport à P, X est encore une Q-semimartingale, et on peut regarder l'équation (1), ou (2), ou (3) pour la loi Q. Alors la P-solution est Q-p.s. égale à la Q-solution. En pratique, on applique cela ainsi : A étant une partie quelconque de Ω telle que P(A)>0, on prend pour Q la loi conditionnelle P_A , pour laquelle la propriété $\omega\in A$ est p.s. réalisée. On travaille alors sous l'hypothèse $\omega\in A$, qui peut être très commode, et cela nous donne des résultats valables pour la loi P et les $\omega\in A$. Cette méthode de conditionnement, que nous utiliserons dès le paragraphe 2, est extrêmement utile.

2. APPROXIMATION PAR DISCRETISATION DU TEMPS

Rappelons d'abord un résultat d'Emery (nous traitons seulement le cas de l'équation (1)). Soit n un entier ; posons $t_\rho(n)=\rho 2^{-n}$ (ρ=0,1... ; s'il n'y a pas de doute quant à n, on écrira simplement t_ρ). Définissons un processus $\overset{n}{Y}_t$ en posant $\overset{n}{Y}_0=0$, puis, par récurrence sur ρ

(6) $$\text{si } t\in\,]t_\rho,t_{\rho+1}]\ ,\quad \overset{n}{Y}_t = \overset{n}{Y}_{t_\rho} + a(X_{t_\rho},\overset{n}{Y}_{t_\rho})(X_t-X_{t_\rho})$$

Emery a démontré, sous les hypothèses de Lipschitz globales, le résultat suivant :

THEOREME 1 . Lorsque $n\to\infty$, $Y^n \to Y$ au sens UCP.

Notre premier travail va consister à tirer quelques conséquences de ce résultat. Puis - ce sera le principal objet de ce paragraphe - nous démontrerons le même théorème en permettant dans (6) une petite erreur.

CONSEQUENCE 1. Au lieu de regarder l'équation (1), **considérons**

(7) $$Y_t = y + \int_0^t a(X_s,Y_s)dX_s + \frac{1}{2}\int_0^t b(X_s,Y_s)d\langle X,X\rangle_s$$

où $\langle X,X\rangle$ est la matrice colonne $\langle X,X\rangle^{\lambda\mu} = \langle X^\lambda,X^\mu\rangle$, et $b=(b^i_{\lambda\mu}(x,y))$ est une matrice C^∞, lipschitzienne en y. Cette équation entre dans le type (1), à condition d'inclure les crochets parmi les semimartingales directrices. Mais au lieu de traduire la formule (6), nous utilisons les approximants

(8) $$\overset{n}{Y}{}^i_t = \overset{n}{Y}{}^i_t + a^i_\lambda(X_{t_\rho},\overset{n}{Y}_{t_\rho})(X_t-X_{t_\rho})^\lambda$$
$$+ \frac{1}{2}b^i_{\lambda\mu}(X_{t_\rho},\overset{n}{Y}_{t_\rho})(X_t-X_{t_\rho})^\lambda(X_t-X_{t_\rho})^\mu$$

(on a omis les $\sum_\lambda$, $\sum_{\lambda\mu}$, conformément à la convention de sommation). Alors on a encore $\overset{n}{Y}\to Y$ au sens UCP. Pour voir cela, nous écrivons (7) sous la forme (1)

$$dY^i_s = a^i_\lambda(\ )dX^\lambda_s + \frac{1}{2}b^i_{\lambda\mu}(\ )(d(X^\lambda X^\mu)_s - X^\lambda_s dX^\mu_s - X^\mu_s dX^\lambda_s)$$

en incluant les $X^\lambda X^\mu$ (et non les crochets) parmi les semimartingales directrices. Puis nous **construisons alors les approximants** (6), et cela nous donne exactement la forme (8). Nous sommes donc ramenés au théorème 1. Mais ici se présente une difficulté : si $b^i_{\lambda\mu}(x,y)$ est lipschitzienne en y, il n'en est plus de même de $x^\mu b^i_{\lambda\mu}(x,y)$. Il faut donc disposer d'une extension du théorème 1 au cas localement lipschitzien.[1] La voici.

CONSEQUENCE 2. Revenons à l'équation (1), en supposant que la matrice a (et la matrice b dans le cas de (7)) soit C^∞, mais sans condition de Lipschitz globale en y. Alors il est bien connu que la solution de (1) existe encore, est unique, mais peut s'éloigner à l'infini en temps fini : il y a un instant d'explosion ζ, dépendant de y et ω. En revanche, les approximants $\overset{n}{Y}_t$ sont définis pour tout t. L'énoncé qui remplace 1 est le suivant : il y a convergence UCP sur $[0,\zeta[$, soit précisément

(9) pour tout N fixé, $(\overset{n}{Y}-Y)^*_N \to 0$ en probabilité sur l'ensemble $\{N<\zeta\}$.

Remarquer que, ce théorème étant supposé établi pour l'équation (1), la « conséquence 1 » se trouve établie elle aussi, et même dans le cas où a,b sont seulement localement lipschitziennes, avec convergence UCP sur $[0,\zeta[$.

Démonstration de (9). Considérons une suite (K_p) de compacts croissants dont les intérieurs recouvrent $\mathbb{R}^k\times\mathbb{R}^d$. Soit A_p l'événement

$$\{\omega : \text{pour tout } t\leq N,\ (X_t,Y_t)\in K_p\}$$

Il nous suffit de démontrer que, pour tout p, $(\overset{n}{Y}-Y)^*_N I_{A_p} \to 0$ en prob.. Nous omettons maintenant l'indice p .

1. Voir note page suivante.

écrivant simplement K,A pour K_p, A_p . Si P(A)=0, il n'y a rien à démontrer. Sinon, soit Q la loi conditionnelle P_A . Soit a' une matrice C^∞ à support compact (donc globalement lipschitzienne) égale à a sur un voisinage V de K. Considérons l'équation (1) correspondante, sa solution Y', ses approximants $\overset{n}{Y}{}'$: le théorème 2 nous dit que $\overset{n}{Y}{}'$ converge vers Y' au sens UCP pour la loi Q. D'autre part, on a Y'=Y sur [0,N] Q-p.s., puisque nous avons là deux solutions de la même équation lipschitzienne. Comme $\overset{n}{Y}{}'$ converge UCP vers Y', et (X,Y') est Q-p.s. dans K sur [0,N], la probabilité pour Q que $\overset{n}{Y}{}'$ sorte de V sur [0,N] est très petite pour n grand ; mais a et a' sont égales sur V, donc la probabilité que $\overset{n}{Y}{}'$ et $\overset{n}{Y}$ diffèrent sur [0,N] est très petite pour n grand, et $\overset{n}{Y}$ converge aussi vers Y sur [0,N] uniformément en probabilité pour la loi Q. D'où enfin le même résultat pour la loi P, sur l'ensemble A.[1]

3. APPROXIMATION AVEC UN TERME D'ERREUR

Nous revenons à l'équation (1) avec matrice a C^∞ (pas de condition de Lipschitz). Au lieu de (8), nous considérons les approximants suivants, définis d'abord seulement pour les points dyadiques d'ordre n

$$(10) \quad \overset{n}{Z}_0=y \ , \quad \overset{n}{Z}_{t_{\rho+1}} = \overset{n}{Z}_{t_\rho} + a(X_t,\overset{n}{Z}_{t_\rho})(X_t - X_{t_\rho}) + \overset{n}{h}_{t_{\rho+1}}$$

où $\overset{n}{h}_{t_{\rho+1}}$ est une v.a. $\underline{\underline{F}}_{t_{\rho+1}}$-mesurable, qui représente une déviation accumulée pendant tout l'intervalle $[t_\rho, t_{\rho+1}]$. Ce processus $\overset{n}{Z}$ n'est défini naturellement qu'aux points dyadiques d'ordre n, mais il est commode de le prolonger à tous les t, de manière adaptée (mais non continue)

$$(10') \qquad \text{pour } t_\rho \leq t < t_{\rho+1} \ , \ \overset{n}{Z}_t = \overset{n}{Z}_{t_\rho} + a(X_t,\overset{n}{Z}_{t_\rho})(X_t - X_{t_\rho})$$

Introduisons d'autre part le processus càdlàg. adapté

$$(11) \qquad H_t = \sum_{t_\rho < t} \overset{n}{h}_{t_\rho}$$

Nous avons alors :

THEOREME 2. Si $\overset{n}{H} \to 0$ au sens UCP, alors $\overset{n}{Z} \to Y$ au sens UCP sur $[0,\zeta[$.

VARIANTE. Le résultat s'applique aussi à l'équation (7), et aux approximants obtenus par addition d'un terme d'erreur à (8).

Démonstration. 1) Nous pouvons, grâce à la méthode de conditionnement, nous ramener au cas où (X,Y) est à valeurs dans un compact, alors remplacer (sans changer de notation) a par a' égale à a sur un voisinage

1. Pour la << conséquence 2 >>, j'ai utilisé des idées de Lenglart. Pour la << conséquence 1 >>, j'ai reproduit une note de Chou Ching-Sung (dans ce volume).

de K, et à support compact (cf. haut de la page précédente). Nous sommes ainsi ramenés au cas globalement lipschitzien, sans explosion.

Ensuite, nous nous ramenons à vérifier le résultat suivant : pour tout N fixé, et pour toute suite $(n_k)\uparrow\infty$ telle que $\sum_k (\overset{n_k}{H})^*_N = H$ soit p.s. finie, on a $\lim_k (\overset{n_k}{Z}-Y)^*_N = 0$ en probabilité. Cela s'établit très aisément par l'absurde, en remarquant que toute suite de v.a. positives qui converge vers 0 en probabilité contient une sous-suite de somme finie.

Nous remplaçons alors (sans changer de notation) P par une loi équivalente telle que H soit intégrable.

Après ces préliminaires, passons à la démonstration proprement dite. Le processus $\overset{n}{Z}-Y$ est solution de l'e.d.s. du type d'Emery

$$U_t = \overset{n}{H}_t + \int_0^{t} \overset{n}{F}(U)_{s-} dX_s$$

où $\overset{n}{F}$ est la fonctionnelle ainsi définie : $\overset{n}{F}(U)_0=0$ et sur $]t_\rho, t_{\rho+1}]$

$$\overset{n}{F}(U)_t = a(X_{t_\rho}, \overset{n}{Y}_{t_\rho} + U_{t_\rho}) - a(X_{t_\rho}, \overset{n}{Y}_{t_\rho})$$

Cette fonctionnelle satisfait à $\overset{n}{F}(0)=0$, et elle admet une constante de Lipschitz <u>indépendante de n</u> (dépendant seulement de la constante de Lipschitz de a). Par conséquent, si la norme de X dans $\underline{\underline{H}}^\infty$ est majorée par une certaine quantité fixe M, nous avons

$$E[(\overset{n}{Z}-Y)^*_N] \leq cE[\overset{n}{H}{}^*_N] \quad \text{pour tout } n$$

Prenant $n=n_k$, le côté droit ->0 par convergence dominée, et donc le côté gauche aussi.

Maintenant, si la norme de X n'est pas petite dans $\underline{\underline{H}}^\infty$, nous remplaçons X par X^T, où T est un temps d'arrêt tel que X^T ait une norme petite, et nous voyons que $\overset{n}{Z}$->Y (UCP) sur $[0,T]$. Puis nous recommençons après décalage de T, etc.

4. APPROXIMATION GEODESIQUE D'UNE EQUATION DE STRATONOVITCH

Revenons à l'équation du type (1), à coefficients C^∞

$$Y_t = y + \int_0^t a(X_s, Y_s) dX_s$$

et considérons d'abord l'approximation suivante : nous interpolons linéairement la courbe $X_.(\omega)$ entre les instants $t_\rho(n)$ et $t_{\rho+1}(n)$, ce qui nous donne une trajectoire à variation finie (non adaptée) $\overset{n}{X}_.(\omega)$, puis nous résolvons l'équation différentielle <u>ordinaire</u> (déterministe)

(12) $$\overset{n}{Y}_t = y + \int_0^t a(\overset{n}{X}_s, \overset{n}{Y}_s) d\overset{n}{X}_s$$

et nous nous demandons si $\overset{n}{Y}$ converge, et vers quelle limite. Dans le cas brownien, après des années de travail par de nombreux et illustres auteurs, on est parvenu à des résultats définitifs (que l'on trouvera par exemple chez Bismut : d'abord la limite n'est pas la solution de (1), mais la solution de sa compagne au sens de Stratonovitch

(13)=(1_s) $\quad Y_t = y + \int_0^t a(X_s,Y_s)*dX_s$

Ensuite : non seulement $\overset{n}{Y}$ converge vers Y au sens UCP, mais il y a convergence de la fonction $\overset{n}{Y}_t(\cdot,y)$ des deux variables (t,y) vers le flot de (13), uniforme en probabilité sur les compacts, et il y a convergence de toutes les dérivées de tous ordres en y vers les dérivées correspondantes du flot. Sur le flot d'une e.d.s., voir l'exposé du Sém. XV, p. 103, d'après Kunita.

Nous n'allons pas étendre ces résultats aux semimartingales directrices quelconques, car je préfère m'orienter dans une autre direction, en vue d'applications à la géométrie différentielle. Munissons l'espace $\mathbb{R}^k$ où se meut la semimartingale directrice X d'une connexion C^∞ Γ , et au lieu de construire la courbe $\overset{n}{X}$ par interpolation linéaire, construisons la par interpolation géodésique entre les points X_{t_ρ} (cela sera précisé plus loin). Alors, pour y fixé :

THEOREME 3. Le processus $\overset{n}{Y}$ converge au sens UCP vers Y sur $[0,\zeta[$, où Y est donnée par l'équation de Stratonovitch (13).

Démonstration. En utilisant à nouveau la méthode de conditionnement, nous pouvons nous ramener au cas où le processus (X,Y) reste dans un compact, la matrice a étant globalement lipschitzienne (pas d'explosion), C^∞ à support compact. En particulier, X varie dans un compact K, et nous pouvons supposer que les symboles de Christoffel de la connexion sont des fonctions C^∞ à support compact.

Il existe deux nombres >0 α et β possédant les propriétés suivantes : pour tout $x \in K$, l'application exponentielle e_x de la connexion est définie et injective dans la boule $\{|v|<\alpha\}$ de l'espace tangent, et l'image de cette boule contient la boule $\{|y-x|<\beta\}$ de $\mathbb{R}^k$. Dans ces conditions, si X_{t_ρ} et $X_{t_{\rho+1}}$ sont à distance < β , nous pouvons les joindre par un arc de géodésique bien défini entre les instants t_ρ et $t_{\rho+1}$, à savoir

(14)$_a$ $\quad \overset{n}{X}_t = e_{X_{t_\rho}}\left(\frac{t-t_\rho}{\tau} v_\rho\right)$, avec $v_\rho = e^{-1}_{X_{t_\rho}}(X_{t_{\rho+1}})$, et $\tau = 2^{-n}$

Fixons N : la fonction $X_.(\omega)$ étant uniformément continue sur [0,N], nous voyons que la trajectoire interpolée $\overset{n}{X}.(\omega)$ est bien définie sur [0,N] entier, pour n assez grand, ce qui donne un sens à notre énoncé. Il sera commode, cependant, de conditionner par l'événement

$$\{ \text{ pour tout } n>n_0 \text{ , on a } |X_{t_{\rho+1}} - X_{t_\rho}| < \beta \text{ pour tout } t_\rho(n)<N\}$$

de manière que $\overset{n}{X}$ soit définie sur [0,N] pour tous les ω dès que $n>n_0$.

Et maintenant nous abordons les calculs. Nous nous plaçons toujours sur $[0,N]$, avec $n>n_o$.

1) Ecrivons que pour tout v, $|v|<\alpha$, la courbe $t\mapsto e_x(tv)$ satisfait à l'équation des géodésiques

$$(14)_b \qquad \ddot{x}^\lambda+\Gamma^\lambda_{\mu\nu}(x)\dot{x}^\mu\dot{x}^\nu=0$$

et admet la vitesse v à l'origine. On obtient le développement limité de e_x , puis de e_x^{-1}

$$(14)_c \qquad e_x(v)^\lambda= x^\lambda+v^\lambda-\frac{1}{2}\Gamma^\lambda_{\mu\nu}(x)v^\mu v^\nu+O(|v|^3)$$

$$(14)_d \qquad e_x^{-1}(x+h)^\lambda= h^\lambda+\frac{1}{2}\Gamma^\lambda_{\mu\nu}(x)h^\mu h^\nu +O(|h|^3)$$

avec des termes complémentaires uniformément majorés en $x\in K$. D'où l'on tire par $(14)_a$

$$(14)_e \qquad (v_\rho)^\lambda =(X^\lambda_{t_{\rho+1}}-X^\lambda_{t_\rho}) +\frac{1}{2}\Gamma^\lambda_{\mu\nu}(X_{t_\rho})(\quad)^\mu(\quad)^\nu +O(|X_{t_{\rho+1}}-X_{t_\rho}|^3) .$$

2) Autre calcul auxiliaire : considérons la solution de l'équation $dy_t=a(x_t,y_t)dx_t$, où x_t est un arc C^∞. Nous avons

$$(14)_f \qquad \dot{y}^i_t=a^i_\lambda(x_t,y_t)\dot{x}^\lambda_t \ , \quad \ddot{y}^i_t=a^i_\lambda(\,)\ddot{x}^\lambda_t+D_\mu a^i_\lambda(\,)\dot{x}^\lambda_t\dot{x}^\mu_t+D_j a^i_\lambda(\,)a^j_\mu(\,)\dot{x}^\lambda_t\dot{x}^\mu_t$$

et comme les a^i_λ et leurs dérivées sont bornés, un calcul donne pour la dérivée 3e une majoration du genre $M(|\dddot{x}_t|+|\ddot{x}_t||\dot{x}_t|+|\dot{x}_t|^3)$. Supposons que l'arc soit géodésique. Utilisant $(14)_b$ pour calculer les dérivées seconde et troisième, nous trouvons une majoration du genre $M|\dot{x}_t|^3$. Comme l'arc géodésique que nous considérons est donné par $(14)_a$ avec $t-t_\rho/\tau \leqq 1$ et $|v_\rho|<\alpha$, $|\dot{x}_t|/|\dot{x}_{t_\rho}|$ est borné, et nous pouvons majorer le terme complémentaire simplement par $M|\dot{x}_{t_\rho}|^3=M|v_\rho|^3/\tau^3$.

La formule de Taylor nous donne alors, pour $t_\rho\leqq t\leqq t_{\rho+1}$

$$(14)_f \qquad \overset{n}{Y}{}^i_t = \overset{n}{Y}{}^i_{t_\rho} + a^i_\lambda(X_{t_\rho},\overset{n}{Y}_{t_\rho})(t-t_\rho)v^\lambda_\rho/\tau$$
$$+\frac{1}{2}[-a^i_\lambda(\,)\Gamma^\lambda_{\mu\nu}(\,)+D_\mu a^i_\lambda(\,)+D_j a^i_\lambda(\,)a^j_\mu(\,)]v^\lambda_\rho v^\mu_\rho/\tau^2$$
$$+O((t-t_\rho)^3|v_\rho|^3/\tau^3)$$

Nous remplaçons maintenant v_ρ par sa valeur tirée de $(14)_e$, et nous trouvons pour $t=t_{\rho+1}$:

$$(14)_g \qquad \overset{n}{Y}{}^i_{t_{\rho+1}}-\overset{n}{Y}{}^i_{t_\rho} = a^i_\lambda(X_{t_\rho},\overset{n}{Y}_{t_\rho})(X^\lambda_{t_{\rho+1}}-X^\lambda_{t_\rho})$$
$$+ \frac{1}{2}[D_\mu a^i_\lambda(\,)+D_j a^i_\lambda(\,)a^j_\mu(\,)](X^\lambda_{t_{\rho+1}}-X^\lambda_{t_\rho})(X^\mu_{t_{\rho+1}}-X^\mu_{t_\rho})$$
$$+ O(|X_{t_{\rho+1}}-X_{t_\rho}|^3)$$

3) Si l'on omet le terme complémentaire de la dernière ligne, on voit que $\overset{n}{Y}_t$ ainsi modifié coïncide, aux points dyadiques d'ordre n de l'intervalle [0,N], avec un approximant du type (8) pour l'équation

$$dY_t^i = a_\lambda^i(X_t,Y_t)dX_t^\lambda + \frac{1}{2}[D_\mu a_\lambda^i(\ )+D_j a_\lambda^i(\ )a_\mu^j]d\langle X^\lambda,X^\mu\rangle_t$$

qui est la forme développée de l'équation de Stratonovitch (13). L'addition de la dernière ligne correspond à celle d'un terme d'erreur $\overset{n}{h}_{t_\rho}$ à la façon de (10) [attention : on ne considère ici que les points dyadiques : notre processus $\overset{n}{Y}_t$ n'est pas adapté aux instants t non dyadiques d'ordre n]. Pour appliquer le théorème 2, il suffit de remarquer que

$$\sum_{t_\rho<N} |X_{t_{\rho+1}}-X_{t_\rho}|^3 \to 0 \text{ en probabilité pour } n\to\infty$$

Il en résulte que $\overset{n}{Y}\to Y$ uniformément en probabilité sur les dyadiques (d'ordre quelconque) de [0,N]. Il n'est pas difficile de déduire alors de $(14)_f$ que la convergence uniforme en probabilité s'étend à tout l'intervalle [0,N].

II. TRANSPORT PARALLELE ET TRANSPORT GEODESIQUE

Jusqu'à maintenant, nous avons travaillé sur des espaces euclidiens $\mathbb{R}^k$, $\mathbb{R}^d$, dans notre étude de l'équation (1). Maintenant, nous allons oublier leurs structures linéaires : $\mathbb{R}^k$ (où se mouvra la semimartingale directrice) s'appellera donc V , avec des coordonnées globales (x^λ) constituant un << mollusque de référence >> ; $\mathbb{R}^k\times\mathbb{R}^d$, où se mouvra la semimartingale solution (X_t,Y_t), s'appellera W, avec des coordonnées globales (x^λ,y^i) (1) . Là aussi, nous avons oublié la structure linéaire, <u>au moins pour l'instant</u>. La projection de W sur V : $(x^\lambda,y^i)\mapsto(x^\lambda)$, est notée π . Dans le cas le plus important, en fait, W sera T(V), et les y^λ seront les dx^i, ou tout au moins des formes sur V : la structure linéaire << verticale >> ne sera donc pas oubliée.

Nous nous proposons de développer d'abord quelques considérations générales sur les équations du type (1) - plus claires, j'espère, que ce que j'en avais dit dans le séminaire XV. Ensuite, nous étudierons de manière plus détaillée le transport parallèle stochastique. Enfin, nous parlerons de la << correction géodésique au transport parallèle >>, que nous appellerons plus simplement << transport géodésique >>.

1. Que le lecteur du séminaire XV nous pardonne ! les coordonnées l'an dernier s'appelaient (x^i,y^λ).

1. QUELQUES GÉNÉRALITES SUR LES E.D.S.

La première remarque que nous ferons est fondamentale : il n'existe pas d'équations du type (1) sur les variétés. Si une équation se met sous la forme (1) dans un << mollusque de référence >>, et si l'on change de coordonnées globales, elle ne reste pas du type (1) : les crochets $<X^\lambda,X^\mu>$ font leur apparition. Nous sommes donc obligés d'appeler <u>équation différentielle stochastique</u> une équation de la forme

(15) $$dY^i_t = a^i_\lambda(X_t,Y_t)dX^\lambda_t + \frac{1}{2}a^i_{\lambda\mu}(X_t,Y_t)d<X^\lambda,X^\mu>_t \qquad (a^i_{\lambda\mu}=a^i_{\mu\lambda})$$

avec une condition initiale que nous n'écrirons pas. Le problème que nous nous posons, à la suite de Schwartz, est celui de la <u>nature géométrique</u> des a^i_λ, $a^i_{\lambda\mu}$, et du sens d'une écriture telle que (15).

Supposons d'abord que la semimartingale X soit à variation finie. alors il en est de même de Y, et nous nous trouvons devant un problème déterministe, qui est celui du <u>relèvement dans W</u> d'une courbe tracée dans V. La nature des a^i_λ apparaît alors clairement : pour tout $x\in V$ et tout (x,y) dans W au dessus de V, nous avons une application linéaire $H_{x,y}$ de $T_x(V)$ dans $T_{x,y}(W)$, telle que $\pi_*\circ H_{x,y}$ soit l'identité sur $T_x(V)$: pour clarifier l'écriture, posons $Z_t=(X_t,Y_t)$, $z=(x,y)$. Alors

$$H_z(D_\lambda|_x) = D_\lambda + a^i_\lambda(z)D_i\,|_z$$

(avec l'abus de langage qui consiste à noter D_λ l'opérateur de dérivée partielle p.r.à x^λ à la fois sur W et sur V). Etant donnée une courbe x(t) à variation finie dans V, son relèvement y(t) dans W, l'équation différentielle se met sous forme parfaitement intrinsèque

(16) $$dz_t = H_{z_t}(dx_t) \qquad \text{avec} \quad z_t=(x_t,y_t)$$

Nous dirons que la donnée de a, ou encore des applications $H_z : T_x \to T_z$, est celle de la <u>partie du premier ordre de l'e.d.s.</u> Si le lecteur regarde le Sém. XV, p.79, il s'apercevra que cette donnée équivaut à celle d'une "connexion non linéaire", avec des << symboles de Christoffel >> $\Gamma^i_\lambda=-a^i_\lambda$ (sém. XV, bas de la p. 79). <u>Dans cet exposé</u>, en revanche, <u>le mot</u> connexion <u>ne sera employé qu'en un seul sens</u>, celui du Sém. XV p. 52.

Rappelons maintenant que l'on peut attacher à toute semimartingale (Z_t) à valeurs dans une variété un <u>vecteur tangent d'ordre 2</u> (vt_2) symbolique au point Z_t, qui s'écrit

$$d^2Z_t = dZ^p_tD_p + \frac{1}{2}d<Z^p,Z^q>_tD_{pq}$$

Si l'on veut généraliser (16), il faut prolonger $H_z = T_x(V) \mapsto T_z(W)$ en une application des <u>espaces de vecteurs tangents d'ordre 2</u>, que nous noterons

$$\bar{H}_z = \tau_x(V) \mapsto \tau_z(W)$$

Si l'on impose que $\pi_* \overline{H}_z$ soit l'identité de τ_x , une telle application s'écrit[1]

$$\overline{H}_z(D_\lambda|_x) = D_\lambda + a^i_\lambda(z)D_i \ |_z$$

$$\overline{H}_z(D_{\lambda\mu}|_x) = \bar{a}^i_{\lambda\mu}(z)D_i + D_{\lambda\mu} + \bar{a}^{ij}_{\lambda\mu}(z)D_{ij} + 2\bar{a}^{i\nu}_{\lambda\mu}(z)D_{i\nu} \ |_z$$

(remarquer que $\pi_*(D_{\lambda\mu})=D_{\lambda\mu}$, $\pi_*(D_{ij})=\pi_*(D_{i\nu})=0$). Ici nous imposons aux $\bar{a}^{ij}_{\lambda\mu}$ d'être symétriques en leurs deux paires d'indices, aux $\bar{a}^{\nu i}_{\lambda\mu}$ d'être symétriques en les $\lambda\mu$, mais les indices ν et i jouent des rôles différents : nous écrivons donc i avant ν et introduisons le facteur 2. L'équation (16) s'écrit alors pour des semimartingales générales

(16') $$d^2Z_t = \overline{H}_{Z_t}(d^2X_t)$$

et de manière explicite : pour les coefficients des D_i, D_λ

$$dY^i_t = a^i_\lambda(Z_t)dX^\lambda_t + \tfrac{1}{2}\bar{a}^i_{\lambda\mu}(Z_t)d\langle X^\lambda,X^\mu\rangle_t \quad (\text{ et } dX^\lambda_t = dX^\lambda_t \ ! \ )$$

(on reconnaît là (15)) et pour les coefficients des $D_{\lambda\mu}$, $D_{i\nu}$, D_{ij}

$$d\langle Y^i,Y^j\rangle_t = \bar{a}^{ij}_{\lambda\mu}(Z_t)d\langle X^\lambda,X^\mu\rangle_t \quad , \quad d\langle Y^i,X^\nu\rangle_t = \bar{a}^{i\nu}_{\lambda\mu}(Z_t)d\langle X^\lambda,X^\mu\rangle_t$$

Mais on peut tirer les expressions des crochets de la ligne précédente, et cela nous donne les expressions des $a^{ij}_{\lambda\mu}$, $a^{i\nu}_{\lambda\mu}$ ci-dessous : on voit donc qu'il reste seulement quelque liberté dans le choix des $a^i_{\lambda\mu}$ (nous verrons plus tard quelle liberté exactement).

(17) $$\bar{a}^{ij}_{\lambda\mu} = \tfrac{1}{2}(a^i_\lambda a^j_\mu + a^i_\mu a^j_\lambda) \quad , \quad \bar{a}^{i\nu}_{\lambda\mu} = \tfrac{1}{2}(a^i_\lambda \delta^\nu_\mu + a^i_\mu \delta^\nu_\lambda)$$

Signalons en passant la signification intrinsèque de ces formules : la transposée de $\overline{H}_z$ applique les formes d'ordre 2 en z dans les formes d'ordre 2 en x , et (17) signifie que pour deux formes d'ordre 1 en z on a $\overline{H}'_z(\eta_1 \cdot \eta_2) = H'_z(\eta_1) \cdot H'_z(\eta_2)$ (le ' désigne la transposée). Il est donc inutile de vérifier que (17) est préservé par les changements de cartes.

Reste à choisir les $a^i_{\lambda\mu}$. Le choix le plus habituel (que l'on fait le plus souvent sans même mentionner qu'il y a d'autres possibilités) consiste à traduire (16) pour les semi-martingales <u>sous la forme de Stratonovitch</u>, soit

(18) $$dY^i_t = a^i_\lambda(X_t,Y_t)*dX^\lambda_t$$

d'où explicitement

(19) $$a^i_{\lambda\mu} = \tfrac{1}{2}(a^j_\lambda D_j a^i_\mu + a^j_\mu D_j a^i_\lambda + D_\lambda a^i_\mu + D_\mu a^i_\lambda)$$ (coefficients de Stratonovitch)

Nous verrons un peu plus bas pourquoi ce choix est intrinsèque. Nous le noterons avec un ^{s} : $\overline{H}^s_z$, $\bar{a}^{si}_{\lambda\mu}$, et l'utiliserons comme terme de comparaison.

1. Nous répétons ici la discussion du Sém. XV, p. 89

Maintenant, si nous considérons un second prolongement $\bar{H}_z$, la différence entre $\bar{H}_z$ et $\bar{H}_z^{\flat}$ est une application de $\tau_x(V)$ dans $\tau_z(W)$ nulle sur $T_x(V)$: elle peut donc être considérée comme une application bilinéaire symétrique de $T_x(V)\times T_x(V)$ dans $\tau_z(W)$. Mais en fait, il résulte de (17) que c'est une application à valeurs dans $T_z(W)$, et même dans le sous-espace << vertical >> de $T_z(W)$ (le noyau de π_*)

$$(20)\qquad \bar{H}_z(D_\lambda)=\bar{H}_z^{\flat}(D_\lambda)\ ,\quad \bar{H}_z(D_{\lambda\mu})=\bar{H}_z^{\flat}(D_{\lambda\mu}) + c^i_{\lambda\mu}(z)D_i$$

où $c^i_{\lambda\mu}=\bar{a}^i_{\lambda\mu}-\overset{\flat}{a}{}^i_{\lambda\mu}$ est maintenant << du premier ordre >>. Ce terme est appelé la <u>correction</u> à la forme de Stratonovitch.

[Traduisons[1] dans les notations présentes quelques résultats du Sém. XV, qui ne serviront pas dans la suite. Soient K et L deux champs de vecteurs sur V ; alors leurs relèvements sur W sont les champs de vecteurs H(K) et H(L). On pose

$$(21)_a\qquad H(K)H(L)-H(L)H(K)-H([K,L]) = -R(K,L)$$

(la raison du signe - est expliquée dans le Sém. XV, p.83). D'autre part, le relèvement de Stratonovitch est caractérisé par la propriété

$$(21)_b\qquad \overset{\flat}{\bar{H}}(KL+LK) = H(K)H(L)+H(L)H(K)$$

d'où aussi pour un relèvement arbitraire

$(21)_c\qquad \bar{H}(KL+LK)= H(K)H(L)+H(L)H(K) + 2C(K,L)$ où C est la correction

et

$(21)_d\qquad \bar{H}(KL) = H(K)H(L) + J(K,L)\qquad$ avec $J=C-\frac{1}{2}R$.]

Concluons cette section en donnant un argument simple pour le caractère intrinsèque de (18) - bien sûr, $(21)_b$ en est un aussi, mais il n'est pas spécialement intuitif ! C'est le théorème d'approximation du § I : si nous interpolons géodésiquement la semimartingale X pour une connexion <u>quelconque</u> sur la base, que nous résolvons l'équation déterministe (16) pour les arcs géodésiques, et que nous passons à la limite, nous obtenons (18). Dans le cas où W=T(V) et où H, la donnée du premier ordre, est le relèvement horizontal dans une connexion linéaire sur V, ce résultat est dû à Ito (mais il est peut être bon de souligner que l'interpolation géodésique peut être prise par rapport à une <u>autre</u> connexion sur V !).

2.CORRECTION GEODESIQUE AU TRANSPORT PARALLELE

Nous particularisons la situation précédente : maintenant W=T(V), les coordonnées sur W s'appellent x^λ et $y^\lambda=dx^\lambda$, on s'est donné une connexion Γ sur V , et l'e.d.s. au premier ordre est celle du transport parallèle :

1. Nous conseillons d'omettre ce passage.

(22) $$dy^\lambda + \Gamma^\lambda_{\mu\nu}(x)dx^\mu y^\nu = 0$$

- si l'on veut écrire explicitement l'opérateur H de relèvement, introduisons l'opérateur $D_{\hat{\nu}}$ de dérivée partielle par rapport à la coordonnée y^ν (noté $\partial/\partial\dot{q}^\nu$ en mécanique), et alors $H_{x,y}(D_\lambda) = D_\lambda - \Gamma^\nu_{\lambda\mu}(x)y^\mu D_{\hat{\nu}}$. Nous allons indiquer comment Dohrn et Guerra décrivent un procédé d'approximation conduisant à un prolongement de (22) distinct du prolongement de Stratonovitch, et cependant << naturel >>.

L'idée est d'interpoler géodésiquement la semimartingale X, mais de modifier le procédé de transport le long de chaque petit arc géodésique. Après quoi on passe à la limite. Lorsque X est différentiable, on retombe alors sur le transport parallèle, mais lorsque les crochets ne sont pas nuls, on obtient quelque chose de nouveau - manifestement intrinsèque, puisque la construction l'est.

Voici la méthode de transport d'un vecteur u du point $\gamma(s_o)$ d'une géodésique $\gamma(s)$ jusqu'au point $\gamma(s_1)$. On prend une courbe h(t) ($t\in[0,1]$) telle que $\dot{h}(0)=u$, et on transporte parallèlement le vecteur $v=\dot{\gamma}(s_o)$ le long de h(t), d'où un champ de vecteurs v(t) le long de h. Pour tout t on regarde la géodésique $\gamma_t(s)$ telle que $\gamma_t(s_o)=h(t)$, $\dot{\gamma}_t(s_o)=v(t)$, et on la suit jusqu'au point s_1 . On a ainsi une famille de géodésiques << parallèles à l'instant s_o >> . On regarde le champ de vecteurs

$$B(s) = \frac{d}{dt}\gamma_t(s)|_{t=0}$$ le long de la géodésique γ

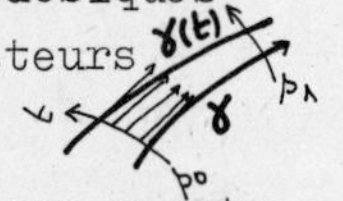

On a manifestement $B(s_o)=u$. Le transport de u le long de l'arc γ est alors ce champ B(s) [Le mot transport ne doit pas nous tromper : ce << transport le long d'une géodésique >> n'est pas le transport que nous avons en vue, mais seulement l'étape préliminaire. Il reste à interpoler et à passer à la limite - et le long de l'arc géodésique, comme on l'a dit, on n'obtient rien de nouveau à la limite].

Faisons le calcul, en laissant de côté les difficultés qui peuvent naître si l'on veut prolonger les géodésiques trop loin. Nous avons pour tout t, les $\dot{}$ désignant des dérivées par rapport à s

$$\ddot{\gamma}^\lambda(s,t) + \Gamma^\lambda_{\mu\nu}(\gamma)\dot{\gamma}^\mu\dot{\gamma}^\nu(s,t)=0 \quad \text{(équation des géodés.)}$$

dérivons en t et faisons t=0

(23) $$\ddot{B}^\lambda(s) + 2\Gamma^\lambda_{\mu\nu}(\gamma)\dot{\gamma}^\mu \dot{B}^\nu(s) + D_\theta\Gamma^\lambda_{\mu\nu}(\gamma)\dot{\gamma}^\mu\dot{\gamma}^\nu B^\theta(s)=0$$

(on a utilisé les relations $\frac{d}{dt}\ddot{\gamma}^\lambda(s,t)|_{t=0} = \frac{d^2}{ds^2}B^\lambda(s)$, $\frac{d}{dt}\dot{\gamma}^\lambda(s,t)|_{t=0} = \frac{d}{ds}B^\lambda(s)$, qui sont de simples commutations de dérivations). Ceci est une équation linéaire du second ordre. Nous savons que $B^\lambda(s_o)=u$, il faut encore déterminer $\dot{B}^\lambda(0)$. Pour cela, nous écrivons le transport parallèle en t pour $s=s_o$

$$\frac{d}{dt}\,\dot{\gamma}^{\lambda}(s_o,t)+\Gamma^{\lambda}_{\mu\nu}(h(s_o,t))\frac{d}{dt}h^{\mu}(s_o,t)\dot{\gamma}^{\nu}(s_o,t) = 0$$

ce qui pour t=0 donne

$$(24)\qquad \dot{B}^{\lambda}(s_o) + \Gamma^{\lambda}_{\mu\nu}(\gamma)u^{\mu}\dot{\gamma}^{\nu}(s_o) = 0$$

et on constate bien que seul u intervient, non la courbe h(t) utilisée. L'équation (23) et les conditions initiales sur $B^{\lambda}(s_o)$ et $\dot{B}^{\lambda}(s_o)$ déterminent bien la fonction B(s) le long de $\gamma(s)$. Tout ceci n'est absolument pas intrinsèque, mais c'est trivial !

Approximation. Maintenant, nous considérons la semimartingale (X_t) dans V, dont nous construisons l'approximation géodésique $\overset{n}{X}$ exactement comme dans la démonstration du théorème 3 (§ I, formules (14)), et nous construisons le processus $(\overset{n}{Y}_t)$ en partant de u au point X_0, et en le baladant géodésiquement le long de chacun des arcs découpés par les instants $t_\rho, t_{\rho+1}$. Nous avons, en désignant par v_ρ/τ la vitesse de l'arc géodésique correspondant

$$\overset{n}{Y}_{t_{\rho+1}} - \overset{n}{Y}_{t_\rho} = \tau\dot{B}(t_\rho) + \frac{\tau^2}{2}\ddot{B}(t_\rho) + \text{terme complémentaire}$$

où B est la fonction calculée plus haut, relative à l'arc géodésique $[t_\rho, t_{\rho+1}]$: $\dot{B}(t_\rho)$ est tiré de (24), sa composante d'indice λ est

$$-\Gamma^{\lambda}_{\mu\nu}(X_{t_\rho})\overset{n}{Y}{}^{\mu}_{t_\rho}\, v^{\nu}_{\rho}/\tau$$

et $\ddot{B}(t_\rho)$ est de même tiré de (23). Après quoi on a v_ρ par $(14)_e$, on regroupe, et on applique le théorème 3 pour aboutir à l'équation différentielle horrible suivante :

$$(25)\qquad dY^{\nu}_t = -\Gamma^{\nu}_{\lambda\mu}(X_t)dX^{\lambda}_t Y^{\mu}_t + \frac{1}{2}d\langle X^{\lambda},X^{\mu}\rangle_t Y^{\eta}_t\left(-D_\eta\Gamma^{\nu}_{\lambda\mu} \begin{matrix} +\Gamma^{\theta}_{\eta\lambda}\Gamma^{\nu}_{\mu\theta} \\ +\Gamma^{\theta}_{\eta\mu}\Gamma^{\nu}_{\lambda\theta} \end{matrix} -\Gamma^{\theta}_{\lambda\mu}\Gamma^{\nu}_{\eta\theta}\right).$$

Arrêtons nous un moment, pour faire des choses intrinsèques.

Champs de Jacobi. L'équation (23) se laisse écrire sous forme intrinsèque, de la manière suivante : il existe un opérateur différentiel sur les champs de vecteurs J(s) le long de la courbe $\gamma(s)$, qui s'écrit

$$(26)_a\qquad DJ(s) = \nabla_{\dot{\gamma}(s)}J(s) = (\dot{J}^{\nu}(s)+\Gamma^{\nu}_{\lambda\mu}(\gamma)\dot{\gamma}^{\lambda}J^{\mu}(s)) \text{ en } \gamma(s)$$

Alors (23) et ses conditions initiales s'écrivent

$$(26)_b\qquad D^2B(s)=R(\dot{\gamma}(s),B(s))\dot{\gamma}(s) \qquad B(s_o)=u\ ,\ DB(s_0)=0$$

où R(X,Y)Z est l'effet sur $Z\in T_{\gamma(s)}(V)$ de l'opérateur de courbure R(X,Y) soit

$$(26)_c\qquad R(X,Y)Z = (z^{\lambda}R^{\theta}_{\lambda\mu\nu}x^{\mu}y^{\nu})D_\theta\ ,\quad R^{\theta}_{\lambda\mu\nu} = D_\mu\Gamma^{\theta}_{\lambda\nu} - \Gamma^{\varepsilon}_{\lambda\mu}\Gamma^{\theta}_{\nu\varepsilon} - (\text{terme analogue avec } \mu\nu \text{ échangés})$$

[Cette notation est mauvaise pour la mémoire : se rappeler que les indices antisymétriques $\mu\nu$ sont les deux derniers, et que μ,ν sont dans cet ordre dans la dérivée affectée du signe +]

L'équation intrinsèque $(26)_b$ est fondamentale en géométrie différentielle : elle définit les <u>champs de Jacobi le long de la géodésique</u> γ. Ici, elle ne nous sert à rien, car nous avons besoin de sa forme non intrinsèque (23) pour l'approximation ! Mais maintenant, remettons (25) sous forme intrinsèque, en nous servant de l'expression explicite des composantes $(26)_c$

$$(27) \qquad dY_t^\nu = - \Gamma_{\lambda\mu}^\nu(X_t)Y_t^\mu * dX_t^\lambda + \frac{1}{2}R_{\lambda\mu\eta}^\nu(X_t)d\langle X^\lambda,X^\mu\rangle_t Y_t^\eta$$

qui nous donne la <u>correction de courbure à la forme de Stratonovitch</u>, et qui définit ainsi une <u>équation différentielle stochastique naturelle</u> sur T(V).

[Exercice : avec les notations de (20) , il est clair que l'on a

$$c_{\lambda\mu}^\nu = \frac{1}{2}(R_{\lambda\mu\eta}^\nu + R_{\mu\lambda\eta}^\nu)$$

mais pourquoi cela s'interprète t'il, dans le langage de (20), comme une application de $T_x(V)\times T_x(V)$ dans le sous-espace vertical de $T_{x,y}(W)$ avec $W=T(V)$? Regardez la notion d'isomorphisme vertical, Sém. XV p. 78 - si cela vous amuse].

<u>Exemple</u>. X est le mouvement brownien d'une variété riemannienne. Alors $d\langle X^\lambda,X^\mu\rangle_t = g^{\lambda\mu}(X_t)dt$, et la correction de courbure s'écrit

$$\frac{1}{2}R_\eta^\nu(X_t)Y_t^\eta dt \quad \text{avec } R_\eta^\nu = g^{\lambda\mu}R_{\lambda\mu\eta}^\nu \quad (\text{ tenseur de Ricci }).$$

<u>Commentaire</u>. Dohrn et Guerra ne traitent du transport géodésique que dans le cas du mouvement brownien d'une variété riemannienne. Ils le justifient par l'application qu'ils en font à la << mécanique stochastique de Nelson >> dans une variété riemannienne. Dans ce travail, nous espérons convaincre le lecteur qu'il s'agit d'une notion intéressante pour des semimartingales quelconques, et pour des raisons multiples...

Signalons en passant une propriété intéressante, sur laquelle nous n'aurons pas l'occasion de revenir :

PROPOSITION 4. Supposons que V soit munie d'une structure riemannienne à courbure ≤ 0 (resp. ≥ 0). Alors le transport géodésique le long d'une semimartingale augmente (resp. diminue) la longueur des vecteurs tangents.

DEMONSTRATION. Nous nous inspirons de Bismut, p. 476. Il est clair qu'il suffirait de démontrer que le transport élémentaire par champ de Jacobi le long d'un arc géodésique ((23)-(24)) augmente, resp. diminue, la longueur des vecteurs tangents. Après quoi, le résultat passera aux semimartingales par interpolation géodésique. Cette fois, nous utiliserons l'équation sous la forme intrinsèque $(26)_b$.

D'après la propriété fondamentale de la connexion riemannienne $\nabla_X(Y|Z) = (\nabla_X Y|Z)+(Y|\nabla_X Z)$, on peut écrire pour le champ B(t) le long de $\gamma(t)$

$$\frac{d}{dt}|B(t)|^2 = 2(\ B(t)\ |\ DB(t))$$
$$\frac{d^2}{dt^2}|B(t)|^2 = 2|DB(t)|^2 + 2(\ B(t)|\ D^2B(t))$$
$$= 2|DB(t)|^2 - 2(\ B(t)\ |R(B,\dot{\gamma})\dot{\gamma}(t)) \text{ par } (26)_b$$

L'expression qui figure à droite est précisément celle dont le signe est déterminé par la courbure de la variété : si celle-ci est à courbure négative, on voit que la dérivée seconde est positive, i.e. $|B(t)|^2$ est convexe, et comme DB(0)=0, la première ligne entraîne que la dérivée est nulle pour t=0, donc positive pour t>0, et |B(t)| est croissante.

Le cas de la courbure positive est plus délicat, et ma démonstration était incorrecte. Emery en ayant trouvé une bien meilleure, je vais me borner à indiquer l'idée qui rend le résultat vraisemblable. Si la courbure est positive, le dernier terme -2(|) est négatif pour tout t, tandis que le premier est nul pour t=0. On espère donc que la somme sera négative <u>pour</u> t <u>petit</u>. et cela doit suffire, car on n'utilise que de <u>petits</u> arcs de géodésiques dans l'approximation. Malheureusement, il faut pour que cela soit correct que le second terme soit <u>strictement</u> négatif, et cela fait des difficultés.

III. E.D.S. LINEAIRES ET CONNEXIONS SUR T(V).

1. E.D.S. LINEAIRES

Nous reprenons maintenant une équation différentielle stochastique du type (15), mais en la supposant <u>linéaire</u> en y. Cela suppose la donnée, sur la variété W au dessus de V, d'une structure additionnelle : chaque << fibre >> W_x est munie d'une structure d'espace vectoriel, pour laquelle les coordonnées y^i sont linéaires. Nous n'admettons alors que des changements de carte sur W respectant (la structure fibrée de W et) la structure linéaire de chaque fibre. En langage officiel, W est un fibré vectoriel sur V. Avec nos hypothèses simplificatrices ($V=\mathbb{R}^k$, existence de coordonnées globales, etc.) ce sera un fibré trivial, mais tous les résultats de nature locale que nous établirons seront valables dans la situation la plus générale.

Le cas particulier le plus important que nous aurons à considérer sera celui où W=T(V). Dans ce cas, les coordonnées y^i seront des formes linéaires sur V, constituant en chaque point la base duale d'un << repère mobile >>, et les y^i et x^λ seront en nombre égal. Plus spécialement, on peut utiliser comme coordonnées y^i les différentielles des x^λ : il existe alors un appariement entre indices << latins >> et << grecs>>, que nous désignerons par un ^ : $\hat{i}$ ($\hat{\mu}$) est l'indice grec (latin) associé à l'indice latin (grec) i (μ). La coutume en mécanique est de noter ($q^i,\dot{q}^i$) les coordonnées que nous noterons, nous, ($x^\lambda,x^{\hat{\lambda}}$). La traduction d'un langage dans l'autre est immédiate.[1]

Les vecteurs tangents D_λ et D_i forment une base de T(W) en tout point (x,y) de W, et l'on a $\pi_*(D_\lambda)=D_\lambda$, $\pi_*(D_i)=0$. De même, en leur adjoignant $D_{\lambda\mu}$, $D_{i\lambda}$, D_{ij} on obtient une base de $\tau(W)$: on remarquera que nous ne faisons pas apparaître dans la notation de vecteurs $D_{\lambda i}$. On a $\pi_*(D_{\lambda\mu})=D_{\lambda\mu}$ (sur V), $\pi_*(D_{i\lambda})=\pi_*(D_{ij})=0$. Les D_i, D_{ij}, $D_{i\lambda}$, et plus généralement tous vt_1 ou vt_2 dont l'image par π_* est nulle, seront dits <u>verticaux</u> . Faites bien attention à cela pour les vt_2 du type $D_{i\lambda}$, qui tout de même << sortent des fibres >> .

Plaçons nous au dessus d'un point x de V : puisque W_x est un espace vectoriel, W_x s'identifie à son espace tangent, tout élément u de W_x pouvant être considéré comme vecteur tangent en un point y quelconque de W_x. Envoyant ce vecteur tangent dans T(W) par i_*, où i est l'injection de W_x dans W, nous obtenons un <u>vecteur tangent vertical</u> à W au point (x,y), soit (x,y,0,u) . Cela s'appelle l'<u>isomorphisme vertical</u> de $W_x \times W_x$ dans $T_x(W)$. Il a déjà été vu dans le cas des fibrés tangents.

Voici alors le modèle général d'e.d.s. linéaire

$$dY_t^i = Y_t^j a_{j\lambda}^i(X_t)dX_t^\lambda + \tfrac{1}{2}Y_t^j a_{j\lambda\mu}^i(X_t)d\langle X^\lambda,X^\mu\rangle_t \qquad (a_{j\lambda\mu}^i=a_{j\mu\lambda}^i) \tag{29}$$

Nous avons vu dans la section 1 du paragraphe précédent que la donnée de cette e.d.s. au premier ordre est celle d'un relèvement <<horizontal>> $H_{x,y} : T_x(V) \to T_{x,y}(W)$, donné par

$$H_{x,y}(D_\lambda) = D_\lambda + y^j a_{j\lambda}^i(x)D_i \tag{30}$$

D'une manière générale, on peut appeler les courbes solutions de l'e.d.s. sont des << semimartingales horizontales >> , et que l'e.d.s. est celle du << transport horizontal >> d'un vecteur de la fibre le long de la semimartingale X sur la base. Le mot <u>horizontal</u> est suggestif, mais vide de sens.

2. E.D.S. LINEAIRES ET CONNEXIONS SUR W

Donnons nous maintenant une connexion Γ sur V, qui restera fixée dans toute la suite. Nous allons montrer que les e.d.s. linéaires à valeurs dans W sont en bijection avec certains <u>prolongements naturels de la connexion</u> Γ <u>à</u> W . Cela me semble assez intéressant, car on a là un énoncé propre au langage des semimartingales, et qui clarifie grandement (à mon avis) une question de pure géométrie différentielle, i.e. le problème (traité par Yano et Ishihara) du prolongement des connexions à un fibré tangent ou cotangent.

1. L'autre exemple important, celui de $T^*(V)$, sera traité plus loin.

Pour déterminer une connexion sur W, nous devons nous donner des symboles de Christoffel relatifs aux coordonnées x^λ, y^i, soit

$$\Gamma(D_{\mu\nu}) = \Gamma^\lambda_{\mu\nu}D_\lambda + \Gamma^i_{\mu\nu}D_i \ , \ \Gamma(D_{j\mu}) = \Gamma^\lambda_{j\mu}D_\lambda + \Gamma^i_{j\mu}D_i \ , \ \Gamma(D_{jk}) = \Gamma^\lambda_{jk}D_\lambda + \Gamma^i_{jk}D_i$$

(pas de $\Gamma_{\mu j}$ distincts des $\Gamma_{j\mu}$: nous ne considérons que des connexions sans torsion). Tous ces coefficients dépendent de (x,y).

Nous allons commencer par choisir certains coefficients de la manière la plus économique possible, et vérifier que la condition ainsi imposée à la connexion est intrinsèque :

$(31)_a$ $\quad \Gamma^i_{jk}(x,y) = 0$

$(31)_b$ $\quad \Gamma^\lambda_{j\mu}(x,y) = \Gamma^\lambda_{jk}(x,y) = 0$

$(31)_c$ $\quad \Gamma^\lambda_{\mu\nu}(x,y) = \Gamma^\lambda_{\mu\nu}(x)$ (symboles de Christoffel de V)

$(31)_d$ $\quad \Gamma^i_{j\lambda}(x,y) = -a^i_{j\lambda}(x)$ (donné par l'e.d.s. au 1er ordre)

Interprétons ces conditions : $(31)_a$ signifie que l'injection de W_x dans W est affine , lorsqu'on munit W_x de sa connexion triviale d'espace vectoriel. $(31)_b$ signifie que la dérive d'un vt_2 vertical est un vt_1 vertical. $(31)_c$ signifie que la projection π de W sur V est affine.

Enfin $(31)_d$ s'interprète ainsi : donnons nous une courbe différentiable (x(t),u(t)) dans W, et considérons le relèvement (x(t),y(t)) de sa projection sur V, au moyen de l'e.d.s. au premier ordre. Alors nous avons un transport vertical dans T(W)

$$(x(t),u(t),0,y(t))$$

et $(31)_d$ exprime exactement que ce transport est parallèle dans la connexion Γ sur W.

Il reste donc seulement à déterminer les coefficients $\Gamma^i_{\mu\nu}(x,y)$, ce que nous énoncerons de manière formelle :

THEOREME 5. Il existe une et une seule connexion Γ sur W satisfaisant à $(31)_{abcd}$ et à la condition suivante :

Si X est une martingale dans V, alors la solution (X,Y) de (29) est une martingale dans W.

Démonstration. Dire que X est une martingale revient à dire que

$$dX^\lambda_t = dM^\lambda_t - \tfrac{1}{2}\Gamma^\lambda_{\mu\nu}(X_t)d\langle M^\mu, M^\nu\rangle_t$$

où les M^λ sont des martingales locales réelles. On veut écrire que les différentielles suivantes sont des différentielles de martingales locales réelles :

$$dY^i_t + \tfrac{1}{2}\Gamma^i_{\mu\nu}(X_t,Y_t)d\langle X^\mu, X^\nu\rangle_t + \Gamma^i_{j\mu}(X_t,Y_t)d\langle X^\mu, Y^j\rangle_t + 0$$

(le terme en Γ^i_{jk} est nul d'après $(31)_a$; noter l'absence du coefficient 1/2 devant le dernier terme ; enfin, il est inutile d'écrire les équations relatives aux X^λ, qui sont automatiquement satisfaites d'après $(31)_b$ et $(31)_c$).

Tirant dY^i_t de (29), exprimant d'autre part les dX^λ_t au moyen des M^λ, nous voyons que

$(31)_e$ $\Gamma^i_{\mu\nu}(x,y)=y^j\Gamma^i_{j\mu\nu}(x)$ avec $\Gamma^i_{j\mu\nu}+a^i_{j\mu\nu}=\Gamma^k_{j\mu}\Gamma^i_{k\nu}+\Gamma^k_{j\nu}\Gamma^i_{k\mu}-\Gamma^\lambda_{\mu\nu}\Gamma^i_{j\lambda}$.

Dans le système de coordonnées (x^λ,y^i), nous avons déterminé ainsi les symboles de Christoffel d'une connexion sur W ; l'unicité dans l'énoncé montre que celle-ci est entièrement déterminée par des propriétés intrinsèques, i.e. ne dépend pas du système de coordonnées utilisé.

REMARQUE. Soit x(t) une géodésique de V, et soit (x(t),y(t)) son relèvement horizontal dans W. Il est naturel de se demander pour quelles connexions du type $(31)_{a-e}$ sur T(W) ce relèvement horizontal est une géodésique dans T(W). Cela a lieu pour la connexion associée à l'e.d.s. de Stratonovitch et pour elle seule. Dans un sens, cela se voit par un raisonnement probabiliste : soit B_t un mouvement brownien sur $\mathbb{R}$; alors $x(B_t)$ est une martingale dans V, parce que x est une géodésique [on suppose x(t) défini pour tout $t\in\mathbb{R}$, pour simplifier] ; son relèvement horizontal est $y(B_t)$ par ce que l'e.d.s. est de Stratonovitch ; par $(31)_e$ $(x(B_t),y(B_t))$ est une martingale dans W, donc (x,y) est une géodésique . La réciproque exige un calcul. Je remercie Emery de m'avoir signalé l'erreur de la première rédaction sur ce point.

EXEMPLES. 1) Explicitons les symboles de Christoffel dans le cas d'une e.d.s. de Stratonovitch. Utilisant $(31)_e$ et (19) qui nous donne les coefficients $a^i_{j\lambda\mu}(x)$ en fonction des $a^i_{j\lambda}(x)$, nous trouvons la formule suivante, qui n'est pas spécialement drôle

(32) $$\Gamma^i_{\mu\nu}(x,y)=\tfrac{1}{2}y^j(\Gamma^k_{j\mu}\Gamma^i_{k\nu}+\Gamma^k_{j\nu}\Gamma^i_{k\mu}+D_\mu\Gamma^i_{j\nu}+D_\nu\Gamma^i_{j\mu}-2\Gamma^\lambda_{\mu\nu}\Gamma^i_{j\lambda}) \quad .$$

(rappel : on a écrit $\Gamma^i_{j\lambda}$ pour $-a^i_{j\lambda}$).

2) Prenons W=T(V), et prenons pour e.d.s. au premier ordre l'équation du transport parallèle : autrement dit

(33) $$a^i_{j\lambda}(x) = -\Gamma^{\hat{i}}_{\hat{j}\lambda}(x) \ , \text{ donc } \Gamma^i_{j\lambda}(x,y)=\Gamma^{\hat{i}}_{\hat{j}\lambda}(x)$$

Nous savons la prolonger au second ordre de deux manières : transport parallèle stochastique (forme de Stratonovitch) , et transport géodésique. D'où deux connexions sur T(V), que nous noterons respectivement Γ^p (parallèle) et Γ^g (géodésique). Le calcul horrible consistant à tirer les $a^i_{j\lambda\mu}$ de la formule $(27)_a$ et à les porter dans $(31)_e$ pour trouver les symboles de Christoffel de la connexion géodésique conduit à un résultat étonnamment simple :

(34) $\qquad \Gamma^{i}_{\mu\nu}(x,y) = y^{j}D_{\hat{j}}\Gamma^{\hat{i}}_{\mu\nu} \qquad$ (connexion géodésique)

Si l'on regarde maintenant le chapitre X du livre de Bismut, on y voit figurer deux connexions Γ^{H} et Γ^{C} sur T(V) (ou sur $T^{*}(V)$), dont la définition est empruntée au livre de Yano et Ishihara. L'examen des symboles de Christoffel dans ce livre montre aussitôt que Γ^{C} est exactement la connexion associée au transport géodésique ! Quant à Γ^{H}, elle présente en général de la torsion : ce ne peut donc être notre connexion associée au transport parallèle, mais celle-ci est la connexion <u>sans torsion</u> associée à Γ^{H}. Les calculs de Yano-Ishihara ont donc une interprétation probabiliste... n'est ce pas incroyable ?

3. DIGRESSION : AUTRES JUSTIFICATIONS DE Γ^{g}(lecture déconseillée)

La justification du transport géodésique donnée par Dohrn et Guerra est le fait que celui-ci conduit, lorsqu'on l'applique à la << mécanique stochastique de Nelson >> , à une équation de Schrödinger correcte. Je vais en donner ici d'autres justifications, de type mathématique, et non physique .

Je rappelle sans insister la définition de la connexion Γ^{g} donnée par Yano-Ishihara : un champ de vecteurs sur V, $X=\xi^{\lambda}D_{\lambda}$, admet un prolongement naturel à T(V) ainsi défini :

$$\bar{X} = \xi^{\lambda}D_{\lambda} + y^{j}D_{\hat{j}}\xi^{\hat{i}}D_{i}$$

(l'idée est la suivante : X est le générateur infinitésimal d'un flot de difféomorphismes φ_t de V ; ceux-ci s'étendent naturellement à T(V), en un flot $\bar{\varphi}_t$, dont on prend le générateur $\bar{X}$). La connexion Γ^{g} est alors caractérisée par la propriété que, si X et Y sont deux champs sur V

$$\nabla_{\bar{X}}\bar{Y} = \overline{(\nabla_{X}Y)} \quad .$$

Pour exprimer les autres caractérisations, il me faut quelques notations.

i) Soit x(t) une courbe tracée dans une variété quelconque U. Je désignerai par $vx(t) = \dot{x}(t)$ sa vitesse (courbe tracée dans T(U)), par $ax(t)= \ddot{x}(t)$ son accélération (Sém. XV, p. 50, formule (9)) qui est une courbe tracée dans $\tau(U)$, à distinguer de vvx, courbe tracée dans TT(U). La relation entre ax et vvx est la suivante : nous savons (Sém. XV, bas le la p. 77) qu'il existe une application naturelle de TT(U) dans $\tau(U)$ - notons la j pour fixer les idées ; alors ax est l'image de vvx par j . En effet, si $(x^{\lambda},u^{\lambda},v^{\lambda},w^{\lambda})$ est un élément de TT(U), son image par j est le vt_2 $w^{\lambda}D_{\lambda}+u^{\mu}v^{\nu}D_{\mu\nu}$, et lorsque $u^{\lambda}=v^{\lambda}=\dot{x}^{\lambda}(t)$, $w^{\lambda}=\ddot{x}(t)$ on trouve bien $\ddot{x}^{\lambda}D_{\lambda}+\dot{x}^{\mu}\dot{x}^{\nu}D_{\mu\nu}$, i.e. ax .

ii) Soit Γ une connexion sur U ; Γ est une application de $\tau(U)$ dans T(U). Nous convenons de noter aussi Γ l'application $\Gamma\circ j$ sur TT(U).

iii) Soit un transport $\varphi(t)=(x(t),u(t))$ dans T(U). Alors $v\varphi$ est une courbe dans TT(U), et $a\varphi$ une courbe dans $\tau(T(U))$. La dérivée absolue, ou dérivée covariante du transport φ est le transport $D\varphi = \Gamma v\varphi = (x, \nabla_{\dot{x}} u)$ au dessus de la même courbe x.

Dans la suite de cette « digression », U sera V ou T(V) ; nous munirons V de la connexion Γ (qui permet de redescendre de TT(V) ou $\tau(V)$ dans T(V)) et T(V) de la connexion géodésique, qui permet de redescendre de TT(T(V)) ou $\tau(T(V))$ dans TT(V). Le contexte étant suffisamment clair, nous la désignerons elle aussi parfois par Γ , et nous désignerons par Γ^2 l'opération $\Gamma\Gamma^g$ qui fait redescendre au premier étage.

1) Considérons une courbe x(t) dans V, et cherchons à définir ses dérivées covariantes jusqu'à l'ordre 3 ; ce seront des courbes dans T(V) au dessus de x(t).

Ordre 1 : dérivée ordinaire vx .

Ordre 2 : il y a deux choix, conduisant au même résultat Dvx. Soit former vvx dans TT(V) et redescendre par Γ : TT(V)->T(V), soit ax dans $\tau(V)$ et redescendre par Γ : $\tau(V)$->T(V). Voir i) et ii) ci-dessus.

Remarquer que nos notations sont un peu inhabituelles : on écrira plus volontiers Dx pour vx, et D^2x pour Dvx.

Ordre 3 : il y a un premier choix évident : Dvx est un transport, nous lui appliquons D, et nous obtenons la dérivée covariante itérée : explicitement, nous avons $Dvx = \Gamma ax$ (par définition), nous reformons $v\Gamma ax$ (remontant ainsi dans TT(V) et redescendons en $\Gamma v\Gamma ax$.

La connexion géodésique ouvre une seconde possibilité : former directement un élément du 3e ordre, qui sera avx (ou vvvx, mais le résultat est le même, pour la même raison que $\Gamma a = \Gamma vv$ plus haut), puis redescendre de $\tau(T(V))$ dans TT(V) par Γ^g (et ensuite dans T(V) par Γ). Ayant expliqué ceci, la connexion géodésique est caractérisée[1] par le fait que

(35) $$\Gamma^g avx = v\Gamma ax \quad \text{(égalité dans TT(V))}$$

d'où a fortiori l'égalité dans T(V) en redescendant par Γ. Que se passe t'il maintenant pour un transport quelconque $\varphi=(x,u)$, non nécessairement de la forme $(x,\dot{x})$? Le calcul brutal montre que

(36) $$D^2\varphi = \Gamma^2 a\varphi + R(\dot{x},u)\dot{x} \quad \text{(R est la courbure, } \Gamma^2=\Gamma\Gamma^g)$$

qui est la forme générale de la formule $(26)_b$ des champs de Jacobi.

1. Parmi les connexions sur T(V) relevant Γ .

5. E.D.S. DUALE ET CONNEXION ASSOCIEE

Revenons à l'équation générale du type (29), à valeur dans W :

$$dY^i = Y^j a^i_{j\lambda}(X)dX^\lambda + \frac{1}{2}Y^j a^i_{j\lambda\mu}(X)d\langle X^\lambda,X^\mu\rangle$$

et considérons le fibré dual W' : il est commode de munir W' de coordonnées (x^λ,y_i) , la dualité au dessus de x étant $(y|y')=y^i y'_i$ - Ainsi, en mécanique, le fibré cotangent $T^*(V)$ est muni de coordonnées (q^i,p_i) duales des $(q^i,\dot{q}^i)$. Tout naturellement, les opérateurs de dérivation partielles sur W' seront notés D_λ, D^i, $D_{\lambda\mu}$, $D^i_\lambda=D^\lambda_i$, D^{ij} . Nous considérons une autre e.d.s., cette fois sur W'

(37) $$dY_i = \hat{a}_{\lambda i}{}^j(X)Y_j dX^\lambda + \frac{1}{2}\hat{a}_{\lambda\mu i}{}^j(X)Y_j d\langle X^\lambda,X^\mu\rangle \quad ^{(1)}$$

avec la même semimartingale directrice X. Notre problème est de choisir les coefficients $a_{i\lambda}{}^j$ et $\hat{a}_{i\lambda\mu}{}^j$ de telle sorte que, quelle que soient la semimartingale directrice et les données initiales, <u>la forme de dualité $Y^i_t Y_{it}$ garde une valeur constante</u>. Nous laisserons au lecteur le soin de démontrer l'énoncé suivant, très simple.

PROPOSITION 6. Les coefficients de l'e.d.s. << duale >> (37) sont uniquement déterminés, et l'on a explicitement

(38) $$\hat{a}_{\lambda i}{}^j + a^j_{i\lambda}=0 \quad , \quad \hat{a}_{\lambda\mu i}{}^j + a^j_{i\lambda\mu} + a^k_{i\lambda}\hat{a}_{\mu k}{}^i + a^k_{i\mu}\hat{a}_{\lambda k}{}^i = 0$$

Maintenant, si l'on pense à la bijection entre connexions sur W satisfaisant aux conditions $(31)_{abc}$ et e.d.s. linéaires, on peut interpréter cette dualité entre e.d.s. comme une dualité entre connexions sur W et connexions sur W'. Introduisons les notations des symboles de Christoffel pour une connexion sur W' satisfaisant à $(31)_{abc}$

(39) $$\hat{\Gamma}(D_{\lambda\mu}) = \Gamma^\nu_{\lambda\mu}(x)D_\nu + \hat{\Gamma}_{i\lambda\mu}{}^j(x)y_j D^i \quad , \quad \hat{\Gamma}(D^{ij})=0 \quad ^{(1)}$$
$$\hat{\Gamma}(D^j_\lambda) = \hat{\Gamma}_{\lambda i}{}^j(x)D^i \quad \text{(on n'écrit pas les } D^\lambda_j \text{)}$$

et alors la relation de dualité entre deux connexions s'écrit

(40) $$\hat{\Gamma}_{\lambda i}{}^j + \Gamma^j_{i\lambda} = 0 \quad , \quad \hat{\Gamma}_{\lambda\mu i}{}^j + \Gamma^j_{i\lambda\mu} - \Gamma^k_{i\lambda}\Gamma^j_{k\mu} - \Gamma^k_{i\mu}\Gamma^j_{k\lambda} = 0 \; .$$

REMARQUE. Les Γ et les a vont en sens contraire dans $(31)_e$: une correction sur les $a^i_{j\lambda\mu}$ (sans toucher aux $a^i_{j\lambda}$) se retrouve avec le signe opposé sur les $\Gamma^i_{j\lambda\mu}$. D'après (38), elle se retrouve aussi avec le signe opposé sur les $\hat{a}$, et donc avec le <u>même</u> signe sur les $\hat{\Gamma}$.

D'autre part, la duale de l'équation de Stratonovitch

$(41)_a$ $$dY^i = Y^j a^i_{j\lambda}(X)*dX^\lambda$$

est l'équation de Stratonovitch

$(41)_b$ $$dY_i = -a^j_{i\lambda}(X)Y_j*dX^\lambda$$

1. La position bizarre des indices est destinée à éviter les confusions si l'on omet le ^.

A titre de curiosité, donnons les symboles de Christoffel des connexions importantes sur $T^*(V)$, correspondant à une connexion Γ donnée sur V. Il est peut être plus clair d'utiliser les notations de la mécanique, les coordonnées s'appelant q^λ et p_λ (ou encore mieux, q^λ et p_i, avec appariement entre les λ et les i). On a en omettant le ^ sur Γ

$$(42)_a \qquad \Gamma\left(\frac{\partial^2}{\partial p_i \partial p_j}\right)=0 \ , \ \Gamma\left(\frac{\partial^2}{\partial p_i \partial q^\lambda}\right) = - \Sigma_k \, \Gamma^{\hat{k}}_{\hat{i}\lambda}(q)\frac{\partial}{\partial p_k}$$

$$\Gamma\left(\frac{\partial^2}{\partial q^\lambda \partial q^\mu}\right) = \Sigma_\nu \, \Gamma^\nu_{\lambda\mu}(q)\frac{\partial}{\partial q^\nu} + \Sigma \, \Gamma_{\lambda\mu k}{}^{\ell}(q)p_\ell \frac{\partial}{\partial p_k}$$

Les seuls coefficients nouveaux sont donc les derniers , qui valent dans le cas de la connexion géodésique

$$(42)_b \qquad \overset{g}{\Gamma}_{\lambda\mu k}{}^{\ell} = - D_{\hat{k}}\Gamma^{\hat{\ell}}_{\lambda\mu} + \Gamma^{\varepsilon}_{k\lambda}\Gamma^{\hat{\ell}}_{\varepsilon\mu} + \Gamma^{\varepsilon}_{k\mu}\Gamma^{\hat{\ell}}_{\varepsilon\lambda}$$

quant à ceux de la connexion parallèle, ou de Stratonovitch, on a $\overset{g}{\Gamma}_{\lambda\mu k}{}^{\ell} = \overset{p}{\Gamma}_{\lambda\mu k}{}^{\ell} + \frac{1}{2}(R^{\hat{\ell}}_{\lambda\mu\hat{k}} + R^{\hat{\ell}}_{\mu\lambda\hat{k}})$, avec le même signe pour la correction que dans (27).

AVERTISSEMENT. Par rapport à Bismut et Yano-Ishihara, notre Γ^p est leur Γ^H (détordue) sur T(V) et $T^*(V)$, notre Γ^g est leur Γ^C <u>sur</u> T(V) <u>seulement</u>. Leur connexion Γ^C sur $T^*(V)$ n'est pas la connexion duale, mais une troisième chose un peu bizarre. Ce n'est peut être pas la seule !

Je me suis amusé à calculer la dérivée covariante (dans la connexion géodésique) de la forme symplectique fondamentale $dp_\lambda \wedge dq^\lambda = \Omega$; pour un vecteur tangent X à $T^*(V)$ $X=x^\lambda D_\lambda + x_\lambda D^\lambda$, on a (sauf erreur)

$$\nabla_X \Omega = -\frac{1}{2} x^\lambda R^\eta_{\lambda\mu\nu}(q) p_\eta \, dq^\mu \wedge dq^\nu$$

Pour la connexion parallèle, la dérivée covariante est l'opposée de cette forme. Par conséquent, pour la connexion $\frac{1}{2}(\Gamma^p + \Gamma^g)$, la forme symplectique a une dérivée covariante nulle. Toute personne ayant un peu de foi symplectique pensera que c'est <u>la</u> bonne connexion à considérer .

On se trouve devant la situation habituelle en géométrie différentielle (non stochastique) : un foisonnement d'objets « intéressants » qu'il faut savoir écarter (en risquant d'écarter les bons).

6. E.D.S. PRODUIT ET CONNEXION ASSOCIEE

Encore des trivialités : si W^1 et W^2 sont des fibrés sur V, munis chacun d'une e.d.s. linéaire, nous pouvons chercher à construire, sur le fibré $W^1 \otimes W^2$, l'e.d.s. dont les solutions sont, pour chaque semimartingale directrice X, les produits $Y^1_t \otimes Y^2_t$ des solutions correspondant à X dans W^1 et W^2. Utilisant la bijection entre e.d.s. et connexions, on construit ainsi, en fait, une « connexion produit » sur $W^1 \otimes W^2$. Il y a bien sûr une propriété d'« associativité » . On peut aussi vérifier que le produit de deux e.d.s. de Stratonovitch est de Stratonovitch.

Faisons le calcul : nous prendrons des coordonnées (x^λ, y^i) sur W^1, des coordonnées (x^λ, y^u) sur W^2, l'utilisation de deux groupes distincts d'indices « latins » i,j,k... u,v,w... nous permettant la plupart du temps d'alléger les notations. Donnons nous nos deux e.d.s.

sur W^1 : $dY^i = a^i_{j\lambda}(X)Y^j dX^\lambda + \frac{1}{2}a^i_{j\lambda\mu}(X)Y^j d\langle X^\lambda, X^\mu\rangle$

sur W^2 : $dY^u = a^u_{v\lambda}(X)Y^v dX^\lambda + \frac{1}{2}a^u_{v\lambda\mu}(X)Y^v d\langle X^\lambda, X^\mu\rangle$

sur $W^1 \otimes W^2$, muni des repères $D_{(iu)} = D_i \otimes D_u$, la semimartingale $Y^1_t \otimes Y^2_t$ a les coordonnées $Y^{iu}_t = Y^i_t Y^u_t$. Appliquant la formule d'intégration par parties, on trouve que celle-ci satisfait à l'e.d.s.

$$dY^{iu} = a^{iu}_{jv\lambda}(X)Y^{jv}dX^\lambda + \frac{1}{2}a^{iu}_{jv\lambda\mu}(X)Y^{jv}d\langle X^\lambda, X^\mu\rangle$$

avec

$$(43)_a \qquad a^{iu}_{jv\lambda} = a^i_{j\lambda}\delta^u_v + \delta^i_j a^u_{v\lambda} \quad ; \quad a^{iu}_{jv\lambda\mu} = a^i_{j\lambda\mu}\delta^u_v + \delta^i_j a^u_{v\lambda\mu} + a^i_{j\lambda}a^u_{v\mu} + a^i_{j\mu}a^u_{v\lambda}$$

D'où une formule semblable (et tout aussi dépourvue d'intérêt) pour les symboles de Christoffel

$$(43)_b \qquad \Gamma^{iu}_{jv\lambda} = \Gamma^i_{j\lambda} + \Gamma^u_{v\lambda} \quad , \quad \Gamma^{iu}_{jv\lambda\mu} = \Gamma^i_{j\lambda\mu} + \Gamma^u_{v\lambda\mu} + \Gamma^i_{j\lambda}\Gamma^u_{v\mu} + \Gamma^i_{j\mu}\Gamma^u_{v\lambda}$$

Tout cela devrait nous permettre plus tard, en principe, de calculer les caractéristiques locales d'une semimartingale tensorielle. Mais en fait, dans les cas intéressants, les espaces que l'on considère sont des espaces de tenseurs T^r_s , produits tensoriels de r copies de T(V) et s copies de $T^*(V)$, et l'on procède autrement : le « transport » associé à l'e.d.s. définit un isomorphisme de $T_{X_0}(V)$ dans $T_{X_t}(V)$, où X est la semimartingale directrice ; il permet donc de transporter non seulement les vecteurs, mais les repères. Alors il est clair qu'il permet de transporter les tenseurs, en décidant que les composantes du tenseur transporté dans le repère transporté restent constantes. Ce transport est exactement celui que définit l'e.d.s. produit.

IV. CARACTERISTIQUES LOCALES D'UNE SEMIMARTINGALE VECTORIELLE

1. DEFINITION DES CARACTERISTIQUES LOCALES

Considérons d'abord une courbe différentiable x(t). Il n'y a aucune difficulté à définir la dérivation au premier ordre, qui nous donne le transport $(x(t), \dot{x}(t))$ dans T(V). Mais pour définir la dérivée d'une courbe vectorielle (c'est à dire d'un transport (x(t),u(t))), et en particulier la dérivée seconde d'une courbe x(t) dans V, sans monter dans les espaces tangents d'ordre supérieur, il nous faut utiliser une connexion.

Dans le cas des semimartingales, la nouveauté est la nécessité d'une connexion pour définir les dérivées premières :

DEFINITION. Soit X un processus à valeurs dans V munie de la connexion Γ. Nous dirons que X est stochastiquement dérivable si

- X est une semimartingale continue
- Les processus à variation finie $<X^\lambda,X^\mu>_t$ et A_t^λ ($A^\lambda = \tilde{X}^\lambda$ est le compensateur prévisible de X^λ) sont absolument continus par rapport à t, avec des densités $\xi_t^{\lambda\mu}$, α_t^λ .

On appelle alors dérivée stochastique de X_t à l'instant t le vecteur tangent $\Gamma(\xi_t^{\lambda\mu}D_{\lambda\mu}+\alpha_t^\lambda D_\lambda$) au point X_t . On le notera DX_t .

La dérivabilité stochastique ne dépend pas de la connexion, mais la dérivée stochastique en dépend. Formellement, on a $DX_t=\Gamma(d^2\tilde{X}_t)/dt$. Dans tous les cas traités ici, le processus (X_t,DX_t) admettra une version continue, qui sera même une semimartingale dans T(V) - il n'y aura donc pas d'ambiguïté quant à la définition de la dérivée stochastique.

D'un point de vue << physique >>, on peut dire que les quantités << mesurables >> ou << observables >> relativement à X sont ses caractéristiques locales, représentées par la forme bilinéaire $(\xi_t^{\lambda\mu})$ sur $T^*(V)$ et par la dérivée stochastique DX_t.

Le problème qui va nous occuper dans cette section consiste à définir la dérivée stochastique seconde, ou plus généralement la dérivée stochastique d'une semimartingale à valeurs dans T(V). Il nous faut pour cela une connexion sur T(V). Nous avons vu qu'il y a un certain arbitraire dans le choix d'une connexion sur T(V) relevant Γ ; notons provisoirement $\bar{\Gamma}$ ce relèvement[1], $(Z_t)=(X_t,U_t)$ la semimartingale à valeurs dans T(V) au dessus de (X_t). Supposant Z stochastiquement dérivable, le vt_2 de ses caractéristiques locales $d^2\tilde{Z}_t/dt$ est dans $\tau(T(V))$ au point Z_t , $\bar{\Gamma}$ le descend dans TT(V) au point Z_t de T(V), et $\Gamma\bar{\Gamma}$ le descend dans T(V) au point X_t : c'est la dérivée stochastique cherchée.

En fait, il est plus intéressant et plus clair de faire le calcul dans un fibré W, comme nous l'avons fait jusqu'à présent. Nous considérons donc une semimartingale $(Z_t)=(X_t,U_t)$ à valeurs dans W. Nous ne la supposons pas nécessairement dérivable. Les vt_2 d^2Z_t, $d^2\tilde{Z}_t$ dans $\tau_{Z_t}(W)$ descendent par $\bar{\Gamma}$ en des vt_1 $\bar{\Gamma}(d^2Z_t)$, $\bar{\Gamma}(d^2\tilde{Z}_t)$ dans $T_{Z_t}(W)$. La connexion $\bar{\Gamma}$ nous permet de décomposer un vt_1 $v^\lambda D_\lambda+w^iD_i \in T_{x,u}(W)$ en une partie horizontale (relèvement horizontal de sa projection) $v^\lambda(D_\lambda-\Gamma_{j\lambda}^i y^j D_i)$ et une partie verticale ($w^i+u^jv^\lambda\Gamma_{j\lambda}^i)D_i$, qui s'identifie à un élément de W_x . On remarquera que la connaissance de la projection $v^\lambda D_\lambda$ et de la partie verticale détermine entièrement le vt_1 . Dans ces conditions, on posera

1. $\bar{\Gamma}$ sera en fait ou la connexion parallèle, ou la connexion géodésique.

(44)$_a$ $\underset{\sim}{d}X_t = \Gamma(d^2X_t)$, $\underset{\sim}{d}\tilde{X}_t = \Gamma(d^2\tilde{X}_t)$ (appartient à $T_{X_t}(V)$) (c'est une bonne notation, on aurait dû l'utiliser plus tôt !), et

(44)$_b$ $\underset{\sim}{d}U_t$ / $\underset{\sim}{d}\tilde{U}_t$ = partie verticale de $\bar{\Gamma}(d^2Z_t)$ / $\bar{\Gamma}(d^2\tilde{Z}_t)$ (appartient à W_{X_t}) .

Lorsque $W=T(V)$, et lorsque $\bar{\Gamma}$ est la connexion parallèle ou la connexion géodésique, l'e.d.s. au premier ordre est celle du transport parallèle, et on vérifie aussitôt que la partie verticale d'un élément $t= v^\lambda D_\lambda + w^\lambda D_{\hat\lambda}$ de $T_{x,u}(T(V))$ est bien le vt_1 que nous avons noté $\Gamma(t)$: en effet, l'image de t dans $\tau(V)$ est $w^\lambda D_\lambda + u^\mu v^\nu D_{\mu\nu}$, et en appliquant Γ on trouve bien $(w^\lambda + u^\mu v^\nu \Gamma^\lambda_{\mu\nu})D_\lambda$. La définition dans W étend donc effectivement la définition donnée plus haut.

Puisque nous connaissons les symboles de Christoffel des connexions usuelles (parallèle, géodésique) sur T(V) ou $T^*(V)$, les calculs explicites sont à notre portée. Mais nous allons d'abord interpréter d'une autre manière la définition précédente.

2. INTERPRETATION AU MOYEN DU DEVELOPPEMENT

Nos notations sont les mêmes que toujours : le fibré W au dessus de V, l'e.d.s. (29), la connexion sur W associée par (31)$_{abcde}$ - nous la noterons simplement Γ. Nous écrirons (29) sous forme matricielle

$$(45)\qquad dY^i_t = (dC^i_{jt})Y^j_t \qquad C^i_{jt} = \int_0^t a^i_{j\lambda}(X_s)dX^\lambda_s + \tfrac{1}{2}a^i_{j\lambda\mu}(X_s)d\langle X^\lambda,X^\mu\rangle_s$$

Soit M_t la solution de l'équation matricielle

$$M_t = I + \int_0^t dC_s M_s$$

M_t est la matrice de l'application de $T_{X_0}(V)$ dans $T_{X_t}(V)$ définie par le «transport » (29), application que nous noterons Φ_t , et l'on a $U_t = \Phi_t U_0$. Il est bien connu que Φ_t est inversible, et la matrice $N_t = M_t^{-1}$ est solution de l'équation différentielle stochastique suivante

$$(46)\qquad N_t = I + \int_0^t N_s(\,-dC_s + \langle C,C\rangle_s\,)$$

(Cette jolie formule est due à Karandikar, dans ce volume[1]).

Nous désignerons par H_t la semimartingale $\Phi_t^{-1}(U_t)$ à valeurs dans W_{X_0} : on l'appelle le <u>développement</u> de Z dans W_{X_0} . Comme c'est une semimartingale dans un espace vectoriel, on peut considérer directement dH_t ou $d\tilde{H}_t$ comme des vecteurs (si l'on veut, cela revient à descendre d^2H_t ou $d^2\tilde{H}_t$ par la connexion triviale de l'espace vectoriel !). On a alors le théorème suivant, essentiellement dû à Bismut :

THEOREME 7. Soit $(Z_t)=(X_t,U_t)$ une semimartingale dans V (avec $X_0=x$ pour simplifier). Alors on a dans W_{X_t}

$$(47)\qquad \underset{\sim}{d}U_t = \Phi_t(dH_t)\ ,\quad \underset{\sim}{d}\tilde{U}_t = \Phi_t(d\tilde{H}_t)\ \text{(cf. (44)}_b\text{)} .$$

1. Elle figure aussi (sous une forme moins générale) chez Bismut, sém. XII p. 194.

COROLLAIRE 8. Z est une martingale dans W (muni de la connexion relevée Γ) si et seulement si X est une martingale dans V, et H une martingale locale dans W_{x_o} au sens usuel.

[Cela étend le théorème 5 : celui-ci caractérise la connexion relevée par le fait que, si X est une martingale dans V et H est constante, alors (X,U) est une martingale dans W].

DEMONSTRATION. C'est un calcul. On écrit

$$d^2Z = dX^\lambda D_\lambda + dU^i D_i + \frac{1}{2}d\langle X^\mu,X^\nu\rangle D_{\mu\nu} + d\langle U^j,X^\mu\rangle D_{j\mu} + \frac{1}{2}d\langle U^j,U^k\rangle D_{jk}$$

ensuite

$$\Gamma(d^2Z) = (dX^\lambda + \frac{1}{2}\Gamma^\lambda_{\mu\nu}(X)d\langle X^\mu,X^\nu\rangle)D_\lambda + (dU^i + \Gamma^i_{j\lambda}(X)d\langle U^j,X^\lambda\rangle + \frac{1}{2}\Gamma^i_{\mu\nu}(X,U)d\langle X^\mu,X^\nu\rangle)D_i$$

dont la partie horizontale est

$$(dX^\lambda + \frac{1}{2}\Gamma^\lambda_{\mu\nu}(X)d\langle X^\mu,X^\nu\rangle)(D_\lambda - \Gamma^i_{j\lambda}U^j D_i) \text{ (rel}^t\text{ horizontal de la projection)}$$

et par conséquent la partie verticale vaut

$$(48)_a \qquad dU^i + \Gamma^i_{j\lambda}(X)U^j dX^\lambda + \Gamma^i_{j\lambda}(X)d\langle X^\lambda,U^j\rangle + \frac{1}{2}(\Gamma^i_{\mu\nu}(X,U) + \Gamma^\lambda_{\mu\nu}(X)\Gamma^i_{j\lambda}(X)U^j)d\langle X^\mu,X^\nu\rangle$$

On a d'autre part, d'après (46), comme $H_t = N_t U_t$

$$dH = dN\, U + N\, dU + \langle dN,dU\rangle = N(-dC + d\langle C,C\rangle)U + NdU + N\langle -dC,dU\rangle$$

d'où la quantité qui nous intéresse

$$MdH = dU - d\langle C,U\rangle + (d\langle C,C\rangle - dC)U$$

explicitons la i-ième composante du second membre :

$$dU^i - a^i_{j\lambda}(X)d\langle U^j,X^\lambda\rangle - a^i_{j\lambda}(X)U^j dX^\lambda - \frac{1}{2}a^i_{j\mu\nu}(X)U^j d\langle X^\mu,X^\nu\rangle$$
$$(48)_b \qquad + a^i_{k\mu}(X)a^k_{j\nu}(X)U^j d\langle X^\mu,X^\nu\rangle$$

(ce dernier terme n'est pas correctement écrit : il reste à le symétriser en μ et ν). Reportons nous maintenant aux expressions (31) des symboles de Christoffel, pour vérifier que $(48)_a = (48)_b$.

Le calcul avec les ~ est le même. Quant au corollaire : Z est une martingale dans W si et seulement si $\Gamma(d^2\tilde{Z}_t)=0$, ce qui revient à annuler sa partie horizontale, relèvement horizontal de $d\tilde{X}_t$, et sa partie verticale $d\tilde{U}_t$. On utilise enfin le fait que Φ_t est un isomorphisme.

Le mot << développement >> a été aussi utilisé dans le sém. XV, p.92. Le sens est différent : c'est X et non (X,U) que l'on développait alors dans $T_{x_o}(V)$, en utilisant le transport parallèle. Nous revenons sur cet autre << développement >> dans les toutes dernières lignes de l'exposé.

3. CALCULS EXPLICITES

Nous considérons une semimartingale à valeurs dans T(V), de la forme $(X_t, K(X_t))$ - ou $(X_t, K(t,X_t))$ - où K est un champ de vecteurs C^∞ sur V (dépendant du temps dans le second cas). Nous allons calculer les caractéristiques locales de cette semimartingale, dans la connexion parallèle ou géodésique.

Nous utilisons les notations précédentes : $U_t=K(X_t)$, $Z_t=(X_t,U_t)$.

THEOREME 9. Dans la connexion parallèle, on a

$$(49)_a \qquad \underset{\sim}{d}U_t = \nabla_{D_\lambda} K(X_t)dX_t^\lambda + \frac{1}{2}\nabla_{D_\lambda}\nabla_{D_\mu} K(X_t)d\langle X^\lambda,X^\mu\rangle_t$$

et la formule analogue vaut pour $\underset{\sim}{d}\tilde{U}_t$, à condition de mettre $d\tilde{X}_t^\lambda$ du côté droit. Si K dépend du temps, ajouter un terme $\dot{K}(X_t)dt$, où $\dot{K}$ est la dérivée de K par rapport au temps.

Dans la connexion géodésique, il faut ajouter à $(49)_a$ le terme supplémentaire (attention au signe !)

$$(49)_b \qquad -\frac{1}{2}d\langle X^\lambda,X^\mu\rangle_t R^\nu_{\lambda\mu\eta}(X_t)K^\eta(X_t)D_\nu$$

Avant de démontrer ce théorème, qui revient à un pur calcul, nous allons le commenter.

REMARQUES. a) La formule $(49)_a$ est vraie pour toutes les équations du type de Stratonovitch sur tous les fibrés :

$$dY^i = a^i_{j\lambda}(X)Y^j{*}dX^\lambda$$

à condition d'interpréter K comme une <u>section</u> de W, et ∇_{D_λ} comme l'opérateur

$$(50) \qquad \nabla_{D_\lambda} K = (D_\lambda K^i + K^j\Gamma^i_{j\lambda})D_i \ , \ \Gamma^i_{j\lambda}=-a^i_{j\lambda}$$

(l'opérateur de"dérivée covariante" $\nabla_\xi K$ porte sur les sections de W, et son indice ξ est un champ de vecteurs sur V). De même, $(49)_b$ s'étend à un fibré de la manière suivante : à la correction sur l'e.d.s.

$$dY^i = a^i_{j\lambda}(X)Y^j{*}dX^\lambda + \frac{1}{2}c^i_{j\lambda\mu}(X)Y^j d\langle X^\lambda,X^\mu\rangle$$

correspond sur les caractéristiques de la semimartingale Z_t une correction <u>opposée</u>

$$-\frac{1}{2}d\langle X^\lambda,X^\mu\rangle K^j(X)c^i_{j\lambda\mu}(X)D_i$$

b) Du côté gauche de $(49)_a$, il n'y a pas de coordonnées, tandis que du côté droit il y en a. Cela signifie encore que l'expression

$$\nabla_{D_\lambda} K dx^\lambda + \nabla_{D_\lambda}\nabla_{D_\mu} K\, dx^\lambda.dx^\mu$$

peut être considérée comme une forme d'ordre 2 à valeurs dans W (notion que nous nous gardons bien de développer).

c) Supposons que X soit le mouvement brownien d'une variété riemannienne. Alors on a $d\langle X^\lambda,X^\mu\rangle_t = \frac{1}{2}g^{\lambda\mu}(X_t)dt$, $d\tilde{X}_t^\lambda = -\frac{1}{2}g^{\mu\nu}\Gamma^\lambda_{\mu\nu}(X_t)dt$, et l'on a simplement

(51)$_a$ $\qquad \underset{\sim}{d}U_t = \frac{1}{2}\Delta K(X_t)dt \qquad$ où $\Delta = g^{\lambda\mu}(\nabla_{D_\lambda}\nabla_{D_\mu} - \Gamma^\nu_{\lambda\mu}\nabla_{D_\nu})$ (tr. parallèle)

Δ est appelé le <u>laplacien horizontal</u> (dans les livres de calcul tensoriel, on trouvera souvent écrit $\Delta = \nabla^\lambda\nabla_\lambda$ ou $g^{\lambda\mu}\nabla_\lambda\nabla_\mu$; il s'agit bien du même opérateur, malgré l'apparence : ∇_λ ne signifie pas ∇_{D_λ}). On a donc aussi pour le transport géodésique

(51)$_b$ $\qquad \underset{\sim}{d}U_t = \frac{1}{2}\Box K(X_t) \qquad$ avec $\Box K^i = \Delta K^i - g^{\lambda\mu}K^j R^i_{\lambda\mu j}$ (tr. géodésique).

opérateur connu sous le nom de <u>laplacien de de Rham</u> (certains probabilistes l'appellent << Laplacien de Durham >>, mais c'est une erreur). A vrai dire, on considère plus souvent ce laplacien sur les formes que sur les champs (et sur les formes, la correction de courbure est de signe opposé).

DEMONSTRATION DU TH. 9. Pour démontrer (49)$_a$, nous poursuivons un peu plus loin le calcul (48)$_a$, en remplaçant U_t par sa valeur $K(X_t)$. Nous trouvons

$$\begin{aligned}\underset{\sim}{d}U^i_t &= D_\lambda K^i(X_t)dX^\lambda_t + \tfrac{1}{2}D_{\lambda\mu}K^i(X_t)d\langle X^\lambda,X^\mu\rangle \\ &+ \Gamma^i_{j\lambda}(X_t)K^j(X_t)dX^\lambda_t \\ &+ D_\mu K^j(X_t)\Gamma^i_{j\lambda}(X_t)d\langle X^\lambda,X^\mu\rangle_t \\ &+ \tfrac{1}{2}(\Gamma^i_{\mu\nu}(X,K(X)) + \Gamma^\lambda_{\mu\nu}(X)\Gamma^i_{j\lambda}(X)K^j(X))_t d\langle X^\mu,X^\nu\rangle_t\end{aligned}$$

Maintenant nous remplaçons les symboles de Christoffel par leur valeur, tirée de (31)$_{abcde}$. Les seuls qui doivent être vraiment explicités sont les $\Gamma^i_{\mu\nu}(X_t,K(X_t))$, que nous tirons de (32), mais en les simplifiant pour le calcul grâce à la symétrie de $d\langle X^\mu,X^\nu\rangle$: on les remplace par

$$K^j(\Gamma^k_{j\mu}\Gamma^i_{k\nu} + D_\mu\Gamma^i_{j\nu} - \Gamma^\lambda_{\mu\nu}\Gamma^i_{j\nu})$$

Nous avons d'autre part

$$\nabla_{D_\lambda}K^i = D_\lambda K^i + K^j\Gamma^i_{j\lambda} \quad , \quad \nabla_{D_\mu}\nabla_{D_\lambda}K^i = D_\mu(D_\lambda K^i + K^j\Gamma^i_{j\lambda}) + (D_\lambda K^h + K^j\Gamma^h_{j\lambda})\Gamma^i_{h\mu}$$

et alors la vérification de (49)$_a$ n'exige plus qu'une feuille de papier blanc et un crayon (ou une plage de sable fin et une huître). Si K dépend du temps, il y a un terme $\dot{K}(t,X_t)dt$ de plus dans la formule ci-dessus. Nous n'avons aucune modification à apporter au raisonnement pour établir la remarque a). Pour obtenir la correction (49)$_b$, il nous faut seulement remarquer que la correction change de signe en passant de l'e.d.s. aux symboles de Christoffel. Enfin, le même raisonnement s'applique avec des ~ sur les $\underset{\sim}{d}\tilde{U}$ et $d\tilde{X}$.

Revenons à la formule (47) et au théorème 7 : tout résultat sur les $\underset{\sim}{d}K(X_t)$ peut s'interpréter comme un résultat sur le développement dans W_{X_0} de la semimartingale $(X_t,K(X_t))$. Nous noterons $H(K)_t$ ce développement. La formule (49)$_a$, étendue à toutes les équations de Stratonovitch, s'interprète alors ainsi :

COROLLAIRE 10. Considérons une équation linéaire de Stratonovitch à valeurs dans W

$(52)_a$ $$dY^i = a^i_{j\lambda}(X)Y^j * dX^\lambda$$

et définissons la dérivée covariante $\nabla_\xi K$ d'une section K de W suivant un champ de vecteurs ξ sur V par la formule

$(52)_b$ $$\nabla_\xi D^i = \xi^\lambda(D_\lambda K^i - K^j a^i_{j\lambda})D_i$$

Alors le développement dans W_{X_0} de la semimartingale $(X_t, K(X_t))$, noté $H(K)_t$, satisfait à

$(52)_c$ $$H(K)_t = K(X_0) + \int_0^t H(\nabla_{D_\lambda}K)_s dX^\lambda_s + \frac{1}{2}H(\nabla_{D_\lambda}\nabla_{D_\mu}K)_s d\langle X^\lambda, X^\mu\rangle_s$$

COMMENTAIRE. Jusqu'à maintenant, X a toujours été une semimartingale prise individuellement, mais on peut aussi prendre pour X le flot d'une e.d.s. sur V (X est une fonction des trois variables (t,ω,x), dépend de x de manière C^∞, et l'on a $X(0,\omega,x)=x$). Dans ces conditions

pour tout x, $H(K)_t$ calculé le long de $X(.,.,x)$ appartient à W_x ; notons le $\overline{K}(t,\omega,x)$. Alors $x \mapsto \overline{K}(t,\omega,x)$ est une nouvelle section $\overline{K}(t,\omega)$ de W. Si les coefficients $a^i_{j\lambda}$ sont assez réguliers, on saura que cette section peut être choisie aussi différentiable que K elle même. Enfin, on a $\overline{K}(0,\omega)=K$.

Ainsi un flot sur la base et une e.d.s. linéaire déterminent un "flot sur les sections de W" (cela n'est pas restreint aux équations de Stratonovitch !).

Mais W_x est un espace vectoriel pour tout x. Sous des conditions à étudier, on peut intégrer une v.a. à valeurs dans W_x . Dans $\overline{K}(t,\omega)$, l'intégration efface ω, et il reste une opération déterministe sur les sections. Nous noterons P_tK cette intégrale, parce que dans beaucoup de cas ces opérations forment un semi-groupe. En particulier, supposons que $X_t(\omega,x)$ soit, pour tout x, une diffusion de générateur $L=c^\lambda D_\lambda + c^{\lambda\mu}D_{\lambda\mu}$; la formule $(52)_c$ va nous donner - à condition que l'intégration soit légitime, toujours

(53) $$P_tK = K + \int_0^t P_s(c^\lambda\nabla_{D_\lambda}K + c^{\lambda\mu}\nabla_{D_\lambda}\nabla_{D_\mu}K)\, ds$$

qui permet d'obtenir le « générateur infinitésimal » de (P_t). Pour le transport parallèle stochastique au dessus du mouvement brownien, on remonte là aux débuts mêmes de la géométrie différentielle stochastique, avec les travaux de Ito, Dynkin, Gangolli...

4. EXTENSION AUX SEMIMARTINGALES TENSORIELLES

Considérons une e.d.s. linéaire dans W, éventuellement avec correction :

$(54)_a$ $$dY^i = a^i_{j\lambda}(X)Y^j * dX^\lambda + \frac{1}{2}c^i_{\lambda\mu j}(X)Y^j d\langle X^\lambda, X^\mu\rangle$$

Les résultats du corollaire 10 restent valables, à condition d'ajouter à $(52)_c$ le terme correctif

$(54)_b$ $$\frac{1}{2}\int_0^t H(C_{\lambda\mu}K)_s d\langle X^\lambda, X^\mu\rangle_s \quad \text{où } C_{\lambda\mu}K^i = -c^i_{\lambda\mu j}K^j$$

Cela vaut pour tout fibré W. Nous nous demandons maintenant comment se comportent les opérations $\nabla_\xi K$ et $C_{\lambda\mu}K$ lorsqu'on fait, sur les e.d.s., les deux opérations vues au § III : passage à l'e.d.s. duale, produit tensoriel. Cela nous permettra de calculer, dans le cas du transport parallèle et du transport géodésique, les caractéristiques locales de semi-martingales tensorielles.

Le passage au dual est immédiat : remplacement des $a^i_{j\lambda}$ et $c^i_{\lambda\mu j}$ par leurs opposés. Le passage au produit tensoriel est donné par le lemme suivant :

LEMME 11. Soit $W=W^1\otimes W^2$; on se donne sur chaque W^i une e.d.s. linéaire, et on munit W de l'e.d.s. produit. Alors

$$\nabla_\xi(K^1\otimes K^2) = (\nabla^1_\xi K^1)\otimes K^2 + K^1\otimes(\nabla^2_\xi K^2)$$

$$C_{\lambda\mu}(K^1\otimes K^2) = (C^1_{\lambda\mu}K^1)\otimes K^2 + K^1\otimes(C^2_{\lambda\mu}K^2).$$

DEMONSTRATION. Formules $(43)_b$!

Avec les formules $\nabla_\xi(fK) = \langle\xi, df\rangle K + f\nabla_\xi K$, $C_{\lambda\mu}(fK) = fC_{\lambda\mu}K$ en plus de celles-ci, on a exprimé toutes les règles de calcul.

COMMENTAIRES. Dans le cas du transport parallèle et du transport géodésique, ces règles entraînent que l'opérateur V_ξ <u>est bien l'opérateur de dérivation covariante de la géométrie différentielle</u>.

En particulier, la formule $(49)_a$ ou $(52)_c$, pour le transport parallèle, <u>reste vraie pour les semimartingales tensorielles</u>. Dans le cas où X est le mouvement brownien, ce résultat est dû à Dynkin.

En revanche, dans le cas du transport géodésique, la correction au transport parallèle <u>n'est pas</u> celle qui fait passer du laplacien horizontal au laplacien de de Rham (et du mouvement brownien), dans le cas des p-formes, $p>1$. Si l'on regarde dans les traités de géométrie différentielle la << formule de Weitzenböck >> qui relie ces deux laplaciens, elle comporte un dernier terme pour $p\geq 2$, qui est << de trop >>. D'ailleurs, si l'on avait pour tous les p la relation entre laplacien de de Rham et transport géodésique, le produit extérieur de deux formes harmoniques serait harmonique, ce qui n'est pas.

V. LA << MECANIQUE STOCHASTIQUE >> DE NELSON

Dans ce paragraphe (qui utilise beaucoup de formules sans démonstration et omet bien des détails), nous présentons d'après Dankel [2] et Dohrn-Guerra [3], l'application du théorème 9 à la << mécanique stochastique de Nelson >> dans les variétés.

1. CALCUL SUR LES CHAMPS DE VECTEURS

Nous nous plaçons sur une variété riemannienne V, et nous allons utiliser un peu de calcul extérieur sur les champs de vecteurs et de 2-vecteurs, ce qui est sans doute moins familier aux géomètres que le calcul sur les formes, mais plus familier aux non-géomètres, qui ont au moins un souvenir des cours de premier cycle.

Nous rappelons d'abord que le produit scalaire permet d'identifier formes et vecteurs : nous désignerons par h° la forme (le vecteur) obtenue en faisant passer de l'autre côté le vecteur (la forme) h . Ainsi $h^{\circ\circ}=h$. De même pour les 2-formes. Si f est une fonction, nous posons

$$\text{grad } f = (df)^{\circ}$$

si h est un champ de 1-vecteurs, nous posons

$$\text{rot } h = (dh^{\circ})^{\circ}$$

Nous le calculerons tout à l'heure. Sur les formes, on a aussi une codifférentielle δ . Nous poserons pour un champ de vecteurs h

$$\text{div } h = -\delta(h^{\circ}) \qquad \text{(une fonction)}$$

et pour un champ de 2-vecteurs k

$$\text{tor } k = -(\delta(k^{\circ}))^{\circ} \quad \text{(un champ de vecteurs)}^{(1)}.$$

(on écrit <u>tor</u>, parce qu'il va en sens contraire de <u>rot</u>. Les anglais l'appellent <u>lurc</u>). Enfin, si h est un champ de vecteurs, k un champ de 2-vecteurs, nous noterons $h\cdot k$ le champ de vecteurs obtenu en contractant le 1er indice de k avec la forme h° (ou : $g\cdot(h\cdot k)=(g\wedge h)\cdot k$)

Pour le calcul, maintenant : de même que la différentielle est très simple sur les formes, la codifférentielle est simple sur les champs : par exemple, sur un champ de vecteurs

$$\text{div } h = D_{\lambda}h^{\lambda} + h^{\mu}\Gamma^{\lambda}_{\mu\lambda} \quad \text{(c'est la trace de } X\mapsto\nabla_X h \text{)}$$

et la métrique n'y apparaît pas explicitement. D'une manière générale, la codifférentielle ou divergence se calcule sur un tenseur T en formant $\nabla_{\bullet}T$ (c'est à dire $X\mapsto\nabla_X T$) qui a un indice covariant en tête, et en le contractant avec le premier indice de T. C'est un opérateur de carré nul sur les champs de p-vecteurs, comme on peut le voir soit en le ramenant à dd=0 grâce à la métrique, soit (mieux) comme le fait Nelson dans << Tensor Analysis >>, pour toute connexion à Ricci symétrique.

1. Nous n'utilisons presque pas cet opérateur.

Quant à rot h , c'est le bivecteur $\nabla^\lambda h^\mu D_\lambda \wedge D_\mu$, en posant $\nabla^\lambda h^\mu = g^{\lambda\varepsilon}\nabla_{D_\varepsilon} h^\mu$

Notons maintenant, sans démonstration, les formules de calcul vectoriel dont nous aurons besoin

$(55)_a$ $\Delta f = \mathrm{div}\,\mathrm{grad} f$ (fonction) , $\Box h = \mathrm{grad}\,\mathrm{div}\, h + \mathrm{rot}\,\mathrm{rot}\, h$ (champ) (laplacien de de Rham)

$(55)_b$ $\mathrm{div}(fh) = f\,\mathrm{div}\,h + \mathrm{grad} f . h$

$(55)_c$ $\frac{1}{2}\mathrm{grad}|h|^2 = \nabla_h h + h\cdot \mathrm{rot}\, h$

et bien entendu, les formules rot grad =0,... correspondant à $d^2=0$ ou $\delta^2=0$.

Nous aurons aussi besoin du résultat suivant : si h est un champ à support compact, div h a toujours une intégrale nulle par rapport à la mesure riemannienne r(dx). Il en résulte sans peine que

$(55)_d$ $\int f(h\cdot \mathrm{grad} g) r = - \int g\, \mathrm{div}(fh) r$ si fgh est à support compact autrement dit, l'adjoint formel de l'opérateur $h = h^\lambda D_\lambda$ est l'opérateur $f \mapsto -\mathrm{div}(fh)$. On en déduit aussi que $\int f\Delta g\, r = \int g \Delta f\, r$.

2. UNE FORMULE DE MECANIQUE CLASSIQUE

Nous nous donnons sur V un potentiel scalaire p et un potentiel-vecteur a (i.e. une fonction p(t,x), un champ a(t,x)). Nous désignons par η la forme associée a°, et nous considérons une courbe x(t) qui satisfait aux équations de Lagrange :

(56) $\left(\frac{d}{dt} D_{\hat{\lambda}} T - D_\lambda T \right) \xi^\lambda = \left(\frac{d}{dt} D_{\hat{\lambda}} \underset{\sim}{V} - D_\lambda \underset{\sim}{V} \right) \xi^\lambda$ le long du transport $(x_t, \dot{x}_t)$

avec les notations suivantes : les coordonnées sur T(V) s'appellent x^λ et $x^{\hat{\lambda}} = dx^\lambda$ (les q^λ et $\dot{q}^\lambda$ de la mécanique) ; T est la « force vive», i.e. la fonction $\frac{1}{2} g_{\lambda\mu}(x) x^{\hat{\lambda}} x^{\hat{\mu}}$ sur T(V) ; $\underset{\sim}{V}$ est la fonction sur T(V)

$$\underset{\sim}{V} = p(t,x) - \eta_\lambda(t,x) x^{\hat{\lambda}} \quad (1)$$

Enfin $\xi = \xi^\lambda D_\lambda$ est un champ de vecteurs arbitraire sur V. Nous avons vu dans le Sém. XV, p. 65-66, que le côté gauche est égal à $\Gamma(\ddot{x})\cdot\xi$, où $\ddot{x}$ est le vt_2 accélération et Γ est la connexion riemannienne. Du côté droit, on doit donc avoir $F\cdot\xi$, où F est le vecteur force. Or le calcul fait du côté droit montre qu'il vaut

$$-< \xi, \dot{\eta} + dp > + < \xi \wedge \dot{x} , d\eta > = < -\dot{\eta} - dp + i(\dot{x}) d\eta , \xi >$$

où $d\eta$ est la différentielle extérieure, $i(\dot{x})$ un produit intérieur. Repassant du côté des vecteurs, nous trouvons l'expression classique de la force

(57) $-\dot{a} - \mathrm{grad}\, p + \dot{x}\cdot \mathrm{rot}\, a = F(t,x,\dot{x})$.

1. Les signes sont conformes (sauf erreur) à l'usage général en électromagnétisme.

3. UNE EQUATION DE SCHRÖDINGER

La traduction de (56) en mécanique quantique non relativiste est l'équation de Schrödinger

(58) $$i\dot{\psi} = H\psi = -\frac{1}{2}\Delta\psi + \dot{V}\psi$$

où l'on a posé

$(58)_a$ $$\psi(t,x) = e^{R(t,x)+iS(t,x)} = \sqrt{\rho(t,x)}\, e^{iS(t,x)}$$

H étant l'opérateur

$(58)_b$ $$H\psi = \frac{1}{2}(-\mathrm{div} + ia\cdot)(\mathrm{grad} - ia)\psi + p\psi$$

(la première parenthèse fournit un champ de vecteurs, dont la seconde parenthèse refait un scalaire). Ecrivons cela de manière explicite, en utilisant un certain nombre de fois la formule $\Delta(e^f)=e^f(\Delta f+\mathrm{grad}^2 f)$[1]. Elle s'écrit $(59)_a=(59)_b$, où

$(59)_a$ $$\frac{2}{\psi}(i\dot{\psi}+ \frac{1}{2}\Delta\psi) = (\Delta R-2\dot{S}+\mathrm{grad}^2 R-\mathrm{grad}^2 S)+i(\Delta S+2\dot{R}+2\mathrm{grad}R.\mathrm{grad}S)$$

$(59)_b$ $$\frac{2}{\psi}\dot{V}\psi = (2p+|a|^2-2a\cdot\mathrm{grad}S)+i(\mathrm{div}\, a + 2a.\mathrm{grad}R).$$

Nous allons faire subir à ces équations une transformation d'apparence inexplicable, destinée à faire reparaître la <u>force classique</u> (57). Nous introduisons deux champs de vecteurs (dépendant du temps)

(60) $$u = \mathrm{grad}\, R\ ,\quad v = \mathrm{grad}\, S - a$$

Les relations obtenues en égalant parties réelles et imaginaires dans $(59)_a=(59)_b$ s'écrivent maintenant (cela exprime complètement (58) !)

$(61)_a$ $$\dot{R} + \frac{1}{2}\mathrm{div}\, v + u.v = 0$$

$(61)_b$ $$\dot{S} - \frac{1}{2}\mathrm{div}\, u+ \frac{1}{2}(|v|^2-|u|^2) + p = 0$$

(ou si l'on pose $R+iS=T$, $v-iu=w$: $\dot{T}+ \frac{1}{2}(\mathrm{div}\, w-iw.w)+ip = 0$) . Notons aussi que les relations $\rho=e^{2R}$ et $(61)_a$ nous permettent d'écrire les formules assez symétriques

$(62)_a$ $$\frac{1}{2}\Delta\rho - \mathrm{div}(\rho u) = 0$$

$(62)_b$ $$\dot{\rho} + \mathrm{div}(\rho v) = 0$$

Pour faire apparaître la force classique, nous appliquons grad aux deux côtés de $(61)_b$. Comme u=grad R, $(55)_a$ nous donne $\mathrm{grad\,div}\, u = \square u$, et $(55)_c$ $\mathrm{grad}|u|^2 = 2\nabla_u u$, $\mathrm{grad}|v|^2=2\nabla_v v+2v.\mathrm{rot}\, v = 2\nabla_v v-2v.\mathrm{rot}\, a$, d'où nous tirons

$(63)_a$ $$\dot{v} - \frac{1}{2}\square u + \nabla_v v-\nabla_u u = -\mathrm{grad}\, p - \dot{a} + v.\mathrm{rot}\, a = F(x,t,v)$$

Par symétrie, nous ferons la même chose sur $(61)_a$. Nous évaluons grad div v par la seconde formule $(55)_a$, et utilisons la relation

1. Si L est un opérateur d'ordre 2, et $L(f,g)=L(fg)-gLf-fLg$, on a $L(e^f)=e^f(Lf+\frac{1}{2}L(f,f))$: le vérifier pour les D_λ et $D_{\lambda\mu}$.

Prenons un grad des deux côtés. Nous évaluons grad div v par la seconde formule $(55)_a$, et utilisons le fait que rotv = -rot a (60). Nous évaluons grad(u.v) par la formule $(55)_c$, et arrangeons les choses de manière que la formule ressemble autant que possible à $(63)_a$ (on utilise aussi la formule rot u=0 dans la transformation)

$$(63)_b \qquad \dot{u} + \frac{1}{2}\square v + \nabla_u v + \nabla_v u = -\frac{1}{2}\text{torrot}\, a + u.\text{rot}\, a = G(t,x,u)$$

Inversement, Dankel a montré (après Nelson) comment, de deux solutions des équations d'évolution non linéaires (63), on peut déduire des solutions de l'équation de Schrödinger (58).

Il n'est pas étonnant que l'on ait une jolie formule en posant w=v-iu (le - nous conviendra un peu plus loin). On a

$$(63)_c \qquad \dot{w} - \frac{i}{2}\square w + \nabla_w w = F-iG$$

4. INTERPRETATION PROBABILISTE

Donnons nous sur un intervalle de temps $[t_o,t_1]$ une diffusion (X_t) à valeurs dans V, admettant un générateur infinitésimal (dépendant du temps) de la forme

$$(64) \qquad L_t = \frac{1}{2}\Delta + b_t^\lambda D_\lambda \quad \text{où } b(t,x) \text{ est un champ } C^\infty \text{ dépendant de } t$$

- L'existence d'un tel processus n'est pas évidente, même si b=0 ! Désignons par $\rho(x,t)$ la densité de la loi de X_t par rapport à la mesure riemannienne r(dx). Nous avons pour $f\in C_c^\infty$

$$\frac{d}{dt}\int f(x)\rho(x,t)r(dx) = \frac{d}{dt}E[f\circ X_t] = E[L_t f\circ X_t] = \int L_t f\,\rho(x,t)r(dx)$$

D'où l'on déduit en passant à l'adjoint (on verra une autre méthode plus tard)

$$(65)_a \qquad \dot{\rho} = \frac{1}{2}\Delta\rho - \text{div}(\rho b)\ .$$

Il est << bien connu >> que si l'on regarde la diffusion dans l'autre sens, on a encore une diffusion $(\hat{X}_t)$, dont le générateur $\hat{L}_t$ a même forme bilinéaire associée que L_t (invariance des crochets par retournement du temps). Nous poserons donc

$$(66) \qquad \hat{L}_t = \frac{1}{2}\Delta - \hat{b}_t^\lambda D_\lambda$$

et nous aurons d'après (65) vu dans l'autre sens

$$(65)_b \qquad -\dot{\rho} = \frac{1}{2}\Delta\rho + \text{div}(\rho\hat{b})$$

d'où en posant $u=\frac{1}{2}(b-\hat{b})$, $v=\frac{1}{2}(b+\hat{b})$

$$(67) \qquad \frac{1}{2}\Delta\rho = \text{div}(\rho u)\ ,\quad \dot{\rho} = -\text{div}(\rho v)$$

On a trouvé une interprétation de $(61)_a$ et $(61)_b$. Puisque Δ est un opérateur de dérive nulle dans la connexion riemannienne, b_t est la dérive de L_t, autrement dit $b(t,X_t)$ est la dérivée stochastique DX_t . De même, $-\hat{b}(t,X_t)$ est la dérivée stochastique de X dans l'autre sens du temps, et nous pouvons dire que $\hat{b}(t,X_t)$ est la dérivée stochastique de X, dans

b_t est la dérive de L_t , autrement dit $b(X_t,t)$ est la dérivée stochastique DX_t . De même, $-\hat{b}(\hat{X}_t,\hat{t})$ est la dérivée stochastique de $\hat{X}_t$ dans l'autre sens du temps, donc $+\hat{b}(X_t,t)$ s'interprète comme une dérivée stochastique $\hat{D}X_t$ de X calculée dans le bon sens du temps, mais avec conditionnement par rapport au futur . On voit que $v(X_t,t)$ est la vitesse symétrique $\frac{1}{2}(D+\hat{D})X_t$.

Nous pouvons faire la même chose pour des champs de vecteurs : si $c(x,t)$ est un champs de vecteurs dépendant du temps, la vitesse stochastique vers l'avant s'écrit $C(X_t,t)$, où

$$(68)_a \qquad C = \frac{1}{2}\square c + \dot{c} + \nabla_b c \qquad (\text{ théorème 9 })$$

(calcul au moyen du transport géodésique vers l'avant), et la vitesse stochastique vers l'arrière est $\hat{C}(X_t,t)$

$$(68)_b \qquad \hat{C} = -\frac{1}{2}\square c + \dot{c} + \nabla_{\hat{b}} c$$

(transport géodésique vers l'arrière et changement du sens du temps : le transport géodésique est irréversible !). La formule $(63)_a$ s'écrit alors de la manière suivante (<< loi de Newton stochastique >>)

$$(69) \qquad \frac{1}{2}(D\hat{D}+\hat{D}D)X_t = F(X_t,t,\ \frac{1}{2}(D+\hat{D})X_t)$$

Le côté gauche est l'accélération stochastique de Nelson,(1) le côté droit la force classique, où la vitesse a été remplacée par la vitesse stochastique (symétrique). La formule $(63)_b$ n'a aucune expression évidente au moyen de D et $\hat{D}$, mais ce n'est pas nécessaire : l'équation est complètement exprimée par les relations $u = \frac{1}{2}\mathrm{grad}\log\rho$, $\dot{\rho}+\mathrm{div}(\rho v)=0$, et (69).

5. APPLICATION DU THEOREME DE GIRSANOV

Nous introduisons maintenant les formes $\beta=b°$, $\hat{\beta}=\hat{b}°$, $u°,v°...$,sur V, dépendant de t ; nous allons leur chercher une interprétation probabiliste.

Soit P la loi de la diffusion sur l'espace $\Omega=\underline{C}([t_0,t_1],V)$ (avec ses applications coordonnées X_t, et sa filtration naturelle). Soit Q la << loi >> du mouvement brownien à valeurs dans V, admettant pour mesure initiale la mesure riemannienne r(dx). Rappelons (Sém. XV, p. 67, formule (35)) la formule d'Ikeda-Manabe, suivant laquelle pour toute forme α sur V (ne dépendant pas du temps), le processus $\int_{X_{t_0}}^{X_t} \alpha + \frac{1}{2}\int_{t_0}^{t} \delta\alpha(X_s)ds$ est une Q-martingale locale.(2) Nous étendrons cela de la manière suivante aux formes dépendant du temps : nous poserons $Y_t=(X_t,t)$, et nous désignerons par $\underline{\alpha}$ la forme sur $V\times\mathbb{R}$

1. Pour une autre interprétation des équations de Nelson, dans le cas des solutions stationnaires de (38), voir le très joli article [7] de Nagasawa.

2. Les intégrales sont prises au sens de Stratonovitch.

$\underline{\underline{\alpha}} = \alpha + (\frac{1}{2}\delta\alpha_t)dt$ (δ opère par rapport à la variable x)

Alors $\int_{Y_{t_o}^t} \underline{\underline{\alpha}}$ est une martingale locale pour Q .

Avec ces notations, il n'y a pas de difficulté à trouver la densité dP/dQ : elle est donnée par la formule de Cameron-Martin-Girsanov[1]

$$(70)_a \qquad \frac{dP}{dQ} = \rho(X_{t_o},t_o)\exp[\int_{X_{t_o}^{t_1}} \beta + \frac{1}{2}\int_{t_o}^{t_1}(\delta\beta_s - |\beta_s|^2)ds]$$

$$= \rho(X_{t_o},t_o)\mathcal{E}(\int_{Y_{t_o}^{t_1}} \underline{\underline{\beta}})^o$$ où $\mathcal{E}$ est l'exponentielle stochastique.

Retournons le temps, en utilisant la réversibilité du mouvement brownien et de l'intégrale de Stratonovitch, et en remplaçant β par $-\hat{\beta}$. Nous obtenons une autre expression de la densité

$$(70)_b \qquad \frac{dP}{dQ} = \rho(X_{t_1},t_1)\exp[\int_{X_{t_o}^{t_1}} \hat{\beta} + \frac{1}{2}\int_{t_o}^{t_1}(-\delta\hat{\beta}_s - |\hat{\beta}_s|^2)ds]^{(2)}$$

En particulier, $(70)_a=(70)_b$, ce qui en posant $R=\frac{1}{2}\log\rho$ peut s'écrire

$$R(X_{t_1},t_1)-R(X_{t_o},t_o) = \int_{Y_{t_o}^{t_1}} u^\circ + (\frac{1}{2}\delta v_s^\circ - u_s^\circ . v_s^\circ)ds$$

Mais le côté gauche est l'intégrale $\int_{Y_{t_o}^{t_1}} (dR+\dot{R}dt)$, ce qui nous redonne les formules u=gradR (u°=dR) et $\dot{R}=\frac{1}{2}\delta v^\circ - u^\circ . v^\circ$ ($(61)_a$, ou $(65)_a$), puisque $u^\circ . v^\circ = u.v$, $\delta v^\circ = -\mathrm{div}\, v$.

Calculons alors de la même manière, en nous servant de (60) et $(61)_b$

$$S(X_{t_1},t_1)-S(X_{t_o},t_o) = \int_{Y_{t_o}^{t_1}} (dS+\dot{S}dt) = \int_{Y_{t_o}^{t_1}} v^\circ + \frac{1}{2}(-\delta u_s^\circ + |v_s^\circ|^2 - |u_s^\circ|^2)ds$$
$$+ \int_{Y_{t_o}^{t_1}} a^\circ - p_s ds$$

et la relation $(63)_a$ équivaut à la fermeture de la forme sur V×$\mathbb{R}$

$$v^\circ + \frac{1}{2}(-\delta u_s^\circ + |v_s^\circ|^2 - |u_s^\circ|^2)ds + (a^\circ - p_s ds)$$

Mais je ne vois pas comment exprimer au moyen de toutes ces formes la « loi de Newton stochastique » (69).

1. Il faut vérifier que sous la loi P ainsi définie, $f(X_t)-\int^t L_s f(X_s)ds$ est une martingale locale, ce qui se fait par Girsanov.
2. Noter que ceci est une Q-martingale en le temps $t=t_1$.

REPRESENTATIONS DE SEMIMARTINGALES (APPENDICE)

1. Dans ce bref paragraphe, nous abandonnons les e.d.s. linéaires pour traiter un problème qui revient à plusieurs reprises dans le livre de Bismut, et dans les exposés du Sém. XV : comment décrire une semimartingale dans V au moyen de vecteurs tangents <u>d'ordre 1</u> et de semimartingales réelles ?

V est toujours munie[1] de coordonnées x^λ , et X est une semimartingale dans V . Considérons des processus continus adaptés $(X_t, H_{\alpha t})$ à valeurs dans T(V), $H_{\alpha t}$ étant un vecteur tangent au point X_t . Les indices α et λ peuvent parcourir des ensembles différents. Nous supposerons en général que <u>ces processus sont des semimartingales</u> dans T(V), bien que ce ne soit pas partout indispensable. Considérons enfin des semimartingales réelles M_t^α . Nous allons donner un sens aux relations suivantes

(A1-S) $\quad d^2X_t = H_{\alpha t} * dM_t^\alpha$ (représentation de Stratonovitch)

(A1-I) $\quad d^2X_t = H_{\alpha t} \cdot dM_t^\alpha$ (représentation d'Ito)

que nous considérerons comme des abréviations des propriétés suivantes, évidemment intrinsèques :

(A2) pour toute forme C^∞ η d'ordre 1, l'intégrale de Stratonovitch (resp. d'Ito) $\int_{X_0^t} \eta$ est égale à $\int_0^t < H_{\alpha s}, \eta_{X_s} > dM_s^\alpha$

Si cette relation est vraie pour η, elle est vraie pour $f\eta$, $f \in C^\infty$ (cf. Sém. XV, bas de la p. 61). Il suffit donc de l'écrire pour les formes

1. Pour les représentations d'Ito, on se donne sur V une connexion Γ .

de base $\eta=dx^\lambda$, ce qui s'écrit

(A2-S) $\qquad dX_t^\lambda = H_{\alpha t}^\lambda * dM_t^\alpha = H_{\alpha t}^\lambda dM_t^\alpha + \frac{1}{2} d\langle H_\alpha^\lambda, M^\alpha\rangle_t$

(A2-I) $\qquad dX_t^\lambda = H_{\alpha t}^\lambda dM_t^\alpha - \frac{1}{2}\Gamma_{\mu\nu}^\lambda (X_t) H_{\alpha t}^\mu H_{\beta t}^\nu d\langle M^\alpha, M^\beta\rangle_t$.

REMARQUE. Du côté droit des égalités (A1) figurent des sommes : peut on donner un sens, même symbolique, à chacun des termes de ces sommes, autrement dit à $H_t * dM_t$ et $H_t \bullet dM_t$ pour une semimartingale (X_t, H_t) dans $T(V)$ et une semimartingale réelle (M_t) ? C'est possible, en définissant les vt_2 symboliques au point X_t

(A3-S) $\qquad H_t * dM_t = (H_t^\lambda dM_t + \frac{1}{2} d\langle H^\lambda, M\rangle_t) D_\lambda + \frac{1}{2} H_t^\lambda d\langle X_t^\mu, M\rangle_t D_{\lambda\mu}$

(A3-I) $\qquad H_t \bullet dM_t = (H_t^\lambda dM_t - \frac{1}{2}\Gamma_{\mu\nu}^\lambda (X_t) H_t^\mu d\langle X^\nu, M\rangle_t) D_\lambda + \frac{1}{2} H_t^\lambda d\langle X^\mu, M\rangle_t D_{\lambda\mu}$

[écritures incorrectes : le coefficient de $D_{\lambda\mu}$ n'est pas symétrisé]. Pour vérifier le caractère intrinsèque de (A3-S), on remarque que pour toute forme η sur V on a $\langle H_t * dM_t, d\eta\rangle = \langle H_t, \eta_{X_t}\rangle * dM_t$. Pour (A3-I), on a bien $\langle H_t \bullet dM_t, \Gamma\eta\rangle = \langle H_t, \eta_{X_t}\rangle dM_t$, mais il n'est pas évident que cela caractérise $H_t \bullet dM_t$: il vaut mieux remarquer que $H_t \bullet dM_t$ a même partie bilinéaire que $H_t * dM_t$, et une dérive égale à $H_t dM_t$.

Revenons aux représentations (A1) : si les vecteurs $H_{\alpha t}$ sont indépendants à chaque instant, les semimartingales dM_t^α sont <u>uniques</u>. En particulier, lorsque les $H_{\alpha t}$ forment un <u>repère</u> à chaque instant, on pourra dire que les semimartingales réelles dM_t^α constituent la <u>lecture</u> de d^2X_t dans le repère $(H_{\alpha t})$ (au sens de Stratonovitch, resp. d'Ito). Tout cela doit être justifié.

<u>Unicité de la représentation</u>. Traitons par exemple le cas de Stratonovitch (le cas d'Ito est analogue). Les relations $H_{\alpha t}^\lambda dM_t^\alpha + \frac{1}{2} d\langle H_\alpha^\lambda, M^\alpha\rangle_t = 0$ entraînent que les $H_{\alpha t}^\lambda dM_t^\alpha$ sont à variation finie, donc les $H_{\alpha t} H_{\beta t} d\langle M^\alpha, M^\beta\rangle_t$ sont nuls, et comme les produits symétriques $H_\alpha \odot H_\beta$ sont indépendants à chaque instant, les $\langle M^\alpha, M^\beta\rangle$ sont nuls[1]. Donc les M^α eux mêmes sont à variation finie, les crochets $\langle H_\alpha^\lambda, M^\alpha\rangle$ sont nuls, et la relation s'écrit simplement $H_{\alpha t}^\lambda dM_t^\alpha = 0$, qui entraîne enfin $dM_t^\alpha = 0$[1].

<u>Existence de la lecture dans un repère</u>. La matrice $(H_{\alpha t}^\lambda)$ est une matrice carrée inversible, dont on désigne par $(K_{\lambda t}^\alpha)$ l'inverse - une semimartingale si la première en était une. On vérifie alors que les expressions explicites suivantes constituent les << lectures >> cherchées

(A4-S) $\quad dM_t^\alpha = K_{\lambda t}^\alpha * dX_t^\lambda$. $\qquad$ (A4-I) $\quad dM_t^\alpha = K_{\lambda t}^\alpha (dX_t^\lambda + \frac{1}{2}\Gamma_{\mu\nu}^\lambda (X_t) d\langle X^\mu, X^\nu\rangle_t)$

1. Il s'agit de processus à variation finie : prenant des densités par rapport à un processus croissant (scalaire) dA_t convenable, on se trouve ramené à un problème d'indépendance linéaire de vecteurs ordinaires.

On peut présenter les choses d'une autre manière : si nous avons un repère $(H_{\alpha t})$ au dessus de (X_t) dans $T(V)$, nous avons un repère dual (H_t^α) au dessus de (X_t) dans $T^*(V)$, et nous devons pouvoir interpréter dM_t^α comme la ≪ valeur de H_t^α sur d^2X_t ≫. Autrement dit, nous sommes ramenés aux définitions suivantes, duales en quelque sorte de (57).

DEFINITION. Soit (X_t, Y_t) une **semimartingale** à valeurs dans $T^*(V)$. Nous définissons les semimartingales réelles

$$\text{(A5-S)} \qquad \int_0^t \langle Y_s, *dX_s\rangle = \int_0^t Y_{\lambda s} * dX_s^\lambda$$

$$\text{(A5-I)} \qquad \int_0^t \langle Y_s, \cdot dX_s\rangle = \int_0^t Y_{\lambda s} dX_s^\lambda + \tfrac{1}{2} Y_{\lambda s}\Gamma^\lambda_{\mu\nu}(X_s) d\langle X^\mu, X^\nu\rangle_s$$

Par exemple, si $Y_t = \eta_{X_t}$, où η est une forme d'ordre 1 sur V, on retrouve ainsi les intégrales de Stratonovitch et d'Ito de η le long de X. Pour la seconde définition, on n'a pas besoin que Y soit une semimartingale : il suffit (et c'est encore trop) que Y soit continu adapté au dessus de X .

L'interprétation de (A5-I) est tout à fait simple : c'est l'intégrale stochastique $\int_0^t \langle Y_s, \Gamma(d^2X_s)\rangle$ (valeur de la forme Y_s sur le vt_1 $\Gamma(d^2X_s)$ au point X_s), et le caractère intrinsèque en découle aussitôt. Pour celle de (A5-S), rappelons que $T^*(V)$ porte une 1-forme canonique, qui s'écrit (si les coordonnées sont notées (x^λ, y_λ)) $\varphi = y_\lambda dx^\lambda$ (1) et alors (A5-S) est l'intégrale de Stratonovitch $\int_{(X,Y)} \varphi$ le long de la semimartingale (X_t, Y_t).

(en fait, (A5-I) est l'intégrale d'Ito de la 1-forme canonique $y_\lambda dx^\lambda$ le long de (X,Y), pour <u>n'importe laquelle</u> des connexions sur $T^*(V)$ que nous avons considérées au paragraphe précédent, et cette propriété équivaut en fait, dans ce cas, aux conditions $(31)_{abc}$).

EXEMPLES . 1) Toute semimartingale X dans V admet la représentation de Stratonovitch suivante, au moyen de ses propres composantes X^λ

$$\text{(A6)} \qquad d^2X_t = D_\lambda(X_t) * dX_t^\lambda$$

2) Supposons que X admette une représentation d'Ito

$$d^2X_t = H_{\alpha t} \cdot dM_t^\alpha$$

où les M^α sont des martingales locales réelles. Alors X est une martingale dans V. Inversement, supposons que X soit une martingale dans V, et soit $\overset{c}{X}{}^\lambda$ la partie martingale de X^λ ; on a

$$d^2X_t = D_\lambda(X_t) \cdot d\overset{c}{X}{}_t^\lambda$$

3) Soit $(M_t^\alpha)_{\alpha=1,\dots,n}$ un mouvement brownien standard, et soit (X_t)

1. Soit t un vecteur tangent à $T^*(V)$ en (x,y). Alors $\pi_* t$ est un vt en x à v, et $\langle y, \pi_* t\rangle$ est un nombre $\phi(t)$; ϕ est la forme indiquée.

une semimartingale à valeurs dans V, appartenant à la filtration naturelle de M. Nous savons (Sém. XV, p. 52, c)) que les parties martingales locales $d\overset{c}{X}{}^{\lambda}_t$ sont les composantes d'un vt_1 symbolique au point X_t. D'autre part, elles admettent des représentations comme intégrales stochastiques

$$d\overset{c}{X}{}^{\lambda}_t = a^{\lambda}_{\alpha t}dM^{\alpha}_t$$

et les $a^{\lambda}_{\alpha t}$ sont les composantes d'un vt_1 $H_{\alpha t}=a^{\lambda}_{\alpha t}D_{\lambda}$ au point X_t. Supposons les processus $H_{\alpha t}$ assez réguliers pour que l'on puisse leur appliquer les considérations qui précèdent (en général, les $a^{\lambda}_{\alpha t}$ ne seront même pas localement bornés !). Ecrivons $X^{\lambda}_t - \overset{c}{X}{}^{\lambda}_t = \tilde{X}^{\lambda}_t$, et supposons que ces processus à variation finie soient de la forme $b^{\lambda}_t dt$, avec des coefficients assez réguliers. Alors les coefficients

$$a^{\lambda}_{0t} = \frac{1}{2}\Gamma^{\lambda}_{\mu\nu}(X_t)a^{\mu}_{\alpha t}a^{\nu}_{\beta t}\delta^{\alpha\beta} + b^{\lambda}_t$$

sont les composantes d'un vecteur tangent d'ordre 1 H_{0t} en X_t, et si l'on convient que $M^0_t=t$, on peut écrire en sommant sur $\alpha \geqq 0$

(A5) $$d^2X_t = H_{\alpha t}\cdot dM^{\alpha}_t$$

de sorte que d^2X_t est décrit entièrement au moyen de vecteurs d'ordre 1. Bismut appelle ces vecteurs les caractéristiques locales d'Ito de X (par rapport au mouvement brownien).

4) Reprenons les problèmes de relèvement de connexions du paragraphe précédent. Nous avons un fibré vectoriel W au dessus de V, et une e.d.s. linéaire, dont la partie du premier ordre définit un relèvement horizontal $H_{x,y} : T_x(V) \mapsto T_{x,y}(W)$. Alors si une semimartingale X dans V admet une représentation d'Ito $d^2X_t = K_{\alpha t}\cdot dM^{\alpha}_t$ dans V (pour la connexion Γ) et si l'on munit W de la connexion associée à Γ et à l'e.d.s. par le théorème 5, la solution de l'e.d.s. admet la représentation d'Ito $d^2Z_t = \overline{K}_{\alpha t}\cdot dM^{\alpha}_t$, où $\overline{K}_{\alpha t}$ est relèvement horizontal de $H_{\alpha t}$ en Z_t.

5) Soit X une semimartingale dans V, issue de x_o fixé. Considérons une base $H_{\lambda 0}$ de $T_{x_o}(V)$, et transportons la parallèlement en une base $H_{\lambda t}$ de $T_{X_t}(V)$. Soient M^{λ}_t les semimartingales réelles nulles en 0 telles que $d^2X_t = H_{\lambda t}\cdot dM^{\lambda}_t$ (lecture d'Ito de X dans le repère). Alors la semimartingale $M^{\lambda}_t H_{0t}$ dans $T_{x_o}(V)$ est le développement de X dans l'espace tangent, péniblement défini dans le Sém. XV, p. 92-95.

REFERENCES

[1]. BISMUT (J.M.). Mécanique Aléatoire. L.N. in M. 866, Springer 1981

[2]. DANKEL (Th. G.). Mechanics on manifolds and the incorporation of spin into Nelson's stochastic mechanics. Arch. Rat. Mech. Anal. 37, 1971, p. 192-221.

[3]. DOHRN (D.) et GUERRA (F.). Nelson's stochastic mechanics on Riemannian manifolds. Lett. al Nuovo Cimento. 22, 1978, p. 121-127.

[4]. DYNKIN (E.B.). Diffusions of Tensors. DAN 9, 1968, p. 532-535 (éd. anglaise).

[5]. IKEDA (N.) et WATANABE (S.). Diffusion processes and stochastic differential equations. North-Holland 1981.

[6]. ITO (K.). The brownian motion and tensor fields on Riemannian manifolds. Proc. Int. Congress Math. Stockholm 1962, p. 536.

[8]. NELSON (E.). Dynamical theories of Brownian motion. Princeton 1967)

[7]. NAGASAWA (M.). Segregation of a population in an environment. J. Math. Biology 9, 1980, p. 213-235.

[9]. YANO (K.) et ISHIHARA (S.). Tangent and cotangent bundles. New-York, Marcel Dekker 1973.

[10]. YASUE (K.). Stochastic calculus of variations. J. Funct.An. 41, 1981, p. 327-340 (référence ajoutée, sur la méc. de Nelson).

Institut de Recherche Mathématique
Avancée. Université Louis Pasteur.
7 rue René Descartes
67084 Strasbourg Cedex
FRANCE

(laboratoire associé au CNRS).

Note sur les épreuves. Je viens de recevoir une lettre de William Darling, mentionnant des travaux récents faits par lui sur l'approximation géodésique, et sur la correction géodésique au transport parallèle. D'autre part, la même correspondance m'a appris que l'emploi des formes d'ordre 2 en intégration stochastique était dû en fait à R.V. KOHN : integration over stochastic simplices. M. Sc. Dissertation, Warwick 1975.

Séminaire de Probabilités
Volume XVI

EN MARGE DE L'EXPOSE DE MEYER
" GEOMETRIE DIFFERENTIELLE STOCHASTIQUE "

par M. Emery

Ce titre doit être pris au pied de la lettre : Il ne s'agit pas ici d'un exposé autonome, mais simplement d'annotations que j'avais faites sur mon exemplaire du preprint de Meyer. Si, poussé par Meyer, je me décide à les recopier ici, c'est seulement afin d'éviter à un lecteur qui serait aussi ignorant que moi en géométrie quelques unes de mes larmes. C'est dire que, si je vais enfoncer quelques portes ouvertes (ou même parfois retrouver laborieusement quelques remarques jugées par Meyer trop évidentes pour être explicitées), en contrepartie, le lecteur aura la garantie qu'aucune démonstration ne sera trop longue pour tenir dans une marge !

Ma première remarque concerne le théorème 3, dans lequel l'interpolation géodésique fournit une solution approchée de l'équation de Stratonovitch (13). Ce théorème fait intervenir, de manière un peu artificielle, une connexion linéaire parfaitement arbitraire, dont les symboles de Christoffel absolument quelconques $\Gamma^{\lambda}_{\mu\nu}$, introduits au début de la démonstration (ligne $(14)_b$), se promènent avec des coefficients variables jusqu'en bas de la page, pour finir par s'éliminer identiquement en $(14)_g$. Pour éviter cela, on peut remplacer la donnée de la connexion par ce qu'on pourrait appeler une " fonction d'interpolation " dans la variété $V = \mathbb{R}^k$: C'est une application i de $V \times V \times [0,1]$ dans V, C^{∞} en l'ensemble des variables, telle que

$$i(u,v,0) = u \quad ; \quad i(u,v,1) = v$$
$$\ddot{i}(u,v,t) \in O(|u-v|^2) \quad ; \quad \dddot{i}(u,v,t) \in O(|u-v|^3) \quad ,$$

où $\ddot{i}$ et $\dddot{i}$ désignent les dérivées d'ordre deux et trois de i par rapport à t, où $|u-v| = \sum_{\lambda} |u^{\lambda}-v^{\lambda}|$ (ça dépend de la carte, mais $O(|u-v|^n)$ n'en dépend pas) et où $\ddot{i} \in O(|u-v|^2)$ signifie que, si K est un compact de V, pour chaque coordonnée λ , la fonction $\ddot{i}^{\lambda}(u,v,t)/|u-v|^2$ est bornée quand (u,v,t) décrit $K\times K\times[0,1]$ privé de la diagonale $\{u=v\}$; de même pour l'ordre trois. Lorsque la variété est munie d'une connexion, les géodésiques de cette connexion définissent naturellement un tel procédé d'interpolation : Prendre pour fonction $t \longmapsto i(u,v,t)$ la géodésique joignant u à v si u et v sont assez voisins, et une courbe quelconque joignant u à v sinon. Je laisse le lecteur vérifier que sont bien alors satisfaites les conditions de majoration des dérivées (c'est d'ailleurs ce que fait Meyer au milieu de sa démonstration).

Avec une telle fonction d'interpolation, si l'on se donne l'équation de Stratonovitch (13) $Y_t = y + \int_0^t a(X_s,Y_s)*dX_s$, sa solution est approchée par la solution $\overset{n}{Y}$ de l'équation déterministe $\overset{n}{Y}_t = y + \int_0^t a(\overset{n}{X}_s,\overset{n}{Y}_s)d\overset{n}{X}_s$, où la courbe régulière par morceaux $\overset{n}{X}$ est ainsi définie : (t_ρ) est une subdivision, dépendant de n , dont le pas tend vers zéro, et, pour $t_\rho \leqq t \leqq t_{\rho+1}$,

$$\overset{n}{X}_t = i(X_{t_\rho},X_{t_{\rho+1}},\frac{t-t_\rho}{t_{\rho+1}-t_\rho}) .$$

La démonstration consiste à remarquer d'abord, àl'aide de la formule des accroissements finis, que

$$(\dot{i}^\lambda + \tfrac{1}{2}\ddot{i}^\lambda)(u,v,0) = v^\lambda - u^\lambda - \tfrac{1}{6}\dddot{i}^\lambda(u,v,\theta) = v^\lambda - u^\lambda + O(|v-u|^3) ,$$

donc $\dot{i}^\lambda = v^\lambda - u^\lambda + O(|v-u|^2)$, et $\dot{i}^\lambda \in O(|v-u|)$. Cette majoration, jointe à celles postulées pour les dérivées seconde et troisième, fournit le résultat grâce, bien entendu, au même calcul que Meyer (la quantité qui disparaît magiquement en fin de calcul étant maintenant du type $v^\lambda - u^\lambda - (\dot{i}^\lambda + \tfrac{1}{2}\ddot{i}^\lambda)$, qui est négligeable parce que, nous venons de le voir, petite d'ordre trois).

Passons maintenant à la correction géodésique au transport parallèle. Il est frappant de remarquer que, par leur définition géométrique, le transport parallèle le long d'une semimartingale et le transport de Dohrn et Guerra généralisé par Meyer sont tous les deux anticipants : ils nécessitent l'approximation de X par son interpolation géodésique $\overset{n}{X}$. Par ailleurs, tous deux sont donnés par une e.d.s., que l'on peut toujours écrire sous forme d'Itô, donc toujours susceptible d'une approximation non anticipante. A quoi ressemble cette approximation adaptée ? La réponse est une belle trivialité : Dans chacun des deux cas, on dispose d'une méthode déterministe pour prolonger un vecteur tangent B donné en un point x de V en un champ de vecteurs $B(y)$ défini sur tout un voisinage de x : si y est assez voisin de x, on définit $B(y)$ comme le résultat du déplacement de B le long de la géodésique menant de x à y par transport parallèle ordinaire — respectivement par transport géodésique de Dohrn et Guerra. L'approximation non anticipante du transport Y le long de la semimartingale X est alors tout bêtement fabriquée ainsi : Supposons notre transport approché construit jusqu'à un instant de subdivision t_ρ. Pour le définir dans l'intervalle $[t_\rho, t_{\rho+1}]$, il suffit, à l'instant t_ρ, de construire comme ci-dessus autour du point X_{t_ρ} le champ de vecteurs B tel que $B(X_{t_\rho}) = Y_{t_\rho}$ et, durant l'intervalle $t_\rho \leq t \leq t_{\rho+1}$, de poser simplement $Y_t = B(X_t)$. On a ainsi une approximation non anticipante qui coïncide avec l'approximation anticipante aux instants de subdivision.

Par cette méthode, tout procédé permettant de prolonger un vecteur tangent en x en un champ de vecteurs au voisinage de x fournira un moyen de transport. par exemple, en notant e_x l'application exponentielle de $T_x(V)$ dans V, on peut prolonger un vecteur $B \in T_x(V)$ en le champ $B(y) = (e_x)_*(e_x^{-1}(y))(B)$ (c'est-à-dire que le champ $B(y)$ est lu comme un champ uniforme dans toute carte normale en x) ; l'équation que l'on obtient dans ce cas est semblable à $(27)_b$, mais avec un coefficient $\frac{1}{6}$ au lieu de $\frac{1}{2}$ devant le terme correctif.

Toujours sous la rubrique transport géodésique, il faut signaler un détail dans la fin de la démonstration de la proposition 4. On y utilise la positivité stricte du produit scalaire riemannien $(B|R(B,A)A)$, en défaut si B est colinéaire à A. Il est facile d'y remédier en remarquant que B reste orthogonal (respectivement égal) à A s'il l'est à l'instant s_0, mais il est probablement plus conforme à l'esprit de l'exposé de tout reprendre par un calcul probabiliste, qui fournit en prime le cas, prévu par Meyer, de la courbure positive au sens large (c'était trop beau pour être faux !). Voici comment on peut procéder avec un minimum de calculs, ou plutôt en utilisant chaque fois que possible des calculs déjà faits par Meyer.

Soit f la fonction sur $T(V)$ donnée par $f(x,y) = \|y\|^2 = g_{ij}(x)y^iy^j$.

Il s'agit de vérifier que, si (Y_t) est un transport géodésique au dessus de (X_t), donc solution de l'e.d.s. $(27)_b$, la semimartingale réelle $f(X_t,Y_t)$ est en fait un processus croissant (ou décroissant, suivant l'hypothèse). Désignons, comme en (16) - (20), par $\bar{H}$ le relèvement associé à l'équation $(27)_b$, et posons $Z = (X,Y)$. On a

$$d(f\circ Z)_t = \langle d^2 Z_t \,,\, d^2 f\rangle = \langle \bar{H}_{Z_t}(d^2X_t)\,,\, d^2f\rangle_{Z_t}$$
$$= \langle H_{Z_t}(d^2X_t)\,,\, d^2f\rangle_{Z_t} + \tfrac{1}{2}\, d\langle X^\lambda, X^\mu\rangle\, c^i_{\lambda\mu}(Z_t)\, D_i f(Z_t)$$

(formule (20)).

Mais, si (Z'_s) est le transport <u>parallèle</u> au dessus de (X_s) qui coïncide avec Z à l'instant t, on a

$$\langle H_{Z_t}(d^2X_t)\,,\, d^2f\rangle = d(f(Z'_t)) = 0$$

car le transport parallèle conserve la longueur. Donc

$$d(f\circ Z)_t = \tfrac{1}{2}\, d\langle X^\lambda, X^\mu\rangle_t\, c^i_{\lambda\mu}(Z_t)\, D_i f(Z_t)\,.$$

Or $D_i f = 2\, g_{ij}\, y^j$ et $c^i_{\lambda\mu}$ peut, en vertu de la symétrie en λ et μ, être pris égal à $R^i_{\lambda\mu j}\, y^j$. En définitive,

$$d(g_{ij}(X_t) Y^i_t Y^j_t) = R_{i\lambda\mu j}(X_t)\, Y^i_t Y^j_t\, d\langle X^\lambda, X^\mu\rangle_t \quad .$$

La proposition en découle par l'approximation discrète

$$\|Y_t\|^2 = \|Y_{t_0}\|^2 + \lim \sum R_{i\lambda\mu j}(X_{t_\rho})\, Y^i_{t_\rho} Y^j_{t_\rho}\, (X^\lambda_{t_{\rho+1}} - X^\lambda_{t_\rho})(X^\mu_{t_{\rho+1}} - X^\mu_{t_\rho})\,.$$

De même, on peut établir que, si Y et Y' sont transportés géodésiquement,

$$d(g_{ij}(X_t) Y^i_t Y'^j_t) = R_{i\lambda\mu j}(X_t)\, Y^i_t Y'^j_t\, d\langle X^\lambda, X^\mu\rangle_t \quad .$$

Si l'on remplace dans cette démonstration le transport géodésique par le transport construit à l'aide de cartes exponentielles (voir page précédente), tout ceci reste vrai à condition de prendre maintenant un terme correctif trois fois plus petit, donc il faut remplacer R par $\frac{1}{3}R$ dans ces formules ; l'analogue de la proposition 4 reste vraie. Les théorèmes déterministes correspondant à ces résultats, aussi bien pour le cas géodésique que pour le cas exponentiel, nécessitent dans le cas positif une hypothèse de non-dégénérescence de la courbure (au moins dans les ouvrages de géométrie que j'ai consultés).

Dans le paragraphe suivant, Meyer donne les 5 formules $(31)_{a-e}$ qui permettent de relever dans W, au moyen d'une e.d.s. linéaire, une connexion donnée sur V. Voici comment on peut interpréter ces conditions. D'abord $(31)_a$. Comme le dit Meyer, elle exprime que la restriction à chaque fibre W_x de la connexion sur W est la connexion triviale. Puis $(31)_{b \text{ et } c}$. Prises ensemble, ces deux conditions expriment exactement le fait que Γ et π_* commutent, ce que l'on peut, si l'on veut faire plus bourbachic, illustrer par un diagramme

$$\begin{array}{ccc} \tau(W) & \xrightarrow{\ \Gamma\ } & T(W) \\ \Big\downarrow{\scriptstyle \pi_*} & & \Big\downarrow{\scriptstyle \pi_*} \\ \tau(V) & \xrightarrow{\ \Gamma\ } & T(V) \end{array} .$$

Ensuite $(31)_d$. Cette condition signifie que, si Q est un champ de vecteurs d'ordre 1 verticaux sur W et si R est un champ de vecteurs d'ordre 1 sur V, alors, en notant HR le champ sur W obtenu en remontant R par les applications $\overline{H}_z$ associées à l'e.d.s. (on n'a besoin pour cela que de l'équation du premier ordre), on a $\nabla_Q HR = 0$. En termes plus imagés, les sous-espaces $\overline{H}_z(T_x(V))$ sont considérés par Γ comme parallèles quand z décrit une fibre W_x ; ou encore, le relèvement $\overline{H}_z$ restreint aux v.t.1 donne le même résultat que le transport parallèle le long de n'importe quelle courbe qui mène de $(x,0)$ à z en restant dans la fibre W_x. La condition $(31)_e$ du théorème 5, enfin, donnée par Meyer sous la forme

$$U \in \tau_x(V) \ , \ \Gamma U = 0 \ \Rightarrow \ \overline{H}_z \Gamma U = 0 \ ,$$

entraîne plus généralement la commutativité du diagramme

$$\begin{array}{ccc} \tau(W) & \xrightarrow{\ \Gamma\ } & T(W) \\ \Big\uparrow{\scriptstyle \overline{H}_z} & & \Big\uparrow{\scriptstyle \overline{H}_z} \\ \tau(V) & \xrightarrow{\ \Gamma\ } & T(V) \end{array} .$$

Comme il commute séparément avec π_* et $\overline{H}_z$, l'opérateur Γ sur $\tau(W)$ commute aussi avec les opérateurs de projection horizontale $Hor = \overline{H}_z \circ \pi_*$ et verticale $Ver = Id - Hor$. Ceci permet d'expliquer un aspect a priori surprenant des théorèmes 7 et 9, plus loin, qui disent, Z étant une semimartingale dans W, comment calculer

$\mathrm{Ver}\Gamma(d^2Z_t)$ à partir de Z et de l'e.d.s. $\overline{H}$, mais sans utiliser la donnée de Γ sur V (encore un $\Gamma^\lambda_{\mu\nu}$ qui disparaît miraculeusement en cours de calcul !). Cela ne doit pas étonner si l'on note que ce vecteur n'est autre que $\Gamma\mathrm{Ver}(d^2Z_t)$, et que l'action de Γ sur les éléments verticaux de $\tau(W)$, donnée par $(31)_{abd}$, ne fait pas intervenir la connexion $\Gamma^\lambda_{\mu\nu}$ sur la base.

J'espère que Meyer me pardonnera d'opposer à sa plaidoirie en faveur de Γ^g deux pièces à verser au dossier de Γ^p . On se place toujours dans le cadre du paragraphe deux : on dispose d'une connexion sur V et, sur le fibré W , d'une e.d.s. qu'on peut toujours mettre sous la forme de Stratonovitch

$$(29)_s \qquad dY^i_t = a^i_{j\lambda}(X_t)Y^j_t * dX^\lambda_t + \tfrac{1}{2}c^i_{j\lambda\mu}Y^j_t\, d\langle X^\lambda, X^\mu\rangle_t \quad .$$

Soit $(x(s),y(s))$ une courbe dans W . Il est possible de transporter un

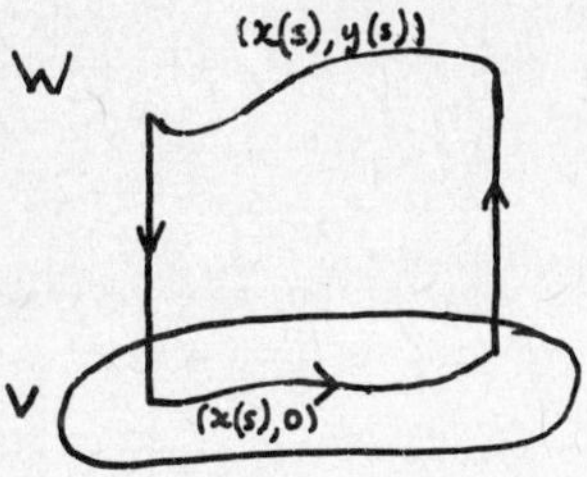

vecteur $u\in T_{(x(0),y(0))}(W)$ vers le point $(x(t),y(t))$, en n'utilisant que l'équation au premier ordre et la connexion sur V , en trois étapes : on le descend d'abord de $(x(0),y(0))$ à $(x(0),0)$ le long d'une courbe restant dans la fibre (en utilisant $(31)_d$), puis on effectue le transport le long de la courbe $(x(s),0)$ (en postulant que $\Gamma^i_{\lambda\mu} = 0$ le long de cette courbe ; c'est toujours vrai si $\Gamma^i_{\lambda\mu}(x,y)$ est linéaire en y), enfin on remonte de $(x(t),0)$ vers $(x(t),y(t))$ comme à la première étape. Le calcul, facile, montre qu'il existe une connexion sur W et une seule telle que cette opération donne le même résultat que le transport parallèle le long de la courbe $(x(s),y(s))$ pour ladite connexion ; cette connexion est tordue, mais si on la détord on obtient exactement la connexion associée par le théorème 5 à l'équation de Stratonovitch sans terme correctif $dY^i_t = a^i_{j\lambda}(X_t)Y^j_t * dX^\lambda_t$.

La deuxième pièce est la remarque qui suit le théorème 5. Pour obtenir l'équation des géodésiques de la connexion Γ sur W (où Γ est construite à partir de l'e.d.s. $(29)_s$), il suffit d'écrire l'équivalent dans ce contexte de la formule (36). Si $z(t) = (x(t),y(t))$ est une courbe dans W , on désignera par Dz la nouvelle courbe $(x(t),u(t))$ où $u = \mathrm{Ver}\,\dot{z}$ (pour être tout-à-fait précis,

$u(t)$ est l'image de $\mathrm{Ver}\,\dot{z}(t)$ par l'isomorphisme naturel de $T_z(W_x)$ sur W_x ; en termes de coordonnées, ceci signifie simplement que $u^i = \dot{y}^i - a^i_{j\lambda}y^j\dot{x}^\lambda$). Un calcul tout aussi brutal que celui de Meyer donne l'équation

$$(36)_b \qquad (DDz)^i = (\mathrm{Ver}\,\Gamma\,\ddot{z})^i + c^i_{j\lambda\mu}y^j\dot{x}^\lambda\dot{x}^\mu ,$$

qui généralise manifestement (36).

Cette relation montre que la courbe z dans W est une géodésique pour Γ si et seulement si

$$\begin{cases} (g)_1 & x = \pi_* z \text{ est une géodésique dans } V \text{ (c'est évidemment nécessaire)} \\ (g)_2 & (DDz)^i = c^i_{j\lambda\mu}y^j\dot{x}^\lambda\dot{x}^\mu . \end{cases}$$

Maintenant, si l'on part d'une géodésique $x(t)$ sur V, à quelle condition ses relèvements z par l'équation du premier ordre $dy^i = a^i_{j\lambda}\, y^j dx^\lambda$ sont-ils des géodésiques de W ? Ceci a lieu lorsque $(g)_2$ est vérifiée par tous les relèvements z tels que $Dz = 0$, ce qui exige $c^i_{j\lambda\mu} = 0$; dans le cas où $W = T(V)$, ceci correspond à la connexion Γ^p . En toute généralité, c'est lorsque $c^i_{j\lambda\mu} = 0$ que les équations (g) et $(36)_b$ (donc aussi (36)!) prennent leur forme la plus simple. En revanche, (35) (qui, remarquons-le en passant, n'est pas vraiment une égalité : les deux membres se correspondent par l'isomorphisme canonique de $T(T(V))$ sur lui-même) ne possède aucun analogue simple pour Γ^p .

Peut-être est-il intéressant de remarquer qu'en toute généralité la résolution des équations différentielles déterministes du 2^{è} ordre (g) permet d'obtenir une solution approchée de l'e.d.s. $(29)_s$. Il suffit pour cela d'interpoler d'abord (grâce à $(g)_1$) X par des arcs géodésiques $(x(t), t_\rho \leq t \leq t_{\rho+1})$ et de construire successivement sur chacun de ces arcs la solution approchée $(z(t), t_\rho \leq t \leq t_{\rho+1})$ comme la solution de l'équation déterministe $(g)_2$ avec, pour conditions initiales, $Dz(t_\rho) = 0$ et $z(t_\rho) =$ valeur calculée à l'étape précédente $[t_{\rho-1}, t_\rho]$. Ainsi la boucle est bouclée, et, généralisant à la fois la construction de Dohrn-Guerra et l'approximation du transport parallèle le long d'une semimartingale, on peut toujours baser sur les équations (g) la résolution approchée de l'e.d.s. (au cours de laquelle, bien entendu, on doit introduire des coefficients $\Gamma^\lambda_{\mu\nu}$ qui s'évanouiront mystérieusement ! Nos plus fins limiers y perdent la tête).

Pour terminer, je voudrais extraire du chapitre consacré à la mécanique de Nelson un joli résultat, de nature purement probabiliste, dissimulé au milieu de considérations de "mécanique".

Si un processus (X_t) est à la fois une diffusion et une co-diffusion sur une variété V (le préfixe co exprimant le retournement du temps), alors, à chaque instant t, le générateur infinitésimal L_t (supposé non dégénéré mais pouvant dépendre du temps), le co-générateur $\hat{L}_t$ et la loi de la variable X_t sont liés par la formule

$$L_t + \hat{L}_t = \Delta_t + \mathrm{grad}_t \operatorname{Log} \rho_t$$

qui permet, connaissant deux d'entre eux, de calculer le troisième. Ici, Δ_t et grad_t sont le laplacien et le gradient pour la structure riemannienne sur V induite par L_t (c'est-à-dire que $L_t - \frac{1}{2}\Delta_t$ est du premier ordre, ou encore que $\langle \mathrm{grad}_t f \mid \mathrm{grad}_t g \rangle_t = L_t(fg) - fL_t g - gL_t f$; en coordonnées locales, $g_t^{\lambda\mu} = a_t^{\lambda\mu}$ si $L_t = \frac{1}{2} a_t^{\lambda\mu} D_{\lambda\mu} + b_t^{\lambda} D_{\lambda}$; l'invariance des crochets par retournement du temps montre que $\hat{L}_t$ induit la même structure riemannienne) ; quant à ρ_t, c'est simplement la densité de la loi de X_t par rapport à la mesure riemannienne r_t. Notez que l'on obtient une relation nécessaire entre L_t et $\hat{L}_t$ seulement, ne faisant plus intervenir ρ_t, en écrivant que le champ de vecteurs $L_t + \hat{L}_t - \Delta_t$ est un champ de gradients (c'est la condition $\mathrm{rot}\, u = 0$ de Meyer, qui écrit la formule ci-dessus $u = \mathrm{grad}\, R$).

Cette formule est démontrée (parmi d'autres) dans le paragraphe "Girsanov" à l'aide d'un changement de probabilité, en supposant que la structure riemannienne ne dépend pas de t. Voici comment on peut faire dans le cas général.

Soient f et g deux fonctions C^∞ à supports compacts. Pour $u \leq v$, posons $F(u,v) = E[f(X_v)g(X_u)]$. Comme $f(X_v) - \int^v L_t f(X_t)dt$ est une martingale, on a

$$E[(f(X_v)-f(X_u))g(X_u)] = E[g(X_u)\int_u^v L_t f(X_t)dt] ,$$

d'où, en dérivant par rapport à v,

$$\frac{\partial F}{\partial v}(u,v) = E[L_v f(X_v)g(X_u)] .$$

De même, en écrivant que $g(X_u) + \int^u \hat{L}_t g(X_t)dt$ est une co-martingale (le $+$ vient de ce que dt a changé de signe), on trouve

$$E[f(X_v)(g(X_u)-g(X_v))] = -E[f(X_v)\int_v^u \hat{L}_t g(X_t)dt]$$

$$\frac{\partial F}{\partial u}(u,v) = -E[\hat{L}_u g(X_u)f(X_v)] \quad .$$

Calculons maintenant de deux manières $\frac{d}{dt}F(t,t)$. Ceci vaut d'une part

$$\frac{\partial F}{\partial u}(t,t) + \frac{\partial F}{\partial v}(t,t) = E[(gL_t f - f\hat{L}_t g)\circ X_t]$$

et d'autre part

$$\frac{d}{dt}E[fg\circ X_t] = E[L_t(fg)\circ X_t] \quad ,$$

d'où, en égalant,

$$E[(L_t(fg) - gL_t f + f\hat{L}_t g)\circ X_t] = 0 \ ,$$

$$\int (L_t(fg) - gL_t f + f\hat{L}_t g)\,\rho_t\, dr_t = 0 \quad .$$

J'omets dorénavant l'indice t , fixé jusqu'à la fin du calcul. En remplaçant $L(fg) - gLf$ par $fLg + \mathrm{grad}\, f.\mathrm{grad}\, g$, il vient

$$\int (f(L+\hat{L})g + \mathrm{grad}\, f.\mathrm{grad}\, g)\,\rho\, dr = 0$$

$$\int \rho f(L+\hat{L})g\, dr = \int f\, \mathrm{div}(\rho\, \mathrm{grad}\, g)\, dr = \int f(\rho\Delta g + \mathrm{grad}\,\rho.\mathrm{grad}\, g)\, dr \quad .$$

Comme f est arbitraire, ceci entraîne $(L+\hat{L})g = \Delta g + \frac{1}{\rho}\mathrm{grad}\,\rho.\mathrm{grad}\, g$, c'est-à-dire en définitive $L + \hat{L} = \Delta + \mathrm{grad}\,\mathrm{Log}\,\rho$.

MARTINGALES IN MANIFOLDS - DEFINITION, EXAMPLES, AND BEHAVIOUR UNDER MAPS.

by

R. W. R. DARLING

1. Introduction

We consider stochastic processes X with continous trajectories taking values in a differential manifold with a connection Γ . We introduce an intrinsic definition of Γ-martingale, using the idea of Γ-convex function. We give a variety of examples, showing how the definition is used in practice. In § 5 we construct a class of martingales on the Lie group Gl(n). Sections § 7 - § 9 study the behaviour of Brownian motion and Γ-martingales under affine maps, harmonic maps, and harmonic morphisms. The affine maps are the ones which preserve the martingale property. For maximum simplicity, we avoid the notions of horizontal lifting and stochastic integration of differential forms.

2. Differential geometry notations

Let M be an n-dimensional manifold of class C^k, $k \geq 2$. Whenever $\pi : E \longrightarrow M$ is a vector bundle of class C^r, $1 \leq r \leq k$, the vector space of C^r sections of E will be written $C^r(E)$; thus $C^r(TM)$ and $C^r(T^*M)$ denote the C^r vector fields and the C^r 1-forms over M respectively . The C^r functions $M \longrightarrow R$ will be written $C^r(M)$ instead of $C^r(M\times R)$.

If (U,φ) is a chart at x, giving a local co-ordinate system $(x^1,\ldots,x^n)$, and if $f \in C^1(M)$, we write $D_i f(x)$ or $D_i|_x f$ for $\frac{\partial f}{\partial x^i}(x)$. Thus $D_i|_x$ is a tangent vector at x . On U, the total differential of f is written :- $df = D_i f\, dx^i$, with the summation convention for repeated indices.

Research supported by a studentship from the Science Research Council of Great Britain, and supervised by K. D. Elworthy (Warwick).

Suppose $o \leq r \leq k-2$, and consider a C^r linear connection Γ on the cotangent bundle of M; we regard Γ as an $\mathbb{R}$-linear operator $\nabla_X : C^{r+1}(T^*M) \longrightarrow C^r(T^*M)$ for each $X \in C^{r+1}(TM)$, such that

(a) $\nabla_{fX}\theta = f\nabla_X\theta$

(b) $\nabla_X f\theta = f\nabla_X\theta + (Xf)\theta$

for $f \in C^{r+1}(M)$, $\theta \in C^{r+1}(T^*M)$

In the chart (U,φ), the Christoffel symbols $\Gamma^i_{jk}(\cdot)$ are C^r functions from U to $\mathbb{R}$, defined by :-

$$\Gamma^i_{jk}\, dx^k = - \nabla_{D_j}\, dx^i$$

For $f \in C^{r+2}(M)$, the second covariant derivative of f, written ∇df, can be expressed in local co-ordinates as an nxn matrix with $(j,k)^{th}$ entry

(1) $\quad (\nabla df)_{jk} = \langle \nabla_{D_j} df, D_k \rangle = D_{jk}f - \Gamma^i_{jk} D_i f$

where $D_{jk} = D_j D_k$ and $\langle\ ,\ \rangle$ represents the duality between TM and T^*M.

When M is Riemannian with metric g, the Laplacian Δf of $f \in C^{r+2}(M)$ is defined to be the trace of ∇df; thus if (g^{ij}) is the inverse of the metric tensor in local co-ordinates, then

$$\Delta f(x) = g^{ij}(x)(\nabla df(x))_{ij}, \quad x \in U$$

If $V \subset M$, we say that f is harmonic (resp. subharmonic) on V if $\Delta f(x) = o$ (resp. $\geq o$) for $x \in V$

The connection Γ on the cotangent bundle induces a connection on the tangent bundle; thus for each $X \in C^{r+1}(TM)$, an $\mathbb{R}$-linear operator

$\nabla_X : C^{r+1}(TM) \longrightarrow C^r(TM)$ is defined by :-

$\langle \theta, \nabla_X Y \rangle + \langle Y, \nabla_X \theta \rangle = X\langle \theta, Y \rangle$ for $\theta \in C^{r+1}(T^*M)$,

and $X, Y \in C^{r+1}(TM)$

Suppose $\gamma : (-\alpha,\beta) \longrightarrow M$ is a C^{r+2} curve in M, for some positive numbers α and β. We say that γ is a geodesic (with respect to Γ) if $\nabla_{\dot\gamma(t)}\dot\gamma(t) = o$, $-\alpha < t < \beta$. Suppose V is open in M and $f \in C^{r+2}(V)$. Such an f is called Γ-convex on V if for all geodesics $\gamma : (-\alpha,\beta) \longrightarrow V$, the composite map

$f \circ \gamma : (-\alpha,\beta) \longrightarrow \mathbb{R}$ has non-negative second derivative (well-defined since $r \geq 0$). This definition is consistent with the definition of C^2 convex function when $M = \mathbb{R}^n$ with the Euclidean connection $\Gamma^i_{jk} \equiv 0$, in which case geodesics are just line segments Using the geodesic equation, as found in Kobayashi and Nomizu [10, p. 140], it is easy to check that f is Γ-convex on V if and only if the matrix $(\nabla df)_{jk}$ defined above is positive semi-definite on V, with respect to any local co-ordinate system. From this one easily deduces that the C^{r+2} Γ-convex functions on V are a subset of the C^{r+2} subharmonic functions on V, in the case where M is Riemannian and Γ is the Riemannian connection.

Let M and N be C^k manifolds with connections ${}^M\Gamma$ and ${}^N\Gamma$ respectively, and let $\varphi: M \longrightarrow N$ be a C^k map. To say that "φ pulls back local ${}^N\Gamma$-convex functions to local ${}^M\Gamma$-convex functions" means that for all open sets $V \subset N$ and all ${}^N\Gamma$-convex functions $f : V \longrightarrow \mathbb{R}$ (always of class C^{r+2}), the map $f \circ \varphi$ is ${}^M\Gamma$-convex from $\varphi^{-1}(V)$ to $\mathbb{R}$. The following table gives functorial characterizations of three classes of maps φ, following Ishihara [8]. The abbreviation "Riem". means that M is a Riemannian manifold. The "stochastic characterizations" will be explained later.

In the definition which follows, the restriction that M be finite-dimensional is lifted. The definitions of connection and Γ-convex function carry over to the setting of Banach manifolds. For a full account of connections on vector bundles over Banach manifolds, the reader is referred to Eliasson [5].

3. Definition of a Γ-martingale on M

Let M be a Banach manifold of class C^k, $k \geq 2$, and $(\Omega, \mathcal{F}, (\mathcal{F}_t)_{t\geq 0}, P)$ a filtered probability space satisfying the usual conditions. Let $X = (X_t, \mathcal{F}_t)$ be a process taking values in M up to its "lifetime" $\zeta = \zeta(\omega), \omega \in \Omega$.

Henceforward *all processes on* M *will have a.s. continuous trajectories up to their lifetime*: that is, the map $[0,\zeta(\omega)) \longrightarrow M$, $t \mapsto X(t,\omega)$ is continuous for almost all $\omega \in \Omega$. For simplicity, we shall avoid mention of the lifetime in the sequel.

Type of map	We require:		Functional characterization:		Stochastic characterization	
φ	on M	on N	φ pulls back local ... functions to local ... functions		The image under φ of ... is a ...	
affine map	M_Γ	N_Γ	N_Γ-convex	M_Γ-convex	every M_Γ-martingale	N_Γ-martingale
harmonic map	Riem.	N_Γ	N_Γ-convex	subharmonic	Brownian motion started anywhere	N_Γ-martingale
harmonic morphism	Riem.	Riem.	harmonic	harmonic	Brownian motion started anywhere	Time-changed Brownian motion

Note that the affine maps and the harmonic morphisms are both subsets of the harmonic maps.

Following L. Schwartz [13, p. 6] we say that X is a *semimartingale on* M if for all $f \in C^2(M)$, $f \circ X$ is a real-valued semimartingale.

Suppose now that M has a connection Γ of class C^0. A Γ-*martingale tester*, or simply tester, (U,V,W,f) will consist of:

- open sets U,V,W in M with $\overline{U} \subset V \subset \overline{V} \subset W$,
- a C^2 Γ-convex function $f: W \to \mathbb{R}$.

Associated to each tester and each process X is the collection of stopping-times σ_i, τ_i, $i \geq 0$, defined by:

$$\sigma_0 = 0, \ \tau_0 = 0$$

$$\sigma_i = \inf \{t > \tau_{i-1} : X_t \in U\}, \ i \geq 1$$

$$\tau_i = \inf \{t > \sigma_i : X_t \notin \overline{V}\}, \ i \geq 1.$$

We define the previsible set F to be

$$F = \bigcup_{i=1}^{\infty} (\sigma_i, \tau_i]$$

DEFINITION

Let $X = (X_t, F_t)$ be a continuous semimartingale on a manifold M with connection Γ. X *is said to be a* Γ-*martingale if for all testers* (U,V,W,f), *the process* $Y = (Y_t, F_t)$

$$Y_t = \int_0^t 1_F(s)\, d(f \circ X_s)$$

is a local submartingale.

Remarks

(i) A natural question is: are there enough Γ-convex functions to make the definition meaningful? Given any $x \in M$ we can take a normal co-ordinate system in a neighbourhood of x; then within a smaller neighbourhood it is possible to take a local co-ordinate system consisting of Γ-convex functions which are quadratic functions of the normal co-ordinates - see Ishihara [8, p. 219].

(ii) Strictly speaking, what we have defined is a continuous *local* Γ-martingale.

Footnote: This definition of Γ-martingale arose from a suggestion of J.Eells and K.D.Elworthy in 1980, and is equivalent to Bismut's definition given in [11,p.54].

(iii) The random variable Y_t is always well-defined; for given a C^2 convex function $f:W \to \mathbb{R}$, there exists a C^2 function $f_1 : M \to \mathbb{R}$ such that $f_1|_{\overline{V}} = f|_{\overline{V}}$. Hence $f_1 \circ X$ is a real-valued semimartingale, and

$$Y_t = \int_0^t 1_F(s)\, d(f_1 \circ X_s)$$

which is well-defined because 1_F is a bounded previsible process.

(iv) An equivalent definition would result if one took F to be $\{(s,\omega) : X_s(\omega) \in V\}$, which is also previsible, since X is continuous. The present definition, however, is more explicit.

4. Examples

Since the Ito formula for continuous semimartingales in $\mathbb{R}^n$ will be used repeatedly, we state it here for reference.

Ito formula.

Let $X_t = (X_t^1, \ldots, X_t^n)$ be a continuous semimartingale in $\mathbb{R}^n$, and $f:\mathbb{R}^n \to R$ a C^2 function.

Then

$$f(X_t) = f(X_o) + \int_o^t D_i f(X_s)\, dX_s^i + \frac{1}{2}\int_o^t D_{ij} f(X_s)\, d < X^i, X^j >_s$$

(I) Euclidean local martingales

Let $M = \mathbb{R}^n$ with the Euclidean connection, Γ. Let $X_t = (X_t^1, \ldots, X_t^n)$ be a continuous semimartingale. If X is a local martingale in the usual sense and (U,V,W,f) is a tester, then

$$\int_o^t 1_F(s)\, d(f \circ X_s) = \int_o^t 1_F(s) D_i f(X_s)\, dX_s^i$$

$$+ \frac{1}{2}\int_o^t 1_F(s) D_{ij} f(X_s)\, d <X^i, X^j>_s .$$

The first integral on the right is a local martingale, and the second is an increasing process since $D_{ij}f(\cdot)$ is positive semidefinite on W. So the left side is a local submartingale, verifying that X is a Γ-martingale.

Conversely by taking $U = V = W = \mathbb{R}^n$, $f(x) = x$ and $f(x) = -x$, we can verify that a Γ-martingale is a local martingale in the usual sense.

(II) Brownian motion

Suppose M is Riemannian with metric g and Riemannian connection Γ. Brownian motion is characterized as the diffusion $B = (B_t, F_t)$ with generator $\frac{1}{2}\Delta$; in other words, for all $f \in C^2(M)$, the process C^f, where

$$C_t^f = f(B_t) - f(B_o) - \frac{1}{2}\int_o^t 1_F(s)\ \Delta(f\cdot\varphi)(B_s)dS$$

is a local martingale. If (U,V,W,f) is a tester, we integrate 1_F against C^f and rewrite the equation as

$$(1)\ \int_o^t 1_F(s)d(foB_s) = \int_o^t 1_F(s)dC_s^f + \frac{1}{2}\int_o^t \Delta f(B_s)ds$$

We saw in § 2 that f Γ-convex implies f subharmonic, so $\Delta f(B_s) > o$. Thus the right side is a local martingale plus an increasing process. This verifies that $\int 1_F d(foB)$ is a local submartingale. Hence Brownian motion is a Γ-martingale with respect to the Riemannian connection

(III) Processes on geodesics

Let $I = (-\infty,\infty)$ or $(-\alpha,\beta)$, some $\alpha,\beta > o$.

Let $\gamma: I \to M$ be a geodesic with respect to a connection Γ on M. Let $L = (L_t, F_t)$ be a continuous local martingale with values in I. Then the M-valued process $X_t = \gamma \circ L_t$ is a Γ-martingale. This follows because γ is an affine map - see section § 9.

The result also holds when γ is a closed geodesic, for example a great circle on a sphere.

(IV) Image of Brownian motion under a harmonic map

Let M be Riemannian with Riemannian connection ${}^M\Gamma$, and let N be a manifold with a connection ${}^N\Gamma$. The term 'harmonic map' is defined in the table in section § 2; for more information and examples, see the survey by Eells and Lemaire [4]. The following result is due to Meyer [12 , p. 265].

PROPOSITION A

A C^2 *map* $\phi : M \to N$ *is harmonic if and only if for all* $a \in M$, *the process* $\phi \circ B$ *is a* ${}^N\Gamma$*-martingale, where* B *is the Brownian motion on* M *started at* a.

Many proofs are possible, according to the various characterizations of ${}^N\Gamma$-martingale and harmonic map; a new proof is given in section § 7 .

(V) A class of diffusions on M

Suppose L is an elliptic operator on M of the form

$$L = b^i \frac{\partial}{\partial x^i} + \frac{1}{2} a^{jk} \frac{\partial^2}{\partial x^j \partial x^k}, \quad b^i = -\frac{1}{2} a^{jk} \Gamma^i_{jk}, \quad (a^{jk}) \text{ symmetric, } > 0$$

This expression is intrinsic, and under regularity assumptions the diffusion associated to L is a Γ-martingale. This subject is treated fully in the author's forthcoming paper [3], where a Girsanov theorem is also given.

(VI) An example on the Lie Group Gl(n)

Let M be Gl(n), the Lie group of non-singular nxn matrices, with the canonical left-invariant connection. It will follow from Theorem B of § 5 that if $w = (w_t, F_t)$ is one-dimensional Brownian motion, then

$$X_t = Be^{Aw_t}, \quad B \in Gl(n), \ A \in gl(n)$$

defines a Γ-martingale in Gl(n).

(VII) A diffusion on the torus T^2

Let T^2 be the torus imbedded in $\mathbb{R}^3$, with major and minor radii r and a whose ratio $\mu = r/a$ satisfies $1 < \mu \le \sqrt{2}$. We give T^2 the imbedded Riemannian metric and the Riemannian connection Γ. Parametrize T^2 by angles (θ, φ), where θ moves around the big circle and φ around the little circle. Let E denote the half of the torus that can be seen by a person at the centre, namely $\{(\theta,\varphi) : -\pi/2 < \varphi < \pi/2\}$.

Define $\ell : S^1 \longrightarrow [0,1]$ by :-

$$\ell(\varphi) = \begin{cases} 2 \cos\varphi\,(\mu - \cos\varphi) & \text{if } -\pi/2 < \varphi < \pi/2 \\ 0 & \text{otherwise} \end{cases}$$

Let $((W_t, W'_t), F_t)$ be two-dimensional Brownian motion. For any $(\Theta_o, \varphi_o) \in E$, the following stochastic differential equation on T^2 has a unique solution $H_t = (\Theta_t, \varphi_t)$, since the coefficients are bounded and Lipschitz :-

$$H_o = (\Theta_o, \varphi_o)$$

$$d\Theta = \ell(\varphi)^{1/2} dW + (1-\ell(\varphi))^{1/2} dW' - (\mu - \cos\varphi)^{-1} \ell(\varphi) \sin \varphi \, dt$$

$$d\varphi = \ell(\varphi)^{1/2} dW + (\mu - \cos\varphi) \sin \varphi \, dt$$

Let τ be the first exit time of H from the region E . Then the process H stopped at τ has the following remarkable property :- it is both a Γ-martingale on T^2 <u>and</u> is mapped into an $\mathbb{R}^3$ local martingale by the inclusion map $i : T^2 \hookrightarrow \mathbb{R}^3$. This example is studied in detail in a forthcoming paper.

<u>(VIII) A diffusion on a non-compact surface of revolution</u>

This example will be constructed in § 6 .

5. A class of Γ-martingales on the Lie group $G\ell(n)$

A connected Lie group G admits a canonical invariant connection, which is described in Kobayashi and Nomizu [10, Vol. II, p. 192]. When G is the group $G\ell(n)$ of all non-singular $n \times n$ matrices over $\mathbb{R}$, the connection Γ may be characterized thus:
the geodesics through an element B of $G\ell(n)$ are all maps $\gamma : (-\alpha,\beta) \longrightarrow M$, some $\alpha,\beta > o$, of the form $t \longrightarrow B\exp(At)$ for some A in the Lie algebra $g\ell(n)$ (= all $n \times n$ matrices over R); exp is here the usual exponential function defined by a power series. When W is open in $G\ell(n)$, this gives a convenient expression for the C^2 Γ-convex functions on W:
f is Γ-convex on W if and only if :-

$$\frac{d^2}{dt^2} f\,(B\exp(At))\Big|_{t=o} \geq o, \text{ for all } B \in W,\ A \in g\ell(n).$$

It is convenient in calculations to regard W as a subset of the vector space of <u>all</u> $n \times n$ matrices over R. Thus Df and D^2f are well-defined, and the Γ-convexity condition may be differentiated to give :-

$$(1)\ Df(B)(BA^2) + D^2f(B)(BA,BA) \geq o \quad \text{for all } B \in W,\ A \in g\ell(n)$$

We now present a method of constructing Γ-martingales from certain martingales in the Lie algebra. Recall first that two local square integrable martingales on the same filtration are said to be <u>orthogonal</u> if their product is a local martingale.

<u>THEOREM B</u>

Let $A_1,\dots,A_p$ be commuting elements of $g\ell(n)$, i.e. $A_iA_j = A_jA_i$ for all i,j. Suppose $\beta^i = (\beta^i(t),F_t)$ is a real-valued continuous local square-integrable martingale for $i \in \{1,2,\dots,p\}$, and the family $\{\beta^i : 1 \leq i \leq p\}$ is mutually orthogonal. For any $B \in G\ell(n)$, the process

$$X_t = B\exp(\Sigma_{i=1}^{p} A_i\, \beta^i(t))$$

is a Γ-martingale on $G\ell(n)$.

First we recall a well-known fact about the exponential function :-

LEMMA

If $A_1,\dots,A_p$ are commuting nxn matrices, then for all $(x_1,\dots,x_p)$ in $\mathbb{R}^p$, $\exp(\Sigma_{i=1}^p A_i x_i) = \Pi_{i=1}^p \exp(A_i x_i)$

Proof of Theorem B

To simplify notations, take $p = 2$; the method is quite general. Thus let A and G be commuting nxn matrices and let α and γ be orthogonal real-valued continuous local square-integrable martingales. Define a C^∞ function $h : \mathbb{R}^2 \longrightarrow G\ell(n)$ by :-

$h(x,y) = \exp(Ax+Gy)$. Using the Lemma, and regarding h as a map into $g\ell(n)$

$$Dh(x,y)(u,v) = h(x,y)(Au+Gv),$$

$$D^2h(x,y)((u,v),(w,z)) = h(x,y)\left((u,v)\begin{pmatrix}A^2 & AG\\ AG & G^2\end{pmatrix}\begin{pmatrix}w\\ z\end{pmatrix}\right)$$

where all the expressions on the right commute. By Ito's formula,

$$(2)\quad h(\alpha_t,\gamma_t) - h(\alpha_o,\gamma_o) = \int_o^t h(\alpha_s,\gamma_s)(Ad\alpha_s+Gd\gamma_s) + \frac{1}{2}\int_o^t h(\alpha_s,\gamma_s)[A^2d\langle\alpha\rangle_s + G^2d\langle\gamma\rangle_s]$$

where $\langle\alpha\rangle_s = \langle\alpha,\alpha\rangle_s$; the AG coefficient does not appear because $\langle\alpha,\gamma\rangle_s = o$ by assumption.

Now suppose $B \in G\ell(n)$ and X is the process $X_t = B\exp(A\alpha_t+G\gamma_t)$. in $G\ell(n)$. Suppose (U,V,W,f) is a tester. Regarding X_t as $g\ell(n)$-valued, we may write formally

$$d(f\circ X_t) = Df(X_t)dX_t + \frac{1}{2}D^2f(X_t)(dX \otimes dX)_t$$

Since $dX_t = Bd(h(\alpha_t,\gamma_t))$, (2) gives:-

$$= Df(X_t)B\,h(\alpha_t,\gamma_t)\{(Ad\alpha_t + Gd\gamma_t) + \frac{1}{2}[A^2d\langle\alpha\rangle_t + G^2d\langle\gamma\rangle_t]\} + \frac{1}{2}D^2f(X_t)(Bdh(\alpha,\gamma) \otimes Bdh(\alpha,\gamma))_t$$

Since α and γ are local martingales, the $d\alpha$ and $d\gamma$ differentials are both local martingale differentials, and the bounded variation part of the last expression is :-

$\frac{1}{2}\{Df(X_t)(X_tA^2) + D^2f(X_t)(X_tA,X_tA)\}d\langle\alpha\rangle_t$

$\frac{1}{2}\{Df(X_t)(X_tG^2) + D^2F(X_t)(X_t)(X_tG,X_tG)\}d\langle\gamma\rangle_t$

By formula (1) for Γ-convexity this can be written as

$$K_t\, d\langle\alpha\rangle_t + L_t\, d\langle\gamma\rangle_t, \text{ where } K_t \geq o,\ L_t \geq o.$$

Since $\langle\alpha\rangle$ and $\langle\gamma\rangle$ are increasing processes, this proves that $d(f\cdot X_t)$ is a local submartingale differential. Hence X is a Γ-martingale.

□

<u>Example</u> If $w = (w_t, F_t)$ is one-dimensional Brownian motion and $A \in g\ell(n)$, then $X_t = \exp(Aw_t)$ is a Γ-martingale on Gl(n).

<u>Acknowledgment</u> The author thanks Professor K. R. Parthasarathy for help in finding this example.

6. An example of a Γ-martingale on a surface of revolution whose local co-ordinate processes are martingales

The definition of Γ-martingale given by Meyer in [12 , p. 54] is that for each local co-ordinate system (x^i) with domain W , the local co-ordinate processes X^i satisfy :-

$$(1)\quad dA_t^i + \frac{1}{2}\Gamma^i_{jk}(X_t)d\langle X^j,X^k\rangle_t = o \quad \text{on} \quad \{X \in W\}$$

where $X_t^i = M_t^i + A_t^i$ is the decomposition of X^i into local martingale and finite variation parts. To see that this condition is sufficient, write

$$d(f(X_t)) = D_i f(X_t)dX_t^i + {}^1/2\, D_{ij}\, f(X_t)d\langle X^i,X^j\rangle_t$$
$$= D_i f(X_t)dM_t^i + D_i f(X_t)(dA_t^i + {}^1/2\,\Gamma^i_{jh}(X_t)d\langle X^j,X^h\rangle_t)$$
$$+ {}^1/2(\nabla df(X_t))_{ij}\, d\langle X^i,X^j\rangle_t$$

by formula (1) of § 2. When (1) holds and (U,V,W,f) is a tester, then this reduces to $d(f(x_t)) = d$ (local martingale + increasing process) which verifies that $\int 1_F d(f\cdot X)$ is a local submartingale.

To prove that (1) is necessary is harder; see Darling [2].

To demonstrate the utility of (1), we give a computational example.

Let $r : \mathbb{R} \longrightarrow (0,\infty)$ be a C^2 convex function, i.e. with non-negative second derivative. Let M be the surface of revolution in $\mathbb{R}^3$ defined by

$$M = \{(x,y,z) : x^2 + y^2 = r(z)^2\}$$

and let g be the embedded metric on M and Γ the Riemannian connection. Take co-ordinates (z,θ) on M, so that $x = (z)\cos\theta$, $y = r(z)\sin\theta$. If we denote $\frac{dr}{dz}$ by $\dot{r}$ and $\frac{d^2r}{dz^2}$ by $\ddot{r}$, g can be expressed as the matrix

$$g = \begin{pmatrix} 1+\dot{r}^2 & o \\ o & r^2 \end{pmatrix}$$

The Christoffel symbols can be computed from the usual formula in Kobayashi and Nomizu [10, p. 160], and one finds that

$$\Gamma_{11}^{1} = \dot{r}\ddot{r}/(1+\dot{r}^2),\ \Gamma_{22}^{1} = -r\dot{r}/(1+\dot{r}^2),\ \Gamma_{12}^{2} = \dot{r}/r = \Gamma_{21}^{2}$$

and all other Γ_{jk}^{i} are zero.

Let $(X_t) = (z_t,\theta_t)$ be a stochastic process on M.

Decompose the semimartingales (z_t) and (θ_t) into their local martingale and finite variation parts: $z_t = M_t + A_t$, $\theta_t = N_t + C_t$. The condition for X to be a Γ-martingale can be written :-

$$dA + \tfrac{1}{2}(\Gamma_{11}^{1}\, d\langle M\rangle + \Gamma_{22}^{1}\, d\langle N\rangle) = o$$

$$dC + \tfrac{1}{2}(\Gamma_{12}^{2}\, d\langle M,N\rangle + \Gamma_{21}^{2}\, d\langle N,M\rangle) = o$$

in other words,

$$(1)\quad \begin{cases} dA + \tfrac{1}{2}(1+\dot{r}^2)^{-1}(\dot{r}\ddot{r}d\langle M\rangle - r\dot{r}d\langle N\rangle) = o \\ dC + (\dot{r}/r)\, d\langle M,N\rangle = o \end{cases}$$

An interesting example may be constructed as follows. Let (W_t,W'_t) be two-dimensional Brownian motion and suppose

$$z_t = M_t = \int_o^t r(z_s)^{1/2}dW_s,\quad \theta_t = N_t = \int_o^t \ddot{r}(z_s)^{1/2}dW'_s$$

$$A_t = C_t = o$$

Notice that the second definition is valid because $\ddot{r} \geq o$ by our initial assumption. It is easy to see from (1) that $X_t = (z_t,\theta_t)$ <u>is a Γ-martingale for which both the local co-ordinate processes are real-valued martingales</u>. (This property does <u>not</u> hold in general).

7. Proof of Proposition A: - harmonic maps send Brownian motion to Γ-martingales

The proof gives an example of how the definition of Γ-martingale is used.

Proof. '⟹'

Say ϕ is harmonic, and (U,V,W,f) is a ${}^N\Gamma$-martingale tester. Then $f \circ \phi : \phi^{-1}(W) \to R$ is subharmonic, so by formula (1) of § 4,

$$\int_0^t 1_F d(f \circ \phi \circ B_s) = \int_0^t 1_F(s)\, dC_s^{f\circ\varphi} + \frac{1}{2} \int_0^t 1_F(s)\ \Delta f\ (B_s) ds$$

which is a local martingale plus an increasing process.

'⟸' Let W be open in N and $f: W \to R$ be ${}^N\Gamma$-convex, and let V be open in N with $\overline{V} \subset W$. Let U be a relatively compact connected subset of $\phi^{-1}(V)$ in M. It suffices to prove that $f \circ \phi : U \to R$ is subharmonic (note that it is bounded, by compactness of $\overline{U}$).

Fix $a \in U$, and let $B = (B_t)$ be Brownian motion on M with $B_0 = a$. Let τ be the first exit time of (B_t) from U.
Fix $\varepsilon > 0$. Define

$$E = \{(s,\omega) : s < \tau(\omega),\ \Delta^M(f \circ \phi)(B_s) < -\varepsilon\}.$$

We know that $\phi \circ B$ is a ${}^N\Gamma$-martingale on N, so

$$Z_t = f \circ \phi \circ B_{t\wedge\tau}$$

is a local submartingale, and indeed a submartingale since $f \circ \varphi$ is bounded on U.
However by the definition of Brownian motion on M,

$$H_t^{f \circ \phi} := f \circ \phi(B_{t\wedge\tau}) - f \circ \phi(a) - \frac{1}{2} \int_0^{t\wedge\tau} \Delta^M(f \circ \phi)(B_s) ds$$

is a local martingale, and indeed a martingale by boundedness.
Hence

$$\int_0^t 1_E\, dH_s^{f \circ \phi} = \int_0^t 1_E\, dZ_s - \frac{1}{2} \int_0^t 1_E\, \Delta^M(f \circ \phi)(B_s) ds$$

$$\geq \int_0^t 1_E\, dZ_s + \frac{\varepsilon}{2} \int_0^t 1_E\, ds.$$

If m_t is Lebesgue measure on the time interval $[o,t]$, then

$$m_t \otimes P(E) = \int_\Omega (\int_o^t 1_E \, ds) dP \le \frac{2}{\varepsilon} \mathbb{E} \int_o^t 1_E (dH_s^{f \circ \phi} - dZ_s) \le 0$$

since the stochastic integral on the right side is a supermartingale with starting value zero. Hence $m_t \otimes P(E) = 0$, and this holds for every $\varepsilon > 0$; so the $m_t \otimes P$ -measure of the set

$$\{(s,\omega) : s < \tau(\omega),\ \Delta^M (f \circ \phi)(B_s) < 0\}$$

is zero, for every t. Hence by continuity of $s \mapsto \Delta^M (f\circ\varphi)(B_s)$,

$$P(\{\Delta^M (f\circ\varphi)(B_s) < o, \text{ some } o \le s < \tau\}) = o$$

Since U is connected, the Brownian motion hits every non-empty open subset of U with positive probability. Moreover $\Delta^M (f \circ \varphi)$ is continuous on U. Hence $\Delta^M (f\circ\varphi)(x) \ge o$ for all $x \in U$.

□

The Proposition has a wide range of uses of which Theorem B (harmonic morphisms) and the following surprising result are examples.

COROLLARY

Let M *be any connected, non-compact Riemannian manifold of dimension* n, *with Riemannian connection* Γ. *There is a proper embedding* $i : M \hookrightarrow \mathbb{R}^{2n+1}$ *such that* $i \circ B$ *is a local martingale in* $\mathbb{R}^{2n+1}$, *where* B *is Brownian motion on* M.

Proof

The result follows from the last proposition, and a theorem of Greene and Wu, [7 , p. 231], which says that such an M has a proper embedding by harmonic functions in $\mathbb{R}^{2n+1}$; (we use here the result obtained in example (1), namely that Γ-martingales in a Euclidean space are the same as local martingales).

□

For other uses of stochastic methods in harmonic maps see Kendall [9].

8. Harmonic morphisms and Brownian motion

Let M and N be Riemannian manifolds of dimensions m and n respectively. Recall from § 2 that a C^2 map $\phi : M \to N$ is said to be a *harmonic morphism* if for each V open in N and each harmonic function $f : V \to \mathbb{R}$, the function $f \circ \phi : \phi^{-1}(V) \to R$ is harmonic.

The following characterization of harmonic morphisms is due to Fuglede, [6 , p. 116].

LEMMA

A C^2 mapping $\phi : M \to N$ is a harmonic morphism if and only if there exists a function $\lambda \geq 0$ on M (necessarily unique and such that λ^2 is C^0) with the property that

$$\Delta^M (f \circ \phi) = \lambda^2 \, [(\Delta^N f) \circ \phi]$$

for all C^2 functions $f : N \to R$.

This enables us to characterize harmonic morphisms as those C^2 maps which preserve the paths of Brownian motion, as proved below. This result is related to those of Bernard, Campbell and Davie [1].

THEOREM C.

A C^2 mapping $\varphi : M \to N$ of Riemannian manifolds is a harmonic morphism if and only if (*) holds for all $a \in M$:

(*) *Let $B = (B_t)$ be Brownian motion on M with $B_o = a$. There exists a continuous increasing process $A = (A_t)$ and a Brownian motion $\tilde{B}$ on N such that*

$$\tilde{B} \circ A = \phi \circ B \, .$$

Remark

If $m \leq n$, then a harmonic morphism ϕ is necessarily constant, and so $A_t = 0$ a.s.

Proof. '==>'

Fix $a \in M$. Let $B = (B_t)$ be Brownian motion on M with $B_o = a$. Let λ be as in the lemma. Define a continuous increasing process $A = (A_t)$ by:

$$A_t = \int_o^t \lambda^2 (B_s) ds$$

and define its inverse by

$$C_t = \inf \{u : A_u > u\}.$$

Denote $\phi \circ B$ by $Y = (Y_t)$ on N. We shall prove that $Y \circ C$ is a Brownian motion $\tilde{B}$ on N. Then $\tilde{B} \circ A = Y$ as desired.

It suffices to show that for all C^2 functions $f:N \to R$,

$$L_t^f : = f(Y \circ C_t) - f(Y_o) - \frac{1}{2} \int^t \Delta^N f(Y \circ C_s) ds$$

is a local martingale. However under the change of variables $s \mapsto A_u$.

$$\int_o^t \Delta^N f(Y \circ C_s) ds = \int_o^{C_t} \Delta^N f(Y_u) dA_u = \int_o^{C_t} \lambda^2 (B_u) \Delta^N f(Y_u) du$$

$$= \int_o^{C_t} \Delta^M (f \circ \phi)(B_u) du$$

by the Lemma. By definition of B,

$$H_t^f := f \circ \phi(B_t) - f \circ \phi(a) - \frac{1}{2} \int_o^t \Delta^M (f \circ \phi)(B_s) ds$$

is a (continuous) local martingale; hence so is $(H^f \circ C_t)$; but

$$L_t^f = H^f \circ C_t$$

so the result follows.

'<=='

Let V be open in N and let $f:V \to \mathbb{R}$ be harmonic. Fix $a \in M$ with $\phi(a) \in V$, and assume (*) holds. Let τ be the first exit time of B from $\phi^{-1}(V)$; then $(f \circ \tilde{B}_{t \wedge \tau})$ is a (continuous) local martingale, and so is $(f \circ \tilde{B} \circ A_{t \wedge \tau}) = (f \circ \phi \circ B_{t \wedge \tau})$. Consider $f \circ \phi$ as a C^2 map : $f^{-1}(V) \to R$. It sends Brownian motion stopped at τ to a local martingale, and hence is a harmonic map by Proposition A of §4 . This proves that $f \circ \phi$ is a local harmonic function on M whenever f is a local harmonic function on N. So ϕ is a harmonic morphism.

□

9. Maps preserving the martingale property

If $\phi: V \to W$ is a map between vector spaces, local martingales on V are sent to local martingales on W if and only if ϕ is linear.

If (M,Γ) and (N,Γ') are manifolds with connections, a C^2 map $\phi: M \to N$ is said to be *affine* (or *totally geodesic*) if its derivative $T\phi$ sends parallel vector fields to parallel vector fields. Affine maps are discussed in Kobayashi and Nomizu [10 Ch. VI]. Affine maps are harmonic, and when M has dimension 1, the two are identical; see Eells and Lemaire [4 , p. 9]. Ishihara points out [8 , p. 220] that affine maps are those which pull back local Γ-convex functions to local Γ-convex functions, in the sense of § 2 .

THEOREM D.

A C^2 *map* $\phi: M \to N$ *is affine if and only if* ϕ *sends* Γ-*martingales to* Γ'-*martingales.*

Proof.

'$\Longrightarrow$' Let (U,V,W,f) be a Γ'-martingale tester on N . Since ϕ sends geodesics to geodesics, the definition of Γ-convex in section § 2 shows that $(\phi^{-1}U, \phi^{-1}V, \phi^{-1}W, f \circ \phi)$ is a Γ-martingale tester on M . The result is immediate from the definition of Γ-martingale.

'$\Longleftarrow$'. It suffices to show that if $\alpha, \beta > 0$ and $\gamma: (-\alpha,\beta) \to M$ is a Γ-geodesic, then $\phi \circ \gamma : (-\alpha,\beta) \hookrightarrow N$ is a Γ'-geodesic. Let $W = (W_t, F_t)$ be one-dimensional Brownian motion with $W_0 = 0$, stopped at the first t at which $|W_t| = \min(\alpha,\beta)$. By § 4, (III) Proposition A , $\gamma \circ W$ is a Γ-martingale, so $\phi \circ \gamma \circ W$ is a Γ'-martingale. Applying the Proposition again, $\phi \circ \gamma$ must be harmonic, hence affine since $(-\alpha,\beta)$ has dimension 1. So $\phi \circ \gamma$ is a Γ'-geodesic.

□

Immersed submanifolds

Suppose $i: M \hookrightarrow (N,g)$ is a Riemannian immersion, and Γ and Γ' are the induced Riemannian connections on M and N . The condition for all M-valued Γ-martingales to be Γ'-martingales is that M be a totally geodesic submanifold of N , by the preceding

Theorem. What are the possibilities when i is not totally geodesic? We take as examples the sphere and the torus embedded in Euclidean space.

Examples

(a) Let M be the sphere S^{n-1} embedded in R^n, with the induced metric and Riemannian connection Γ. Let $a \in S^{n-1}$ have co-ordinates $(a_1,\ldots,a_n)$. Suppose X is a Γ-martingale on S^{n-1} with $X_o = a$. Then X cannot be a local martingale in $\mathbb{R}^n$, unless it is constant a.s. For if so, then $Y_t = a_1X^1(t),+\ldots+a_nX^n(t)$ would be a local martingale, and in fact a martingale (since X is bounded), with $Y_o = 1$. Hence $E\,Y_t = 1$ for all t. But for any $x = (x^1,\ldots,x^n) \in S^{n-1}$ with $x \neq a$, $a_1x^1+\ldots+a_nx^n < 1$. So $X_t = a$ a.s.

(b) Consider the torus example of § 4 (VII); the embedding $i: T^2 \hookrightarrow R^3$ is not totally geodesic, and yet we constructed a Γ-martingale on T^2 which was also an R^3-martingale.

It seems likely that the existence of such examples for more general embeddings $i:M \hookrightarrow \mathbb{R}^n$ will depend upon the sectional curvatures of M.

Acknowledgments. The author thanks his supervisor K.D.Elworthy for his advice, and P.A.Meyer and D.G.Kendall for their interest and encouragement.

The author thanks P.Kotelenez for his help in finding some errors.

REFERENCES

[1] BERNARD, A., CAMPBELL, E. A., & DAVIE, A. M.. Brownian motion and generalized analytic and inner functions. Ann. Inst. Fourier, 29.1(1979), 207-228

[2] DARLING, R. W. R. Approximating Ito integrals of differential forms, and mean forward derivatives. (1981) To appear.

[3] DARLING, R. W. R. A Girsanov theorem for diffusions on a manifold (1981) To appear.

[4] EELLS, J. & LEMAIRE, L. A report on harmonic maps. Bull. London Math. Soc. 10 (1978), pp. 1-68.

[5] ELIASSON, H. I. Geometry of manifolds of maps. J.Differential Geometry I (1967), 169-194

[6] FUGLEDE, B. Harmonic morphisms between Riemannian manifolds. Ann. Inst. Fourier 28.2 (1978), 107-144

[7] GREENE, R. E. & WU, H. Embedding of open Riemannian manifolds by harmonic functions. Ann. Inst. Fourier 25 (1975) 215-235

[8] ISHIHARA, TORU A mapping of Riemannian manifolds which preserves harmonic functions. J.Math. Kyoto Univ 19-2 (1979) 215-229

[9] KENDALL, W. S. Brownian motion and a generalized little Picard theorem. To appear 1982.

[10] KOBAYASHI, S., & NOMIZU, K. Foundation of differential geometry, Vols I and II, Interscience, New York (1963, 1969)

[11] MEYER, P. A. Géometrie stochastique sans larmes. Sem. de Probabilités XV, 1979/1980, Springer LNM 850, pp. 44-102.

[12] MEYER, P. A. A differential geometric formalism for the Ito calculus. Springer LNM 851 (1981) 256-270

[13] SCHWARTZ, L. Semi-martingales sur des variétés, et martingales conformes. (1980) Springer LNM 780.

Forschungsschwerpunkt Dynamische Systeme,
Universität Bremen,
2800 Bremen 33,
West Germany.

FORMULE DE TAYLOR STOCHASTIQUE ET DEVELOPPEMENT ASYMPTOTIQUE D'INTEGRALES DE FEYNMANN

Robert AZENCOTT

INTRODUCTION :

Soit x^ε une famille de diffusions indexées par le paramètre ε, et convergeant, quand $\varepsilon \to 0$, vers une diffusion x^o, éventuellement déterministe. Au voisinage de $\varepsilon = 0$ nous construisons un développement limité de $(x^\varepsilon - x^o)$ en puissances croissantes de ε ; le coefficient g_k de ε^k est une semi-martingale continue, et les g_k se calculent par quadratures stochastiques successives explicites. La forme du reste est analogue à celle du reste de Young pour la formule de Taylor usuelle. La partie polynomiale de ce développement peut vraisemblablement, dans certains cas particuliers, se déduire d'une formule de Taylor récemment annoncée par Platen [Pl] qui obtient un reste sous forme intégrale. En effet, nous développons suivant les puissances d'un paramètre, tandis que la formule de [Pl] correspond en gros à développer suivant les puissances de $\sqrt{t}$. Notre présentation fournit des majorations précises des queues de distribution pour les coefficients et le reste. Ces estimations sont cruciales dans les applications aux développements asymptotiques des "intégrales de Feynmann du type $E[F(\varepsilon, x^\varepsilon)]$, où F est une fonctionnelle sur $\mathbb{R} \times$ {espace des trajectoires}, quand $\varepsilon \to 0$.

Par changement de temps, ces résultats s'appliquent aux diffusions en temps petit. Si y_t est une diffusion sur un ouvert de $\mathbb{R}^n$, on obtient un développement du type $y_t = y_o + \sum_{k=1}^{N} g_k(t) + t^{\frac{N+1}{2}} \mathbb{R}_{N+1}(t)$ où le vecteur $g_1(t), \ldots, g_k(t) \ldots$ a même loi que $t^{1/2}g_1(1),\dots,t^{k/2}g_k(1),\dots$ et où $R_{n+1}(t)$ est borné "en probabilité" quand $t \to 0$. En particulier, si f est une fonction bornée et lisse sur $\mathbb{R}^n$, $E[f(y_t)]$ se développe pour $t \to 0$ en puissances de $t^{1/2}$.

Le cas délicat d'expressions du type $E[\exp - \frac{F(x^\varepsilon)}{\varepsilon^2}]$, avec F fonctionnelle bornée sur l'espace des trajectoires est traité complètement dans le cas

$$dx^\varepsilon = \varepsilon\, \sigma(x^\varepsilon)dw + b(\varepsilon,x^\varepsilon)dt$$

où w est un brownien et $\sigma\sigma^*$ inversible. Nous étendons ainsi à leur domaine naturel de validité les résultats antérieures de Schilder [Sc] et Doss [Do] ; Schilder traitait le cas (proposé par Donsker) où $x^\varepsilon = \varepsilon w$; Doss résolvait celui où les colonnes de la matrice σ commutent entre elles (en tant que champs de vecteurs).

Quelques résultats élémentaires sur les équations stochastiques linéaires et sous linéaires sont rappelés, pour la commodité de l'exposé, dans un appendice, faute de référence publiée adéquate.

1.- FORMULE DE TAYLOR STOCHASTIQUE

1.1.- HYPOTHESES : Soit U un ouvert de $\mathbb{R}^m$. Pour chaque $\varepsilon \geq 0$, $t \geq 0$, considérons un champ de m-vecteurs $b(t,\varepsilon,x)$ et un champ de $m \times k$ matrices $\sigma(t,\varepsilon,x)$ sur U. Soit (w_t) un brownien k-dimensionnel. Considérons l'équation stochastique

$$(1) \qquad dx_t^\varepsilon = \sigma(t,\varepsilon,x_t^\varepsilon)dw_t + b(t,\varepsilon,x_t^\varepsilon)dt$$

sous l'hypothèse

(2) pour chaque $t \geq 0$, $b(t,.)$ et $\sigma(t,.)$ sont de classe C^{N+1} en (ε,y) sur $[0,+\infty[\times U$, et leurs différentielles d'ordre $\leq N+1$ sont continues en $t \geq 0$; noter l'inclusion de $\varepsilon = 0$ dans le domaine de régularité de b,σ.

Pour chaque $\varepsilon \geq 0$, $x \in U$, il existe alors une solution de (1) issue de x au temps 0, continue et déterminée de façon unique sur $[0,\zeta^\varepsilon[$ où ζ^ε est le temps de vie (ou encore temps d'explosion) de x^ε.

Pour $T > 0$, notons x_{OT}^ε la trajectoire de x^ε sur [OT], considérée comme variable aléatoire à valeurs dans un espace de fonctions convenable. Les notations $P_x(.)$, $E_x(.)$ sont relatives à la situation où les x^ε sont issus du point x au temps zéro.

1.2.- CONVERGENCE FAIBLE LOCALE : Notons C([OT],U) l'espace des fonctions continues de [OT] dans U muni de la norme uniforme. L'hypothèse (2) entraîne facilement (voir Stroock-Varadhan [SV1,2] pour des résultats analogues

(3) pour tout $T > 0$, $x \in U$, et $F : C([OT],U) \to \mathbb{R}$ continue bornée, le terme $E_x[F(x^\varepsilon_{OT})1_{\{T<\zeta^\varepsilon\}}]$ est continu en ε. En particulier, $\lim\limits_{\varepsilon\to 0} P_x(\zeta^\varepsilon < \zeta^o) = 0$.

1.3.- THEOREME : Sur l'ouvert $U \subset \mathbb{R}^m$, considérons les diffusions x^ε issues de $x \in U$, vérifiant (1) (2), de temps de vie ζ^ε. Il existe alors des semi-martingales g_j, $1 \le j \le N$, à valeurs dans $\mathbb{R}^m$, nulles au temps zéro, continues sur $[0,\zeta^o[$, telles que le processus R_{N+1} défini par

$$(4) \qquad x^\varepsilon_t = x^o_t + \sum_{j=1}^{N} \varepsilon^j g_j(t) + \varepsilon^{N+1} R^\varepsilon_{N+1}(t) \qquad \text{sur } t < \zeta^o \wedge \zeta^\varepsilon,$$

et par $R^\varepsilon_{N+1}(t)$ = point à l'infini de $\mathbb{R}^m$ sur $t \ge \zeta^o \wedge \zeta^\varepsilon$, ait la propriété suivante :

pour tout $t > 0$, $x \in U$ fixés, on a

$$(5) \qquad \lim_{\substack{\varepsilon\to 0 \\ r\to\infty}} P_x\,[\sup_{s\in[0,t]} |R^\varepsilon_{N+1}(s)| \ge r\,;\ t < \zeta^o] = 0.$$

Les propriétés(4) (5) déterminent les g_j de façon unique sur $[0,\zeta^o[$, comme solution d'un système, triangulaire et résoluble par quadratures stochastiques, d'équations différentielles stochastiques données par un calcul formel détaillé au § 2. Le processus $[x^o,g_1,\dots,g_N]$ est une diffusion de temps de vie ζ^o.

PREUVE : La démonstration est reportée en 4.8 ci-dessous.

1.4.- GENERALISATION : Le théorème précédent et la plupart des résultats ci-dessous s'étendent très facilement au cas où le paramètre ε varie dans un ouvert de $\mathbb{R}^q$; il suffit de reformuler de façon naturelle l'énoncé des résultats. Le développement de Taylor s'écrit

$$x^\varepsilon_t = x^o_t + \sum_{j=1}^{N} g_j(t)\,.\,\varepsilon^j + |\varepsilon|^{N+1} R^\varepsilon_{N+1}(t)$$

et les $g_j(t)$ sont des processus à valeurs dans l'espace des applications multilinéaires de $(\mathbb{R}^q)^j$ dans $\mathbb{R}^m$. Nous nous sommes limités au cas $q = 1$ pour simplifier l'écriture.

1.5.- APPLICATION AUX PETITES PERTURBATIONS DE SYSTEMES DYNAMIQUES

Le cas particulier où x^o est déterministe, c'est-à-dire où

(6) $$\sigma(t,0,y) \equiv 0 \qquad \text{pour } t \geq 0,\ y \in U$$

est particulièrement intéressant pour les applications. En effet x^ε modèlise alors l'effet d'une petite perturbation aléatoire appliquée au système dynamique x^o défini par

(7) $$\frac{dx_t^o}{dt} = b(t,0,x_t^o)$$

(voir Ventcell-Freidlin [V-F] Azencott [Az1] par exemple). Dans ce cas, le temps d'explosion ζ^o de (7) est déterministe, fixé par le point initial $x \in U$.

Le système en cascade donnant les coefficients de Taylor g_j est à coefficients déterministes et en particulier g_1 est un processus gaussien. Renvoyons au § 2.3 pour plus de détails. Du théorème 1.3, nous déduirons plus bas, essentiellement par changement de temps, le théorème 1.6 ci-dessous, qui, une diffusion (y_t) étant donnée, fournit un développement de $y_t - y_o$ suivant les puissances de $t^{1/2}$, quand $t \to 0$.

1.6.- THEOREME : Sur l'ouvert U de $\mathbb{R}^m$, soit (y_t) la diffusion minimale solution de

$$dy_t = \Gamma(y_t)dw_t + B(y_t)dt$$

où Γ et B sont respectivement un champ de matrices rectangulaires et un champ de vecteurs sur U. Supposons Γ et B de classe C^{N+1}. Fixons le point initial $x \in U$ de (y_t) et soit ζ le temps de vie de (y_t).

Il existe alors une diffusion $[g_1,\dots,g_N]$ à valeurs dans $(\mathbb{R}^m)^N$, nulle au temps zéro, à temps de vie infini, ayant les propriétés suivantes

(8) pour chaque $t \geq 0$, les processus $s \to [g_1(t_s),\dots,g_N(t_s)]$ et

$s \to [t^{1/2}g_1(s),\dots,t^{N/2}g_N(s)]$ ont même loi ;

(9) Le processus R_{N+1} défini sur $0 \le t < \zeta$ par

$$y_t = x + \sum_{j=1}^{N} g_j(t) + t^{\frac{N+1}{2}} R_{N+1}(t)$$

vérifie $\lim\limits_{\substack{t\to 0\\ r\to +\infty}} \mathcal{P}_x(|R_{N+1}(t)| \geq r) = 0$.

Les propriétés (8) (9) déterminent les g_j de façon unique pour x donné, par un système d'équations stochastiques en cascade, à coefficients constants, résoluble par quadratures explicites. Les g_j sont des combinaisons linéaires d'intégrales (stochastiques) multiples du brownien w, et en particulier $g_1 = \Gamma(x)w$ est gaussien.

2.- LES COEFFICIENTS DU POLYNOME DE TAYLOR STOCHASTIQUE

2.1.- CALCUL DES COEFFICIENTS : Fixons le point initial x des x^ε. Considérons les développements formels

(1) $$x^\varepsilon \simeq x^o + \sum_{j\geq 1} \varepsilon^j g_j$$

$$dx^\varepsilon \simeq dx^o + \sum_{j\geq 1} \varepsilon^j dg_j .$$

Définissons les formes multilinéaires (aléatoires si x^o n'est pas déterministe)

$$\sigma_{ij}(t) : (\mathbb{R}^m)^j \to \mathbb{R}^m \times \mathbb{R}^k \quad \text{et} \quad b_{ij}(t) : (\mathbb{R}^m)^j \to \mathbb{R}^m$$

par les formules

(2) $$\sigma_{ij}(t) = \frac{1}{i!j!} \frac{\partial^{i+j}\sigma}{\partial\varepsilon^i \partial x^j} (0,t,x_t^o)$$

$$b_{ij}(t) = \frac{1}{i!j!} \frac{\partial^{i+j} b}{\partial\varepsilon^i \partial x^j} (0,t,x_t^o) .$$

Pour $j \geq 1$ et $y \in \mathbb{R}^m$, notons $\sigma_{ij}(t)y^j$ et $b_{ij}(t)y^j$ leurs valeurs au point $(y,\dots,y)$ de $(\mathbb{R}^m)^j$. Les séries de Taylor formelles de $\sigma(t,.)$ et $b(t,.)$ au point $0,x_t^o$ s'écrivent

$$(3)\qquad \sigma(t,\varepsilon,y) \simeq \sum_{o\le i,j} \varepsilon^i \sigma_{ij}(t)\,.\,(y-x_t^o)^j$$

$$b(t,\varepsilon,y) \simeq \sum_{o\le i,j} \varepsilon^i b_{ij}(t)\,.\,(y-x_t^o)^j\,.$$

Dans l'équation 1.1 (1) remplaçons formellement x^ε, dx^ε, σ, b par les développements (1) (3) et identifions les coefficients de ε^j pour obtenir les identités

$$(4)\qquad dg_1 = (\sigma_{01}g_1 + \sigma_{10})dw + (b_{01}g_1 + b_{10})dt$$

$$dg_{j+1} = [\sigma_{01}g_{j+1} + S_{j+1}(g_1 \ldots g_j)]dw + [b_{01}g_{j+1} + K_{j+1}(g_1 \ldots g_j)]dt$$

avec $1 \le j$ et la condition initiale $g_j(0) = 0$ pour tout j. Les S_{j+1} et K_{j+1} sont des processus aléatoires à valeurs dans l'espace des applications polynômiales de $(\mathbb{R}^m)^j$ dans $\mathbb{R}^m \times \mathbb{R}^k$ et $\mathbb{R}^m$ respectivement, données par la formule (5) ci-dessous, et dans les notations du type $\sigma_{01}g_j$, $S_{j+1}(g_1,\ldots,g_j)$ etc... <u>on a sous-entendu le temps</u> t <u>au lieu d'écrire</u> explicitement $\sigma_{01}(t)g_j(t)$, $S_{j+1,t}[g_1(t) \ldots g_j(t)]$, etc...

Le calcul élémentaire ci-dessus donne pour $y_1,\ldots,y_j \in \mathbb{R}^m$

$$(5)\qquad S_{1,t} \equiv \sigma_{10}(t) \qquad \text{et} \qquad K_{1,t} \equiv b_{10}(t)$$

$$S_{j+1,t}(y_1 \ldots y_j) = \sigma_{j+1,0}(t) + \sum_{H(j+1)} \sigma_{ir}(t)\,.\,[y_{p_1} \ldots y_{p_r}]$$

$$K_{j+1,t}(y_1 \ldots y_j) = b_{j+1,0}(t) + \sum_{H(j+1)} b_{ir}(t)\,.\,[y_{p_1} \ldots y_{p_r}]$$

en notant $H(j+1)$ l'ensemble des $(i,r,p_1 \ldots p_r)$ où les lettres sont des entiers vérifiant

$$0 \le i \le j \;;\quad 1 \le r \le j+1 \;;\quad 1 \le p_1,\ldots,p_r \le j$$

$$i + p_1 + \ldots + p_r = j+1.$$

Une transformation linéaire permet de ramener le système (4) à un système en cascade à solution calculable par quadratures.

2.3.-<u>PROPOSITION</u> : Sous l'hypothèse 1.1 (2), le système d'équations différentielles stochastiques (4) admet une unique solution $(g_1,\ldots,g_N)$ continue sur $[0,\zeta^o[$, où ζ^o est le temps de vie du processus limite x^o. De plus, le processus $(x^o,g_1,\ldots,g_N)$ est une diffusion de temps de vie ζ^o.

Il existe une diffusion (x^o,Q) de temps de vie ζ^o, avec Q_t automorphisme linéaire de $\mathbb{R}^m$, $Q_o \equiv I$, telle que les $h_j(t) = Q_t g_j(t)$ vérifient sur $[0,\zeta^o[$ le système en cascade

$$dh_{j+1} = \tilde{S}_{j+1}(h_1 \dots h_j)dw + \tilde{K}_{j+1}(h_1 \dots h_j)dt$$

où les $\tilde{S}_{j+1}$ et $\tilde{K}_{j+1}$ sont des processus aléatoires à valeurs dans les applications polynômiales.

PREUVE : Il suffit d'utiliser les résultats de l'appendice A.7 avec $W = \mathbb{R}^k$, $F = \mathbb{R}^m$. Soit $L(F,F)$ l'espace des applications linéaires de F dans F. Pour $\pi \in L[F,L(W,F)]$ définissons $\pi^* \in L[W,L(F,F)]$ par

$$(\pi f) . w = (\pi^* w) . f \qquad f \in F, \quad w \in W .$$

Définissons l'application bilinéaire aléatoire $B_t : W \times W \to L(F,F)$ et sa trace $C_t \in L(F,F)$ - cf. appendice A.6 pour la définition de la trace d'une application bilinéaire - par

(6) $$B_t(v,w) = [\sigma_{01}^*(t)v][\sigma_{01}^*(t)w] \qquad v,w \in W$$

$$C_t = \mathrm{Tr}\, B_t$$

et soit $Q_t \in L(F,F)$ la solution (cf. A.7) continue sur $[0,\zeta^o]$ de l'équation linéaire

(7) $$dQ_t = - Q_t . [\sigma_{01}^*(t)dw_t + b_{01}(t)dt] + Q_t C_t dt$$

$$Q_o \equiv I .$$

Alors (cf. A.7) pour $t \in [0,\zeta^o[$, Q_t est inversible et on a

(8) $$d(Q_t^{-1}) = [\sigma_{01}^* dw_t + b_{01}(t)dt] . Q_t^{-1} .$$

De plus, le changement de variables (cf. A.7)

(9) $\qquad h_j(t) = Q_t g_j(t) \qquad\qquad j \geq 1$

définit une diffusion $(x^o, h_1, \ldots, h_N)$ solution du système

(10) $\qquad dh_{j+1} = \tilde{S}_{j+1}(h_1 \ldots h_j)dw + \tilde{K}_{j+1}(h_1 \ldots h_j)dt$

avec $\tilde{S}_{j+1}$, $\tilde{K}_{j+1}$ donnés par la formule (12) ci-dessous, et toujours en sous-entendant le temps t dans h_j, $\tilde{S}_{j+1}$ etc...

Pour chaque $z \in F^j$ notons $\Phi_{j+1,t}(z)$ l'application bilinéaire de $W \times W$ dans F donnée par

11) $\qquad \Phi_{j+1,t}(z)[v,w] = [\sigma^*_{01}(t)v] . [S_{j+1,t}(z).w] \qquad$ où $v,w \in W$

et soit $D_{j+1,t}(z) \in F$ la trace de $\Phi_{j+1,t}(z)$. Ainsi $D_{j+1,t}$ est une application polynômiale de F^j dans F.

D'après A.7 (17), on a alors

(12) $$\tilde{S}_{j+1,t} \circ (Q_t)^{\otimes j} = Q_t S_{j+1,t}$$

$$\tilde{K}_{j+1,t} \circ (Q_t)^{\otimes j} = Q_t(K_{j+1,t} - D_{j+1,t}) .$$

Une récurrence immédiate prouve que le système en cascade (10) admet une unique solution continue $(h_1 \ldots h_N)$ sur $[0,\zeta^o[$, qui s'obtient par quadratures successives (riemannienne et stochastique) ; on revient aux g_j par l'inversibilité de Q_t.

2.3.- CAS PARTICULIER : PETITES PERTURBATIONS DE SYSTEMES DYNAMIQUES

Considérons le cas particulier $\sigma(t,0,y) \equiv 0$ introduit en 1.5. Alors x^o, ζ^o sont déterministes et x^o est la trajectoire du système dynamique 1.5 (7) issue du point initial x commun aux x^ε. Les coefficients $\sigma_{ij}(t)$, $b_{ij}(t)$ définis en (2) sont des fonctions déterministes de t, continues sur $[0,\zeta^o[$. La nullité de $\sigma(t,.)$ entraîne

(13) $\qquad \sigma_{oj}(t) \equiv 0 \qquad\qquad$ pour $j \geq 0$.

Le changement de variables $h_j(t) = Q_t g_j(t)$ défini par (7) (8) est ici très simple car les matrices Q_t sont déterministes, données par l'équation différentielle ordinaire

$$(14) \qquad \frac{dQ_t}{dt} = - Q_t b_{01}(t), \qquad\qquad Q_o \equiv I$$

Les polynômes $S_{j,t}$, $K_{j,t}$, $\tilde{S}_{j,t}$, $\tilde{K}_{j,t}$ introduits en (5) et (12) sont déterministes, à coefficients continus sur $[0,\zeta^o[$, et les systèmes en cascade donnant les g_j et les h_j sont à coefficients déterministes. L'équation stochastique

$$dh_1(t) = Q_t \sigma_{10}(t) dw_t + Q_t b_{10}(t) dt$$

montre que h_1 et g_1 sont des processus gaussiens que l'on peut expliciter facilement (cf. Chaleyat-Maurel-Elie [C-E]).

Le cas particulier des systèmes perturbés associés aux diffusions en temps petit (cf. 5.1) est encore plus simple car x_t^o est alors <u>constant</u> en t et encore déterministe, $h_j \equiv g_j$, et le système en cascade (4) est à coefficients constants.

3.- UNE FORMULE DE RECURRENCE POUR LE RESTE DE TAYLOR STOCHASTIQUE

Soit x^ε la diffusion solution de 1.1 (1), sous les hypothèses 1.1 (2). Soient g_j les coefficients de Taylor stochastiques calculés formellement dans la section 2, de temps de vie ζ^o. Pour j = 0 ... N définissons polynôme et reste de Taylor par

$$(1) \qquad z_o \equiv 0 \quad ; \quad z_j = \sum_{1\le k\le j} \varepsilon^j g_j$$

$$x^\varepsilon - x^o = z_j + \varepsilon^{j+1} R_{j+1} \qquad \text{sur } [0,\zeta^o \wedge \zeta^\varepsilon[$$

$$R_{j+1} = \text{point à l'infini de } \mathbb{R}^m \qquad \text{sur } [\zeta^o \wedge \zeta^\varepsilon, +\infty[.$$

Bien entendu z_j, R_{j+1} <u>dépendent</u> de ε.

Ecrivons la formule de Taylor usuelle pour $y,z \in U$,

$$\sigma(t,\varepsilon,z) = \sum_{i+j\le N} \frac{1}{i!j!} \frac{\partial^{i+j}\sigma}{\partial\varepsilon^i \partial y^j} (t,0,y) \,.\, (z-y)^j + \hat{\sigma}_{N+1} \,.$$

Pour tout compact connexe $K \subset U$, tout voisinage compact L de K dans U, tout $T > \emptyset$, il existe c > 0 tel que pour $\varepsilon \geq 0$, $t \leq T$, $y,z \in K$, on ait

$$|\hat{\sigma}_{N+1}| \leq c \sum_{i+j=N+1} \varepsilon^i |z-y|^j \left\|\frac{\partial^{N+1}\sigma}{\partial\varepsilon^i \partial y^j}\right\|_{T,\varepsilon,L}$$

où $\|f\|_{T,\varepsilon,L} = \sup\{|f(t,\alpha,z)|$ tels que $t \leq T$, $\alpha \leq \varepsilon$, $z \in L\}$. Résultat analogue pour b. Avec les conventions de 2.1 on peut écrire

$$(2) \qquad \sigma(t,\varepsilon,x_t^\varepsilon) = \sum_{i+j\leq N} \varepsilon^i \sigma_{ij}(t) \, . \, [x_t^\varepsilon - x_t^o]^j + \varepsilon^{N+1}\mu_{N+1}$$

$$b(t,\varepsilon,x_t^\varepsilon) = \sum_{i+j\leq N} \varepsilon^i b_{ij}(t) \, . \, [x_t^\varepsilon - x_t^o]^j + \varepsilon^{N+1}\nu_{N+1}$$

et affirmer que, en notant T_K^ε le temps de première sortie de K pour x^ε,

(3) à chaque compact connexe $K \subset U$, et chaque $T > 0$, on peut associer $c > 0$ fixe tel que

$$|\mu_{N+1}| + |\nu_{N+1}| \leq c(1+|R_1|)^{n+1} \qquad \text{pour } t \leq T \wedge T_K^\varepsilon \wedge T_K^o \, .$$

<u>Examinons en passant le cas particulier</u> $\sigma(t,0,y) \equiv 0$ (<u>systèmes dynamiques perturbés</u>). Pour $i \geq 1$, les $\dfrac{\partial^q \sigma}{\partial\varepsilon^{q-i}\partial y^i}$ sont nulles en (t,0,y), ce qui entraîne avec les notations ci-dessus.

$$\left\|\frac{\partial^q \sigma}{\partial\varepsilon^{q-i}\partial y^i}\right\|_{T,\varepsilon,L} = O(\varepsilon) \qquad \text{pour } 1 \leq i \leq q \leq N+1 \, .$$

Pour K,T donnés on trouve ainsi un nombre c_1 tel que $y,z \in K$, $t \leq T$ impliquent

$$|\hat{\sigma}_1| \leq c_1\varepsilon \quad ; \quad |\hat{\sigma}_2| \leq c_1\varepsilon^2 \quad ; \quad |\hat{\sigma}_3| \leq c_1(\varepsilon^3 + \varepsilon^2|z-y| + \varepsilon|z-y|^2).$$

Ceci fournit, <u>toujours en supposant</u> $\sigma(t,0,y) \equiv 0$, des estimations plus fines des restes dans (2), à savoir

$$(3 \text{ bis}) \qquad |\mu_1| \leq c_1 \quad ; \quad |\mu_2| \leq c_1 \quad ; \quad |\mu_3| \leq c_1(1+|R_1|)^2$$

pour $t \leq T \wedge T_K^\varepsilon \wedge T_K^o$.

<u>Revenons au cas général</u>, et introduisons deux processus aléatoires continus

sur $[0,\zeta^o[$,

(4) $\qquad \tilde{b}_t = [b_{ij}(t)]_{i+j\leq N} \quad ; \quad \tilde{\sigma}_t = [\sigma_{ij}(t)]_{i+j\leq N}$

Dans les calculs ci-dessous les processus x^ε, x^o, $\tilde{b}$, $\tilde{\sigma}$, g_j, z_j etc... sont toujours considérés au temps t, qui est le plus souvent omis pour alléger l'écriture.

Enonçons un lemme élémentaire ; soient F, G deux espaces euclidiens, et $j \geq 1$ un entier ; soit $L(F^{\otimes j},G)$ l'espace des applications multilinéaire de F^j dans G. Il existe une application polynômiale

$$\Gamma_j : L(F^{\otimes j},G) \times F \times F \to L(F,G)$$

telle que pour tout $u,v,w \in F$, tout $B \in L(F^{\otimes j},G)$, la relation $u = v+w$ implique

(5) $\qquad B \,.\, u^j = B(v+w)^j = B \,.\, v^j + \Gamma_j(B,u,v) \,.\, w \,.$

De plus, $\Gamma_j(B,u,v)$ est linéaire en B, de degré total $(j-1)$ en u, v. Ceci se vérifie par récurrence sur j.

Pour $N \geq 2$, $i+j \geq 2$, appliquons (5) avec $u = R_1$, $v = \frac{1}{\varepsilon} z_{N-1}$, $w = \varepsilon^{N-1} R_N$, $B = b_{ij}(t)$ pour écrire $\varepsilon^i b_{ij} \,.\, (x^\varepsilon - x^o)^j = \varepsilon^{i+j} b_{ij} \,.\, (v+w)^j$ sous la forme

$$\varepsilon^{i+j} b_{ij}(\tfrac{1}{\varepsilon} z_{N-1})^j + \varepsilon^{N+i+j-1}\, \Gamma_j(b_{ij},R_1,\tfrac{1}{\varepsilon} z_{N-1}) \,.\, R_N \,.$$

Le terme $\varepsilon^{i+j-2}\, \Gamma_j(b_{ij},R_1,\frac{1}{\varepsilon} z_{N-1})$ appartient à $L(\mathbb{R}^m, \mathbb{R}^m)$ et est d'après (1)(5) une fonction γ_{ij} polynômiale (à coefficients <u>constants</u>) en ε, $b_{ij}(t)$, $R_1(t)$, $g_1(t)$, $\varepsilon g_2(t),\ldots,\varepsilon^{N-2} g_{N-1}(t)$. Ceci donne pour $i+j \geq 2$, $N \geq 2$

(6) $\qquad \varepsilon^i b_{ij}(x^\varepsilon - x^o)^j = \varepsilon^i b_{ij}(z_{N-1})^j + \varepsilon^{N+1} \gamma_{ij}(\varepsilon,b_{ij},R_1,g_1 \ldots,\varepsilon^{N-2} g_{N-1}) \,.\, R_N \,.$

Pour $i+j = 1$, écrivons directement

(7) $\qquad b_{01}(x^\varepsilon - x^o) = b_{01} z_N + \varepsilon^{N+1} b_{01} R_{N+1} \,.$

Mais les polynômes aléatoires S_j, K_j définis en 2.1 (5) vérifient clairement, pour $N \geq 2$,

$$b_{01} z_N + \varepsilon b_{10} + \sum_{2 \le i+j \le N} \varepsilon^i b_{ij} (z_{N-1})^j = \sum_{1 \le j \le N} \varepsilon^j K_j (g_1 \ldots g_{j-1}) + \varepsilon^{N+1} \lambda_N$$

où λ_N est une fonction polynômiale (à coefficients constants) de ε, $\tilde{b}(t)$, $\varepsilon g_1(t), \ldots, \varepsilon^{N-1} g_{N-1}(t)$.

Sommons (6) (7), reportons dans (2) et tenons compte de l'égalité précédente pour écrire

$$(8) \qquad b(t,\varepsilon,x_t^\varepsilon) - b(t,0,x_t^o) = \sum_{1 \le j \le N} \varepsilon^j K_j (g_1 \ldots g_{j-1}) + \varepsilon^{N+1} (b_{01} R_{N+1} + \nu_{N+1} + \psi_N \cdot R_N)$$

de même

$$(9) \qquad \sigma(t,\varepsilon,x_t^\varepsilon) - \sigma(t,0,x_t^o) = \sum_{1 \le j \le N} \varepsilon^j S_j (g_1 \ldots g_{j-1}) + \varepsilon^{N+1} (\sigma_{01} R_{N+1} + \mu_{N+1} + \phi_N \cdot R_N)$$

avec $\phi_N = \Phi_N[\varepsilon, \tilde{\sigma}(t), R_1(t), g_1(t), \ldots, \varepsilon^{N-2} g_{N-1}(t)]$

$\psi_N = \Psi_N[\varepsilon, \tilde{b}(t), R_1(t), g_1(t), \ldots, \varepsilon^{N-2} g_{N-1}(t)]$

où Φ_N et Ψ_N sont des fonctions polynômiales à coefficients constants, à valeurs dans l'espace des applications affines de $\mathbb{R}^m$ dans $L(\mathbb{R}^k, \mathbb{R}^m)$ et $\mathbb{R}^m$ respectivement.

Dans l'équation 1.1 (1) vérifiée par x^ε remplaçons x^ε, σ, b par les développements (1) (8) (9). Comme les g_j sont solutions du système stochastique 2.1 (4), les termes en ε^j, $j \le N$, disparaissent et on obtient pour $t \le \zeta^o \wedge \zeta^\varepsilon$, $N \ge 2$,

$$(10) \qquad dR_{N+1} = (\sigma_{01} R_{N+1} + \phi_N \cdot R_N + \mu_{N+1}) dw + (b_{01} R_{N+1} + \psi_N \cdot R_N + \nu_{N+1}) dt$$

$$R_{N+1}(0) \equiv 0.$$

Un calcul direct montre que (10) est vraie pour N = 1,2 avec

$$(11) \qquad \phi_1 \equiv \psi_1 \equiv 0$$

$$\phi_2 \cdot v = \sigma_{11}(t) v + \sigma_{02}(t) \cdot (R_1(t), v) \qquad \text{pour tout } v \in \mathbb{R}^m$$

$$\psi_2 \cdot v = b_{11}(t) v + b_{02}(t) \cdot (R_1(t), v) \qquad \text{pour tout } v \in \mathbb{R}^m .$$

Le changement de variable linéaire 2.2 (7) (8) (9), noté ici

(12) $\quad r_{N+1}(t) = Q_t R_{N+1}(t) \qquad$ sur $0 \leq t \leq \zeta^o \wedge \zeta^\varepsilon$

transforme (cf. appendice A.8 (20) (21)) le système (10) en

(13) $\quad dr_{N+1} = F_N dw + G_N dt$

avec (le temps t étant toujours sous-entendu dans l'écriture ci-dessous)

$$Q^{-1} F_N = \phi_N \cdot R_N + \mu_{N+1}$$

$$Q^{-1} G_N = \psi_N \cdot R_N + \nu_{N+1} + B[\sigma_{01}, \phi_N \cdot R_N + \mu_{N+1}]$$

où B est une forme bilinéaire à coefficients constants.
En particulier, $F_N(t)$ et $G_N(t)$ sont des fonctions polynômiales (à coefficients constants) de ε, $\tilde{\sigma}(t)$, $\tilde{b}(t)$, $R_1(t)$, $g_1(t), \ldots, g_{N-1}(t), Q_t, Q_t^{-1}, \mu_{N+1}(t), \nu_{N+1}(t)$, $r_N(t)$.

4.- ESTIMATIONS DE LA QUEUE DES COEFFICIENTS ET DU RESTE DE TAYLOR STOCHASTIQUE

4.1.- ESQUISSE DES RESULTATS : Pour chercher un développement asymptotique de $E[F(\varepsilon, x^\varepsilon_{OT})]$quand $\varepsilon \to 0$, où F est une fonctionnelle numérique assez lisse, à partir du développement de Taylor stochastique de x^ε, il est crucial de savoir quand $E[|g_j(t)|^p]$ est fini et quand $E(|R^\varepsilon_{N+1}(t)|^p)$ est borné pour $\varepsilon \leq 1$.

Dans le cas général 1.1(2), ces moments peuvent ne pas exister. Par contre $1_{\{t<T\wedge T^o_K\}} (\sup_{[0,t]} |g_j|)$ et $1_{\{t<T\wedge T^o_K \wedge T^\varepsilon_K\}} \sup_{[0,t]} |R^\varepsilon_{N+1}|$ ont des moments de tous ordres, uniformément bornés en $\varepsilon \leq 1$ pour K compact donné, T temps fixé, et T^ε_K temps de sortie de K pour x^ε. Des restrictions sur la croissance en y de $\sigma(t,\varepsilon,y)$, $b(t,\varepsilon,y)$ et de leurs dérivées garantissent un résultat analogue avec K = U.

Dans le cas $\sigma(t,0,y) \equiv 0$, c'est-à-dire des systèmes dynamiques perturbés, les moments de $\sup_{[0,t]} |g_j|$ existent toujours si t est antérieur au temps (déterministe) d'explosion de x^o, et dans la même situation, $1_{\{t<T^\varepsilon_K\}} \sup_{[0,t]} |R^\varepsilon_{N+1}|$ a des moments uniformément bornés en $\varepsilon \leq 1$.

Par contre, les $\exp|g_j(t)|$ et $\exp|R^\varepsilon_{N+1}(t)|$ ne sont en général pas d'espérance finie, même pour les systèmes perturbés, dès que $j \geq 2$, $N+1 \geq 2$.

4.2.- PROPOSITION : Considérons les diffusions x^ε vérifiant 1.1 (1), 1.1 (2) avec $x^\varepsilon_o \equiv x$. Définissons les g_j par le système stochastique 2.1 (4) et R^ε_{N+1} par

$$x^\varepsilon = x^o + \sum_{1\leq j\leq N} \varepsilon^j g_j + \varepsilon^{N+1} R^\varepsilon_{N+1} .$$

Fixons un temps T et un compact K de U. Soit T^ε_K le temps de première sortie de K pour x^ε. Alors il existe $\rho, c > 0$ tels que pour tout $x \in U$, $r \geq \rho$, $t \leq T$ on ait

(1) $$P_x[\sup_{o\leq s\leq t} |g_j(s)| \geq r \quad ; \quad t < T^o_K] \leq \exp\left[-c\,\frac{(\mathrm{Log}\ r)^2}{t}\right] \quad \text{pour } j = 1 \dots N$$

$$P_x[\sup_{o\leq s\leq t} |R^\varepsilon_{N+1}(s)| \geq r \quad ; \quad t < T^o_K \wedge T^\varepsilon_K] \leq \exp\left[-c\,\frac{(\mathrm{Log}\ r)^2}{t}\right] \quad \text{pour } \varepsilon \leq 1.$$

PREUVE : cf. ci-dessous en 4.6.

4.3.- PROPOSITION : Particularisons la situation précédente 4.2 au cas où x^ε est un système dynamique faiblement perturbé, c'est-à-dire où $\sigma(t,0,y) \equiv 0$. Fixons un point initial $x \in U$ et un temps T strictement antérieur au temps d'explosion (déterministe) de x^o. Alors il existe α, ρ, $c > 0$ tels que pour tout $r \geq \rho$, $t \leq T$ on ait

(2) $$P_x[\sup_{o\leq s\leq t} |g_j(s)| \geq r] \leq \exp\left(-c\,\frac{r^\alpha}{t}\right) \qquad \text{pour } j = 1 \dots N.$$

Si K est un compact de U, il existe β, ρ, $c > 0$ tels que pour tout $r \geq \rho$, $t \leq T$, $\varepsilon \leq 1$, on ait

$$P_x[\sup_{o\leq s\leq t} |R^\varepsilon_{N+1}(s)| \geq r \quad ; \quad t \leq T^\varepsilon_K] \leq \exp\left(-c\,\frac{r^\beta}{t}\right).$$

PREUVE : cf. ci-dessous en 4.6.

4.4.- PRECISIONS SUR LES TERMES D'INDICE INFERIEUR A 3 : La situation est celle du paragraphe 4.3 précédent, et donc $\sigma(t,0,y) \equiv 0$. Enonçons quelques estimations plus précises utiles dans la seconde partie de cet article. Les preuves sont données plus bas en 4.7, et on suppose $t \leq T < \zeta^o$.

- Dans (2) on peut prendre $\alpha = 2$ si $j = 1$, et $\alpha = 1$ si $j = 2$; ainsi $\sup_{[0,t]} |g_1|$ est à queue en $\exp(-c\frac{r^2}{t})$, et $\sup_{[0,t]} |g_2|$ est à queue en $\exp(-c\frac{r}{t})$.

- Dans (3) on peut prendre $\beta = 2$ si $N+1 = 1$, $\beta = 1$ si $N+1 = 2$, $\beta = \frac{2}{3}$ si $N+1 = 3$. Ainsi le suprémum de $|R_1^\varepsilon|$ - resp. $|R_2^\varepsilon|$, $|R_3^\varepsilon|$ - sur $[0, t \wedge T_K^\varepsilon]$ est à queue en $\exp(-c\frac{r^2}{t})$, resp. en $\exp(-c\frac{r}{t})$ et $\exp(-c\frac{r^{2/3}}{t})$, uniformément sur $\varepsilon \leq 1$, $t \leq T$.

- Enfin, soit f la trajectoire (déterministe) sur [OT] du système dynamique limite x^o, issue du point initial x commun aux x^ε. Soit V la boule de centre f, de rayon χ pour la norme uniforme sur [OT] ; supposons χ assez petit pour que les trajectoires appartenant à V soient toutes à valeurs dans U. Soit τ_V^ε le temps de première sortie du "tube" V d'axe f pour x^ε. Alors il existe $\rho, c > 0$ tels que pour $t \leq T$, $\varepsilon \leq \chi$, $r \geq \rho/\chi$ on ait

$$\sup_{[0,t\wedge\tau_V^\varepsilon]} |\varepsilon R_1^\varepsilon| \leq \chi \qquad P_x\text{-p.s.}$$

$$P_x[\sup_{[0,t\wedge\tau_V^\varepsilon]} |\varepsilon R_2^\varepsilon| \geq r] \leq \exp(-\frac{c}{t}\frac{r^2}{\chi^2})$$

$$P_x[\sup_{[0,t\wedge\tau_V^\varepsilon]} |\varepsilon R_3^\varepsilon| \geq r] \leq \exp(-\frac{c}{t}\frac{r}{\chi})$$

4.5.- <u>LEMMES PRELIMINAIRES</u> : Fixons le point initial $x \in U$ des x^ε ; considérons tous les processus x^o, $x^\varepsilon, g_j, R_N^\varepsilon$ etc... comme définis sur l'espace de probabilité (Ω, P) naturel associé au brownien w. Donnons-nous un temps d'arrêt ζ. Pour tout processus (X_t) défini sur (Ω, P), à valeurs dans un espace euclidien, et continu sur $[0,\zeta[$, notons

$$\hat{X}_t = 1_{\{t<\zeta\}} \sup_{0\leq s\leq t} |X_s|. \tag{3}$$

Nous dirons que X est du type $\mathcal{W}(\alpha, c, \zeta)$ avec $\varepsilon, c > 0$ si pour tout $t \geq 0$, $r \geq c$, on a

$$P(\hat{X}_t \geq r) \leq \exp(-\frac{r^\alpha}{ct}) \tag{4}$$

et que X est du type $\mathcal{E}(c,\zeta)$ avec $c > 0$ si pour tout $t \geq 0$, $r \geq c$, on a

(5) $$P(\hat{X}_t \geq r) \leq \exp\left[-\frac{(\text{Log } r)^2}{c\,t}\right].$$

Par exemple $|w_t|^{1/\alpha} \in \mathcal{W}(\alpha,c,\zeta)$ et $\exp|w_t| \in \mathcal{E}(c,\zeta)$. Par des arguments élémentaires, on vérifie les propriétés (6) et (7) ci-dessous, où le même temps d'arrêt ζ reste sous-entendu dans les écritures $\mathcal{W}(\alpha,c)$, $\mathcal{E}(c)$ etc...

(6) Soit ϕ_t un processus aléatoire continu sur $[0,\zeta[$, à valeurs dans l'espace des applications polynômiales de degré $\leq q$, en p variables euclidiennes, à coefficients bornés par une constante A sur $[0,\zeta[$; alors l'application qui, aux processus $X^1 \dots X^p$ associe le processus $Z_t = \phi_t(X_t^1 \dots X_t^p)$ envoie $\mathcal{W}(\alpha_1,c_1) \times \dots \times \mathcal{W}(\alpha_p,c_p)$ dans un $\mathcal{W}(\alpha,c)$, et $\mathcal{E}(d_1) \times \dots \times \mathcal{E}(d_p)$ dans un $\mathcal{E}(d)$ où (α,c) et d sont resp. déterminés par $p,q,A,\alpha_1,c_1 \dots \alpha_p,c_p$ et $p,q,A,d_1 \dots d_p$.

En particulier $X^1 \in \mathcal{W}(\alpha_1,c_1)$ et $X^2 \in \mathcal{W}(\alpha_2,c_2)$ impliquant $B(X^1,X^2) \in \mathcal{W}(\alpha,c)$ avec $\frac{1}{\alpha} = \frac{1}{\alpha_1} + \frac{1}{\alpha_2}$, pour toute forme bilinéaire bornée B.

(7) Si ζ est borné par T fixe, l'intégration stochastique $X \to Z_t = \int_0^t X_s dw_s$ envoie $\mathcal{W}(\alpha,c)$ dans $\mathcal{W}(\alpha_1,c_1)$ et $\mathcal{E}(d)$ dans $\mathcal{E}(d_1)$, avec $\frac{1}{\alpha_1} = \frac{1}{\alpha} + \frac{1}{2}$ et c_1, d_1 déterminés par T,α,c,d. L'intégrale riemannienne envoie $\mathcal{W}(\alpha,c)$ dans $\mathcal{W}(\alpha,c_1)$ et $\mathcal{E}(d)$ dans $\mathcal{E}(d_1)$.

4.6.- PREUVE DES PROPOSITIONS 4.2 ET 4.3 : Fixons T, $x \in U$, et K compact de U. Prenons $\zeta = T \wedge T_K^o$. D'après l'appendice (prop. A.2), les matrices aléatoires Q_t et Q_t^{-1} solutions des équations linéaires 2.2 (7) et (8) à coefficients bornés sur $[0,\zeta[$, sont donc dans un $\mathcal{E}(c_o,\zeta)$. D'après 2.1 (5) et 2.2 (12), les polynômes aléatoires $\tilde{S}_{j+1,t}$ et $\tilde{K}_{j+1,t}$ sont à coefficients bornés par une constante sur $0 \leq t < \zeta$. Le système en cascade 2.2 (10) vérifié par les $h_j = Q\,g_j$ montre alors par récurrence sur j et utilisation des propriétés (6) et (7) ci-dessus que $h_j \in \mathcal{E}(c_j,\zeta)$, $j = 1 \dots N$. Mais g_j est un polynôme en Q^{-1}, h_j et donc par (6) on conclut que $g_j \in \mathcal{E}(c,\zeta)$, $j = 1 \dots N$.

Prenons maintenant $\zeta' = T \wedge T_K^o \wedge T_K^\varepsilon$, de sorte qu'a fortiori $g_j \in \mathcal{E}(c,\zeta')$, $j = 1 \dots N$. Supposons prouvée l'existence de $d_1 \dots d_N$ tels que $R_j \in \mathcal{E}(d_j,\zeta')$ pour $j = 1 \dots N$ et $\varepsilon \leq 1$. La formule 3 (3) majore $|\mu_{N+1}|$ et $|\nu_{N+1}|$ par un multiple constant de $(1 + |R_1|)^{N+1}$ pour $t < \zeta'$, $\varepsilon \leq 1$. Les coefficients F_N, G_N de l'équation stochastique 3 (13) donnant dr_{N+1}, où $r_{N+1} = Q R_{N+1}$, sont par suite, pour $t < \zeta'$, $\varepsilon \leq 1$, majorés en norme euclidienne par des polynômes (à coefficients constants) en $|Q|, |Q^{-1}|, |R_1|, |R_N|, |g_1|, \ldots, |g_{N-1}|$. Tous ces processus étant dans des $\mathcal{E}(c,\zeta')$ pour diverses valeurs de c, on en déduit, toujours avec $\varepsilon \leq 1$, d'abord par (6) que F_N, G_N sont dans un $\mathcal{E}(d,\zeta')$, puis par (7) que r_{N+1} est dans un $\mathcal{E}(d',\zeta')$ et enfin par (6) que $R_{N+1} \in \mathcal{E}(d_{N+1},\zeta')$.

Il ne reste qu'à amorcer la récurrence sur N. Notons pour cela que

$$(8) \qquad dR_1(t) = \frac{1}{\varepsilon}[\sigma(t,\varepsilon,x_t^\varepsilon) - \sigma(t,0,x_t^o)]dw_t + \frac{1}{\varepsilon}[b(t,\varepsilon,x_t^\varepsilon) - b(t,0,x_t^o)]dt$$

ce qui s'éctit

$$(9) \qquad dR_1(t) = u_\varepsilon(t,y_t)dw_t + v_\varepsilon(t,y_t)dt$$

avec $y_t = (x_t^o, R_1(t)$, et pour $\varepsilon \leq 1$, $t < \zeta'$, la majoration

$$(10) \qquad |u_\varepsilon(t,y_t)| + |v_\varepsilon(t,y_t)| \leq M(1 + |R_1(t)|)$$

où la constante M est déterminée par K et T. La proposition A.2 de l'appendice entraîne donc $R_1 \in \mathcal{E}(c_1,\zeta')$ avec c_1 constante indépendante de $\varepsilon \leq 1$. Ceci achève la preuve de la proposition 4.2.

Supposons maintenant comme en 4.3, que $\sigma(t,0,y) \equiv 0$. On a vu en 2.3 que ζ^o, Q_t, Q_t^{-1} sont déterministes. Fixons le point initial x des x^ε et un temps (fixe) $T < \zeta^o$. Le processus h_1 est évidemment dans $\mathcal{W}(\alpha_1,c_1,T)$ d'après 2.3. Comme dans la preuve précédente, une application répétée de (6) (7) fournit α_j, c_j tels que $g_j \in \mathcal{W}(\alpha_j,c_j,T)$ pour $j = 1 \ldots N$.

Donnons-nous K compact dans U, et soit $\zeta'' = T \wedge T_K^\varepsilon$. Les systèmes 3(10) et 3(13) montrent par une récurrence analogue à la précédente, que l'hypothèse $R_i \in \mathcal{W}(\beta_i,d_i,\zeta'')$ pour $1 \leq i \leq j$ et $\varepsilon \leq 1$, entraîne $R_{j+1} \in \mathcal{W}(\beta_{j+1},d_{j+1},\zeta'')$. Pour amorcer la récurrence, on note que dans l'équation (9) donnant dR_1, on a $u_\varepsilon(t,y_t) \equiv \mu_1$ et $v_\varepsilon(t,y_t) \equiv \nu_1$ avec les notations du § 3. Comme $\sigma(t,0,y) \equiv 0$, l'estimation 3(3bis) fournit une constante M telle que pour $\varepsilon \leq 1$, $t < \zeta''$ on ait

$$|u_\varepsilon(t,y_t)| \leq M \qquad |v_\varepsilon(t,y_t)| \leq M(1 + |R_1(t)|).$$

Par la proposition A.2 de l'appendice, on conclut que $R_1 \in \mathcal{W}(2,d_1,\zeta'')$ où la constante d_1 ne dépend pas de $\varepsilon \le 1$. Ceci achève la preuve de la proposition 4.3.

4.7.- <u>ETUDE DETAILLEE DES TERMES D'INDICE 1,2,3</u> : <u>On suppose</u> $\sigma(t,0,y) \equiv 0$. Les sections 2.2, 2.3 et les relations 3(10), 3(11) donnent alors

$$\begin{cases} g_1 \text{ est gaussien} \\ dg_2 - b_{01}g_2 = (\sigma_{20} + \sigma_{11}g_1)dw + (b_{20} + b_{11}g_1 + b_{02}g_1^2)dt \end{cases}$$

$$dR_2 - b_{01}R_2 = \mu_2 dw + \nu_2 dt$$

$$dR_3 - b_{01}R_3 = (\sigma_{11}R_2 + \mu_3)dw + [b_{11}R_2 + b_{02}(R_1,R_2) + \nu_3]dt$$

Soit un temps fixe $T < \zeta^o$. Le processus gaussien g_1 est bien sûr dans $\mathcal{W}(2,c_1,T)$. Puisque Q_t, Q_t^{-1} sont déterministes bornées sur [OT], l'équation donnant dg_2 montre alors par 4.5(6) et 4.5(7) que $g_2 \in \mathcal{W}(1,c_2,T)$.

Soit $K \subset U$ un compact, et posons $\zeta = T \wedge T_K^\varepsilon$. Les estimations 3(3) et 3(3bis) fournissent un nombre fixe c tel que pour $t < \zeta$, $\varepsilon \le 1$, on ait

(11) $$|\mu_2| \le c \quad , \quad |\nu_2| \le c(1 + |R_1|)^2$$

$$|\mu_3| \le c(1 + |R_1|)^2 \quad , \quad |\nu_3| \le c(1 + |R_1|)^3 \; .$$

On sait déjà (voir section 4.6) que $R_1 \in \mathcal{W}(2,d_1,\zeta)$. Appliquons les lemmes 4.5(6) et 4.5(7), et les majorations (11) aux équations stochastiques donnant dR_2 et dR_3 pour conclure d'abord que $R_2 \in \mathcal{W}(1,d_2,\zeta)$, et enfin que $R_3 \in \mathcal{W}(\frac{2}{3},d_3,\zeta)$, toujours pour $\varepsilon \le 1$.

Ces estimations uniformes en $\varepsilon \le 1$ s'améliorent si on remplace R_i par εR_i, $i = 1,2,3$. Soit $f : [OT] \to U$ la trajectoire (déterministe) de x^o issue du point initial x. Soit V une boule de centre f, de rayon χ assez petit, comme décrite en 4.4. <u>Imposons</u> $\varepsilon \le \chi \le 1$.

Posons $\eta = T \wedge \tau_V^\varepsilon$, où τ_V^ε est le temps de première sortie du tube V d'axe f, pour x^ε. Par définition, on a $|\varepsilon R_1| = |x^\varepsilon - x^o| \le \chi$ sur $[0,\eta]$. D'après (11) ceci entraîne pour $t < \eta$, $\varepsilon \le \chi \le 1$,

$$|\varepsilon\mu_2| \le c\,\chi \quad , \quad |\varepsilon\nu_2| \le 2c\,\chi(1+|R_1|)$$

$$|\varepsilon\mu_3| \le 2c\,\chi(1+|R_1|) \quad , \quad |\varepsilon\nu_3| \le 2c\,\chi(1+|R_1|)^2$$

Par 4.5(6) et 4.5(7) appliquées aux équations donnant dR_2, dR_3, on en tire d'abord $\varepsilon R_2 \in \mathcal{W}(2,\chi^2 d_4,\eta)$ puis $\varepsilon(\sigma_{11}R_2 + \mu_3) \in \mathcal{W}(2,\chi^2 d_5,\eta)$ et $\varepsilon[b_{11}R_2 + b_{02}(R_1,R_2) + \nu_3] \in \mathcal{W}(1,\chi d_6,\eta)$, d'où enfin $\varepsilon R_3 \in \mathcal{W}(1,\chi d_7,\eta)$, où les constantes $d_4 \ldots d_7$ sont indépendantes de ε, χ pourvu que $\varepsilon \le \chi \le 1$. Ceci prouve les assertions de 4.4.

4.8.- <u>COROLLAIRE</u> : Dans la situation générale 4.2, pour $x \in U$ et $T > 0$ fixés, on a

$$\lim_{\substack{\varepsilon\to 0\\ r\to+\infty}} P_x[\sup_{0\le s\le T} |R^\varepsilon_{N+1}(s)| \ge r \;;\; T < \zeta^o] = 0.$$

<u>Ceci achève la preuve du théorème 1.3.</u>

<u>PREUVE</u> : Soient K, L compacts dans U avec $K \subset \overset{o}{L}$. Pour tout évènement $A \subset \Omega$ on a

$$P_x[A\cap(t<\zeta^o)] \le P_x[A\cap(t<T^o_K \wedge T^\varepsilon_L)] + P_x[T^\varepsilon_L \le t < T^o_K] + P_x[T^o_K \le t < \zeta^o] .$$

Le troisième terme tend vers 0 quand K croît vers U. Le second terme est majoré par $P_x(\sup_{0\le s\le t} |R^\varepsilon_1(s)| > \frac{a}{\varepsilon} \;;\; t < T^o_K)$ où $a > 0$ est la distance de K à $U-L$. La proposition A.2 de l'appendice appliquée à (9)(10) fournit $c > 0$, $\varepsilon_o > 0$ tels que pour $t \le T$, $\varepsilon \le \varepsilon_o$ on ait

(12) $$P_x[T^\varepsilon_L \le t < T^o_K] \le P_x(\sup_{0\le s\le t} |R^\varepsilon_1(s)| > \frac{a}{\varepsilon} \;;\; t < T^o_K) \le \exp[-\frac{1}{ct}(\mathrm{Log}\,\frac{a}{\varepsilon})^2].$$

Prenons $A = \{\sup_{0\le s\le T} |R^\varepsilon_{N+1}(s)| \ge r\}$ avec r fixé assez grand. Majorons $P_x[A \cap (T < T^o_L \wedge T^\varepsilon_L)]$ par la proposition 4.2. Il suffit de choisir K assez proche de U, puis de fixer L, et enfin de prendre ε assez petit pour rendre $P_x[A \cap (T < \zeta^o)]$ arbitrairement petit.

5.- LE CAS PARTICULIER DES DIFFUSIONS EN TEMPS PETIT

5.1.- DIFFUSIONS EN TEMPS PETIT ET SYSTEMES DYNAMIQUES PERTURBES : Sur l'ouvert U de $\mathbb{R}^m$, soit (y_t) la diffusion minimale solution de

(1) $$dy_t = \Gamma(y_t)dw_t + B(y_t)dt$$

où les champs Γ, B sont comme en 1.6. L'étude des trajectoires $y_{[Ou]}$ quand $u \to 0$ amène naturellement à considérer (cf. Varadhan [Va], Azencott [Az 1] par exemple) les diffusions

(2) $$z_t^\varepsilon = y_{\varepsilon^2 t} \qquad t \geq 0$$

de sorte que les chemins aléatoires $z^\varepsilon_{[01]}$ et $y_{[0,\varepsilon^2]}$ coïncident à reparamétrage près. Introduisons le brownien w_t^ε défini par

(3) $$w_t^\varepsilon = \frac{1}{\varepsilon} w_{\varepsilon^2 t}$$

pour avoir la relation

(4) $$dz^\varepsilon = \varepsilon \Gamma(z^\varepsilon)dw^\varepsilon + \varepsilon^2 B(z^\varepsilon)dt .$$

Par suite pour chaque ε, les processus $(z^\varepsilon, w^\varepsilon)$ et (x^ε, w) ont même loi, si on définit x^ε par

(5) $$dx^\varepsilon = \varepsilon \Gamma(x^\varepsilon)dw + \varepsilon^2 B(x^\varepsilon)dt.$$

Les équations (5) sont un cas particulier de 1.1 (1) avec pour $\varepsilon, t \geq 0$, $y \in U$

(6) $$\sigma(t,\varepsilon,y) = \varepsilon \Gamma(y) \qquad \text{et} \qquad b(t,\varepsilon,y) = \varepsilon^2 B(y).$$

Ainsi (5) est un système dynamique faiblement perturbé (cf. 2.3) puisque $\sigma(t,0,y) \equiv 0$, mais <u>le système dynamique limite 1.5 (7) est ici trivial</u> et s'écrit $\frac{dx_t^o}{dt} \equiv 0$, car $b(t,0,y) \equiv 0$.

Avec les notations de 2.1 (2), on déduit de (6) les relations suivantes, en notant x le point initial des x^ε,

$$(7) \qquad \sigma_{ij}(t) \equiv 0 \qquad \text{pour } i \neq 1 \ , \quad t \geq 0$$

$$b_{ij}(t) \equiv 0 \qquad \text{pour } i \neq 2 \ , \quad t \geq 0$$

$$\sigma_{1j}(t) \equiv \frac{1}{j!} \ \Gamma^{(j)}(x) \qquad \text{pour } j \geq 0 \ , \quad t \geq 0$$

$$b_{2j}(t) \equiv \frac{1}{j!} \ B^{(j)}(x) \qquad \text{pour } j \geq 0 \ , \quad t \geq 0.$$

Les polynômes $S_{j,t}$, $K_{j,t}$ donnés par 2.1 (5) sont ici à coefficients constants quand t varie ; notons-les donc S_j, K_j et tirons de (7) et 2.1 (5) les formules suivantes

$$(8) \qquad S_1(v) \equiv \Gamma(x) \ , \quad K_1(v) \equiv 0 \qquad \text{pour } v \in \mathbb{R}^m$$

$$S_2(v) = \Gamma'(x)v \ , \quad K_2(v) \equiv B(x) \qquad \text{pour } v \in \mathbb{R}^m$$

$$S_{j+1}(v_1 \ldots v_j) = \sum_{\mathfrak{J}(j+1)} \frac{1}{r!} \ \Gamma^{(r)}(x)[v_{p_1} \ldots v_{p_r}] \ , \quad \text{pour } j \geq 2,\ v_1 \ldots v_j \in \mathbb{R}^m$$

$$K_{j+1}(v_1 \ldots v_j) = \sum_{\mathfrak{J}(j+1)} \frac{1}{r!} \ B^{(r)}(x)[v_{p_1} \ldots v_{p_r}] \ , \quad \text{pour } j \geq 2,\ v_1 \ldots v_j \in \mathbb{R}^m$$

où $\mathfrak{J}(j+1) = \{r,p_1 \ldots p_r \mid 1 \leq r \leq j \ ; \ 1 \leq p_1,\ldots,p_r \leq j \ ; \ p_1 + \ldots + p_r = j\}$.

Si on pose degré $v_j = j$, S_{j+1} et K_{j+1} sont des polynômes homogènes de degré total j et (j - 1) respectivement.

Le changement de variable $h_j = Q\,g_j$ est ici trivial avec $Q_t \equiv I$. Les g_j vérifient le système en cascade

$$(9) \qquad dg_{j+1} = S_{j+1}(g_1 \ldots g_j)dw + K_{j+1}(g_1 \ldots g_j)dt$$

qui se résout par quadratures successives. Une récurrence immédiate montre que g_j est combinaison linéaire finie d'intégrales multiples (d'ordre $\leq j$) du brownien w et d'un drift polynômial en t. Par exemple, on a

$$(10) \qquad g_1(t) = \Gamma(x)w_t \ , \quad g_2(t) = \int_0^t [\Gamma'(x)\Gamma(x)w_s]dw_s + t\,B(x).$$

Pour tout $\lambda > 0$ l'homogénéité des polynômes S_{j+1}, K_{j+1} donne

(11) $$\lambda^j S_{j+1}(\lambda^{-1}v_1,\dots,\lambda^{-1}v_j) = S_{j+1}(v_1 \dots v_j)$$

$$\lambda^{j-1} K_{j+1}(\lambda^{-1}v_1,\dots,\lambda^{-1}v_j) = K_{j+1}(v_1 \dots v_j)$$

de sorte que les $f_j(t) = \lambda^j g_j(t)$ vérifient $df_{j+1} = \lambda S_{j+1}(f_1 \dots f_j)dw + \lambda^2 K_{j+1}(f_1 \dots f_j)dt$
Mais grâce à (9)(3)(11), les $\phi_j(t) = g_j(\lambda^2 t)$ vérifient

(12) $$d\phi_j = \lambda S_{j+1}(\phi_1 \dots \phi_j)dw^\lambda + \lambda^2 K_{j+1}(\phi_1 \dots \phi_j)dt .$$

Puisque $w_t^\lambda = w_{\lambda^2 t}$ est un brownien, on voit que les processus $(w,\lambda g_1,\dots,\lambda^N g_N)$ et $(w^\lambda, g_1(\lambda^2_\cdot),\dots,g_N(\lambda^2_\cdot))$ ont même loi, pour chaque $\lambda > 0$ fixé.

5.2.- <u>PREUVE DU THEOREME 1.6</u> : Appliquons le théorème général 1.3 à l'équation (5) pour écrire

$$x^\varepsilon = x + \sum_{1\le j\le N} \varepsilon^j g_j + \varepsilon^{N+1} R^\varepsilon_{n+1}$$

avec $\lim\limits_{\substack{r\to\infty\\ \varepsilon\to 0}} P_x[\sup\limits_{0\le s\le T} |R^\varepsilon_{N+1}(s)| \ge r] = 0$ pour tout $T \ge 0$, tout $x \in U$. Comme (x^ε,w) et $(z^\varepsilon,w^\varepsilon)$ ont même loi, ce résultat se reformule pour $(z^\varepsilon,w^\varepsilon)$ par

(13) $$z^\varepsilon = x + \sum_{1\le j\le N} \varepsilon^j \gamma_j^\varepsilon + \varepsilon^{N+1} \rho^\varepsilon_{N+1}$$

avec pour T fixé,

(14) $$\lim_{\substack{r\to\infty\\ \varepsilon\to 0}} P_x[\sup_{0\le s\le T} |\rho^\varepsilon_{N+1}(s)| \ge r] = 0$$

où les γ_j^ε sont définis à partir de w^ε <u>exactement comme</u> les g_j à partir de w, et vérifient donc l'analogue de (9)

(15) $$d\gamma_j^\varepsilon = S_{j+1}(\gamma_1^\varepsilon \dots \gamma_j^\varepsilon)dw^\varepsilon + K_{j+1}(\gamma_1^\varepsilon \dots \gamma_j^\varepsilon)dt .$$

Comme plus haut l'homogénéité des S_{j+1}, K_{j+1} montre alors que, par (11)(12), les processus $\eta_j^\varepsilon = \varepsilon^j \gamma_j^\varepsilon$ vérifient

$$d\eta_j^\varepsilon = \varepsilon S_{j+1}(\eta_1^\varepsilon \dots \eta_j^\varepsilon)dw^\varepsilon + \varepsilon^2 K_{j+1}(\eta_1^\varepsilon \dots \eta_j^\varepsilon)dt .$$

Au vu de (12) ce système coïncide avec le système vérifié par les processus $t \to g_j(\varepsilon^2 t)$, ce qui entraîne l'égalité $\varepsilon^j \gamma_j^\varepsilon(t) \equiv g_j(\varepsilon^2 t)$, $t \geq 0$.

La définition (2) de z^ε et le développement (13) donnent donc pour tout $t, \varepsilon \geq 0$, l'égalité P_x-presque sûre

$$(16) \qquad y_{\varepsilon^2 t} = x + \sum_{1 \leq j \leq N} g_j(\varepsilon^2 t) + \varepsilon^{N+1} \rho_{N+1}^\varepsilon(t)$$

où ρ_{n+1}^ε vérifie (14). On en conclut d'abord que pour chaque $s > 0$, le terme $\varepsilon^{N+1} \rho_{N+1}^\varepsilon(\frac{s}{\varepsilon^2})$ ne dépend pas de ε. Il existe donc un processus $\overline{R}_{N+1}(s)$ tel que $s^{(N+1)/2}\, \overline{R}_{N+1}(s) \equiv \varepsilon^{N+1} \rho_{N+1}^\varepsilon(\frac{s}{\varepsilon^2})$ pour tout $\varepsilon > 0$, $s > 0$.

Faisons $\varepsilon^2 t = s$ dans (16) pour obtenir alors

$$(17) \qquad y_s = x + \sum_{1 \leq j \leq N} g_j(s) + s^{(N+1)/2}\, \overline{R}_{N+1}(s)$$

tandis que (14) entraîne pour chaque $T > 0$,

$$(18) \qquad \lim_{\substack{\varepsilon \to 0 \\ r \to \infty}} P_x \left[\sup_{t \in [OT]} t^{(N+1)/2} |\overline{R}_{N+1}(\varepsilon^2 t)| \geq r \right] = 0$$

d'où a fortiori,

$$\lim_{\substack{t \to 0 \\ r \to \infty}} P_x(|\overline{R}_{N+1}(t)| \geq r) = 0$$

Nous avons ainsi déduit le théorème 1.6 du théorème 1.3.

6.- DEVELOPPEMENTS ASYMPTOTIQUES POUR $E[F(\varepsilon, x^\varepsilon)]$:

6.1.- PROPOSITION : Sur l'ouvert U de $\mathbb{R}^m$, soit x^ε un système dynamique faiblement perturbé, de temps de vie ζ^ε, vérifiant donc 1.1 (1) et 1.1 (2), avec $\sigma(t,0,y) \equiv 0$. Fixons le point initial x des x^ε, et un temps T antérieur au temps d'explosion (déterministe) du système dynamique limite x^0. Soit $F : \mathbb{R}^+ \times C([OT],U) \to \mathbb{R}$ une fonctionnelle bornée, de classe $N+1$, et supposons $F^{(N+1)}$ bornée sur les parties bornées de $\mathbb{R}^+ \times C([OT],U)$.

Alors on peut trouver des nombres a_j tels que

$$E_x[F(\varepsilon,x^{\varepsilon}_{OT})\ 1_{\{T<\zeta^{\varepsilon}\}}] = \sum_{0\le j\le N} a_j\varepsilon^j + O(\varepsilon^{N+1}).$$

Les a_j sont des combinaisons linéaires des $\dfrac{\partial^{i+k}F}{\partial\varepsilon^i\partial\phi^k}(0,x^o_{OT})$ où $i+k\le j$.

PREUVE : Voir 6.3 ci-dessous.

6.2.- COROLLAIRE : Soit (y_t) la diffusion minimale solution de $dy_t = \Gamma(y_t)dw_t + B(y_t)dt$ sur $U\subset\mathbb{R}^m$, avec Γ,B de classe $N+1$ comme en 1.6. Soit $f:\mathbb{R}^m\to\mathbb{R}$ une fonction bornée de classe $N+1$. Fixons le point initial x des x^{ε}. Alors il existe des nombres a_j tels que, ζ dénotant le temps de vie de (y_t), on ait $E_x[f(y_t)\ 1_{\{t<\zeta\}}] = \sum_{0\le j\le N} a_j t^{j/2} + O(t^{\frac{N+1}{2}})$. Les a_j sont des combinaisons linéaires des $f^{(k)}(x)$, $k\le j$.

PREUVE : On se ramène à un cas particulier de 6.1 par la transformation décrite en 5.1.

6.3.- PREUVE DE LA PROPOSITION 6.1 : Puisque x^o est déterministe et $T_o<\zeta^o$, on peut fixer un compact K tel que $T<T^o_K$. Fixons un compact L de U avec $K\subset L$. Appliquons 4.8 (12) pour obtenir $a,c>0$ tels que

(1) $$P_x(T^{\varepsilon}_L\le T)\le \exp[-c(\mathrm{Log}\ \tfrac{a}{\varepsilon})^2]$$

Ceci fournit, F étant bornée, un nombre $c_1>0$ tel que pour ε assez petit

(2) $$E_x[F(\varepsilon,x^{\varepsilon}_{OT})\ 1_{\{T^{\varepsilon}_L\le T<\zeta^{\varepsilon}\}}]\le c_1\varepsilon^{N+2}.$$

On est ramené à étudier $E_x[F(\varepsilon,x^{\varepsilon}_{OT})\ 1_{T\le T^{\varepsilon}_L}]$. Le développement de Taylor de F au voisinage de $(0,x^o_{OT})$ et le fait que $\|F^{N+1}(\varepsilon,\phi)\|$ est bornée sur $\varepsilon\le 1$, $\|\phi\|\le$ cte. permet d'écrire pour $T\le T^{\varepsilon}_L$, $\varepsilon\le 1$,

$$F(\varepsilon,x^{\varepsilon}_{OT}) = F(0,x^o_{OT}) + S(\varepsilon,z^{\varepsilon}_{OT}) + \varepsilon^{N+1}\theta(\varepsilon)$$

où $|\theta(\varepsilon)|$ est borné par une constante quand $T\le T^{\varepsilon}_L$, $\varepsilon\le 1$, et où S est un "polynôme" de degré N, à coefficients dans l'espace des formes multilinéaires continues sur $C([OT],U)$, et où $z^{\varepsilon}=x^{\varepsilon}-x^o$.

Le développement de Taylor stochastique donne

$$z^\varepsilon = \sum_{1\le j\le N} \varepsilon^j g_j + \varepsilon^{N+1} R^\varepsilon_{N+1} .$$

Posant $a_o = F(0,x^o_{OT})$, on a pour $T \le T^\varepsilon_L$, $\varepsilon \le 1$

$$F(\varepsilon,x^\varepsilon_{OT}) = a_o + \sum_{1\le j\le N} \varepsilon^j \Phi_j(g_1\ldots g_j) + \varepsilon^{N+1}\Psi(g_1\ldots g_N,R^\varepsilon_{N+1}) + \varepsilon^{N+1}\theta(\varepsilon)$$

où Ψ et les Φ_j sont des "polynômes" au sens ci-dessus, en $g_1[OT],\ldots g_N[OT],R^\varepsilon_{N+1}[OT]$ et $g_1[OT]\ldots g_j[OT]$resp.

La proposition 4.3 affirme que $g_1\ldots g_N$ et $t \to 1_{\{t<T^\varepsilon_L\}} R^\varepsilon_{N+1}(t)$ sont du type $\mathcal{W}(\alpha,\rho,T)$, avec $\alpha,\rho > 0$ (cf. notations 4.5 (4)). Par suite pour $\varepsilon \le 1$ les polynômes $\Phi_j(g_1\ldots g_j)$, $j = 1\ldots N$, et $\Psi(g_1\ldots g_N,R^\varepsilon_{N+1})\, 1_{\{T\le T^\varepsilon_L\}}$ sont dans un $\mathcal{W}(\alpha_1,\rho_1,T)$, d'après les lemmes 4.5 (6) et 4.5 (7). En particulier, ils sont d'espérance finie, et pour $\varepsilon \le 1$ on a

$$E_x[|\Psi(g_1\ldots g_N,R^\varepsilon_{N+1})\, 1_{\{T\le T^\varepsilon_L\}}] \le \text{constante}.$$

Ceci achève la preuve 6.1, avec $a_j = E_x[\Phi_j(g_1\ldots g_j)]$.

7.- DEVELOPPEMENT ASYMPTOTIQUE DE $E[\exp(-\frac{F(x^\varepsilon)}{\varepsilon^2})]$:

7.1.- LE PROBLEME : Sur l'ouvert U de $\mathbb{R}^m$, soit x^ε un système dynamique faiblement perturbé, donc une diffusion du type 1.1 (1) avec $\sigma(t,0,y) \equiv 0$. Soit $F : C([OT],U) \to \mathbb{R}$ une fonction continue bornée, avec T fixé. Certains problèmes de physique mathématique, amènent, d'après une formalisation de Donsker (cf. [Sc]) à étudier le comportement de $J_\varepsilon = E\,[\exp(-\varepsilon^{-2}F(x^\varepsilon_{OT}))]$ quand $\varepsilon \to 0$. La relation

$$(1) \qquad \lim_{\varepsilon\to 0} \varepsilon^2 \log J_\varepsilon = -\inf_\phi\, [F(\phi) + \lambda_{OT}(\phi)]$$

où ϕ décrit $C([OT],U)$ et λ_{OT} est la fonctionnelle de Cramer (ou d'énergie) de 1.1 (1) a été clarifiée par Donsker-Varadhan [D-V] dans le cas où

$$(2) \qquad \sigma(t,\varepsilon,y) = \varepsilon\, s(y) \qquad \text{avec } ss^* \text{ inversible}$$

et précisée ensuite par Doss [Do] . En particulier, quand (2) est vraie, on sait [D-V] [Do] que (1) est vraie pour suffisamment de F si et seulement si la relation

$$(3) \qquad \lim_{\varepsilon\to 0} \varepsilon^2 \log P(x^{\varepsilon}_{OT} \in A) = - \inf_{\phi\in A} \lambda(\phi)$$

est vraie pour suffisamment de parties mesurables A de C([OT],U).

Le problème du passage de $\log J_\varepsilon$ à J_ε, ou de $\log P(x^\varepsilon_{OT} \in A)$ à $P(x^\varepsilon_{OT} \in A)$ est délicat.

Un développement du type

$$(4) \qquad J_\varepsilon = e^{-\frac{a}{\varepsilon^2}} [a_o + a_1\varepsilon + \ldots + a_N\varepsilon^N + O(\varepsilon^{N+1})]$$

a été obtenu pour F lisse, dans le cas très particulier où $x^\varepsilon = \varepsilon w$, avec w brownien usuel, par Schilder [Sc].Doss[Do] a étendu ce résultat au cas où $\sigma(t,\varepsilon,y) = \varepsilon s(y)$ quand les champs de vecteurs colonnes des matrices s(y) commutent entre eux au sens des crochets de Lie. Cette situation n'est évidemment pas générique dès que la dimension m de l'espace d'états est supérieure à 1.

Nous obtenons ici un développement asymptotique du genre (4) dans la situation générique, avec $\sigma\sigma^*$ inversible, grâce à l'utilisation conjuguée de la formule de Taylor stochastique et de la méthode de Laplace appliquée aux intégrales "de Feynmann" (ou encore "flat integrals" sur l'espace des trajectoires. Le cas hypoelliptique ($\sigma\sigma^*$ non inversible) et les développements analogues pour $P(x^\varepsilon_{OT} \in A)$ seront traités ailleurs (cf. [Az 2]) suivant les mêmes principes.

7.2.- <u>HYPOTHESES ET NOTATIONS</u> : Sur $U \subset \mathbb{R}^m$, soit x^ε la diffusion minimale solution de

$$(5) \qquad dx^\varepsilon = \varepsilon\, s(x^\varepsilon)dw + b(\varepsilon,x^\varepsilon)dt$$

sous l'hypothèse

(6) s(y) et $b(\varepsilon,y)$ sont respectivement un champ de matrices rectangulaires et un champ de vecteurs sur U, de classe C^{N+3} avec $N \geq 0$, en $y \in U$ et $(\varepsilon,y) \in \mathbb{R}^+ \times U$ respectivement. De plus, on suppose ss^* inversible.

<u>Le temps T de 7.1 sera pris égal à 1</u> pour simplifier l'écriture, et on note

$\mathcal{C} = C([01],U)$.

La fonctionnelle $F : \mathcal{C} \to \mathbb{R}$ est supposée bornée, de classe C^{N+3} sur $\mathcal{C}$, avec de plus $\|F^{(N+3)}\|$ bornée sur les parties bornées de $\mathcal{C}$.

Le processus limite x^o est évidemment déterministe, solution de $\frac{dx^o_t}{dt} = b(0,x^o_t)$. Nous supposerons fixé le point initial $x \in U$ de tous les x^ε, $\varepsilon \geq 0$, et choisi tel que le temps d'explosion ζ^o de x^o vérifie $\zeta^o > 1$.

7.3.- LA FONCTIONNELLE DE CRAMER (OU D'ENERGIE) :

Au système (5) est associée une fonctionnelle $\lambda : \mathcal{C} \to [0,+\infty]$, semi-continue inférieurement, et telle que $\{\phi \in \mathcal{C} \mid \lambda(\phi) \leq a\}$ soit compact dans $\mathcal{C}$ pour tout a fini, appelée "énergie", "action" ou "transformée de Cramer" suivant les contextes (cf. [V-F] [D-V] [Az 1]) définie par

(7) $$\lambda(\phi) = \frac{1}{2}\int_o^1 [\phi'_t - b(0,\phi_t)]^*[s(\phi_t)\, s^*(\phi_t)]^{-1}[\phi'_t - b(0,\phi_t)]dt$$

quand $\phi' \in L_2[01]$, et par $\lambda(\phi) = +\infty$ ailleurs.

Pour toute partie mesurable A de $\mathcal{C}$, on a (cf. [V-F] [Az 1])

(8) $$-\inf_{\phi\in\overset{o}{A}} \lambda(\phi) \leq \underline{\lim}_{\varepsilon\to 0}\ \varepsilon^2 \log P_x(x^\varepsilon_{OT} \in A) \leq \overline{\lim}\ \varepsilon^2 \log P_x(x^\varepsilon_{OT} \in A) \leq -\inf_{\phi\in\overline{A}} \lambda(\phi).$$

Posons précisément, ζ^ε étant le temps de vie de x^ε,

(9) $$J_\varepsilon = E_x[1_{\{\zeta^\varepsilon>1\}} \exp(-\varepsilon^{-2}F(x^\varepsilon_{01}))]$$

(10) $$a = \inf_{\mathcal{C}}(F + \lambda).$$

Le minimum a est toujours atteint sur $\mathcal{C}$, et pour la question qui nous intéresse seul "compte" un voisinage arbitrairement petit (dans $\mathcal{C}$) de l'ensemble des points où $(F + \lambda)$ prend la valeur a. Pour traiter le cas le plus simple, nous supposerons que $(F + \lambda)$ n'atteint son minimum qu'en un nombre fini de points de $\mathcal{C}$. Ce cas se ramène bien sûr au suivant auquel nous nous restreindrons désormais :

(11) $(F + \lambda)$ n'atteint son minimum qu'en un seul point de $\mathcal{C}$, que nous noterons f.

La relation (1) est alors vraie (cf. [D-V][Do]) et d'après (8), pour tout voisinage V de 0 dans $\mathscr{C}$, il existe c > a tel que

$$E_x\{1_{[x^\varepsilon_{01}\notin f+V]}\,1_{[\zeta^\varepsilon>1]}\exp(-\varepsilon^2F(x^\varepsilon_{01}))\}\le e^{-\frac{c}{\varepsilon^2}}.$$

Par suite si on pose

$$(12)\qquad J_{\varepsilon,V}=E_x\{1_{[x^\varepsilon_{01}\in f+V]}\exp(-\varepsilon^{-2}F(x^\varepsilon_{01}))\}$$

on a pour tout entier N, tout voisinage fixé V de f

$$(13)\qquad J_\varepsilon=[1+o(\varepsilon^{N+1})]J_{\varepsilon,V}\,.$$

Nous prendrons pour V une boule de centre 0 de rayon assez petit pour que l'union des g[01] quand g décrit (f + V) soit relativement compacte dans U.

7.4.- THEOREME : Soit x^ε le système dynamique perturbé vérifiant (5) (6). Soit $F : \mathscr{C}\to\mathbb{R}$ une fonctionnelle bornée de classe C^{N+3} avec $\|F^{(N+3)}\|$ bornée sur les bornés de $\mathscr{C}$. On suppose $1<\zeta^o$ = temps d'explosion (déterministe) de x^o. Soit λ la transformée de Cramer de (5) ; on suppose que $(F+\lambda)$ n'atteint son minimum u_o sur $\mathscr{C}$ qu'en un nombre fini de points.

Alors il existe des nombres $\alpha_o\ldots\alpha_N$, u_1 tels que

$$E_x[1_{[\zeta^\varepsilon>1]}\exp(-\frac{F(x^\varepsilon_{01})}{2})]=[\alpha_o+\alpha_1\varepsilon+\ldots+\alpha_N\varepsilon^N+O(\varepsilon^{N+1})]\exp(-\frac{u_o}{\varepsilon^2}-\frac{u_1}{\varepsilon})\,.$$

On a $u_1=\int_o^1[f'_t-b(0,f_t)]^*[s(f_t)s^*(f_t)]^{-1}\,\frac{\partial b}{\partial\varepsilon}(0,f_t)dt$ où f, parmi les points vérifiant $F+\lambda=u_o$, celui qui minimise l'intégrale donnant u_1.

PREUVE : Elle est donnée en 7.6, 7.7, 7.8, 7.9.

7.5.- GENERALISATIONS : Au lieu de (5), on peut considérer le système dynamique perturbé général 1.1 (1)

$$dx^\varepsilon_t=\sigma(t,\varepsilon,x^\varepsilon_t)dw_t+b(t,\varepsilon,x^\varepsilon_t)dt$$

avec $\sigma(t,0,y) \equiv 0$, $\sigma(t,.)$ et $b(t,.)$ de classe C^{N+3} à dérivées d'ordre $\leq N+3$ continues en t, et $\sigma\sigma^*$ inversible. Les mêmes méthodes s'appliquent en aménageant convenablement la définition de la transformée de Cramer en posant

$$\lambda(\phi) = \frac{1}{2}\int_0^1 [\phi_t' - b(t,0,\phi_t)]^* [\frac{\partial\sigma}{\partial\varepsilon}(t,0,\phi_t)\,\frac{\partial\sigma^*}{\partial\varepsilon}(t,0,\phi_t)]^{-1}[\phi_t' - b(t,0,\phi_t)]dt\ .$$

On peut envisager le cas $\varepsilon \in \mathbb{R}^q$; il faut alors remplacer $\frac{\lambda(\phi)}{\varepsilon^2}$ par $\lambda(\phi,\varepsilon)$ défini ainsi

$$\lambda(\phi,\varepsilon) = \frac{1}{2}\int_0^1 [\phi' - b(.,0,\phi)]^* A^{-1}[\phi' - b(.,0,\phi)]dt$$

avec $A_t = [\frac{\partial\sigma}{\partial\varepsilon}(t,0,\phi_t).\varepsilon]\,[\frac{\partial\sigma^*}{\partial\varepsilon}(t,0,\phi_t).\varepsilon]$; le terme principal de $E_x\,[\exp(-\frac{1}{|\varepsilon|^2}F(x_{01}^\varepsilon))]$ est alors en $\exp[-\frac{1}{|\varepsilon|^2}u_o(\varepsilon/|\varepsilon|)]$ où pour tout vecteur unitaire $v \in \mathbb{R}^q$, $u_o(v) = \inf_{\phi\in\mathcal{C}} [F(\phi) + \lambda(\phi,v)]$.

7.6.- REDUCTION AU CAS f = 0 PAR LA FORMULE DE GIRSANOV : Pour développer x^ε en série de Taylor stochastique au voisinage du point f qui minimise $(F + \lambda)$, posons $y^\varepsilon = x^\varepsilon - f$, de sorte que

(14) $$dy^\varepsilon = \varepsilon\, s(f + y^\varepsilon)dw + [b(\varepsilon,f + y^\varepsilon) - f']dt\ .$$

Posons pour tout ε, $t \geq 0$ et $v \in U$ tels que $(f_t + v) \in U$,

(15) $$B(t,\varepsilon,v) = b(\varepsilon,f_t + v) - b(0,f_t)$$

et introduisons la diffusion z^ε solution de

(16) $$dz_t^\varepsilon = \varepsilon\, s(f_t + z_t^\varepsilon)dw_t + B(t,\varepsilon,z_t^\varepsilon)dt\ .$$

Soit $\mathcal{E}$ l'espace des chemins définis sur $\mathbb{R}^+$ à valeurs dans $U \cup \delta$ où δ = point à l'infini de U, continus jusqu'au temps d'atteinte ζ de δ, constants après ζ, et avec limite à gauche en ζ. On peut toujours supposer que x_t^ε, y_t^ε, z_t^ε, w_t sont des variables aléatoires définies sur $\mathcal{E}$ adaptées aux tribus usuelles $\mathcal{F}_t$ = (évènements de $\mathcal{E}$ antérieurs à t).

Adoptons les notations suivantes

(17) $G(v) = [s(v)s^*(v)]^{-1}$ et $H(v) = G(v)s(v)$ pour $v \in U$

$h' = f' - b(0,f)$.

Sur $\mathcal{F}_1 \cap (\zeta > 1)$, la loi de y^ε_{01} est absolument continue par rapport à celle de z^ε_{01}, et la densité est donnée par $\exp[-\frac{I(\varepsilon,z^\varepsilon)}{\varepsilon^2}]$ avec (formule de Girsanov)

(18) $$I(\varepsilon,z^\varepsilon) = \int_0^1 h^* G(f+z^\varepsilon).[dz^\varepsilon - B(t,\varepsilon,z^\varepsilon)dt] + \frac{1}{2}\int_0^1 h^* G(f+z^\varepsilon)h\,dt .$$

Pour toute fonctionnelle mesurable bornée $\Phi : \mathcal{C} \to \mathbb{R}$, on a

$$E[\Phi(y^\varepsilon)\, 1_{[y^\varepsilon \in V]}] = E[\Phi(z^\varepsilon)\, 1_{[z^\varepsilon \in V]} \exp(-\frac{I(\varepsilon,z^\varepsilon)}{\varepsilon^2})]$$

<u>où systématiquement</u> x^ε, y^ε, z^ε <u>désignent</u> x^ε_{01} y^ε_{01} z^ε_{01} .

En particulier l'expression $J_{\varepsilon,V}$ définie par (12) s'écrit

(19) $$J_{\varepsilon,V} = E\{1_{[z^\varepsilon \in V]} \exp[-\frac{F(f+z^\varepsilon) + I(\varepsilon,z^\varepsilon)}{\varepsilon^2}]\} .$$

On s'est ramené à une situation où le processus de base z^ε tend vers 0 quand $\varepsilon \to 0$, ce qui n'était pas le cas pour x^ε, avec l'utile restriction $(z^\varepsilon \in V)$. La fonctionnelle $F(x^\varepsilon)$ est toutefois remplacée par une fonctionnelle plus compliquée car I contient une intégrale stochastique en z^ε.

7.7.- <u>DEVELOPPEMENTS DE TAYLOR PRELIMINAIRES</u> : Soit $\mathcal{C}$ l'espace des fonctions continues sur [01] nulles en 0, à valeurs dans $\mathbb{R}^m$. Appelons <u>polynôme</u> sur $\mathcal{C}$ toute fonction $\Phi : \mathcal{C} \to M$ où M est un espace euclidien quelconque, du type $\Phi(\phi) = \sum_{0 \le j \le q} A_j \phi^j$, où chaque A_j est une application multilinéaire continue de $\mathcal{C}^j$ dans M, et $A_j\phi^j = A_j(\phi,\ldots,\phi)$.

Le système faiblement perturbé z^ε vérifie $B(.,0,.) \equiv 0$ et donc z^o est le système dynamique trivial $z^o_t \equiv 0$. La formule de Taylor stochastique fournit une diffusion $g_1 \ldots g_{N+2}$ à valeurs dans $(\mathbb{R}^m)^{N+2}$ et temps de vie infini, telle que

(20) $$z^\varepsilon = \sum_{1 \le k \le j} \varepsilon^k g_k + \varepsilon^{j+1} R_{j+1} \qquad 1 \le j \le N+2$$

où les R_{j+1} dépendent de ε ; on posera aussi $z^\varepsilon = \varepsilon R_1$. Le processus g_1 est gaussien et les g_j sont des combinaisons linéaires (finies) d'intégrales multiples d'ordre $\leq j$ du brownien w - cf. 1.3 , 2.3.

Nous utilisons les notations $O(.)$ et $o(.)$ au sens usuel, quand $\varepsilon \to 0$; introduisons aussi la notation $\tilde{O}(.)$; si X, Y sont des variables aléatoires dépendant éventuellement de t, ε nous dirons que $Y = \tilde{O}(X)$ s'il existe un nombre fixe C tel que pour $z^\varepsilon \in V$, $\varepsilon \leq 1$, $t \leq 1$, on ait $|Y| \leq C|X|$.

Pour toute fonction $\Gamma : \mathcal{C} \to \mathbb{R}$, nous poserons $\Gamma_o = \Gamma(f)$, $\Gamma_n = \frac{1}{n!} \Gamma^{(n)}(f)$; nous noterons $Z = z^\varepsilon$. Si X est une variable aléatoire dépendant de t, ε, nous notons $\int X\, dw$ et $\int X\, dt$ les intégrales $\int_o^1 X_t dw_t$ et $\int_o^1 X_t dt$.

Remarquons que par (16) (17) on a

$$\int h^* G(f+Z) . (dZ - B\, dt) = \varepsilon \int h^* H(f+Z) dw .$$

Les formules de Taylor usuelles fournissent alors, grâce aux hypothèses 7.2, le développement

$$(21) \quad F(f+Z) + I(\varepsilon,Z) = F_o + \lambda_o + \sum_{1 \leq n \leq N+2} [F_n Z^n + \frac{1}{2} \int h^*.G_n Z^n . h\, dt$$
$$+ \varepsilon \int h^* H_{n-1} Z^{n-1} dw] + \tilde{O}(\|Z\|^{N+3}) + \varepsilon \int \tilde{O}(\|Z\|^{N+2}) dw .$$

Commençons par appliquer ce résultat avec N = 0 en prenant soin d'écrire

$$Z = \varepsilon g_1 + \varepsilon^2 g_2 + \varepsilon^3 R_3 \quad \text{et} \quad Z^2 = \varepsilon^2 g_1^2 + \varepsilon^3 g_1 R_2 + \varepsilon^2 R_2 Z$$

On obtient

$$(22) \quad F(f+Z) + I(\varepsilon,Z) = A_o + A_1 + A_2 + A_3$$

$$A_o = F_o + \lambda_o = u_o$$

$$A_1 = \varepsilon[F_1 g_1 + \frac{1}{2} \int h^*. G_1 g_1 . h\, dt + \int h^* G_o s_o dw]$$

$$A_2 = \varepsilon^2 [F_1 g_2 + F_2 g_1^2 + \frac{1}{2} \int h^*(G_1 g_2 + G_2 g_1^2) h\, dt + \int h^*(G_o . s_1 g_1 + G_1 g_1 . s_o) dw]$$

$$A_3 = O_3 + \varepsilon \int O_2 dw$$

où $O_3 = \tilde{O}(\|Z\|^3 + \varepsilon^3 \|R_3\| + \varepsilon^3 \|g_1\| \|R_2\| + \varepsilon^2 \|Z\| \|R_2\|)$

$$O_2 = \tilde{O}(\|Z\|^2 + \varepsilon^2 \|R_2\|) .$$

Revenons au cas général (21) et remplaçons Z par le développement stochastique (20) avec $j = N+2$. Comme A_3 est la somme des termes de degré ≥ 3, on obtient

$$(23) \quad A_3 = \sum_{3\leq n\leq N+2} \varepsilon^n \pi_n + A_{N+3}$$

$$A_{N+3} = \varepsilon^{N+3} \hat{\pi}_{N+3} + \tilde{O}(\|Z\|^{N+3}) + \varepsilon \int \tilde{O}(\|Z\|^{N+2}) dw$$

$$\pi_n = p_n(g_1 \dots g_n) + \int q_n(t,g_1(t)\dots g_n(t))dw_t$$

$$\hat{\pi}_{N+3} = \hat{p}_{N+2}(g_1\dots g_{N+2},\varepsilon,R_{N+3}) + \int \hat{q}_{N+3}(t,g_1(t)\dots g_{N+2}(t),\varepsilon,R_{N+3}(t))dw_t$$

où $p_n : \mathscr{C}^n \to \mathbb{R}$, $\hat{p}_{N+3} : \mathscr{C}^{N+2} \times \mathbb{R}^+ \times \mathscr{C} \to \mathbb{R}$ sont des polynômes au sens défini plus haut, tandis que $q_n(t,.) : (\mathbb{R}^m)^n \to \mathbb{R}$, $\hat{q}_{N+3}(t,.) : (\mathbb{R}^m)^{N+2} \times \mathbb{R}^+ \times \mathbb{R}^m \to \mathbb{R}$ sont pour chaque t des polynômes usuels à coefficients continus en t.

Comparons A_1,A_2 avec λ', λ''. Posons pour $i+j \geq 1$

$$B_{ij}(t) = \frac{1}{i!j!} \frac{\partial^{i+j} B}{\partial\varepsilon^i \partial z^j} (t,0,0) = \frac{1}{i!j!} \frac{\partial^{i+j} b}{\partial\varepsilon^i \partial y^j} (0,f_t) .$$

Pour $\phi \in \mathscr{C}$ notons $B_{ij}\phi^j$ la fonction $t \to B_{ij}(t)[\phi(t),\dots, \phi(t)]$. Notons $\mathscr{C}'$ et $\mathscr{C}'$ les sous-espaces de $\mathscr{C}$ et $\mathscr{C}$ formés des fonctions ϕ telles que $\phi' \in L_2[01]$. On munit $\mathscr{C}'$, $\mathscr{C}'$ de la norme $(\int |\phi'|^2 dt)^{1/2}$ et on considère $\mathscr{C}'$ comme l'espace tangent en f à $\mathscr{C}'$. La restriction de λ à $\mathscr{C}'$ est clairement de classe C^{N+3} au point f ; en particulier, pour $\phi \in \mathscr{C}'$ on

$$(24) \qquad \lambda'(f)\phi = \frac{1}{2} \int h^*. G_1\phi . h\, dt + \int h^*. G_o . [d\phi - B_{01}\phi\, dt]$$

$$\frac{1}{2} \lambda''(f)\phi^2 = \frac{1}{2} \int h^*. G_2\phi^2 . h\, dt + \int h^*. G_1\phi . (d\phi - B_{01}\phi\, dt)$$
$$- \int h^* . G_o . B_{02}\phi^2 . dt + \frac{1}{2} \int (\phi' - B_{01}\phi)^* . G_o . (\phi' - B_{01}\phi)dt$$

Si X est une semi-martingale continue sur [01], dont la partie à variation bornée est un élément aléatoire de $\mathscr{C}'$, nous <u>définissons</u> des variables aléatoires numériques par

(25) $$\lambda_1 X = \frac{1}{2} \int h^*.\, G_1 X .\, h\, dt + \int h^* G_o .\, [dX - B_{01} X\, dt]$$

$$\tilde{\lambda}_2 X^2 = \frac{1}{2} \int h^*.\, G_2 X^2 .\, h\, dt + \int h^*.\, G_1 X .\, [dX - B_{01} X\, dt] - \int h^* G_o .\, B_{02} X^2 .\, dt .$$

En particulier, si $X \equiv \phi \in \mathscr{C}'$, on a

(26) $$\lambda_1 \phi = \lambda'(f)\phi$$

$$\tilde{\lambda}_2 \phi^2 = \frac{1}{2} \lambda''(f)\phi^2 - \frac{1}{2} \int (\phi' - B_{01}\phi)^* G_o (\phi' - B_{01}\phi) dt .$$

Dans le cas précis de z^ε donné par (16), le système stochastique 2.1 (4) fournit en particulier

(27) $$dg_1 = s_o dw + (B_{01} g_1 + B_{10}) dt$$

$$dg_2 = s_1 g_1 .\, dw + [B_{01} g_2 + B_{20} + B_{11} g_1 + B_{02} g_1^2] dt$$

Par conséquent, on a

(28) $$\lambda_1 g_1 = \frac{1}{2} \int h^*.\, G_1 g_1 .\, h\, dt + \int h^* G_o s_o dw + \int h^* G_o B_{10} dt$$

$$\lambda_1 g_2 = \frac{1}{2} \int h^*.\, G_1 g_2 .\, h\, dt + \int h^* G_o .\, s_1 g_1 .\, dw + \int h^* G_o .\, (B_{20} + B_{11} g_1 + B_{02} g_1^2) dt$$

$$\tilde{\lambda}_2 g_1^2 = \frac{1}{2} \int h^*.\, G_2 g_1^2 .\, h\, dt + \int h^*.\, G_1 g_1 .\, s_o dw + \int h^*.\, G_1 g_1 .\, B_{10} dt - \int h^* G_o .\, B_{02} g_1^2 .\, dt .$$

Définissons <u>deux constantes</u> u_1, u_2, et <u>une forme linéaire bornée fixe</u> L sur $\mathscr{C}$ par

(29) $$u_1 = \int h^* G_o B_{10} dt \quad ; \quad u_2 = \int h^* G_o B_{20} dt$$

$$L\phi = \int h^*.\, (G_o .\, B_{11}\phi + G_1 \phi .\, B_{10}) dt \qquad \text{où } \phi \text{ décrit } \mathscr{C}$$

Par simple combinaison linéaire, les relations (28) (27) (22) entraînent

(30) $$A_1 = \varepsilon[- u_1 + (F_1 + \lambda_1)g_1]$$

$$A_2 = \varepsilon^2[- u_2 - Lg_1 + (F_2 + \tilde{\lambda}_2)g_1^2 + (F_1 + \lambda_1)g_2] .$$

Utilisons maintenant le fait que f minimise $F + \lambda$. Ceci entraîne $[F'(f) + \lambda'(f)]\phi \equiv 0$ pour $\phi \in \mathscr{C}'$. D'après la définition (25) de $\lambda_1 g_1$, la relation (26) entre λ_1 et $\lambda'(f)$, et la continuité de $F'(f)$ sur $\mathscr{C}$, on en conclut que $(F_1 + \lambda_1)X \equiv 0$ pour toute semi-martingale continue X dont la partie à variations bornée appartient p.s. à $\mathscr{C}'$. En particulier $(F_1 + \lambda_1)g_1 = (F_1 + \lambda_1)g_2 = 0$, et on a par (30) (22), sur l'ensemble $(Z \in V)$,

$$\frac{1}{\varepsilon^2}[F(f + Z) + I(\varepsilon,Z)] = \frac{u_o}{\varepsilon^2} - \frac{u_1}{\varepsilon} - u_2 - Lg_1 + (F_2 + \tilde{\lambda}_2)g_1^2 + \frac{1}{\varepsilon^2}A_3$$

d'où

(31) $$J_{\varepsilon,V} = \exp(- \frac{u_o}{\varepsilon^2} + \frac{u_1}{\varepsilon} + u_2)\, E\{1_{[z^\varepsilon \in V]} \exp[Lg_1 - (F_2 + \tilde{\lambda}_2)g_1^2 - \frac{1}{\varepsilon^2}A_3]\}.$$

Nous avons besoin d'étudier l'existence des moments de $\exp(Lg_1 - (F_2 + \tilde{\lambda}_2)g_1^2)$ et d'une borne uniforme pour ceux de $\exp(- \frac{1}{\varepsilon^2} A_3)$.

7.8.- ESTIMATION DE MOMENTS : Rappelons que ρ est le rayon de la boule V de centre 0 dans $\mathscr{C}$. D'après 4.3 et 4.4, il existe $C > 0$ tel que pour $r \geq \frac{C}{\rho}$, $\varepsilon \leq 1$ on ait en notant $z^\varepsilon = z^\varepsilon_{01}$

(32) $$P(\|g_1\| \geq r) + P(1_{[z^\varepsilon \in V]}\|R_1\| \geq r) \leq \exp(- \frac{r^2}{C})$$

$$P(1_{[z^\varepsilon \in V]}\|R_2\| \geq r) \leq \exp(- \frac{r}{C}) \quad ; \quad P(1_{[z^\varepsilon \in V]}\|\varepsilon R_2\| \geq r) \leq \exp(- \frac{r^2}{C\rho^2})$$

$$P(1_{[z^\varepsilon \in V]}\|R_3\| \geq r) \leq \exp(- \frac{r^{2/3}}{C}) \quad ; \quad P(1_{[z^\varepsilon \in V]}\|\varepsilon R_3\| \geq r) \leq \exp(- \frac{r}{C\rho}) .$$

En particulier, pour toute forme linéaire continue L sur $\mathscr{C}$, tout $\alpha \in \mathbb{R}$, on a

(33) $$E(e^{\alpha L g_1}) \text{ fini.}$$

Les expressions de O_2, O_3 données en (22) entraînent, puisque $Z = z^\varepsilon = \varepsilon R_1$, l'existence d'une constante c telle que pour $z^\varepsilon \in V$, $\varepsilon \leq \rho \leq 1$, on ait

$$\frac{1}{\varepsilon^2}|O_3| = \tilde{O}(\|Z\| \; \|R_1\|^2 + \varepsilon\|R_3\| + \varepsilon\|g_1\| \; \|R_2\| + \|Z\| \; \|R_2\|)$$

$$\leq c(\rho\|R_1\|^2 + \|\varepsilon R_3\| + \|g_1\| \; \|\varepsilon R_2\| + \rho\|R_2\|)$$

$$\frac{1}{\varepsilon}\|O_2\| = \tilde{O}(\|Z\| \; \|R_1\| + \varepsilon\|R_2\|) \leq c(\rho\|R_1\| + \|\varepsilon R_2\|) \; .$$

De (32) et 4.5 (6) on en déduit l'existence de $c_1 > 0$ tel que pour $r \geq \frac{c_1}{\rho}$, $\varepsilon \leq \rho \leq 1$, on ait

$$P(\frac{1}{\varepsilon^2}|O_3| \geq r \; ; \; z^\varepsilon \in V) \leq \exp(-\frac{r}{c_1\rho})$$

$$P(\frac{1}{\varepsilon}\|O_2\| \geq r \; ; \; z^\varepsilon \in V) \leq \exp(-\frac{r^2}{c_1\rho^2})$$

d'où, puisque $A_3 = O_3 + \varepsilon\int O_2 dw$, et grâce à 4.5 (7), l'existence de $c_2 > 0$ tel que pour $r \geq \frac{c_2}{\rho}$, $\varepsilon \leq \rho \leq 1$, on ait

$$P(\frac{1}{\varepsilon^2}|A_3| \geq r \; ; \; z^\varepsilon \in V) \leq \exp(-\frac{r}{c_2\rho}) \; .$$

Donc pour tout $\alpha > 0$ donné, il existe $\rho(\alpha) > 0$ tel que $\varepsilon \leq \rho \leq \rho(\alpha)$ entraîne

(34) $$E[1_{[z^\varepsilon \in V]} \exp[(1+\alpha)\frac{|A_3|}{\varepsilon^2}]] \leq c_3 < \infty$$

où le nombre c_3 est déterminé par ρ et α seulement.

On a de même pour $z^\varepsilon \in V$, $\varepsilon \leq 1$,

$$\frac{1}{\varepsilon^3}|O_3| \leq c_4(\|R_1\|^3 + \|R_3\| + \|g_1\| \; \|R_2\| + \|R_1\| \; \|R_2\|)$$

$$\frac{1}{\varepsilon^2}\|O_2\| \leq c_4(\|R_1\|^2 + \|R_2\|)$$

d'où par les même arguments 4.5 (6), 4.5 (7) et (32), l'existence de $c_5 > 0$ tel que $r \geq c_5$, $\varepsilon \leq 1$ implique

(35) $$P[\frac{1}{\varepsilon^3}|A_3| \geq r \; ; \; z^\varepsilon \in V] \leq \exp(-\frac{r^{2/3}}{c_5}) \; .$$

Reste à étudier les moments de $\exp(-(F_2 + \tilde{\lambda}_2)g_1^2)$. Ceci est plus délicat car bien que $|(F_2 + \tilde{\lambda}_2)g_1^2|$ soit d'après (32), à queue en $\exp(-c_6 r)$, la constante c_6

peut effectivement être plus petite que 1, de sorte qu'on peut fort bien avoir $E[\exp|(F_2 + \tilde{\lambda}_2)g_1^2|] = +\infty$.

Définissons un produit scalaire q sur $\mathcal{C}'$ par

$$q(\gamma,\eta) = \frac{1}{2}\int (\gamma' - B_{01}\gamma)^* G_o(\eta' - B_{01}\eta)dt, \qquad \text{où } \gamma,\eta \in \mathcal{C}' .$$

Il existe clairement $c_7 > 0$ tel que

$$(36) \qquad \frac{1}{c_7}\int |g'|^2 dt \le q(g,g) \le c_7 \int |g'|^2 dt$$

et $(\mathcal{C}',q)$ est un espace de Hilbert.

Soit $R = \inf \{\frac{(F_2+\tilde{\lambda}_2)g^2}{q(g,g)} \mid g \in \mathcal{C}',\ 0 < q(g,g) \le 1\}$. Il existe alors des $g_n \in \mathcal{C}'$ tels que $q(g_n,g_n) = 1$ et $R = \lim_{n\to\infty} (F_2 + \tilde{\lambda}_2)g_n^2$. Par passage à une sous-suite on peut supposer que $g_n \to g \in \mathcal{C}'$ pour la convergence faible du Hilbert $(\mathcal{C}',q)$, et donc que $q(g,g) \le \underline{\lim}_n\ q(g_n,g_n) = 1$. D'après (36), après nouveau passage éventuel à une sous-suite, on peut supposer que $g_n' \to g'$ faiblement dans $L_2[0\ 1]$, ce qui entraîne $g_n \to g$ dans $\mathcal{C}$. La formule (26) montre alors que $\tilde{\lambda}_2 g_n^2 \to \tilde{\lambda}_2 g^2$, tandis que clairement $F_2 g_n^2 \to F_2 g^2$. Finalement on voit que $R = (F_2 + \tilde{\lambda}_2)g^2$.

Supposons $R < 0$; alors nécessairement $g \neq 0$, $0 < q(g,g) \le 1$ et $(F_2+\tilde{\lambda}_2)g^2 < 0$, d'où

$$\frac{(F_2 + \tilde{\lambda}_2)g^2}{q(g,g)} \le (F_2 + \tilde{\lambda}_2)g^2 = R$$

ce qui par définition de R force $q(g,g) = 1$. En tenant compte de (26), on peut donc écrire

$$1 + R = q(g,g) + (F_2 + \tilde{\lambda}_2)g^2 = \frac{1}{2}[F''(f) + \lambda''(f)]g^2 > 0$$

car $g \neq 0$ et $F + \lambda$ a un minimum isolé en f.

Ainsi $R < 0$ implique $1 + R > 0$, tandis que trivialement $R \ge 0$ entraîne $1 + R \ge 1$. Il existe donc un nombre u tel que $0 < u < 1$, $u \le 1 + R$, et par définition de R ceci garantit

$$(37) \qquad -(F_2 + \tilde{\lambda}_2)\phi^2 \le (1 - u)q(\phi,\phi) \qquad \text{pour tout } \phi \in \mathcal{C}'.$$

Considérons le processus k_2 à valeurs dans $\mathbb{R}$ défini par $dk_2 = h^* . G_1 g_1 . (dg_1 - B_{01} g_1 dt)$. Alors $k = (g_1, k_2)$ est une diffusion dans $\mathbb{R}^{m+1}$ et on peut écrire

$$(38) \qquad - (F_2 + \tilde{\lambda}_2) g_1^2 = S(k)$$

où $S : C([01], \mathbb{R}^{m+1}) \to \mathbb{R}$ est une fonctionnelle continue donnée par la formule suivante, où on pose $\Phi_t = (\phi_t, \psi_t) \in \mathbb{R}^m \times \mathbb{R}$

$$(39) \qquad - S(\Phi) = F_2 \phi^2 + \frac{1}{2} \int h^* . G_2 \phi^2 . h \, dt - \int h^* G_o . B_{02} \phi^2 dt + \psi(1) .$$

Pour $\tau > 0$ posons $k^\tau = (\tau g_1, \tau^2 k_2)$ de sorte que

$$dk_t^\tau = \tau \, \sigma(t, k_t^\tau) dw_t + \beta(t, \tau, k_t^\tau) dt$$

avec, pour $t \geq 0$, $y = (y_1, y_2) \in \mathbb{R}^m \times \mathbb{R}$, les définitions

$$\sigma(t,y) = \begin{bmatrix} s_o(t) \\ \\ h_t^* . G_1(t) y_1 . s_o(t) \end{bmatrix} \qquad \text{et } \beta(t,\tau,y) = \begin{bmatrix} B_{01}(t) y_1 + \tau B_{10}(t) \\ \\ \tau \, h_t^* . G_1(t) y_1 . B_{10}(t) \end{bmatrix}$$

Ainsi la diffusion k^τ est pour $\tau \to 0$ une petite perturbation du système dynamique $y_t' = \beta(t, 0, y_t)$ qui est d'ailleurs trivial dans sa dernière coordonnée.

La fonctionnelle de Cramer $\tilde{\lambda} : C([01], \mathbb{R}^{m+1}) \to [0, +\infty]$ associée à ce système perturbé est définie (cf. [Az 1]) par $\tilde{\lambda}(\Phi) = +\infty$ si $|\Phi'|$ n'est pas de carré intégrable, et ailleurs par

$$\tilde{\lambda}(\Phi) = \frac{1}{2} \int_o^1 Q^*_{t,\Phi_t} [\Phi_t' - \beta(t, 0, \Phi_t)] dt$$

avec $Q^*_{t,y} : \mathbb{R}^{m+1} \to [0, +\infty]$ donnée par

$$Q^*_{t,y}(v) = \inf\{|w|^2 \text{ , pour } w \in \mathbb{R}^k \text{ et } \sigma(t,y) w = v\}$$

où y et $v \in \mathbb{R}^{m+1}$. Les définitions ci-dessus, et le fait que $s_o s_o^*$ ait un inverse G_o entraînent facilement (utiliser [Az 1] ch. III) la propriété suivante

\- pour tout $v = (v_1,v_2)$ et $y = (y_1,y_2)$ dans $\mathbb{R}^m \times \mathbb{R}$, $Q^*_{t,y}(v)$ est fini si et seulement si $v_2 = h^*_t . G_1(t)y_1 . v_1$; de plus on a alors $Q^*_{t,y}(v) = v^*_1 G_o(t)v_1$. De la définition de $\tilde{\lambda}$ on conclut alors que pour $\Phi_t = (\phi_t,\psi_t) \in \mathbb{R}^m \times \mathbb{R}$ élément de $C([01], \mathbb{R}^{m+1})$, $\tilde{\lambda}(\Phi)$ est fini si et seulement si $\phi' \in L_2[01]$ et

$$\psi'_t = h^*_t . G_1(t)\phi_t . [\phi'_t - B_{01}(t)\phi_t]$$

de plus on a alors, d'après la définition de q ci-dessus, $\tilde{\lambda}(\Phi) = q(\phi,\phi)$. En particulier $\tilde{\lambda}(\Phi)$ fini implique

(40) $$\psi(1) = \int h^*. G_1\phi . [\phi' - B_{01}\phi]dt$$

$$\tilde{\lambda}(\Phi) = q(\phi,\phi) .$$

D'après (40) (39) (26), $\tilde{\lambda}(\Phi)$ fini implique donc aussi

(41) $$S(\Phi) = -(F_2 + \tilde{\lambda}_2)\phi^2 \qquad \text{pour} \quad \Phi = (\phi,\psi) \quad \text{comme plus haut.}$$

Considérons le fermé $A = \{\Phi \in C([01], \mathbb{R}^{m+1}) \mid S(\Phi) \geq 1\}$. Le nombre $\tilde{\Lambda}(A) = \inf_{\Phi\in A} \tilde{\lambda}(\Phi)$ s'écrit, grâce à (40) (41)

$$\tilde{\Lambda}(A) = \inf \{q(\phi,\phi) \mid \Phi = (\phi,\psi) \ ; \ \phi \in \mathcal{C}' \ ; \ -(F_2 + \tilde{\lambda}_2)\phi^2 \geq 1\} .$$

D'après l'inégalité (37) ceci force $\Lambda(\tilde{A}) \geq \frac{1}{1-u} = 1 + \frac{u}{1-u}$.

Mais un résultat général (cf. [Az 1]) donne puisque A est fermé,

$$\overline{\lim_{\tau\to 0}} \ \tau^2 \log P(k^\tau \in A) \leq - \tilde{\Lambda}(A) .$$

Par suite il existe $\varepsilon_o > 0$ tel que $\tau \leq \varepsilon_o$ entraîne

$$P(k^\tau \in A) \leq \exp [- \frac{1}{\tau^2} (1 + \frac{u}{2(1-u)})] .$$

Mais la relation $(k^\tau \in A)$ équivaut par définition à $\{S(\tau g_1, \tau^2 k_2) \geq 1\}$, ou encore d'après (38) à $\{-(F_2 + \tilde{\lambda}_2)g_1^2 \geq \frac{1}{\tau^2}\}$. Posant $\tau = \frac{1}{\sqrt{r}}$ nous obtenons pour $r \geq \frac{1}{\varepsilon_o^2}$

(42) $$P\,[-(F_2+\tilde\lambda_2)g_1^2 \geq r] \leq \exp[-\,r(1+\frac{u}{2(1-u)})]\;.$$

Puisque $0 < u < 1$ on voit qu'il existe $\beta > 0$ tel que $\exp\,[-(F_2+\tilde\lambda_2)g_1^2]$ appartienne à $L_{1+\beta}(\Omega,P)$.

7.9.- FIN DE LA PREUVE DU THEOREME 7.4 : D'après (42) (33) la v.a. $Y = \exp[Lg_1 - (F_2+\tilde\lambda_2)g_1^2]$ est dans $L_p(\Omega,P)$ pour $1 \leq p < 1+\beta$. Posons $X_\varepsilon = -\frac{1}{\varepsilon^2}A_3$. Au vu de (31), il s'agit d'étudier $E(Y\,1_{[z^\varepsilon\in V]}\,e^{X_\varepsilon})$. La formule de Taylor usuelle donne pour un $\theta \in [0\,1]$,

$$e^{X_\varepsilon} = \sum_{n\leq N}\frac{1}{n!}X_\varepsilon^n + \frac{1}{(N+1)!}X_\varepsilon^{N+1}\,e^{\theta X_\varepsilon}\;.$$

D'après (34) (35), $1_{[z^\varepsilon\in V]}\,e^{|X_\varepsilon|}$ et $\frac{1}{\varepsilon}|X_\varepsilon|\,1_{[z^\varepsilon\in V]}$ sont uniformément bornées en norme dans $L_{1+\alpha}(\Omega,P)$ pour $\varepsilon \leq \rho \leq \rho(\alpha)$ et ρ fixé. Les v.a. $1_{[z^\varepsilon\in V]}\,Y(\frac{1}{\varepsilon}X_\varepsilon)^{N+1}\,e^{\theta X_\varepsilon}$ seront donc uniformément bornées en norme dans $L_\gamma(\Omega,P)$, pour ρ fixé et $\varepsilon \leq \rho \leq \rho(\alpha)$ avec γ donné par $\frac{1}{\gamma} = \frac{1}{1+\frac{1}{2}\beta} + \frac{N+1}{1+\alpha} + \frac{1}{1+\alpha}$.

Puisque N,β sont imposés par les données du problème, garantissons $\gamma = 1+\frac{1}{4}\beta$ par un choix (définitif) de α suffisamment grand. Alors pour ρ fixé tel que $\rho \leq \rho(\alpha)$ et $\varepsilon \leq \rho$, on a $E[1_{[z^\varepsilon\in V]}\,|Y(\frac{1}{\varepsilon}X_\varepsilon)^{N+1}\,e^{\theta X_\varepsilon}|] = O(1)$ et donc

(43) $$E[1_{[z^\varepsilon\in V]}\;Y\,e^{X_\varepsilon}] = E[(\sum_{n\leq N}\frac{1}{n!}\,YX^n)\,1_{[z^\varepsilon\in V]}] + O(\varepsilon^{N+1})\;.$$

La relation (23) entraîne, puisque $Z = \varepsilon R_1$

(44) $$X_\varepsilon = -\frac{1}{\varepsilon^2}A_3 = -\sum_{1\leq n\leq N}\varepsilon^n\pi_{n+2} + \varepsilon^{N+1}\hat X_{N+1}$$

avec $\hat X_{N+1} = -\hat\pi_{N+3} + \tilde O(\|R_1\|^{N+3}) + \int \tilde O(\|R_1\|^{N+2})dw$.

Pour $\varepsilon \leq 1$, la v.a. $1_{[z^\varepsilon\in V]}\,|\hat X_{N+1}|$ est bornée par la somme de deux termes ; l'un est la valeur absolue d'un polynôme en $\|g_1\| \ldots \|g_{N+2}\|$,ε, $\|R_{N+3}\|$, $\|R_1\|$, l'autre est l'intégrale stochastique d'un terme du même type, par rapport au brownien w. Avec les notations 4.5 (4), les $\|g_j\|$, $j \leq N+2$, ainsi que $1_{[z^\varepsilon\in V]}(\|R_{N+3}\| + \|R_1\|)$ sont tous dans un même $\mathcal{W}(a,c,1)$ d'après la prop. 4.3.

La stabilité des familles $\mathcal{W}(.,.,1)$ par applications polynômiales et intégrales stochastiques indiquée en 4.5 (6) et 4.5(7) entraîne donc que $1_{[z^\varepsilon \in V]} \hat{X}_{N+1}$ dans un $\mathcal{W}(a_1,c_1,1)$. De (44) on déduit $\sum_{0\leq n\leq N} \frac{1}{n!} X_\varepsilon^n = 1 + \sum_{1\leq n\leq N} \varepsilon^n \Gamma_n + \varepsilon^{N+1} W_{N+1}$ où chaque Γ_n est un polynôme usuel en $\pi_3 \dots \pi_{n+2}$, et où W_{N+1} est un polynôme en $(\pi_3 \dots \pi_{N+2}, \hat{X}_{N+1}, \varepsilon)$. Les arguments 4.5 (6), 4.5 (7) montrent comme ci-dessus que $\pi_3 \dots \pi_{N+2}$ sont dans un $\mathcal{W}(a_2,c_2,1)$, puisque pour $\varepsilon \leq 1$, $1_{[z^\varepsilon \in V]} W_{N+1}$ est dans $\mathcal{W}(a_3,c_3,1)$. A fortiori, pour $\varepsilon \leq 1$, les v.a. $1_{[z^\varepsilon \in V]} |W_{N+1}|$ restent bornées dans $L_r(\Omega,P)$ pour chaque $r \geq 1$. Par l'inégalité de Hölder, on en déduit que pour ρ fixé avec $\rho \leq \rho(\alpha)$ et $\varepsilon \leq \rho$, on a $E[1_{[z^\varepsilon \in V]} |Y W_{N+1}|] = O(1)$ d'où finalement, en posant $\Gamma_o \equiv 1$

$$E[1_{[z^\varepsilon \in V]} Y e^{X_\varepsilon}] = \sum_{0\leq n\leq N} \varepsilon^n E(1_{[z^\varepsilon \in V]} Y \Gamma_n) + O(\varepsilon^{N+1}).$$

Comme Γ_n est polynômial en $\pi_3 \dots \pi_{n+2}$, on a

$$\Gamma_n \in \mathcal{W}(a_4,c_4,1) \quad \text{pour } n \leq N, \quad \text{et donc } Y\Gamma_n \in L_r(\Omega,P)$$

pour un certain $r > 1$, ceci pour tout $n \leq N$. Si $\frac{1}{r'} + \frac{1}{r} = 1$, l'inégalité de Hölder assure

$$|E(Y\Gamma_n 1_{[z^\varepsilon \notin V]})| \leq c_5\, P(z^\varepsilon \notin V)^{1/r'} .$$

Mais $P(z^\varepsilon \notin V) \leq P(\exists\, t \in [01]$ tel que $|R_1(t)| > \frac{\rho}{\varepsilon})$ est majoré par $\exp(-\frac{c_6}{\varepsilon^2})$ pour ρ fixé, et donc a fortiori

$$\sum_{0\leq n\leq N} |E(Y\Gamma_n 1_{[z^\varepsilon \notin V]})| = o(\varepsilon^{N+1})$$

pour $\varepsilon \leq \rho$. Finalement pour $\rho \leq \rho(\alpha)$, ρ fixé, $\varepsilon \leq \rho$, on obtient d'après (31)

$$J_{\varepsilon,V} = [\sum_{0\leq n\leq N} \alpha_n \varepsilon^n + O(\varepsilon^{N+1})] \exp(-\frac{u_o}{\varepsilon^2} + \frac{u_1}{\varepsilon} + u_2)$$

et le <u>même</u> développement est valide pour J_ε, avec un autre $O(\varepsilon^{N+1})$ bien sûr, grâce à (13). Les α_j sont donnés par

$$\alpha_j = E(Y\,\Gamma_j) = E(\Gamma_j \exp[Lg_1 - (F_2 + \tilde{\lambda}_2)g_1^2])$$

et Γ_j est obtenu à partir de $g_1 \dots g_{j+2}$ par opérations polynômiales à coefficients constants et intégration stochastique en dw. Bien entendu pour chaque j donné, on peut expliciter par un calcul formel évident l'expression de Γ_j.

APPENDICE

EQUATIONS STOCHASTIQUES LINEAIRES ET SOUS-LINAIRES

Nous rassemblons ici des propriétés qui font partie du folklore sur les équations sous-linéaires, faute de référence publiée commode.

A.1.- NOTATIONS : Si F,G sont des espaces euclidiens, on note F^* le dual de F, et L(F,G) l'espace des applications linéaires de F dans G. Les processus aléatoires considérés auront pour espaces d'états des ouverts du type précédent compactifiés par adjonction d'un point à l'infini.

Les filtrations croissantes $\mathcal{F}_t$ = {évènements antérieurs à t} sur un espace de probabilité Ω associées aux processus de Markov ci-dessous seront sous-entendues ; les processus considérés simultanément seront adaptés à une même filtration muette, ayant les régularités standard.

A.2.- PROPOSITION : Considérons des espaces euclidiens W,Z,F et un processus de Markov fort $y_t = (z_t, f_t)$ défini sur Ω, à valeurs dans Z × F, continu sur $[0,\zeta[$ où ζ est le temps de vie du processus. Supposons que P_y-p.s. on ait

$$df_t = g(t,y_t)dw_t + h(t,y_t)dt$$

où $g : \mathbb{R}^+ \times Z \times F \to L(W,F)$ et $h : \mathbb{R}^+ \times Z \times F \to F$ sont des fonctions mesurables, et $w : \Omega \to W$ est un brownien pour P_y. Pour M > 0 considérons les temps d'arrêt

$$\eta = \inf\{s \geq 0 \mid |g(s,y_s)| > M(1 + |f_s|) \quad \underline{\text{ou bien}} \quad |h(s,y_s)| > M(1 + |f_s|)\}$$

$$\chi = \inf\{s \geq 0 \mid |g(s,y_s)| > M \quad \underline{\text{ou bien}} \quad |h(s,y_s)| > M(1 + |f_s|)\}$$

Alors pour chaque $T > 0$, il existe des constantes C_T, ρ_T, $c_T > 0$ telles que pour tout $y_o = (z_o, f_o) \in Z \times F$, tout $t \le T$, tout $r \ge \rho_T(1 + |f_o|)$, on ait

$$(1) \qquad P_{y_o}\left[\sup_{0\le s\le t} |f_s - f_o| \ge r \ ; \ t < \eta\right] \le C_T \exp\left[-\frac{c_T}{t}\left(\mathrm{Log}\,\frac{r}{1+|f_o|}\right)^2\right]$$

$$(2) \qquad P_{y_o}\left[\sup_{0\le s\le t} |f_s - f_o| \ge r \ ; \ t < \chi\right] \le C_T \exp\left(-c_T \frac{r^2}{t}\right)$$

A.3.- REMARQUES : Il existe des nombres positifs $\mu_1\ \mu_2\ \mu_3\ \nu_1\ \nu_2\ \nu_3$ déterminés par M et dim F seulement, tels que

- dans (1) on puisse prendre $C_T = \mu_1(1 + T)$, $c_T = \frac{\mu_2}{1 + T}$, $\rho_T = e^{\mu_3(1+T)}$
- dans (2) on puisse prendre $C_T = \nu_1(1 + T)$, $c_T = e^{-\nu_2(1+T)}$, $\rho_T = T\,e^{\nu_3(1+T)}$

De plus pour t fixé des exemples simples montrent que dans le cas général, on ne peut pas améliorer le type de décroissance en r quand $r \to \infty$.

A.4.- PREUVE DE LA PROPOSITION A.2 : Soit $\tau = \inf\{s \ge 0 \mid |f_s - f_o| \ge r\}$. Posons $r_o = |f_o|$. Par définition on a

$$|g| \le M(1 + r + r_o) \text{ et } |h| \le M(1 + r + r_o) \text{ sur } [0, \tau \wedge \eta[$$

$$|g| \le M \text{ et } |h| \le M(1 + r + r_o) \text{ sur } [0, \tau \wedge \chi[$$

Un argument classique (Mac Kean [Mc] Stoock Varadhan [S-V 1,2]) montre que pour tout $y_o \in Z \times F$, on a, avec $q = \dim F$,

$$(3) \qquad P_{y_o}(\tau \le t < \eta) \le 2\,q \exp - \frac{1}{2t}\left[\frac{r - q\,M(1 + r + r_o)t}{q\,M(1 + r + r_o)}\right]^2$$

$$(4) \qquad P_{y_o}(\tau \le t < \chi) \le 2\,q \exp - \frac{1}{2t}\left[\frac{r - q\,M(1 + r + r_o)t}{M}\right]^2 .$$

De (3) on déduit l'existence de c, $t_o > 0$ tels que

$$(5) \qquad P_{y_o}(\tau \le t < \eta) \le 2\,q \exp\left(-\frac{c}{t}\right) \text{ pour } t \le t_o,\ r \ge |f_o|,\ r \ge 1.$$

Pour $p > 0$, $y_o = (z_o, f_o)$ posons

$$\tau_p = \tau_{y_o,p} = \inf \{s \geq 0 | \ |f_s - f_o| \geq e^p(1 + |f_o|)\}$$

$$\gamma_p = \inf \{s \geq \tau_p | \ |f_s - f_{\tau_p}| > e^{1/20}(1 + |f_{\tau_p}|)\}$$

de sorte que pour $p \geq 1$,

$$|f_{\gamma_p} - f_o| \leq (1 + |f_o|)[e^p + e^{1/20}(1 + e^p)] \leq e^{p+1}(1 + |f_o|)$$

ce qui entraîne $\gamma_p \leq \tau_{p+1}$.

La mesure aléatoire θ définie par

$$\theta[0,u] = 1_{[\tau_p<\eta]} P(\tau_{p+1} - \tau_p < u \ ; \ \tau_p + u < \eta \,|\, \mathcal{F}_{\tau_p})$$

vérifie d'après (5) et la propriété de Markov forte, pour $p \geq 1$, $u \leq t_o$

$$\theta[0\, u\,] \leq 1_{[\tau_p<\eta]} P(\gamma_p - \tau_p < u \ ; \ \tau_p + u < \eta \ |\mathcal{F}_{\tau_p}) \leq 2\,q\exp(-\frac{c}{u}) \ . \tag{6}$$

Considérons les mesures π_p données par

$$\pi_p[0t] = P_{y_o}(\tau_p \leq t < \eta) \ .$$

D'après (6) et l'égalité $\tau_{p+1} = \tau_p + \tau_{p+1} - \tau_p$, on a pour $t \leq t_o$, $p \geq 1$,

$$\pi_{p+1}[0t] = E_{y_o}[1_{[\tau_p\leq t<\eta]}\theta(0, t - \tau_p)] \leq E_{y_o}[1_{[\tau_p\leq t<\eta]} \times 2\,q\exp - \frac{c}{t - \tau_p}]$$

$$\leq 2\,q \int_o^t \exp(-\frac{c}{t-v})\, d\pi_p(v) = 2\,q \int_o^t \frac{c}{(t-v)^2} \exp(-\frac{c}{t-v})\, \pi_p[0,v]dv$$

$$\leq \frac{4\,q}{c} \int_o^t \exp[-\frac{c}{2(t-v)}]\pi_p[0,v]dv \ .$$

Par une récurrence immédiate sur j, on en conclut que pour tout entier $j \geq 1$ on a pour $p \leq j$, $v \leq t_1 \leq t_o$

$$\pi_p[0,v] \leq 2\,q\exp(-\frac{c}{2\,v}p^2) \tag{7}$$

avec $t_1 = t_o \times \frac{c}{4\,q}$. La définition de π_p traduit (7) par

(8) $$P_{y_o}\{\sup_{0\le s\le t} |f_s - f_o| \ge r(1 + |f_o|) \ ; \ t < \eta\} \le 2q\exp[-\frac{c}{2t}(\text{Log } r)^2]$$

pour $r \ge 1$, $t \le t_1$, $y_o = (z_o, f_o) \in Z \times F$.

Soient maintenant $t > t_1$ et $j = 1 + [\frac{t}{t_1}]$. L'évènement

$\{\sup_{0\le s\le t} |f_s - f_o| > [1 + (r+1)^j](1 + |f_o|)\}$ est inclus dans

$$\bigcup_{0\le i\le j-1} \{\sup_{it/j\le s\le (i+1)t/j} |f_s - f_{it/j}| > r(1 + |f_{it/j}|)\} .$$

Appliquant (8) à chaque terme de cette réunion, on obtient facilement, en définissant r par $\frac{\text{Log } \rho}{j} = \frac{1}{2}\text{Log}(r+1)$

$$P_{y_o}[\sup_{0\le s\le t} |f_s - f_o| > \rho(1 + |f_o|) \ ; \ t < \eta] \le 2jq\exp[-\frac{c}{jt}(\text{Log } \rho)^2]$$

pour tout $t \ge 0$, $\frac{1}{j}\text{Log } \rho \ge \text{Log } 4$, $j = 1 + [\frac{t}{t_1}]$, ce qui prouve le résultat annoncé (1).

Passons à l'étude de $[\tau \le t < \chi]$. De (4) on tire l'existence de A,a,b,c > 0 tels que

(9) $$P_{y_o}(\tau \le t < \chi) \le A\exp(-a\frac{r^2}{t})$$

pour $t \le b$, $\frac{r}{t} \ge c\,|f_o|$, $\frac{r}{t} \ge c$.

Soit $u = \frac{1}{2+2bc}$. L'évènement $(\tau \le t < \chi)$ est inclus dans l'union de

$\{\sup_{0\le s\le t/2} |f_s - f_o| > ru \ ; \ \frac{t}{2} < \chi\}$ et de

$\{\sup_{\frac{t}{2}\le s\le t} |f_s - f_{t/2}| > r(1-u) \ ; \ |f_{t/2}| \le ru + |f_o| \ ; \ t < \chi\}$.

Alors si $t \le 2b$ et $\frac{r}{t} \ge 4c(1+bc)(1 \vee |f_o|)$, on peut appliquer (9) aux deux évènements précédents, (après conditionnement par $\mathcal{F}_{t/2}$ pour le second) et écrire

(10) $$P_{y_o}(\tau \le t < \chi) \le A\exp(-2au^2\frac{r^2}{t}) + A\exp[-2a(1-u)^2\frac{r^2}{t}]$$

Finalement si on pose $\tilde{b} = 2b$, $\tilde{c} = 4c(1+bc)$, on voit que les conditions $t \le \tilde{b}$, $\frac{r}{t} \ge \tilde{c}|f_o|$, $\frac{r}{t} \ge \tilde{c}$ impliquent

$$P_{y_o}(\tau \le t < \chi) \le \tilde{A}\exp(-\tilde{a}\frac{r^2}{t})$$

avec $\tilde{A} = 2A$, $\tilde{a} = \frac{a}{2(1+bc)^2}$. En itérant cet argument on voit que pour tout $T > 0$, on peut trouver A_T, a_T, c_T tels que

$$P_{y_o}[\sup_{0\le s\le t} |f_s - f_o| > r \ ; \ t < \chi] \le A_T \exp(- a_T \frac{r^2}{t})$$

pour tout $y_o = (z_o, f_o) \in Z \times F$, $t \le T$, $\frac{r}{t} \ge c_T(1 + |f_o|)$ ce qui prouve la formule (2) annoncée.

La remarque 1.3 se déduit d'un examen (facile) plus détaillé de la valeur de $\tilde{A},\tilde{a},\tilde{c}$ après n itérations avec $n \sim \operatorname{Log} T$.

A.5.- <u>COROLLAIRE</u> : Soient W,F,Z des espaces euclidiens, U un ouvert de Z. Soit $z_t : \Omega \to U$ une diffusion de temps de vie ζ et $w_t : \Omega \to W$ un brownien. Soient $g(t,z,f)$ et $h(t,z,f)$ des applications de $\mathbb{R}^+ \times U \times F$ dans $L(W,F)$ et F resp. ; supposons-les continues en t, localement Hölderiennes en (z,f) uniformément pour t borné. Supposons que pour tout $T > 0$, K compact de U, il existe $M > 0$ tel que

$$|g(t,z,f)| + |h(t,z,f)| \le M(1 + |f|) \text{ sur } t \le T,\ z \in K,\ f \in F .$$

Alors si $y_t = (z_t, f_t)$ est l'unique diffusion minimale définie par $df_t = g(t,z_t,f_t)dw_t + h(t,z_t,f_t)dt$, les temps de vie de f_t, y_t, z_t sont p.s. identiques.

En particulier pour une équation stochastique autonome en f_t, du type

$$df_t = G(t,f_t)dw_t + H(t,f_t)dt$$

la sous-linéarité de G,H en $f \in F$ force la diffusion (f_t) à être de temps de vie infini.

<u>PREUVE</u> : Soit K un compact de U, η_K le temps de la première sortie hors de K pour (z_t), τ_r le temps de la première sortie de la boule de centre f_o et rayon r pour (f_t). D'après 1.2, $\lim_{r\to+\infty} P_{y_o}(\tau_r \le t < \eta_K) = 0$ pour chaque $t \ge 0$. Le temps de vie θ de la diffusion (z_t, f_t) vérifie $\theta = \lim_{r\to+\infty} \tau_r$ <u>quand</u> $\theta \le t < \eta_K$, et donc $(\theta \le t < \eta_K)$ est P_{y_o} négligeable pour chaque t rationnel, d'où $P_{y_o}(\theta < \eta_K) = 0$. Il suffit de faire croître K vers U pour achever la preuve.

A.6.- <u>FORMULE D'ITO ET APPLICATIONS BILINEAIRES</u> : Soient W,F,G,H des espaces euclidiens. Si $B : F \times F \to H$ est bilinéaire, <u>la trace de</u> B est le vecteur de H donné par $\mathrm{Tr}\, B = \sum_j B(e_j,e_j)$ où (e_j) est une base orthonormée arbitraire de F.

Soient $w_t : \Omega \to W$, $f_t : \Omega \to F$, $g_t : \Omega \to G$ un brownien et deux semi-martingales locales, vérifiant

$$df = p\, dw + r\, dt \qquad dg = q\, dw + s\, dt$$

où p,q,r,s sont des processus progressivement mesurables à valeurs resp. dans L(W,F), L(W,G), F, G. Soit $B : F \times G \to H$ une application bilinéaire. Alors $h_t = B(f_t,g_t)$ est une semi-martingale locale et la formule d'Ito montre que (notations évidentes)

$$dh_t = B(f_t,dg_t) + B(df_t,g_t) + \mathrm{Tr}\,[B \circ (p_t \times q_t)]dt$$

où $p_t \times q_t$ est l'application bilinéaire de $W \times W$ dans $F \times F$ définie par $[p_t \times q_t](y,z) = (p_t y, q_t z)$.

A.7.- <u>CHANGEMENT DE VARIABLE LINEAIRE</u> : Considérons l'équation stochastique

(11) $$df_t = (\pi_t f_t + p_t)dw_t + (\rho_t f_t + r_t)dt$$

avec w,p,r comme en A.6 et $f : \Omega \to F$. On suppose que π et ρ sont des processus progressivement mesurables à valeurs dans L [F,L(W,F)] et L(F,F) resp.

Pour $A \in L\,[F,L(W,F)]$ on définit $A^* \in L\,[W,L(F,F)]$ par

(12) $$(Af) \,.\, w = (A^* w) \,.\, f \qquad \text{pour tout } f \in F,\ w \in W.$$

Définissons une application bilinéaire $B_t : W \times W \to L(F,F)$ et sa trace $C_t \in L(F,F)$ par

(13) $$B_t(v,w) = (\pi_t^* v)(\pi_t^* w) \qquad \text{pour } v,w \in W \times W$$

$$C_t = \mathrm{Tr}\, B_t$$

où L(F,F) est muni de son produit naturel.

Considérons les équations stochastiques <u>linéaires</u> en $Q_t, R_t \in L(F,F)$

(14) $$dQ_t = -Q_t(\pi_t^* dw_t + \rho_t dt) + Q_t C_t dt \quad , \quad Q_o \equiv I$$

$$dR_t = (\pi_t^* dw_t + \rho_t dt) R_t \quad , \quad R_o \equiv I.$$

Soit ζ un temps d'arrêt tel que π, ρ, p, r soient continues sur $[0\zeta[$. D'après A.5, le temps de vie de Q_t, R_t est supérieur ou égal à ζ, et Q_t, R_t sont continues sur $[0\zeta[$. Montrons que $Z_t = R_t Q_t$ n'est autre que I.

La formule d'Ito donnée en A.6 fournit

$$dZ_t = -Z_t(\pi_t^* dw_t + \rho_t dt) + Z_t C_t dt + (\pi_t^* dw_t + \rho_t dt) Z_t + (\mathrm{Tr}\ \Gamma_t) dt$$

où $\Gamma_t : W \times W \to L(F,F)$ est défini par

$$\Gamma_t(v,w) = -(\pi_t^* v) Z_t (\pi_t^* w) \qquad \text{pour} \quad (v,w) \in W \times W .$$

Comme l'équation stochastique ci-dessus admet la solution triviale $Z_t \equiv I$, l'unicité de ses solutions sur $[0\zeta[$ montre que

(15) $$R_t \equiv Q_t^{-1} \qquad \text{pour} \quad t \in [0,\zeta[.$$

Posons pour $t \leq \zeta \wedge \eta$ où η = temps de vie de f_t,

(16) $$h_t = Q_t f_t$$

La formule d'Ito de A.6 montre que

(17) $$dh_t = Q_t p_t dw_t + Q_t(r_t - \mathrm{Tr}\ \Phi_t) dt$$

où $\Phi_t : W \times W \to F$ est définie par

(18) $$\Phi_t(v,w) = (\pi_t^* v)(p_t w) \qquad \text{pour tout} \quad (v,w) \in W \times W .$$

On voit ainsi que f_t et h_t ont même temps de vie, et ce changement de variable permet de se débarrasser des termes linéaires en f_t dans (11).

BIBLIOGRAPHIE

[Az 1] R. AZENCOTT : Grandes déviations et applications. Saint-Flour VIII 1978. Lecture Notes Math. 774, Springer Verlag 1980.

[Az 2] R. AZENCOTT : Petites perturbations aléatoires des systèmes dynamiques : développements asymptotiques (à paraître).

[C-E] M. CHALEYAT-MAUREL, L.ELIE : Diffusions gaussiennes ; in "Geodesiques et diffusions en temps petit" Astérisque, vol. 84-85 (1981).

[Do] H. DOSS : Quelques formules asymptotiques pour les perturbations de systèmes dynamiques. Ann. Inst. Henri Poincaré, Série B. Vol. 16 N° 1, p. 17-28 (1980).

[D-V] M. DONSKER - S. VARADHAN : Asymptotic evaluation of Markov process expectations for large time (III). Comm. Pure. Appl. Math. vol. 29, p. 389-461 (1976).

[Mc] H. Mc KEAN : Stochastic integrals. Academic Press. New-York 1969.

[Pl] E. PLATEN : A Taylor formula for semimartingales solving a stochastic equation in "3rd Conference on stochastic differential systems" (Visegrad/Hongrie 1980). p. 65-68.

[Sc] M. SCHILDER : Some asymptotic formulas for Wiener integrals. Transactions Am. Math. Soc. vol. 125, p. 63-85 (1965).

[S-V 1] D. STROOK - S. VARADHAN : Diffusion processesses with continuous coefficients Comm. Pure App. Math. 22, p. 365-400 et 479-530 (1969).

[S-V 2] D. STROOK - S. VARADHAN : Multidimensional diffusion processes Springer (1979).

[Va] S. VARADHAN : Asymptotic probabilities and differential equations. Comm. Pure App. Math. vol. 1, p. 261-286 (1966).

[V-F] A. VENTCELL - M. FRIEDLIN : On small random perturbations of dynamical systems. Russ. Math. Surveys. Vol. 25, p. 1-55 (1970).

Vol. 759: R. L. Epstein, Degrees of Unsolvability: Structure and Theory. XIV, 216 pages. 1979.

Vol. 760: H.-O. Georgii, Canonical Gibbs Measures. VIII, 190 pages. 1979.

Vol. 761: K. Johannson, Homotopy Equivalences of 3-Manifolds with Boundaries. 2, 303 pages. 1979.

Vol. 762: D. H. Sattinger, Group Theoretic Methods in Bifurcation Theory. V, 241 pages. 1979.

Vol. 763: Algebraic Topology, Aarhus 1978. Proceedings, 1978. Edited by J. L. Dupont and H. Madsen. VI, 695 pages. 1979.

Vol. 764: B. Srinivasan, Representations of Finite Chevalley Groups. XI, 177 pages. 1979.

Vol. 765: Padé Approximation and its Applications. Proceedings, 1979. Edited by L. Wuytack. VI, 392 pages. 1979.

Vol. 766: T. tom Dieck, Transformation Groups and Representation Theory. VIII, 309 pages. 1979.

Vol. 767: M. Namba, Families of Meromorphic Functions on Compact Riemann Surfaces. XII, 284 pages. 1979.

Vol. 768: R. S. Doran and J. Wichmann, Approximate Identities and Factorization in Banach Modules. X, 305 pages. 1979.

Vol. 769: J. Flum, M. Ziegler, Topological Model Theory. X, 151 pages. 1980.

Vol. 770: Séminaire Bourbaki vol. 1978/79 Exposés 525–542. IV, 341 pages. 1980.

Vol. 771: Approximation Methods for Navier-Stokes Problems. Proceedings, 1979. Edited by R. Rautmann. XVI, 581 pages. 1980.

Vol. 772: J. P. Levine, Algebraic Structure of Knot Modules. XI, 104 pages. 1980.

Vol. 773: Numerical Analysis. Proceedings, 1979. Edited by G. A. Watson. X, 184 pages. 1980.

Vol. 774: R. Azencott, Y. Guivarc'h, R. F. Gundy, Ecole d'Eté de Probabilités de Saint-Flour VIII-1978. Edited by P. L. Hennequin. XIII, 334 pages. 1980.

Vol. 775: Geometric Methods in Mathematical Physics. Proceedings, 1979. Edited by G. Kaiser and J. E. Marsden. VII, 257 pages. 1980.

Vol. 776: B. Gross, Arithmetic on Elliptic Curves with Complex Multiplication. V, 95 pages. 1980.

Vol. 777: Séminaire sur les Singularités des Surfaces. Proceedings, 1976-1977. Edited by M. Demazure, H. Pinkham and B. Teissier. IX, 339 pages. 1980.

Vol. 778: SK$_1$ von Schiefkörpern. Proceedings, 1976. Edited by P. Draxl and M. Kneser. II, 124 pages. 1980.

Vol. 779: Euclidean Harmonic Analysis. Proceedings, 1979. Edited by J. J. Benedetto. III, 177 pages. 1980.

Vol. 780: L. Schwartz, Semi-Martingales sur des Variétés, et Martingales Conformes sur des Variétés Analytiques Complexes. XV, 132 pages. 1980.

Vol. 781: Harmonic Analysis Iraklion 1978. Proceedings 1978. Edited by N. Petridis, S. K. Pichorides and N. Varopoulos. V, 213 pages. 1980.

Vol. 782: Bifurcation and Nonlinear Eigenvalue Problems. Proceedings, 1978. Edited by C. Bardos, J. M. Lasry and M. Schatzman. VIII, 296 pages. 1980.

Vol. 783: A. Dinghas, Wertverteilung meromorpher Funktionen in ein- und mehrfach zusammenhängenden Gebieten. Edited by R. Nevanlinna and C. Andreian Cazacu. XIII, 145 pages. 1980.

Vol. 784: Séminaire de Probabilités XIV. Proceedings, 1978/79. Edited by J. Azéma and M. Yor. VIII, 546 pages. 1980.

Vol. 785: W. M. Schmidt, Diophantine Approximation. X, 299 pages. 1980.

Vol. 786: I. J. Maddox, Infinite Matrices of Operators. V, 122 pages. 1980.

Vol. 787: Potential Theory, Copenhagen 1979. Proceedings, 1979. Edited by C. Berg, G. Forst and B. Fuglede. VIII, 319 pages. 1980.

Vol. 788: Topology Symposium, Siegen 1979. Proceedings, 1979. Edited by U. Koschorke and W. D. Neumann. VIII, 495 pages. 1980.

Vol. 789: J. E. Humphreys, Arithmetic Groups. VII, 158 pages. 1980.

Vol. 790: W. Dicks, Groups, Trees and Projective Modules. IX, 127 pages. 1980.

Vol. 791: K. W. Bauer and S. Ruscheweyh, Differential Operators for Partial Differential Equations and Function Theoretic Applications. V, 258 pages. 1980.

Vol. 792: Geometry and Differential Geometry. Proceedings, 1979. Edited by R. Artzy and I. Vaisman. VI, 443 pages. 1980.

Vol. 793: J. Renault, A Groupoid Approach to C*-Algebras. III, 160 pages. 1980.

Vol. 794: Measure Theory, Oberwolfach 1979. Proceedings 1979. Edited by D. Kölzow. XV, 573 pages. 1980.

Vol. 795: Séminaire d'Algèbre Paul Dubreil et Marie-Paule Malliavin. Proceedings 1979. Edited by M. P. Malliavin. V, 433 pages. 1980.

Vol. 796: C. Constantinescu, Duality in Measure Theory. IV, 197 pages. 1980.

Vol. 797: S. Mäki, The Determination of Units in Real Cyclic Sextic Fields. III, 198 pages. 1980.

Vol. 798: Analytic Functions, Kozubnik 1979. Proceedings. Edited by J. Ławrynowicz. X, 476 pages. 1980.

Vol. 799: Functional Differential Equations and Bifurcation. Proceedings 1979. Edited by A. F. Izé. XXII, 409 pages. 1980.

Vol. 800: M.-F. Vignéras, Arithmétique des Algèbres de Quaternions. VII, 169 pages. 1980.

Vol. 801: K. Floret, Weakly Compact Sets. VII, 123 pages. 1980.

Vol. 802: J. Bair, R. Fourneau, Etude Géometrique des Espaces Vectoriels II. VII, 283 pages. 1980.

Vol. 803: F.-Y. Maeda, Dirichlet Integrals on Harmonic Spaces. X, 180 pages. 1980.

Vol. 804: M. Matsuda, First Order Algebraic Differential Equations. VII, 111 pages. 1980.

Vol. 805: O. Kowalski, Generalized Symmetric Spaces. XII, 187 pages. 1980.

Vol. 806: Burnside Groups. Proceedings, 1977. Edited by J. L. Mennicke. V, 274 pages. 1980.

Vol. 807: Fonctions de Plusieurs Variables Complexes IV. Proceedings, 1979. Edited by F. Norguet. IX, 198 pages. 1980.

Vol. 808: G. Maury et J. Raynaud, Ordres Maximaux au Sens de K. Asano. VIII, 192 pages. 1980.

Vol. 809: I. Gumowski and Ch. Mira, Recurences and Discrete Dynamic Systems. VI, 272 pages. 1980.

Vol. 810: Geometrical Approaches to Differential Equations. Proceedings 1979. Edited by R. Martini. VII, 339 pages. 1980.

Vol. 811: D. Normann, Recursion on the Countable Functionals. VIII, 191 pages. 1980.

Vol. 812: Y. Namikawa, Toroidal Compactification of Siegel Spaces. VIII, 162 pages. 1980.

Vol. 813: A. Campillo, Algebroid Curves in Positive Characteristic. V, 168 pages. 1980.

Vol. 814: Séminaire de Théorie du Potentiel, Paris, No. 5. Proceedings. Edited by F. Hirsch et G. Mokobodzki. IV, 239 pages. 1980.

Vol. 815: P. J. Slodowy, Simple Singularities and Simple Algebraic Groups. XI, 175 pages. 1980.

Vol. 816: L. Stoica, Local Operators and Markov Processes. VIII, 104 pages. 1980.

Vol. 817: L. Gerritzen, M. van der Put, Schottky Groups and Mumford Curves. VIII, 317 pages. 1980.

Vol. 818: S. Montgomery, Fixed Rings of Finite Automorphism Groups of Associative Rings. VII, 126 pages. 1980.

Vol. 819: Global Theory of Dynamical Systems. Proceedings, 1979. Edited by Z. Nitecki and C. Robinson. IX, 499 pages. 1980.

Vol. 820: W. Abikoff, The Real Analytic Theory of Teichmüller Space. VII, 144 pages. 1980.

Vol. 821: Statistique non Paramétrique Asymptotique. Proceedings, 1979. Edited by J.-P. Raoult. VII, 175 pages. 1980.

Vol. 822: Séminaire Pierre Lelong–Henri Skoda, (Analyse) Années 1978/79. Proceedings. Edited by P. Lelong et H. Skoda. VIII, 356 pages, 1980.

Vol. 823: J. Král, Integral Operators in Potential Theory. III, 171 pages. 1980.

Vol. 824: D. Frank Hsu, Cyclic Neofields and Combinatorial Designs. VI, 230 pages. 1980.

Vol. 825: Ring Theory, Antwerp 1980. Proceedings. Edited by F. van Oystaeyen. VII, 209 pages. 1980.

Vol. 826: Ph. G. Ciarlet et P. Rabier, Les Equations de von Kármán. VI, 181 pages. 1980.

Vol. 827: Ordinary and Partial Differential Equations. Proceedings, 1978. Edited by W. N. Everitt. XVI, 271 pages. 1980

Vol. 828: Probability Theory on Vector Spaces II. Proceedings, 1979. Edited by A. Weron. XIII, 324 pages. 1980.

Vol. 829: Combinatorial Mathematics VII. Proceedings, 1979. Edited by R. W. Robinson et al.. X, 256 pages. 1980.

Vol. 830: J. A. Green, Polynomial Representations of GL_n. VI, 118 pages. 1980.

Vol. 831: Representation Theory I. Proceedings, 1979. Edited by V. Dlab and P. Gabriel. XIV, 373 pages. 1980.

Vol. 832: Representation Theory II. Proceedings, 1979. Edited by V. Dlab and P. Gabriel. XIV, 673 pages. 1980.

Vol. 833: Th. Jeulin, Semi-Martingales et Grossissement d'une Filtration. IX, 142 Seiten. 1980.

Vol. 834: Model Theory of Algebra and Arithmetic. Proceedings, 1979. Edited by L. Pacholski, J. Wierzejewski, and A. J. Wilkie. VI, 410 pages. 1980.

Vol. 835: H. Zieschang, E. Vogt and H.-D. Coldewey, Surfaces and Planar Discontinuous Groups. X, 334 pages. 1980.

Vol. 836: Differential Geometrical Methods in Mathematical Physics. Proceedings, 1979. Edited by P. L. García, A. Pérez-Rendón, and J. M. Souriau. XII, 538 pages. 1980.

Vol. 837: J. Meixner, F. W. Schäfke and G. Wolf, Mathieu Functions and Spheroidal Functions and their Mathematical Foundations Further Studies. VII, 126 pages. 1980.

Vol. 838: Global Differential Geometry and Global Analysis. Proceedings 1979. Edited by D. Ferus et al. XI, 299 pages. 1981.

Vol. 839: Cabal Seminar 77 – 79. Proceedings. Edited by A. S. Kechris, D. A. Martin and Y. N. Moschovakis. V, 274 pages. 1981.

Vol. 840: D. Henry, Geometric Theory of Semilinear Parabolic Equations. IV, 348 pages. 1981.

Vol. 841: A. Haraux, Nonlinear Evolution Equations- Global Behaviour of Solutions. XII, 313 pages. 1981.

Vol. 842: Séminaire Bourbaki vol. 1979/80. Exposés 543–560. IV, 317 pages. 1981.

Vol. 843: Functional Analysis, Holomorphy, and Approximation Theory. Proceedings. Edited by S. Machado. VI, 636 pages. 1981.

Vol. 844: Groupe de Brauer. Proceedings. Edited by M. Kervaire and M. Ojanguren. VII, 274 pages. 1981.

Vol. 845: A. Tannenbaum, Invariance and System Theory: Algebraic and Geometric Aspects. X, 161 pages. 1981.

Vol. 846: Ordinary and Partial Differential Equations, Proceedings. Edited by W. N. Everitt and B. D. Sleeman. XIV, 384 pages. 1981.

Vol. 847: U. Koschorke, Vector Fields and Other Vector Bundle Morphisms – A Singularity Approach. IV, 304 pages. 1981.

Vol. 848: Algebra, Carbondale 1980. Proceedings. Ed. by R. K. Amayo. VI, 298 pages. 1981.

Vol. 849: P. Major, Multiple Wiener-Itô Integrals. VII, 127 pages. 1981.

Vol. 850: Séminaire de Probabilités XV. 1979/80. Avec table générale des exposés de 1966/67 à 1978/79. Edited by J. Azéma and M. Yor. IV, 704 pages. 1981.

Vol. 851: Stochastic Integrals. Proceedings, 1980. Edited by D. Williams. IX, 540 pages. 1981.

Vol. 852: L. Schwartz, Geometry and Probability in Banach Spaces. X, 101 pages. 1981.

Vol. 853: N. Boboc, G. Bucur, A. Cornea, Order and Convexity in Potential Theory: H-Cones. IV, 286 pages. 1981.

Vol. 854: Algebraic K-Theory. Evanston 1980. Proceedings. Edited by E. M. Friedlander and M. R. Stein. V, 517 pages. 1981.

Vol. 855: Semigroups. Proceedings 1978. Edited by H. Jürgensen, M. Petrich and H. J. Weinert. V, 221 pages. 1981.

Vol. 856: R. Lascar, Propagation des Singularités des Solutions d'Equations Pseudo-Différentielles à Caractéristiques de Multiplicités Variables. VIII, 237 pages. 1981.

Vol. 857: M. Miyanishi. Non-complete Algebraic Surfaces. XVIII, 244 pages. 1981.

Vol. 858: E. A. Coddington, H. S. V. de Snoo: Regular Boundary Value Problems Associated with Pairs of Ordinary Differential Expressions. V, 225 pages. 1981.

Vol. 859: Logic Year 1979–80. Proceedings. Edited by M. Lerman, J. Schmerl and R. Soare. VIII, 326 pages. 1981.

Vol. 860: Probability in Banach Spaces III. Proceedings, 1980. Edited by A. Beck. VI, 329 pages. 1981.

Vol. 861: Analytical Methods in Probability Theory. Proceedings 1980. Edited by D. Dugué, E. Lukacs, V. K. Rohatgi. X, 183 pages. 1981.

Vol. 862: Algebraic Geometry. Proceedings 1980. Edited by A. Libgober and P. Wagreich. V, 281 pages. 1981.

Vol. 863: Processus Aléatoires à Deux Indices. Proceedings, 1980. Edited by H. Korezlioglu, G. Mazziotto and J. Szpirglas. V, 274 pages. 1981.

Vol. 864: Complex Analysis and Spectral Theory. Proceedings, 1979/80. Edited by V. P. Havin and N. K. Nikol'skii, VI, 480 pages. 1981.

Vol. 865: R. W. Bruggeman, Fourier Coefficients of Automorphic Forms. III, 201 pages. 1981.

Vol. 866: J.-M. Bismut, Mécanique Aléatoire. XVI, 563 pages. 1981.

Vol. 867: Séminaire d'Algèbre Paul Dubreil et Marie-Paule Malliavin. Proceedings, 1980. Edited by M.-P. Malliavin. V, 476 pages. 1981.

Vol. 868: Surfaces Algébriques. Proceedings 1976–78. Edited by J. Giraud, L. Illusie et M. Raynaud. V, 314 pages. 1981.

Vol. 869: A. V. Zelevinsky, Representations of Finite Classical Groups. IV, 184 pages. 1981.

Vol. 870: Shape Theory and Geometric Topology. Proceedings, 1981. Edited by S. Mardešić and J. Segal. V, 265 pages. 1981.

Vol. 871: Continuous Lattices. Proceedings, 1979. Edited by B. Banaschewski and R.-E. Hoffmann. X, 413 pages. 1981.

Vol. 872: Set Theory and Model Theory. Proceedings, 1979. Edited by R. B. Jensen and A. Prestel. V, 174 pages. 1981.